普通高等教育机械类"十二五"规划系列教材

模具设计与制造
(第2版)

主　编　李小海　王晓霞

副主编　张　霞　孙美娜　殷宝麟

主　审　王俊发

电子工业出版社
Publishing House of Electronics Industry
北京·BEIJING

内 容 简 介

本书以冲压模具和塑料模具设计与制造为主要内容，以突出工艺分析、典型模具结构设计、典型模具零件制造、典型模具装配与调试为重点，系统讲述有关模具设计和制造方面的知识。本书列举的模具实例结构系统新颖，所讲述的技术内容全面，书中配有丰富的数据和图表，实用性强，能开拓思路，概念清晰易懂，便于自学。

本书适合作为相关专业本、专科生课程教材，也适合模具设计、制造的工程技术人员及工人参考使用。

未经许可，不得以任何方式复制或抄袭本书之部分或全部内容。

版权所有，侵权必究。

图书在版编目（CIP）数据

模具设计与制造/李小海，王晓霞主编. —2 版. —北京：电子工业出版社，2014.1
普通高等教育机械类"十二五"规划系列教材
ISBN 978-7-121-21894-1

Ⅰ. ①模… Ⅱ. ①李… ②王… Ⅲ. ①模具－设计－高等学校－教材 ②模具－制造－高等学校－教材
Ⅳ. ①TG76

中国版本图书馆 CIP 数据核字（2013）第 272741 号

策划编辑：李　洁
责任编辑：刘　凡
印　　刷：北京京师印务有限公司
装　　订：北京京师印务有限公司
出版发行：电子工业出版社
　　　　　北京市海淀区万寿路 173 信箱　邮编　100036
开　　本：787×1092　1/16　印张：20　字数：512 千字
版　　次：2011 年 5 月第 1 版
　　　　　2014 年 1 月第 2 版
印　　次：2016 年 6 月第 4 次印刷
定　　价：39.00 元

凡所购买电子工业出版社图书有缺损问题，请向购买书店调换。若书店售缺，请与本社发行部联系，联系及邮购电话：(010) 88254888，88258888。

质量投诉请发邮件至 zlts@phei.com.cn，盗版侵权举报请发邮件至 dbqq@phei.com.cn。
本书咨询联系方式：lijie@phei.com.cn。

<<<<< PREFACE

　　模具作为工业生产的基础工艺装备，其生产制件所表现出的高精度、高复杂程度、高一致性、高生产效率和低耗能、低耗材等特点，是一般机械加工不可比拟的。模具设计与制造技术已越来越引起各产业部门的重视，国外将模具比喻为"金钥匙"、"金属加工帝皇"、"进入富裕社会的原动力"。日本、美国等发达国家模具工业的产值早已超过了机床工业的产值。模具技术已成为衡量一个国家产品制造水平的重要标志之一，是十分重要的装备工业。但是，在我国的模具市场上，技术含量较低的低档模具已供过于求，技术含量较高的中高档模具却供不应求，技术含量较高的大型、精密、复杂、长寿命模具 60%以上需要进口，每年需要花费 10 多亿美元。因此，发展高精度、高技术产品的模具是我们未来发展的目标和方向。

　　目前，在我国模具设计与制造方面的人才还是相当紧缺的，这也是制约我国模具快速发展的一个瓶颈，大力加强模具方面人才的培养是十分紧迫的问题。随着科技进步和产业结构的调整，机械行业对高级应用型人才的综合能力要求越来越高，对复合型人才的需求越来越强，因而在应用型人才的培养中，就需要拓宽他们的知识面，以适应社会发展的需要。根据模具行业对人才能力的培养要求，让学生在自己动手的实践中，掌握技能，学习专业知识。我们基于行动导向的教学方法，应用了大量的模具结构简图，编写出理论实践一体化的特色教材，以适应应用型人才培养教育课程体系的改革。本书内容全面，通俗易懂，在模具装配和调试章节中，提供了冲压模具典型零件及模具结构的三维立体图，直观形象。同时，本书最后以附录的形式，摘录了部分相关的设计资料和必要的技术数据。

　　本书以冲压模具和塑料模具设计与制造为主要内容，分为 10 章，可按 56 学时计划授课，包括冲压模具中的冲裁模、弯曲模、拉深模和局部成型模具设计、塑料成型基础知识、注射成型模具设计、其他塑料成型模具设计、典型模具零件制造工艺和模具装配与调试。本书以强化应用为重点，突出工程实践能力的培养，是我们在多年从事冲压工艺与模具设计与制造、塑料成型工艺和模具设计与制造教学及科研经验的基础上，参考国内外先进技术成果编写而成的，以培养高技能人才为目标。本书以就业为导向，体现了教学内容的先进性和前瞻性。

　　本书由佳木斯大学李小海副教授（编写第 1～4 章）、王晓霞教授（编写第 6～8 章）任主编；佳木斯大学张霞副教授（编写第 9 章）、殷宝麟讲师（编写第 10 章）、哈尔滨远东理工学院孙美娜（编写第 5 章）任副主编；佳木斯大学史立秋副教授、颜兵兵副教授和西北工业大学明德学院雷玲讲师也参与了部分编写和整理工作，并由佳木斯大学王俊发教授任主审。全书由李小海副教授统稿与定稿。

　　由于编者水平有限，书中难免有不妥之处，敬请有关专家和读者不吝赐教。

李小海

2013 年 8 月于佳木斯

<<<<< CONTENTS

第4章 拉深及拉深模设计

第5章 局部成型工艺及模具设计

第6章 塑料成型基础知识

第7章 注射成型模具设计

VII

第1章

绪　论

1.1　模具及模具制造技术概述

模具是用来成型物品的工具,这种工具由各种零件构成,不同的模具由不同的零件构成。它主要通过所成型材料物理状态的改变来实现物品外形的加工。

模具是能生产出具有一定形状和尺寸要求的零件的一种生产工具,也就是通常人们所说的模子。例如,电视机、电话机的外壳,塑料桶等商品,是把塑料加热软体注进模具冷却成型生产出来的;蒸饭锅也是由金属平板用模具压成这样的形状的。如图 1-1 所示为多工位精密级进模。

图 1-1　多工位精密级进模

那么模具又是怎样做出来的呢?首先它由模具设计人员根据产品(零件)的使用要求,把模具结构设计出来,绘出图纸,再由技术工人按图纸要求通过各种机械的加工(如车床、刨床、铣床、磨床、电火花、线切割)做好模具上的每个零件,然后组装调试,直到能生产出合格的产品。

模具制造就是指在相应的制造装备和制造工艺的条件下,直接对模具零件用材料进行加工,以改变其形状、尺寸、相对位置和性质,使之成为符合要求的零件,再将这些零件经配合、定位、连接并固定装配成为模具的过程。这一过程是按照各种专业工艺、工艺过程管理及工艺顺序进行加工和装配来实现的。

模具制造技术就是运用各类生产工艺装备和加工技术,生产出各种特定形状和加工作用的模具,并使其应用于实际生产中的系列工程应用技术。它包括:产品零件的分析技术,模具的设计、制造技术,模具的质量检测技术,模具的装配、调试技术,以及模具的使用、维护技术等。

1.2　模具在工业生产中的作用

模具是工业生产的基础工艺装备，在电子、汽车、电动机、电器、仪器、仪表、家电和通信等产品中，60%～80%的零部件都要依靠模具成型。螺钉、螺母、垫圈等标准件，没有模具就无法大量生产。并且，推广工程塑料、粉末冶金、橡胶、合金压铸、玻璃成型等工艺也全部需要用模具来完成批量生产。因此，模具是发展和实现材料成型不可缺少的工具，也是工业生产中应用极为广泛的重要工艺装备。模具生产能够提高效率，易于大批量、标准化生产，少切削、无切削的生产，降低产品成本。用模具生产制件所表现出来的高精度、高复杂程度、高一致性、高生产率和低消耗，是其他加工制造方法所不能比拟的。模具又是"效益放大器"，用模具生产的最终产品的价值，往往是模具自身价值的几十倍、上百倍。模具生产技术水平的高低，已成为衡量一个国家产品制造水平高低的重要标志，在很大程度上决定着产品的质量、效益和新产品的开发能力。在工业生产中，产品的更新换代少不了模具。如果模具供应不及时，很可能造成停产；如果模具精度不高，产品质量就得不到保证；模具结构及生产工业落后，产品质量难以提高。随着近代工业的发展和产品更新换代周期的加快，模具的需求量日益增长，对模具设计与制造水平不断提出更高的要求。

模具工业在我国国民经济中的重要地位和作用表现在以下几点：

（1）模具工业是高新技术产业的一个组成部分。例如，属于高新技术领域的集成电路的设计与制造，不能没有做引线框架的精密级进冲模和精密的集成电路塑封模；计算机的机壳、接插件和许多元器件的制造，也必须有精密塑料模具和精密冲压模具；数字化电子产品（包括通信产品）的发展，没有精密模具也不行。因此可以说，许多高精度模具本身就是高新技术产业的一部分。有些生产高精度模具的企业，已经被命名为高新技术企业。

（2）模具工业又是高新技术产业化的重要领域，用信息技术带动和提升模具工业的制造技术水平，是推动模具工业技术进步的关键环节。CAD/CAE/CAM 技术在模具工业中的应用，以及快速原型制造技术的应用，使模具的设计制造技术发生了重大变革。

（3）模具工业是装备工业的一个组成部分。根据《国家中长期人才发展规划纲要（2010—2020年）》的具体要求，模具设计与制造新技术被列为国家紧缺人才培养计划。我国目前正在成为国际的制造中心，成为制造业大国，而模具是各种产品大批量生产的基础装备，没有模具就不能实现批量生产、提高产品质量、降低成本。一个国家从制造大国走向制造强国，模具在其中扮演着十分重要的角色。

（4）国民经济的五大支柱产业——机械、电子、汽车、石化、建筑，都要求模具工业的发展与之相适应。机械、电子、汽车工业需要大量的模具，特别是轿车大型覆盖件模具、电子产品的精密塑料模具和冲压模具，目前在质与量上都远不能满足这些支柱产业发展的需要。我国石化工业一年生产 500 多万吨聚乙烯、聚丙烯和其他合成树脂，很大一部分需要塑料模具成型，做成制品，才能用于生产和生活的消费。生产建筑业用的地砖、墙砖和卫生洁具，需要大量的陶瓷模具；生产塑料管件和塑钢门窗，也需要大量的塑料模具成型。

1.3　模具的种类

模具分类方法很多，过去常使用的有：按模具结构形式分类，如单工序模、复式冲模等；按使用对象分类，如汽车覆盖件模具、电动机模具等；按加工材料性质分类，如金属制品用模具、非金属制品用模具等；按模具制造材料分类，如硬质合金模具等；按工艺性质分类，如拉深模、粉末冶金模、锻模等。这些分类方法中，有些不能全面地反映各种模具的结构和成型加工工艺的特点，以及它们的使用功能。为此，采用以使用模具进行成型加工的工艺性质和使用对象为主的综合分类方法，将模具分为十大类，如表 1-1 所示，又可根据模具结构、材料、使用功能及制模方法等将其分为若干小类或品种。

表 1-1 模具的种类

序 号	模具类型	模具品种	工艺性质及使用对象
1	冲压模具（冲模）	冲裁模（无、少废料冲裁、整修，光洁冲裁，深孔冲裁精冲等）、弯曲模具、拉深模具、单工序模具（冲裁、弯曲、拉深、成型等）、复合冲模、级进冲模；汽车覆盖件冲模、组合冲模、电动机硅钢片冲模	板材冲压成型
2	塑料成型模具	塑料注射（塑）模具、塑料压塑模具、塑料挤出模具、塑料吹塑模具、塑料吸塑模具、高发泡聚苯乙烯成型模具等	塑料制品成型工艺（热固性和热塑性塑料）
3	压铸模	热室压铸机用压铸模，立式冷室压铸机用压铸模，卧式冷室压铸机用压铸模，全立式压铸机用压铸模，有色金属（锌、铝、铜、镁合金）压铸模，黑色金属压铸模	有色金属与黑色金属压力铸造成型工艺
4	锻造成型模具	模锻和大型压力机用锻模，螺旋压力机用锻模，平锻机锻模，辊锻模等；各种紧固件冷镦模，挤压模具，拉丝模，液态锻造用模具等	金属零件成型，采用锻压、挤压
5	铸造用金属模具	各种金属零件铸造时采用的金属模型	金属浇铸成型工艺
6	粉末冶金模具	压制模具：单向压模、双向压模、浮动阴模双向压模、引下式压模、摩擦芯杆压模、组合模冲压模、组合阴模压模、组合芯杆压模、旋转压模等；精整模具：径向精整模、全精整模；复制模具：复压模、热复压模、旋转压模；锻造模具：闭式锻模、开式锻模	粉末制品压坯的压制成型工艺
7	玻璃制品模具	吹-吹法成型瓶罐模具，压-吹法成型瓶罐模具，玻璃器皿用模具等	玻璃制品成型工艺
8	橡胶成型模具	橡胶制品的压胶模、挤胶模、注射模。橡胶轮胎模，O 形密封圈橡胶模等	橡胶压制成型工艺
9	陶瓷模具	各种陶瓷器皿等制品用的成型金属模具	陶瓷制品成型工艺
10	经济模具（简易模具）	低熔点合金成型模具，薄板冲模，叠层冲模，硅橡胶模，环氧树脂模，陶瓷型精铸模，叠层型腔塑料模，快速电铸成型模等	适用多品种小批量工业产品用模具，有很高的经济价值

1.4 模具材料的选择

模具选材是整个模具制作过程中非常重要的一个环节。模具选材需要满足三个原则：模具满足耐磨性、强韧性等工作需求，满足工艺要求，同时应满足经济适用性要求。

1．模具满足工作条件要求

1）耐磨性

坯料在模具型腔中塑性变形时，沿型腔表面既流动又滑动，使型腔表面与坯料间产生剧烈的摩擦，从而导致模具因磨损而失效。所以材料的耐磨性是模具最基本、最重要的性能之一。

硬度是影响耐磨性的主要因素。一般情况下，模具零件的硬度越高，磨损量越小，耐磨性也越好。另外，耐磨性还与材料中碳化物的种类、数量、形态、大小及分布有关。

2）强韧性

模具的工作条件大多十分恶劣，有些常承受较大的冲击负荷，从而导致脆性断裂。为防止模具零件在工作时突然脆断，模具要具有较高的强度和韧性。模具的韧性主要取决于材料的含碳量、晶粒度及组织状态。

3）疲劳断裂性能

模具工作过程中，在循环应力的长期作用下，往往导致疲劳断裂。其形式有小能量多次冲击疲劳断裂、拉伸疲劳断裂、接触疲劳断裂及弯曲疲劳断裂。模具的疲劳断裂性能主要取决于其强度、韧性、硬度，以及材料中夹杂物的含量。

4）高温性能

当模具工作温度较高时，会使硬度和强度下降，导致模具早期磨损或产生塑性变形而失效。因此模具材料应具有较高的抗回火稳定性，以保证模具在工作温度下具有较高的硬度和强度。

5）耐冷热疲劳性能

有些模具在工作过程中处于反复加热和冷却的状态，使型腔表面受拉、压力变应力的作用，引起表面龟裂和剥落，增大摩擦力，阻碍塑性变形，降低了尺寸精度，从而导致模具失效。冷热疲劳是热作模具失效的主要形式之一，这类模具应具有较高的耐冷热疲劳性能。

6）耐蚀性

有些模具如塑料模具在工作时，由于塑料中存在氯、氟等元素，受热后解析出 HCl、HF 等强侵蚀性气体，侵蚀模具型腔表面，加大其表面粗糙度，加剧磨损失效。

2．模具满足工艺性能要求

模具的制造一般都要经过锻造、切削加工、热处理等几道工序。为保证模具的制造质量，降低生产成本，其材料应具有良好的可锻性、切削加工性、淬硬性、淬透性及可磨削性；还应具有小的氧化、脱碳敏感性和淬火变形开裂倾向。

1）可锻性

具有较低的热锻变形抗力，塑性好，锻造温度范围宽，锻裂冷裂及析出网状碳化物倾向低。

2）退火工艺性

球化退火温度范围宽，退火硬度低且波动范围小，球化率高。

3）切削加工性

切削用量大，刀具损耗低，加工表面粗糙度低。

4）氧化、脱碳敏感性

高温加热时抗氧化性能好，脱碳速度慢，对加热介质不敏感，产生麻点倾向小。

5）淬硬性

淬火后具有均匀而高的表面硬度。

6）淬透性

淬火后能获得较深的淬硬层，采用缓和的淬火介质就能淬硬。

7）淬火变形开裂倾向

常规淬火体积变化小，形状翘曲、畸变轻微，异常变形倾向低。常规淬火开裂敏感性低，对淬火温度及工件形状不敏感。

8）可磨削性

砂轮相对损耗小，无烧伤极限磨削用量大，对砂轮质量及冷却条件不敏感，不易发生磨伤及磨削裂纹。

3．模具满足经济性要求

在给模具选材时，必须考虑经济性这一原则，尽可能降低制造成本。因此，在满足使用性能的前提下，首先选用价格较低的，能用碳钢就不用合金钢，能用国产材料就不用进口材料。

另外，在选材时还应考虑市场的生产和供应情况，所选钢种应尽量少而集中，易购买。

1.5　工业生产对模具的基本要求

模具是一种高精度、高效率的工艺设备，是生产制件的专用工具，模具的精度直接影响制件的质量。对于模具的基本要求是使模具在足够的寿命期内，能够稳定地生产出质量合格的制件。因此，对模具的基本要求是：精度高、质量好、寿命长、成本低、结构简单、安全可靠。

1．模具精度

模具精度主要是指模具成型零件的工作尺寸、精度和成型表面的表面质量。模具精度可分为模具本身的精度和发挥模具效能所需的精度。例如，凸模、凹模、凸凹模等零件的尺寸精度、形状精度和位置精度属于模具零件本身的精度，各零件装配后，面与面或面与线之间的平行度、垂直度、定位及导向配合等精度，都是为了发挥模具效能所需的精度。但通常所讲的模具精度主要是指模具工作零件或成型零件的精度及相互位置精度。

模具精度越高，则成型的制件精度也越高。但过高的模具精度会受到加工技术手段的制约。故模具精度的确定一般要与所成型的制件精度相协调，同时还要考虑现有模具的生产条件。

2．模具寿命

模具的寿命是指模具能够生产合格制品的耐用程度，是模具因为磨损或其他形式失效终至不可修复而报废之前所成型的制件总数。

模具在报废之前所完成的工作循环次数或所产生制件的数量称为模具的总寿命。除此以外，还应考虑模具在两次修理之间的寿命，如冲裁模和刃磨寿命。在设计和制造模具时，用户都会提出关于模具寿命的要求，这种要求称为模具的期望寿命。确定模具的期望寿命应综合考虑技术上的可行性和经济上的合理性。一般而言，制件生产量较小时，模具寿命只需满足制件生产量的要求就足够了。此时，在保证模具寿命的前提下，应尽量降低模具成本。当制件为大批量生产时，即使需要很高的模具成本，也应尽可能提高模具的使用寿命和使用效率。

3．模具结构

在工业生产中，模具的用途广泛，种类繁多，模具的结构也多种多样。模具结构对模具受力状态的影响很大，合理的模具结构能使模具工作时受力均匀，应力集中小，也不易偏载，更能提高模具寿命。模具结构设计时，在保证产品质量的前提下，应考虑零件制造工艺，降低加工难度，合理选择模具材料，降低模具成本，尽量使模具结构简单，工人操作方便，确保人身安全，防止设备事故。

4. 模具制造周期

模具制造一般都是单件生产，其生产周期较长。模具生产周期（$T_{生产}$）大致可按下式表达。

$$T_{生产} = T_{准备（开始）} + T_{设计} + T_{准备生产} + T_{零件制造} + T_{装配} + T_{验收} + T_{终结}$$

为了控制好模具制造周期，按时完成生产任务，在模具生产过程中应做好以下几项工作：

（1）模具设计时，须采用标准零部件，并力求采用标准坯料。

（2）采用高效生产工艺和装备，力求最大限度地缩短模具和零件的制造工艺过程。

（3）制定严格的时间控制规则，保证计划进度。

1.6　模具设计与制造的发展趋势

1. 模具设计技术的发展趋势

模具设计长期以来依靠人的经验和机械制图来完成。自从20世纪80年代中国发展模具计算机辅助设计（CAD）技术以来，这项技术已获得认可，并且得到快速的发展。90年代开始发展的模具计算机辅助工程分析（CAE）技术，现在也为许多企业应用，它对缩短模具制造周期及提高模具质量有显著的作用。近年来模具 CAD/CAM 技术的硬件与软件价格已降低到中小企业普遍可以接受的程度，为其进一步普及创造了良好的条件；基于网络的 CAD/CAM/CAE 一体化系统结构初见端倪，它将解决传统混合型 CAD/CAM 系统无法满足实际生产过程分工协作要求的问题；CAD/CAM 软件的智能化程度将逐步提高；塑料制件及模具的 3D 设计与成型过程的 3D 分析将在我国模具工业中发挥越来越重要的作用。就大多数模具制造企业而言，今后的发展方向应以提高数控化和计算机化水平为主，积极采用高新技术，逐步走向 CAD/CAE/CAM 信息网络技术一体化。模具无纸化制造将逐渐替代传统的设计和加工。

除了模具 CAD/CAE 技术之外，模具工艺设计也非常重要。计算机辅助工艺设计（CAPP）技术已开始在中国模具企业中应用。由于大部分模具都是单件生产，其工艺规程有别于批量生产的产品，因此应用 CAPP 技术难度较大，也难以有适合各类模具和不同模具企业的 CAPP 软件。为了较好地应用 CAPP 技术，模具企业必须做好开发和研究工作。虽然 CAPP 技术应用和推广的难度比 CAD 和 CAE 为高，但也必须重视这一发展方向。

基于知识的工程（KBE）技术是面向现代设计决策自动化的重要工具，已成为促进工程设计智能化的重要途径，近年来受到重视，将对模具的智能、优化设计产生重要的影响。

2. 模具加工技术的发展趋势

不同类型的模具有不同的加工方法，同类模具也可以用不同加工技术去完成。模具加工的工作主要集中在模具型面加工、表面加工和装配，加工方法主要有精密铸造、金属切削加工、电火花加工、电化学加工、激光及其他高能波束加工，以及集两种以上加工方法为一体的复合加工等。数控和计算机技术的不断发展，使它们在许多模具加工方法中得到广泛的应用。在工业产品品种多样化及个性化日益明显、产品更新换代加快、市场竞争越来越激烈的情况下，用户要求模具制造交货期短、精度高、质量好、价格低，带动模具加工技术向以下几方面发展。

1）高速铣削技术

近年来中国模具制造业的一些骨干重点企业，先后引进高速铣床和高速加工中心，它们已在模具加工中发挥了很好的作用。当前国外高速加工机床主轴的最高转速已超过 100 000r/min，快速进给速度可达 120m/min，加速度可达 $1\sim2g$，换刀时间可提高到 $1\sim2$s。这样可大幅度提高加工效率，并可获得 $Ra\leqslant1\mu$m 的加工表面粗糙度，可切削 HRC 60 以上的高硬度材料，给电火花成型加工带来挑战。随着主轴转速的提高，机床结构及其所配置的系统及关键部件和零配件、刀具等都必须配合，令机床造价大为提高。中国进口的高速加工机床主轴最高转速在短期内仍将以 10 000～20 000r/min 为主，少数会达到 40 000r/min 左右。虽然向更高转速发展是必然方向，但目前最主要的还是推广应用。高速加工是切削加工工艺的革命性变革，从技术发展角度看，高速铣削正与超精密加工、硬切削加工相结合，开辟了以铣代磨的领域，并大大地减轻了模具的研抛工作量，缩短了模具制造周期，在中国模具企业的应用将会越来越多。并联机床（又称虚拟轴机床）和 3D 激光 6 轴铣床的诞生，以及开放式数控系统的应用更为高速加工增添了光彩。

2）电火花加工技术

电火花加工（EDM）虽然已受到高速铣削的严峻挑战，但是 EDM 技术的一些固有特性和独特的优点，是高速铣削所不能完全替代的，如模具的复杂型面、深窄小型腔、尖角、窄缝、沟漕、深坑等处的加工。虽然高速铣削也能满足上述部分加工要求，但成本比 EDM 高得多。较之铣削加工，EDM 更易实现自动化。复杂、精密小型腔及微细型腔和去除刀痕，完成尖角、窄缝、沟漕、深坑加工及花纹加工等，将是今后 EDM 应用的重点。

3）快速原型制造（RPM）和快速制模（RT）技术

模具未来竞争因素是如何快速地制造出用户所需的模具。RPM 技术可直接或间接用于 RT。金属模具快速制造技术的目标，是直接制造可用于工业化生产的高精度耐久金属硬模。间接法制模的关键技术是开发短流程工艺、减少精度损失、低成本的层积和表面光整技术的集成。RPM 技术与RT 技术的结合，将是传统快速制模技术（如中低熔点合金铸造、喷涂、电铸、精铸、层、橡胶浇固等）进一步发展的方向。RPM 技术与陶瓷型精密铸造相结合，为模具型腔精铸成型提供了新途径。应用 RPM/RT 技术，从模具的概念设计到制造完成，仅为传统加工方法所需时间的 1/3 和成本的 1/4 左右，具有广阔的发展前景。要进一步提高 RT 技术的竞争力，需要开发数据和加工数据生成更容易、高精度、尺寸及材料限制小的直接快速制造金属模具的方法。

4）超精密加工、微细加工和复合加工技术

随着模具向精密化和大型化方向发展，超精密加工、微细加工和集电、化学、超声波、激光等技术于一体的复合加工将得到发展。目前超精密加工已稳定地达到亚微米级，纳米精度的超精密加工技术也被应用到生产。电加工、电化学加工、束流加工等多种加工技术，已成为微细加工技术的重要组成部分，国外更有用波长仅 0.5nm 的辐射波制造出的纳米级塑料模具。在一台机床上使激光铣削和高速铣削相结合，已使模具加工技术得到新发展。

5）先进表面处理技术

模具热处理和表面处理，是能否充分发挥模具材料性能的关键。真空热处理、深冷处理、包括PVD 和 CVD 技术的气相沉积（TiN、TiC 等）、离子渗入、等离子喷涂及 TRD 表面处理技术、类钻石薄膜覆盖技术、高耐磨高精度处理技术、不沾黏表面处理等技术已在模具制造中应用，并呈现良好的发展前景。模具表面激光热处理、焊接、强化和修复等技术及其他模具表面强化和修复技术，也将受到进一步重视。

6）模具研磨抛光

模具的研磨抛光目前仍以手工为主，效率低，劳动强度大，质量不稳定。中国已引进了可实现三维曲面模具自动研抛的数控研磨机，自行研究的仿人智能自动抛光技术已有一定成果，但目前的应用很少，预计会得到发展。今后应继续注意发展特种研磨与抛光技术，如挤压珩磨、激光珩磨和研抛、电火花抛光、电化学抛光、超声波抛光以及复合抛光技术与工艺装备。

　　7）模具自动加工系统

　　随着各种新技术的迅速发展，国外已出现模具自动加工系统。模具自动加工系统应有以下特征：多台机床合理组合；配有随行定位夹具或定位盘；有完整的夹具和刀具数控库；有完整的数控柔性同步系统，以及有质量监测控制系统。也有人称同时完成粗加工和精加工的机床为模具加工系统。这些今后都会得到发展。

第 2 章
冲裁及冲裁模设计

冲裁是利用安装在压力机上的模具使材料产生分离的冲压工序。

冲裁通常包括落料、冲孔、切边、切口、剖切、切断等多种工序。

冲裁可以直接制成零件，也可为弯曲、拉伸、成型、冷挤压等工序准备毛坯。因此，冲裁的各工序在冲压生产中得到了广泛应用。

2.1 冲裁变形过程分析及其断面特征

2.1.1 冲裁变形过程分析

冲裁时，板料在凸、凹模中间，由于压力机滑块的作用，凸模逐渐靠近凹模，使板料分离。分离过程是瞬时完成的。冲裁变形过程如图 2-1 所示。

1. 弹性变形阶段

在凸模压力作用下，板料产生弹性压缩、弯曲变形等，并略微挤入凹模孔口，板料与凸、凹模接触处形成很小的圆角。凸模继续下压，板料的内应力达到弹性极限，此时凸模下的板略有弯曲，凹模上板料则向上翘。材料越硬，冲裁间隙越大，弯曲和上翘越严重，如图 2-1（a）、（b）所示。

2. 塑性变形阶段

在弹性变形阶段末期，凸模继续压入板料，材料内部的应力逐渐增加到材料的屈服极限时，板料进入塑性变形阶段，此时由于凸、凹模之间存在间隙，材料同时伴有弯曲和拉伸变形。随着变形程度的不断增大，凸模压入板料的深度增加，变形区内材料加工硬化也逐渐加剧，冲裁力相应增大，刃口处产生应力集中，直至凸模和凹模刃口处出现剪裂纹，如图 2-1（c）所示。冲裁力达到最大值时塑性变形阶段即告终止。

由于凸模和凹模挤入金属板料产生塑性变形，所以分离后的断面是光亮的。塑性变形阶段剪裂纹的产生时间与材质、冲裁间隙有关。

当冲裁间隙较小、材料塑性较高时，剪切裂纹的出现较迟。这是因为冲裁间隙小，变形区对拉应力的出现有抑制作用。相反，冲裁间隙较大，板料塑性较低，剪切裂纹的出现就会提前，光亮带也就变窄。

3. 断裂阶段

冲裁过程中，凸模压入金属板料进入塑性变形阶段后，应力达到剪切强度极限时，会出现剪

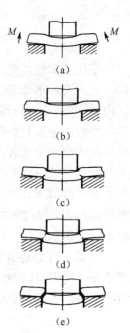

图 2-1 冲裁变形过程

裂纹，而且剪裂纹不断向金属板料内部扩展。当凸模和凹模刃口处上、下剪裂纹重合时，则板料被拉断分离，冲裁变形过程即告结束，如图 2-1（d）、（e）所示。

冲裁变形过程主要以剪切变形为主，同时伴随有拉伸、弯曲和横向挤压变形，故制件常出现翘曲不平等现象。在冲裁工艺中改变这些因素的影响，即可提高工件质量。

2.1.2　冲裁断面特征

板料经冲裁后，断面上会出现塌角、光亮带、断裂带和毛刺，如图 2-2 所示。这些构成了冲裁断面的特征。

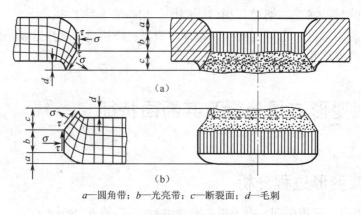

a—圆角带；b—光亮带；c—断裂面；d—毛刺

图 2-2　冲裁断面

塌角的形成是由于凸模压入板料开始产生塑性变形时，凸模和凹模刃口附近的材料被拉伸和弯曲产生变形的结果。塌角区又称圆角带，其大小与材质、料厚及冲裁间隙有关。

光亮带的形成是在冲裁过程中，凸模挤入板料后而未出现剪裂纹之前塑性变形的结果。变形区内受到剪切应力 τ 和挤压应力 σ 的作用，使材料产生塑性变形，其断面光亮而垂直。光亮带的宽窄主要取决于板料的塑性、冲模结构和冲裁间隙。塑性好的材料，冲裁间隙适当时，光亮带占板料厚度的比例也越大。

断裂带的出现是在剪切应力 τ 达到最大值时，在刃口处产生剪裂纹，在拉应力 σ 的作用下剪裂纹不断扩展而断裂的区域。其断面粗糙，具有金属本色，有斜度。断裂带的宽度主要取决于材质和冲裁间隙。塑性好的材料，冲裁间隙合适时，剪裂纹出现较迟，断裂带宽度占板料厚度的比例较小，斜角也小。

毛刺的产生是由于凸、凹模存在冲裁间隙，以及剪裂纹产生的位置不是在刃口尖角处，而是产生在凸模刃口外侧面和凹模刃口内侧的附近，在拉应力的作用下，金属被拉断而形成的。在普通冲裁时，毛刺是不可避免的，并且高出冲件平面。模具冲裁间隙正常时，毛刺的高度很小。

2.2　冲裁件的工艺性

冲裁件的工艺性是指零件对冲裁加工工艺的适应性，即加工的难易程度。

良好的冲压工艺性，是指在满足零件使用要求的前提下，能以高生产率及最经济的冲裁方式加工出来。

由冲裁变形过程的分析可知，材料除剪切变形外，刃口附近的材料还存在着拉伸、弯曲、横向挤压等变形，冲裁件断面具有明显的区域性特征。所以，在拟定冲裁件的工艺规程或设计冲裁件时，必须从制件结构形状、材料性能、尺寸精度、粗糙度及模具强度等方面分析零件的结构工艺性。

2.2.1　对结构的基本要求

（1）冲裁件的形状应力求简单、规则，使排样时废料最少。

（2）制件内、外形转角处应避免设计成尖角，一般在转角处应使 $R>0.25t$。

（3）冲孔制件的孔不能太小。冲模可冲出的最小孔径如表 2-1 和表 2-2 所示。

表 2-1　带护套式凸模冲孔的最小尺寸

（mm）

材　　料	圆孔 D	矩形孔（a 短边）
硬钢	$D\geq0.5t$	$a\geq0.4t$
黄铜、软钢	$D\geq0.35t$	$a\geq0.3t$
紫铜、铝、锌	$D\geq0.3t$	$a\geq0.28t$
布胶板、纸板	$D\geq0.3t$	$a\geq0.25t$

表 2-2　各种材料的最小冲孔值

（mm）

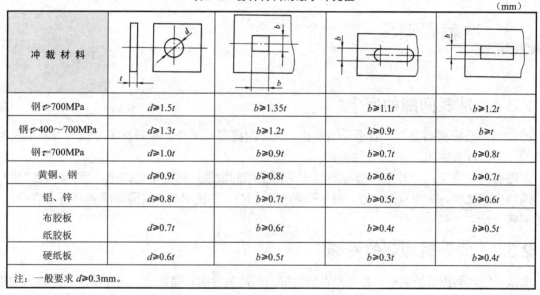

冲裁材料				
钢 $\tau>700$MPa	$d\geq1.5t$	$b\geq1.35t$	$b\geq1.1t$	$b\geq1.2t$
钢 $\tau>400\sim700$MPa	$d\geq1.3t$	$b\geq1.2t$	$b\geq0.9t$	$b\geq t$
钢 $\tau=700$MPa	$d\geq1.0t$	$b\geq0.9t$	$b\geq0.7t$	$b\geq0.8t$
黄铜、钢	$d\geq0.9t$	$b\geq0.8t$	$b\geq0.6t$	$b\geq0.7t$
铝、锌	$d\geq0.8t$	$b\geq0.7t$	$b\geq0.5t$	$b\geq0.6t$
布胶板 纸胶板	$d\geq0.7t$	$b\geq0.6t$	$b\geq0.4t$	$b\geq0.5t$
硬纸板	$d\geq0.6t$	$b\geq0.5t$	$b\geq0.3t$	$b\geq0.4t$

注：一般要求 $d\geq0.3$mm。

（4）注意制件上孔与孔之间的距离，以及制件孔与边缘的距离。c 值不宜太小（如图 2-3 所示），一般要求 $c\geq(1.5\sim2)t$，并保证 c 或 c' 大于 3～4mm，在弯曲或拉深件上冲孔时应保证 $l\geq R+0.5t$，$l_1\geq R_1+0.5t$（如图 2-4 所示）。

（5）制件外形应避免有长悬臂或过窄的凹槽，悬臂和凹槽的宽度要大于料厚的 1.5～2 倍。深度 $b\geq(1.5\sim2)t$（如图 2-3 所示）。

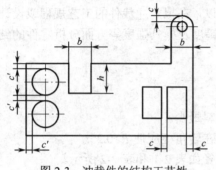

图 2-3 冲裁件的结构工艺性

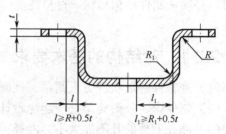

图 2-4 弯曲件的冲孔位置

2.2.2 冲裁件的尺寸精度和粗糙度

制件的尺寸精度以不高于 IT12 级为宜。如无特殊要求，外形尺寸精度应低于 IT10 级，内形尺寸精度应低于 IT9 级。对精度要求高于 IT10 级的冲裁件，应在模具结构设计方面采取措施，如提高定位精度，采用弹压卸料顶件装置，提高模具制造精度或采用精冲技术等。

制件的断面质量要求不高时，材料厚度和硬度对粗糙度的影响尤甚。通常材料厚度 $t<1\text{mm}$ 的制件，断面粗糙度可达 $Ra\ 3.2\mu\text{m}$；$t>1\text{mm}$ 的制件，断面粗糙度将大于 $Ra\ 6.3\mu\text{m}$。

2.3 冲裁间隙

2.3.1 冲裁间隙的概念

冲裁模的凸模横断面，一般小于凹模孔。凸、凹模刃口部分，在垂直于冲裁力方向的投影尺寸之差，称为冲裁间隙。

间隙有两种含义：一种指凸模与凹模间每侧空隙的数值，称为单边间隙；另一种指凹模与凸模间两侧空隙之和，称为双面间隙。对于圆形刃口的凸、凹模来说，双面间隙就是两者直径之差，常用 Z 来表示。

2.3.2 间隙对冲裁的影响

实践证明，间隙值的大小、分布是否均匀等，对冲裁件的断面质量、尺寸精度、冲裁力和模具寿命等均有直接影响。间隙大小可分三种情况，即间隙合理、间隙过大和间隙过小，如图 2-5 所示。

1. 断面质量

间隙合理，材料在分离时，凸、凹模刃口处的裂纹重合，冲裁断面比较平直、光滑，塌角和毛刺均较小，制件质量较好，如图 2-5（b）所示。

但合理的冲裁间隙并不是一个绝对值，而是某一个数值范围，在此范围内都可得到冲裁断面好的制件；间隙过大，凸、凹模刃口处的裂纹不重合，凸模刃口附近的裂纹在凹模刃口附近裂纹的里边，如图 2-5（c）所示，材料受很大的拉伸，光亮带小，毛刺、塌角及斜度都较大；间隙过小，裂纹也不重合，凸模刃口附近的裂纹在凹模刃口附近裂纹的外边，两条剪裂纹之间的一部分材料随冲裁的继续又被二次剪切和挤压，在断面上形成第二次光亮带，并在其间出现夹层和毛刺，如图 2-5（a）所示。

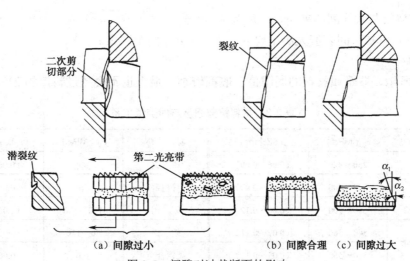

图 2-5　间隙对冲裁断面的影响

2．尺寸精度

落料或冲孔后，因发生弹性恢复，会影响尺寸精度。间隙小到一定界限时，由于压缩变形弹性恢复，落料件尺寸会大于凹模尺寸，而使冲出的孔小于凸模。

间隙大到一定界限时，由于拉伸变形弹性恢复，落料件尺寸会小于凹模，而使冲出的孔大于凸模。间隙对于落料和冲孔精度的影响是不同的，而且与材料轧制的纤维方向有关。

3．冲裁力和模具寿命

间隙大时，冲裁力有一定程度的减小，卸料力和推件力也随之降低。

冲裁时，坯料对凸、凹模刃口产生侧压力，凸模与被冲孔以及凹模与落料件之间均有摩擦力。间隙越小，侧压力和摩擦力越大。此外，受模具本身的制造误差和装配误差影响，凸模不可能绝对垂直于凹模平面，而间隙分布也不可能十分均匀。因此，过小的间隙会使凸、凹模刃口磨损加剧，寿命缩短。而较大的间隙则可使凸、凹模侧面与材料间摩擦减小，并减缓间隙不均的不利影响，从而提高模具寿命。但如果间隙过大，坯料弯曲相应增大，使凸模与凹模刃口端面上的压应力分布不均匀，易产生崩刃或产生塑性变形，因而对模具寿命也不利。

2.3.3　间隙值确定

确定冲裁间隙值的主要依据，是在保证断面质量和尺寸精度的前提下，使模具寿命最高。可根据制件技术要求、使用特点和生产条件等因素选用冲裁间隙。

选用方法一般有理论计算法、查表法、经验公式法等。

1）理论计算法

根据图 2-6 所示的几何关系可得：

$$\frac{Z}{2}=(t-h_0)\tan\beta=t\left(1-\frac{h_0}{t}\right)\tan\beta \qquad (2\text{-}1)$$

式中　Z——冲裁间隙双面值（mm）；

　　　　h_0——产生裂纹时凸模压入深度（mm）；

　　　　t——料厚（mm）；

　　　　$\dfrac{h_0}{t}$——产生裂纹时凸模压入材料的相对深度；

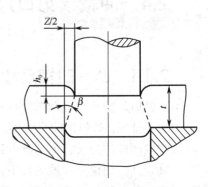

图 2-6　冲裁间隙几何关系

β——剪裂纹与垂线间的夹角，一般为 $4°\sim6°$。

由式（2-1）可知：间隙值大小主要取决于 t 和 h_0/t 两个因素。

2）查表法

如表 2-3 所示，非金属材料的间隙值一般都较小，最大也不会超过料厚的 2%。

表 2-3　材料抗剪强度与间隙值关系

材　料	τ_0（MPa）	0.5Z（mm）	材　料	τ_0（MPa）	0.5Z（mm）
纯　铁	250～320	(0.06～0.09) t	磷青铜	500	(0.06～0.10) t
软　钢	320～400	(0.06～0.09) t	锌白铜	440	(0.06～0.10) t
硬　钢	550～900	(0.08～0.12) t	硬　铝	130～180	(0.06～0.10) t
硅　钢	540～560	(0.07～0.11) t	软　铝	70～110	(0.05～0.08) t
不锈钢	520～560	(0.07～0.11) t	硬铝合金	380	(0.06～0.10) t
硬　铜	250～300	(0.06～0.10) t	软铝合金	220	(0.06～0.10) t
软　铜	180～220	(0.06～0.10) t	铅	200～300	(0.06～0.09) t
硬质黄铜	350～400	(0.06～0.10) t	铍莫合金	520	(0.05～0.08) t
软质黄铜	220～300	(0.06～0.10) t			

注：t 为料厚。

3）经验公式法

$$\frac{Z}{2}=C\cdot t \tag{2-2}$$

式中　C——与材料性能、厚度有关的系数（见表 2-4）。

表 2-4　C 系数值

材　料	料厚 t（mm）	
	<3	>3
软钢、纯铁	0.06～0.09	当断面质量无特殊要求时，将 $t<3$mm 的相应 C 值放大 1.5 倍
铜、铝合金	0.06～0.10	
硬　钢	0.08～0.12	

2.4　冲裁模刃口尺寸计算

2.4.1　凸、凹模尺寸计算原则

冲裁时，冲孔直径和落料件外形尺寸均取决于光亮带的尺寸。

实践证明，落料件的尺寸接近于凹模刃口尺寸；冲孔件的尺寸接近于凸模刃口的尺寸。所以，落料时取凹模作为设计的基准件；冲孔时取凸模作为设计的基准件。

确定凸、凹模尺寸原则如下：

（1）落料时，先确定凹模刃口尺寸，其大小应接近于或等于制件落料部分的最小极限尺寸，以保证凹模磨损至一定尺寸范围内，也能冲出合格制件。凸模刃口的相应基本尺寸应比凹模刃口基本尺寸小一个最小合理间隙。

（2）冲孔时，先确定凸模刃口尺寸，其大小应接近或等于制件所冲孔的最大极限尺寸，以保证凸模磨损至一定尺寸范围内，也能冲出合格的孔。凹模刃口的基本尺寸应比凸模刃口对应的基本尺寸大一个最小合理间隙。

凸、凹模的制造公差与制件精度和形状有关，一般比制件精度高 2～3 级。

2.4.2 凸、凹模分开加工时尺寸与公差的计算

凸、凹模分开加工，是指凸模与凹模分别按图加工至尺寸，要求凸、凹模具有互换性，便于成批制造。若形状简单，特别是圆形件，采用这种方法较为适宜。

为了保证凸、凹模间初始间隙合理，凸、凹模要有较高的制造精度，并分别标注公差。公差应满足如下条件：

$$T_p + T_d \leq (Z_{max} - Z_{min})$$
$$T_p \leq T_d$$

式中　T_p、T_d——凸、凹模制造公差；

　　　Z_{max}、Z_{min}——凸、凹模最大与最小双面间隙。

对于圆形或简单规则形状的冲裁件，其落料、冲孔模允许偏差位置分布如图 2-7 所示。

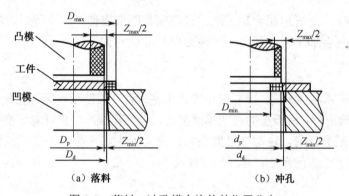

（a）落料　　　　　　　　　（b）冲孔

图 2-7 落料、冲孔模允许偏差位置分布

凸、凹模尺寸计算如下。

落料：设制件外形尺寸为 D_{-T} 则

$$D_d = (D - X \cdot T)^{+T_d} \tag{2-3}$$
$$D_p = (D_d - Z_{min})_{-T_p} = (D - X \cdot T - Z_{min})_{-T_p} \tag{2-4}$$

式中　D_p、D_d——分别为落料凸、凹模刃口基本尺寸（mm）；

　　　D——制件外形基本尺寸（mm）；

　　　T——制件公差（mm）；

　　　T_p、T_d——凸、凹模制造公差（mm）；

　　　X——系数，与制件精度有关。

一般模具精度为 IT6～7 级，也可以取 $T_p = (0.2～0.25)T$，$T_d = 0.25T$。

X 取值：制件精度为 IT10 级以上时取 1，制件精度为 IT11～13 级时取 0.75，制件精度为 IT14 级以下时取 0.5。X 值也可以由表 2-5 选取。

表 2-5 系数 X

材料厚度（mm）	非 圆 形			圆 形	
	制件公差 T（mm）				
<1	<0.16	0.16～0.36	>0.36	<0.16	>0.16
1～2	<0.20	0.2～0.42	>0.42	<0.20	>0.20
2～4	<0.24	0.24～0.5	>0.5	<0.24	>0.24
>4	<0.30	0.30～0.60	>0.6	<0.30	>0.30
系数 X	1	0.75	0.5	0.75	0.5

冲孔：设制件孔尺寸为 d^{+T}，则

$$d_p = (d + X \cdot T)_{-T_p} \tag{2-5}$$

$$d_d = (d_p + Z_{min})^{+T_d} = (d + X \cdot T + Z_{min})^{+T_d} \tag{2-6}$$

式中 d_p、d_d——冲孔凸、凹模刃口基本尺寸（mm）；

d——制件孔的基本尺寸（mm）。

其余符号同式（2-3）、式（2-4）。

2.4.3 凸、凹模配合加工时尺寸与公差的计算

目前模具生产中广泛采用配合加工法。它使模具制造方便、成本降低，对模具间隙的配制容易保证。凸、凹模配合加工时，其凸、凹模刃口尺寸计算如下。

1. 落料

以图 2-8（a）所示制件为例，落料时以凹模为基准件，按凹模实际加工尺寸配合加工凸模，以保证最小间隙。凹模公称尺寸及公差按凹模磨损后尺寸变化规律分别计算。变化规律如图 2-8（b）所示，凹模轮廓 1 是磨损前，轮廓 2 是磨损后，分为变大、变小和不变三类情况。

（1）凹模磨损后变大的尺寸：A、A_1、A_2 及 A_3。

$$A_d = (A - XT)^{+T_d}_0 \tag{2-7}$$

（2）凹模磨损后变小的尺寸：B。

$$B_d = (B + XT)^0_{-T_d} \tag{2-8}$$

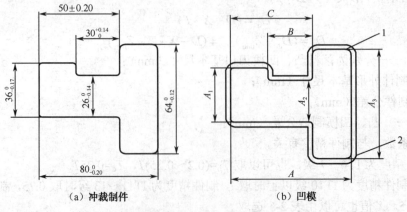

（a）冲裁制件　　　　　　　　（b）凹模

图 2-8 凹模的分析计算

（3）凹模磨损后不变的尺寸：C。

此情况应按制件尺寸偏差标注方式不同而又分为以下三种情况。

当制件尺寸按 C^{+T} 标注时：

$$C_d = (C+0.5T) \pm T_d$$

当制件尺寸按 C_{-T} 标注时：

$$C_d = (C-0.5T) \pm T_d$$

当制件尺寸按 $C \pm T'$ 标注时：　　　　　　　　　　　　　　　　　　（2-9）

$$C_d = C \pm T_d$$

式中　　A、B、C——分别为制件的基本尺寸（mm）；

　　　　A_d、B_d、C_d——分别为相应凹模的基本尺寸（mm）；

　　　　T——制件公差（mm）；

　　　　T'——制件偏差（mm）；

　　　　T_d——凹模制造公差（mm），通常 $T_d=T/4$，但当标注为 $\pm T_d$ 时，则 $T_d=T/8$。

配合加工时，凹模按计算尺寸标注公称尺寸及公差，凸模只标公称尺寸，不标公差，但注明"配作"字样，保证最小间隙 Z_{min} 值。

2．冲孔

冲孔时以凸模为基准配作凹模，凸模同样根据以上磨损分类原理分析计算。

2.4.4　配合加工计算实例

【实例】　如图 2-9 所示制件，其材料为 10 号钢，料厚 2mm，求凸、凹模刃口尺寸及公差。

解：此制件外形加工属落料；$\phi 5$ 为冲孔，故应分别计算。

（1）间隙值确定。查表 2-4 并代入式（2-2）得

$Z_{max}=2C \cdot t=0.36$；$Z_{min}=2C \cdot t=0.24$。

（2）外形落料尺寸计算。根据磨损情况分为三类。

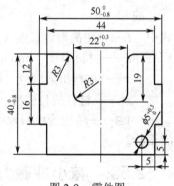

图 2-9　零件图

① 凹模磨损后变大的尺寸：$50_{-0.8}^{0}$、$40_{-0.8}^{0}$、$44_{-0.62}^{0}$、$16_{-0.43}^{0}$，

其中尺寸 44 及 16 的公差为自由公差，一般按 ITl4 级取值。再根据公差值与料厚查表 2-5，磨损系数 $X=0.5$，由式（2-7）计算：

$$A_d = (A - X \cdot T)_0^{+T_d}$$

$$A_{d1}=(50-0.5 \times 0.8)^{+0.8/4}=49.6^{+0.2}(mm)$$

$$A_{d2}=(44-0.5 \times 0.62)^{+0.62/4}=43.7^{+0.16}(mm)$$

$$A_{d3}=(16-0.5 \times 0.43)^{+0.43/4}=15.8^{+0.11}(mm)$$

$$A_{d4}=(40-0.5 \times 0.8)^{+0.8/4}=39.6^{+0.2}(mm)$$

② 凹模磨损后变小的尺寸：由式（2-8）计算，有

$$B_d = (B + X \cdot T)_{-T_d}^0$$

$$B_{d1}=(22+0.75 \times 0.3)_{-0.3/4}=22.23_{-0.075}(mm)$$

③ 凹模磨损后不变的尺寸：按 IT14 级确定公差后为 19 ± 0.26，12 ± 0.215。由式（2-9）计算，有

$$C_{d1}=(19\pm\frac{1}{8}\times0.52)=19\pm0.07(\text{mm})$$

$$C_{d2}=(12\pm\frac{1}{8}\times0.43)=12\pm0.05(\text{mm})$$

题中 R3 与中心距 5mm 可不计算。R3 由修模时得到；5mm 中心距由模具装配保证。如要计算，可按一半磨损考虑，但在实际生产中没有什么意义。

④ 冲孔：$\phi5^{+0.3}_{0}$ mm，根据公差值与料厚查表 2-5，磨损系数 X=0.75，由式（2-5）计算：

$$d_p=(5+0.75\times0.3)_{-0.3/4}=5.23_{-0.075}(\text{mm})$$

上述配作模具的有关标注，请读者试解。

2.5　冲裁力和压力中心的确定

2.5.1　冲裁力 F

冲裁力是指冲压时，材料对凸模的最大抵抗力。它是选择冲压设备和检验模具强度的一个重要依据。冲裁力的大小与材质、料厚、冲件分离的轮廓长度有关。平刃冲模的冲裁力计算如下：

或

$$\left.\begin{array}{l}F=1.3L\cdot t\cdot\tau\\F=L\cdot t\cdot\sigma_b\end{array}\right\}\qquad(2\text{-}10)$$

式中　L——冲裁周边长度（mm）；

　　　t——材料厚度（mm）；

　　　τ——材料抗剪强度（MPa）；

　　　σ_b——材料抗拉强度（MPa）；

　　　1.3——考虑到板料厚度公差、模具刃口锋利程度、冲裁间隙以及材料机械性能等变化因素的系数。

2.5.2　减小冲裁力的方法

当冲裁力超过现有冲压设备条件时，或为了降低冲裁力，可采取斜刃冲裁、阶梯冲裁、加热冲裁。

1. 斜刃冲裁

如图 2-10（a）所示，它是减小冲裁力的有效方法之一。为了得到平整的制件，斜刃开设的方向性至关重要。落料时，斜刃开在凹模上，凸模为平刃；冲孔时，凸模是斜刃，凹模为平刃。除此之外，斜刃开设还应保持平衡和对称，并增加校平工序。

2. 阶梯冲裁

在同一模具上将多个凸模做成不同的高度，如阶梯形式，如图 2-10（b）所示，可分散全部凸模同时接触工件冲裁的冲裁力，从而降低最大冲裁力和减少冲击振动。由于凸模先后冲裁，所以设计时应特别注意平衡和金属的流动方向。

凸模阶梯高度的 H 值与料厚有关：当 $t<3$mm 时，$H=t$；当 $t>3$mm 时，$H=t/2$。

阶梯冲裁时，各阶梯层的冲裁力之和不等，取其中最大值作为选择压力机的依据。

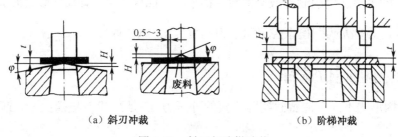

（a）斜刃冲裁　　　　　　　　　　（b）阶梯冲裁

图 2-10　斜刃与阶梯冲裁

3. 加热冲裁

加热冲裁是通过对材料加热，显著降低材料抗剪强度来减小冲裁力的方法，又称"红冲"。冲裁力计算与平刃冲裁计算相同。钢在加热状态的抗剪强度值如表 2-6 所示。冲压温度通常比加热温度低 150～200℃。

表 2-6　钢在加热状态的抗剪强度值　　　　　　　　　　　　　　（MPa）

加热温度（℃） 钢的牌号	200	500	600	700	800	900
A1、A2、10、15	360	320	200	110	60	30
A3、A4、20、25	450	450	240	130	90	60
A3、30、35	530	520	330	160	90	70
A5、40、50	600	580	380	190	90	70

2.5.3　卸料力、推件力及顶件力计算

凸模每完成一次冲裁后，冲入凹模型孔内的零件或废料因弹性恢复而卡在凹模型孔中；套在凸模上的废料或冲孔件因弹性收缩而紧箍在凸模上。为使冲裁工作顺利进行，必须把夹在凸模上的料卸下，将卡在凹模内的制件或废料推出或向上顶出。

如图 2-11 所示，从凸模上卸下废料或冲孔件所需的力称为卸料力；从凹模型孔内将制件或废料向下推出所需的力称推件力；逆着冲压方向将制件或废料由凹模内顶出所需的力称为顶件力。

卸料力、推件力及顶件力是由压力机通过模具上的弹性卸料装置和顶件装置提供的。所以，选用压力机吨位和设计模具上的卸料与顶件装置时，必须考虑这些附加力的影响。一般根据经验公式来计算，即

$$F_{卸}=K_1 \cdot F \qquad (2\text{-}11)$$

$$F_{推}=n \cdot K_2 \cdot F \qquad (2\text{-}12)$$

$$F_{顶}=K_3 \cdot F \qquad (2\text{-}13)$$

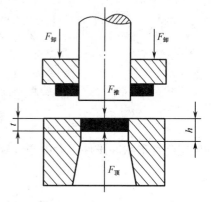

图 2-11　卸料力、推件力及顶件力

式中　F——冲裁力（N）；

K_1、K_2、K_3——分别为卸料力、推件力及顶件力系数，通常取 K_1=0.02～0.06，K_2=0.03～0.07，K_3=0.04～0.08，料薄取大值，料厚取小值；

n——卡在凹模型孔内的制件或废料数，锥型孔口凹模 $n=0$，有顶件装置时 $n=1$，直壁刃口下出件凹模 $n=\dfrac{h}{t}$，其中 h 为凹模型腔直壁刃口高度，t 为制件厚度。

2.5.4　压力机吨位选择

根据模具结构形式不同，冲裁时实际需要的冲压力 $F_{\sum}$ 是冲裁力与推件力、卸料力和顶件力的组合。

例如，采用固定卸料板的下出件模具：

$$F_{\sum}=F+F_{推}$$

而采用弹性顶件装置的倒装式复合模：

$$F_{\sum}=F+F_{卸}+F_{推}+F_{顶}$$

考虑到压力机使用的安全性，选择压力机的吨位时，总冲压力 $F_{\sum}$ 一般不应超过压力机额定吨位的 80%。

2.5.5　模具压力中心的确定

模具压力中心是冲压合力的作用点，为保证模具工作时受力均衡，工作平稳，它必须通过模柄的轴线与压力机滑块的中心线重合。否则压力机施加的冲压力将因不通过模具的压力中心而产生偏心弯矩，使压力机滑块与导轨、模具的导柱与导套发生强烈磨损，模具刃口会迅速变钝，甚至啃伤。模具压力中心的确定常用方法有解析法、图解法。解析法求解如下。

求压力中心的实质就是求空间平行力系的合力作用点。有两个对称轴的平面图形，压力中心就是它的几何中心；有一个对称轴的图形，压力中心位于对称轴上；任意复杂形状的冲裁件，其几何外形都可以用直线和圆弧段按一定顺序连接而成，分别求出各线段的压力中心后，再求整个图形的压力中心。直线段的压力中心位于其中点；圆弧线段（如图 2-12 所示）压力中心位置坐标为

$$y=R\frac{\sin\alpha}{a}=R\frac{s}{b}$$

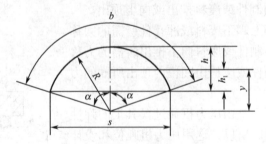

图 2-12　圆弧线段的压力中心

则确定任意形状冲压件压力中心位置的计算表达式为

$$x_0=\frac{L_1x_1+L_2x_2+\cdots+L_nx_n}{L_1+L_2+\cdots+L_n}=\frac{\sum\limits_{i=1}^{n}L_ix_i}{\sum\limits_{i=1}^{n}L_i} \tag{2-14}$$

$$y_0 = \frac{L_1 y_1 + L_2 y_2 + \cdots + L_n y_n}{L_1 + L_2 + \cdots + L_n} = \frac{\sum\limits_{i=1}^{n} L_i y_i}{\sum\limits_{i=1}^{n} L_i} \qquad (2\text{-}15)$$

式中　x_0——冲压件压力中心的 x 坐标（mm）；

　　　y_0——冲压件压力中心的 y 坐标（mm）；

　　　L_i——各组成线段的长度（mm）；

　　　x_i、y_i——分别为各组成线段压力中心的 x、y 坐标值。

多凸模同时冲裁的模具，其压力中心位置仍可按式（2-14）和式（2-15）计算。

2.6　排样

2.6.1　排样方法

制件在板料、条料或带料上的布置方法称为排样。它是制定冲压工艺不可缺少的内容，直接影响材料的利用率、冲模结构、制件质量和生产率。排样的方法很多，主要有有搭边排样、少搭边排样和无搭边排样三种，如图 2-13 所示。

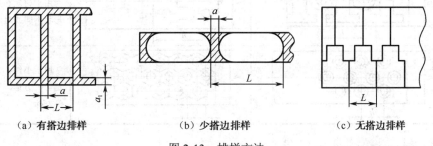

（a）有搭边排样　　　　　（b）少搭边排样　　　　　（c）无搭边排样

图 2-13　排样方法

有搭边排样的材料利用率较低，但制件的质量和冲模寿命较高，常用于制件形状复杂、尺寸精度要求较高的场合。少搭边排样的材料利用率较高，常用于制件的某些尺寸要求不高的场合。无搭边排样的材料利用率最高，但对制件形状结构要求严格，所以其应用范围有一定的局限性，制件设计时应考虑这方面的工艺性能。

采用少搭边和无搭边排样可以简化模具结构，减小冲裁力，但应用中要受制件结构的限制，主要用于精度要求较低的制件。此外，它对冲模工作条件也有一定的影响，会降低冲模寿命和制件质量。

对于简单形状的制件，可以用计算方法选择合理的排样；而对于形状复杂的制件，常采用放样的方法进行较合理的排样。排样的形式较多，常用的几种如表 2-7 所示。

表 2-7 常用的排样形式

名　称	有搭边排样	少、无搭边排样	应　用
单行直排	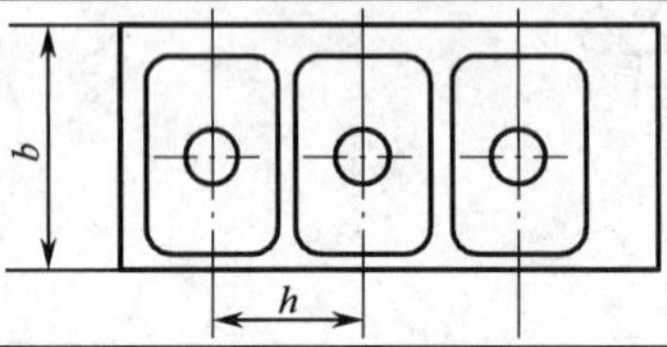	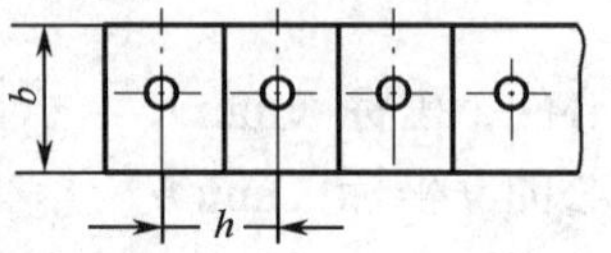	圆形、方形、矩形等制件
单行斜排	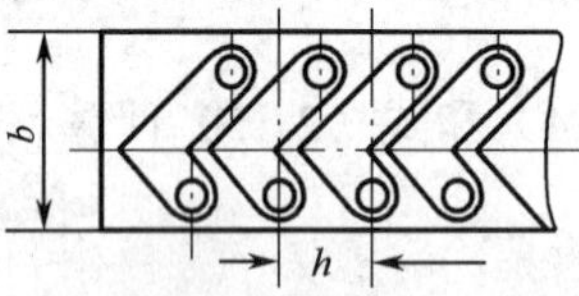	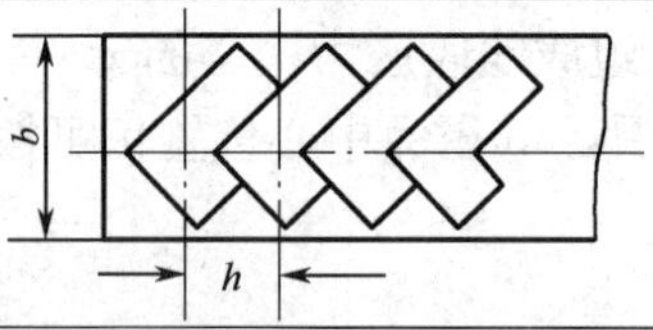	椭圆形、T 形 、Γ 形及 S 形等制件
直对排	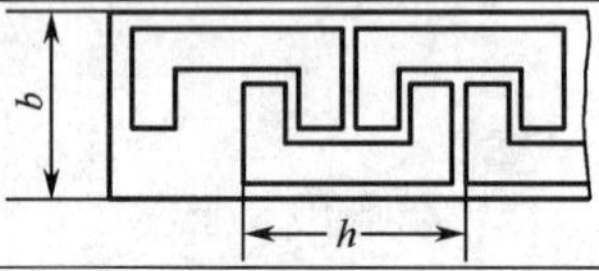	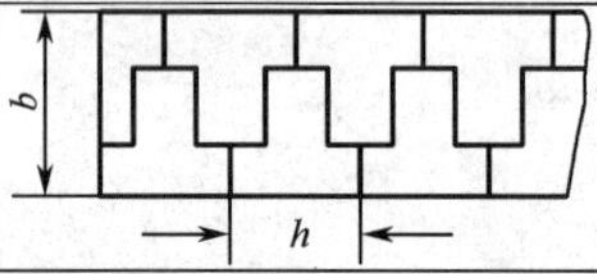	梯形、三角形、半圆形、T 形、Ш 形、Π 形等制件
斜对排	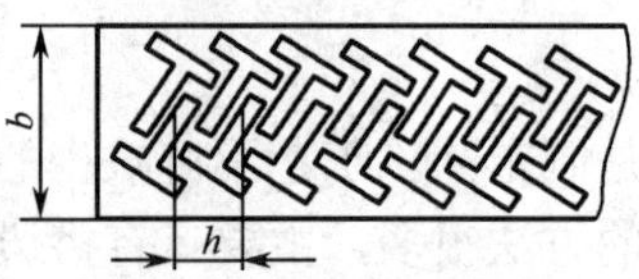	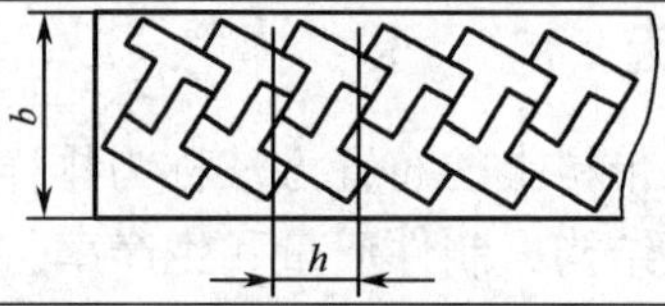	T 形等制件
混合排	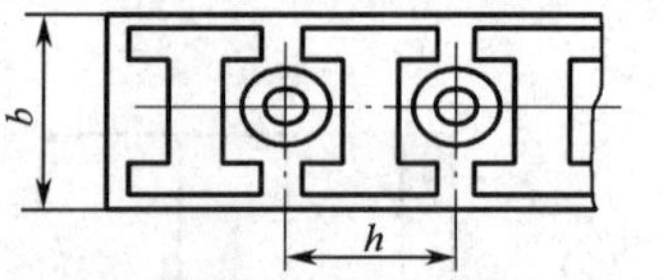	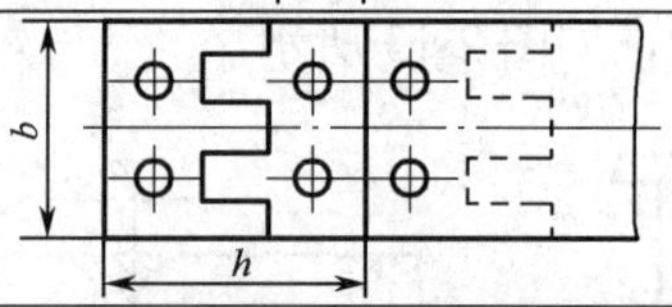	用于材质和厚度相同，而形状不同或相似的制件
多行排	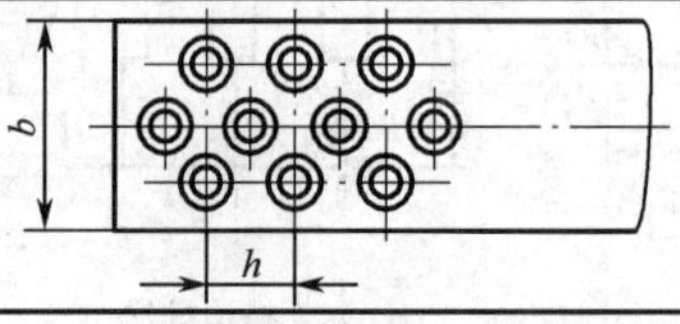	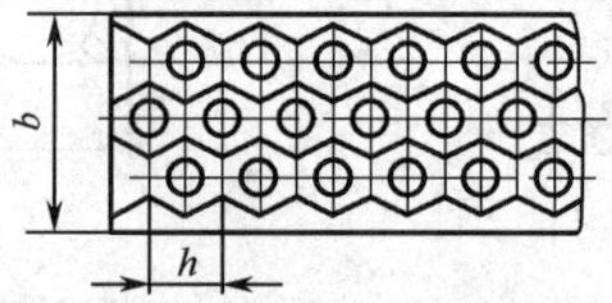	用于小件、大批量生产的圆形、方形、矩形、六角形等制件

2.6.2 材料的利用率

在冲压生产中，材料利用率是指在一个进料距离内制件面积与板料毛坯面积之比，用百分率表示。它是衡量材料利用情况的指标，与制件形状和排样方法有关。

材料利用率又分为：一个进料距内的利用率；条料、带料、板料的利用率等。

进料距的面积如图 2-14 所示，一个进料距内的材料利用率可由下式表示：

$$\eta_0 = \frac{A_0}{A} \times 100\% = \frac{A_0}{B_0 \times L} \times 100\% \qquad (2\text{-}16)$$

式中　A_0——得到的制件总面积（mm^2）；

　　　A——一个进料距内的毛坯面积（mm^2）；

　　　B_0——条料或带料宽度（mm）；

　　　L——进料距离（mm）。

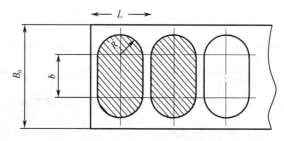

图 2-14　进料距的面积

条料、带料、板料的利用率为

$$\eta = n \times \frac{A_0}{A} \times 100\% = n \times \frac{A_0}{B_0 \times L} \times 100\% \qquad (2\text{-}17)$$

式中　A_0——得到的制件总面积（mm^2）；

　　　A——一个进料距内的毛坯面积（mm^2）；

　　　n——一根条料或带料宽度和板料上所冲的制件数；

　　　B_0、L——条料或带料的宽度和长度（mm）。

条料、带料和板料的利用率 η 比一个进料距内的材料利用率 η_0 要低。其原因是条料和带料有料头、料尾的影响，另外，用板料剪成条料还有料边的影响。影响材料利用率高低的主要因素是制件形状和排样方法。生产中提高材料利用率的主要措施是定尺供料，提高制件形状的结构工艺性及采用混合排样或套裁的排样方法。

2.6.3　搭边和条料、带料宽度的确定

搭边即排样时制件与制件之间、制件与毛坯侧边之间多余的料。其作用是补偿定位误差，使条料在送进时有一定刚度，以保证送料的顺利进行，从而提高制件质量。

搭边数值的大小，主要与板材厚度、材料种类、制件形状的复杂程度、冲模结构和送料形式有关。搭边值过大会降低材料的利用率；过小则会引起毛刺的增大，缩短模具寿命，影响冲压工作的连续进行。普通冲裁时，金属板料的搭边值如表 2-8 所示。

排样方案和搭边数值确定后，即可决定条料或带料的宽度。

$$B = (b + 2a_1)_{-T}^{0} \qquad (2\text{-}18)$$

式中　T——条料或带料的宽度公差（见表 2-9）；

　　　B——条料或带料宽度（mm）；

　　　b——制件垂直于送料方向的宽度（mm）；

　　　a_1——制件与条料侧边的搭边值（mm）。

条料或带料宽度除了与上述主要参数有关外，还与条料或带料在模具中的定位和压紧结构有关。

表 2-8　搭边值

（mm）

简图

(a) 正面直冲的条料　　(b) 正面直冲的条料

(c) 正面直冲的条料　　(d) 正反面冲的条料

条料厚度 t	圆形或带弧形制件 r>2t [图(a)、(b)]				直 边 制 件						
	弹压卸料冲模		固定卸料冲模		边长 L>50 [图(c)、(d)]				边长 L≤50 [图(c)、(d)]		
					弹压卸料冲模		固定卸料冲模		弹压卸料冲模		固定卸料冲模
	a	a_1	a	a_1	a	a_1	a	a_1	a	a_1	a 或 a_1
≤0.25	1.0	1.2			1.2	1.5			1.5~2.5	1.8~2.6	
>0.25~0.5	0.8	1.0	1.0	1.2	1.0	1.2	1.5	2.0	1.2~2.2	1.5~2.5	2.0~3.0
>0.5~1.0	1.0	1.0	0.8	1.0	1.0	1.2	1.2	1.5	1.5~2.5	1.8~2.6	1.5~2.5
>1.0~1.5	1.0	1.3	1.0	1.2	1.2	1.5	1.2	1.8	1.8~2.8	2.2~3.2	1.8~2.8
>1.5~2.0	1.2	1.5	1.2	1.5	1.5	1.8	1.5	2.0	2.0~3.0	2.4~3.4	2.0~3.0
>2.0~2.5	1.5	1.9	1.8	1.8	1.8	2.2	1.8	2.2	2.2~3.2	2.7~3.7	2.2~3.2
>2.5~3.0	1.8	2.2	1.8	2.0	2.0	2.4	2.2	2.5	2.5~3.5	3.0~4.0	2.5~3.5
>3.0~3.5	2.0	2.5	2.0	2.2	2.2	2.7	2.5	2.8	2.8~3.8	3.3~4.3	2.8~3.8
>3.5~4.0	2.2	2.7	2.2	2.5	2.5	3.0	2.8	3.0	3.0~4.0	3.5~4.5	3.0~4.0
>4.0~5.0	2.5	3.0	2.5	2.8	3.0	3.5	3.0	3.5	3.5~4.5	4.0~5.0	3.5~4.5
>5.0~12.0	0.5t	0.6t	0.5t	0.6t	0.6t	0.7t	0.6t	0.7t	(0.7~0.9)t	(0.8~1.0)t	(0.75~0.9)t

注：（1）边长 L>50~100mm 时，搭边取小的数值；L>100~200mm 时，搭边取中间值；L>200~300mm 时，搭边取大的数值。

（2）双边冲裁 B>50mm 时，搭边取大的数值。

（3）自动送料时，表中数值应乘以 1.3。

（4）用夹板冲模，搭边不小于 4mm。

（5）本表搭边已考虑了条料宽度剪切公差的需要。

表 2-9　条料或带料宽度公差 T

条料或带料宽度 B （mm）	材料厚度 t（mm）			
	≤1	>1~2	>2~3	>3~5
≤50	0.4	0.5	0.7	0.9
>50~100	0.5	0.6	0.8	1.0
>100~150	0.6	0.7	0.9	1.1
>150~220	0.7	0.8	1.0	1.2
>220~300	0.8	0.9	1.1	1.3

2.7 冲裁模主要零部件设计

2.7.1 凹模设计

1. 凹模洞口的类型

常用凹模洞口的类型如图 2-15 所示。

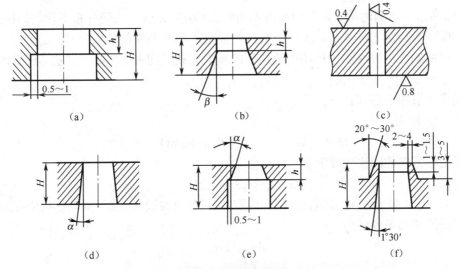

图 2-15 常用凹模洞口的类型

直筒式刃口凹模如图 2-15（a）、（b）、（c）所示。刃口强度高，制造方便，刃磨后洞口尺寸基本不变，对冲裁间隙无明显影响，适用于冲裁形状复杂、精度要求较高，以及厚度较大的零件。由于洞口内易于聚积零件或废料，因而推件力大。如果刃口周边有突变的尖角或有窄悬臂伸出，由于应力集中，在角部有可能产生胀裂，所以对凹模的强度带来不利的影响。同时，由于摩擦力增大，对孔壁的磨损增大，致使凹模寿命降低。

图 2-15（a）、（c）所示形式一般用于复合模或上出件冲裁模。下出件模具多采用图 2-15（b）或 2-15（a）所示形式。

锥筒式刃口凹模如图 2-15（d）、（e）所示。刃口锐利，不聚积零件或废料，因而摩擦力和胀裂力均较小，刃口磨损小，使用寿命相对增长；但是刃口强度低，刃磨后尺寸略有增大（如 $\alpha=30'$ 时，刃磨 0.1mm，其尺寸增大 0.001 7mm）。它适用于冲裁精度要求低、厚度较薄、尺寸较小、形状简单的下出料零件。

图 2-15（f）所示形式适用于冲 0.1mm 以下的软材料，凹模硬度不高（HRC 35～40），故有软模之称。凸、凹模间隙靠钳工挤压斜面（20°～30°）直到试模合格为止。凹模锥角 α、后角 β 和刃口直壁高度 h 均与材料厚度有关。一般取 $\alpha=15'$～$30'$，$\beta=2°$～$3°$，$h=4$～10mm。

2. 凹模结构与固定方式

用于冲孔、落料的凹模，通常选用整体式结构。根据零件形状特点和工位数，凹模外形多为矩形或圆形，由于尺寸较大，采用销钉和螺栓紧固在模座上。

冲小孔或型孔易损的凹模，为便于加工，易于更换和刃磨，可在整体凹模的局部或凹模固定板的指定位置，压入外形为圆柱形的整体镶块（镶套式凹模）。镶块与凹模固定板或整体式凹模采用 H7/n6 或 H7/m6 过渡配合。镶套式凹模的洞口若为异形孔，在压配结合缝处，应加止动销，以防止冲压时发生转动。

3. 整体式凹模外形尺寸的确定

凹模的外形尺寸是指凹模的高度 H、长度 A 与宽度 B（矩形凹模）或高度与外径 D（圆形凹模）。凹模板的高度直接影响到模具的使用，高度过小会影响凹模的强度和刚度；高度过大会使模具的体积和闭合高度增大，从而增加模具的质量。长度与宽度的选择直接与高度有关，同时也是选择模架外形尺寸的依据。

工作时，凹模刃口周边承受冲裁力和弯曲力矩的作用，刃壁上承受分布不均匀的挤压力作用。所以凹模实际受力情况十分复杂，生产中按照经验公式确定凹模的外形尺寸。

通常是根据制件的厚度和排样图所确定的凹模型孔孔壁间最大距离为依据，计算凹模的外形尺寸。

矩形凹模可按如下公式计算。

凹模板高度 H 为

$$H=K \cdot b_1 \qquad （不小于 8mm） \tag{2-19}$$

垂直于送料方向的凹模宽度 B 为

$$B=b_1+(2.5\sim4.0)H \tag{2-20}$$

式中　系数（2.5～4.0）——边界型孔为圆弧时取 2.5；为直线段时取 3；复杂形状或有尖角时取 4。

送料方向的凹模长度 A 为

$$A=L_1+2l_1 \tag{2-21}$$

式中　b_1——垂直于送料方向凹模孔壁间最大距离（mm）；

K——由 b_1 和材料厚度 t 决定的凹模厚度系数，查表 2-10；

L_1——沿送料方向凹模型孔壁间最大距离（mm）；

l_1——沿送料方向凹模型孔壁至凹模边缘的最小距离（mm），查表 2-11。

表 2-10　凹模厚度系数 K

b_1 （mm）	材料厚度 t（mm）		
	≤1	>1～3	>3～6
≤50	0.30～0.40	0.35～0.50	0.45～0.60
>50～100	0.20～0.30	0.22～0.35	0.30～0.45
>100～200	0.15～0.20	0.18～0.22	0.22～0.30
>200	0.10～0.15	0.12～0.18	0.15～0.22

圆形凹模的计算方法与之类似。根据计算结果，选取接近计算值的标准凹模板作为设计用的凹模。

生产中广泛应用这种计算方法，结果偏于安全。值得注意的是，上列各式仅根据冲裁件的厚度取值，并没有考虑材料机械性能的差异。由此得出：只要材料厚度和排样图相同，不论冲裁何种材料，凹模板的外形尺寸都是相同的，这显然是不合理的。说明此种计算方法和经验数据具有明显的针对性和局限性，而不具有普遍性。

表 2-11 凹模孔壁至边缘的距离 l_1

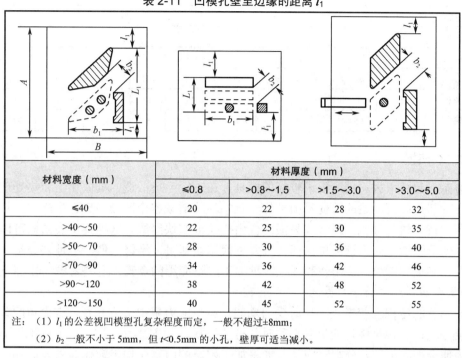

材料宽度（mm）	材料厚度（mm）			
	≤0.8	>0.8~1.5	>1.5~3.0	>3.0~5.0
≤40	20	22	28	32
>40~50	22	25	30	35
>50~70	28	30	36	40
>70~90	34	36	42	46
>90~120	38	42	48	52
>120~150	40	45	52	55

注：（1）l_1 的公差视凹模型孔复杂程度而定，一般不超过 ±8mm；

（2）b_2 一般不小于 5mm，但 t<0.5mm 的小孔，壁厚可适当减小。

因为凹模的高度与模具强度有直接关系，可根据冲裁力大小按经验公式确定凹模高度。

$$H=\sqrt[3]{F_{冲}\times10^{-1}} \tag{2-22}$$

式中　H——凹模板高度（mm）；

　　　$F_{冲}$——冲裁力（N）。

由于实验条件的局限性，式（2-22）仍有不足。但该式考虑了材料种类不同，通过对比使计算结果趋于合理。如果按式（2-19）计算的结果与按式（2-22）计算的结果比较接近，则说明按式（2-19）计算取值是适宜的。若计算结果比按式（2-22）计算值大，则应考虑适当减薄凹模高度。

用销钉和螺栓固定凹模时，螺孔与销孔间，螺孔或销孔与凹模刃口间的距离，一般应大于 2 倍孔径值，其最小许用值可按表 2-12 取值。

表 2-12 螺孔、销孔之间及至刃口边的最小距离

（mm）

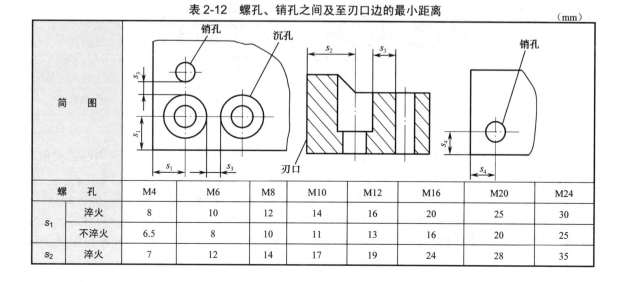

螺　孔		M4	M6	M8	M10	M12	M16	M20	M24
s_1	淬火	8	10	12	14	16	20	25	30
	不淬火	6.5	8	10	11	13	16	20	25
s_2	淬火	7	12	14	17	19	24	28	35

续表

螺　孔		M4	M6	M8	M10	M12	M16	M20	M24
s_3	淬火					5			
	不淬火					3			
销孔 d		$\phi2$	$\phi3$	$\phi4$	$\phi5$	$\phi6$	$\phi8$	$\phi10$	$\phi12$	$\phi16$	$\phi20$	$\phi25$
s_4	淬火	5	6	7	8	9	11	12	15	16	20	25
	不淬火	3	3.5	4	5	6	7	8	10	13	16	20

4．镶拼式凹模

形状复杂、尺寸很大、精度要求较高的模具，在进行毛坯锻造、机械加工和热处理等工序时难度加大。特别是刃口周边的薄弱易损部位一旦损坏将造成整个凹模报废。生产中，将这类凹模按其刃口形状特点进行分割，使薄弱易损部位由拼块或镶块组成。这种镶拼式结构可以节约大量制模材料，便于制造。如果该部位损坏，只要更换镶块即可，维修方便。不足之处是镶拼式凹模装配较麻烦，制造周期长，费用较高（在特种加工广泛应用的今天，主要考虑易损部位的更换）。

1）镶拼式凹模结构的分割原则

（1）分割后的结构应使拼块工作时受力均匀，避免应力集中造成开裂。有尖角的零件，应在型孔尖角处分块；对称零件，应沿其对称轴线分块镶拼，如图 2-16（b）、（c）、（d）所示。

（2）为便于型孔加工，分割时应尽可能将加工困难的内表面加工转化为外表面加工，以便提高模具的制造质量，如图 2-16（c）所示。

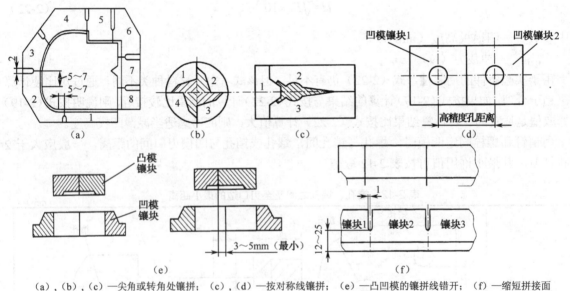

(a)，(b)，(c)—尖角或转角处镶拼；(c)，(d)—按对称线镶拼；(e)—凸凹模的镶拼线错开；(f)—缩短拼接面

图 2-16　凸、凹模的分块镶拼结构

（3）为减小热处理变形和淬火开裂给模具制造带来的困难，拼块的型面应避免内凹的尖角，如图 2-16（a）、（b）、（c）所示，断面力求均匀，以便提高模具制造精度。

（4）凹入和凸出的易损部位应单独分块，以便维修更换。分割时拼合面应如在距圆弧与直线段的切点为 5～7mm 处，如图 2-16（a）所示。大弧线、长直线可以分割为数段，拼合对接面应与刃口垂直。为减少磨削与研磨的工作量，拼合面的接触长度不宜过长，一般取 12～25mm，如图 2-16（f）所示。

（5）凹模型孔的中心距有较高的精度要求时，应将拼块设计成可以调节型孔相对位置的结构形式，通过研磨或调节拼合面的方法达到高精度孔距的要求，如图 2-16（d）所示。

（6）凸、凹模均采用镶拼结构时，凸模和凹模的分割线应错开 3～5mm，以免因拉断产生毛刺，并损伤刃口，如图 2-16（e）所示。

2）镶拼凹模的固定方式

根据拼块的结构形式和尺寸的不同，主要有三种：大型拼块多设计成分段拼合或分块拼合结构，拼合后分别用螺栓和销钉直接固定在凹模固定板或下模座上；精度要求较高的分段拼合件或复杂型孔的分段镶拼件，一般在拼合后以一定的过盈量压入凹模固定板内，再用螺栓将其与安装在固定板下面的垫板紧固（如图 2-17 所示）；小型整体凹模块（如硬质合金凹模镶块或复杂型孔内的局部镶件），通常都采用过盈配合或过渡配合直接压入凹模固定板或凹模型孔的相应位置上，并在其下面配置垫板防止冲裁过程中产生窜动及承受载荷。

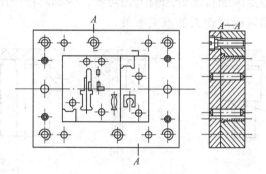

图 2-17　分段拼合凹模示例

2.7.2　凸模设计

1. 凸模结构基本形式

1）镶拼式凸模

大型零件的落料、冲孔或修边等工序使用的凸模，一般都设计成镶拼式结构。刃口部分用优质工具钢制造，用螺栓与销钉直接固定在用普通结构钢制造的基体或凸模固定板上。采用镶拼结构节省了模具钢材，也避免了大型凸模的锻造、机械加工和热处理的不便与困难。

2）整体式凸模

冲裁中小型零件使用的凸模，一般都设计成整体式。基本结构形式分为阶梯式和直通式两类，如图 2-18 所示。

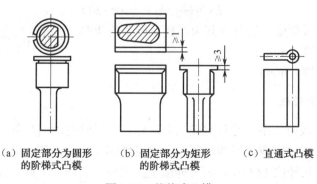

（a）固定部分为圆形的阶梯式凸模　　（b）固定部分为矩形的阶梯式凸模　　（c）直通式凸模

图 2-18　整体式凸模

2．凸模的固定方式

阶梯式凸模的固定部分如图 2-18（a）、（b）所示，常为圆形、方形或矩形，以便于凸模固定板的型孔加工。直通式凸模如图 2-18（c）所示，一般用线切割或成型磨削加工。

平面尺寸大的凸模，直接用销钉和螺栓安装在凸模固定板或模座上。中小型凸模多采用台肩、吊装或铆接固定（如图 2-19 所示）。圆形凸模，卸料力较大或因固定端退火困难的非圆形凸模，常采用台肩固定，如图 2-19（a）所示。卸料力较小的阶梯式或直通式凸模，多采用压入固定板经铆开再与固定板一起磨平的方式固定，如图 2-19（b）、（c）所示。利用铆开固定的凸模在精加工前已经过淬火处理，因此在压入固定板前，固定端需经局部退火处理。为避免铆开的固定凸模的固定尾端退火影响前段的淬火硬度，异形直通式凸模的固定端若有足够大的截面或足够的宽度，也可采用吊装或固定，如图 2-19（d）、（e）所示。但必须注意，工作端为非圆形、固定部分为圆形的凸模，都必须在固定端的接缝处加骑缝销防转。否则，在冲压过程中凸模一旦转动，轻者损坏模具或设备，重者出现碎块伤人的重大事故。

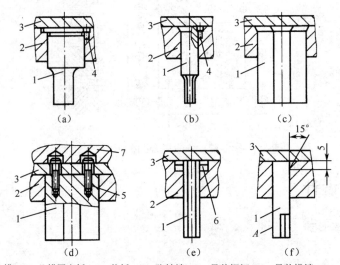

1—凸模；2—凸模固定板；3—垫板；4—防转销；5—吊装螺钉；6—吊装横销；7—上模座

图 2-19   中小型凸模的固定形式

3．凸模长度的确定

凸模的长度是根据模具结构的需要和修磨量来确定的。当采用标准典型组合时，有标准长度可选取；无标准时，可按下式确定。

$$L = h_1 + h_2 + h_3 + （10 \sim 20） \tag{2-23}$$

式中 h_1——凸模固定板厚度，通常取其为凸模长度 L 的 40%（mm）；

h_2——卸料板厚度（mm）；

h_3——导料板厚度（mm）。

4．凸模强度与刚度校核

凸模工作时受交变载荷作用，冲裁时受轴向压缩，卸料时受轴向拉伸，其轴向压力远大于轴向拉力。当用小凸模冲裁较硬或较厚的材料时，有可能因压应力 σ 超过模具材料的许用压应力 $[\sigma]$ 而损坏。若凸模结构的长径比 $L/d > 10$，则可能因受压失稳而折断。因此，在设计或选用细长凸模时，必须对其抗压强度和抗弯刚度进行校核。一般凸模不需进行校核。

1）凸模最小断面的校核

要使凸模正常工作，必须使凸模最小断面的压应力不超过凸模材料的许用压应力，即

$$\sigma = \frac{P_\Sigma}{S_{min}} \leqslant [\sigma]$$

故

$$S_{min} \geqslant \frac{P_\Sigma}{[\sigma]} \qquad (2\text{-}24)$$

对于圆形凸模（推料力为零时），有

$$d_{min} \geqslant \frac{4t\tau}{[\sigma]}$$

式中　σ——凸模最小断面的压应力（MPa）；

　　　P_Σ——凸模纵向总压力（N）；

　　　S_{min}——凸模最小断面积（mm^2）；

　　　d_{min}——凸模最小直径（mm）；

　　　t——冲裁材料厚度（mm）；

　　　τ——冲裁材料抗剪强度（MPa）；

　　　$[\sigma]$——凸模材料的许用压应力（MPa）。

一般对于 T8A、T10A、Cr12MoV、GCr15 等模具钢，淬火硬度为 HRC 58～62 时，可取 $[\sigma] = (1.0 \sim 1.6) \times 10^3$ MPa。

2）凸模最大自由长度的校核

凸模在冲裁过程中可视为压杆，因此，根据欧拉公式校核其最大自由长度，如图 2-20 所示。

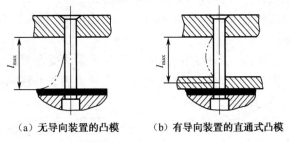

　　　(a) 无导向装置的凸模　　　(b) 有导向装置的直通式凸模

图 2-20　凸模的自由长度

为使凸模冲裁时不发生失稳弯曲，凸模纵向总压力 P_Σ 应小于或等于临界压力 P_c，即

$$P_\Sigma \leqslant P_c$$

根据欧拉公式，有

$$P_c = \frac{\pi^2 EJ}{(\mu l)^2} \quad 故 \quad \frac{\pi^2 EJ}{(\mu l)^2} \geqslant P_\Sigma$$

$$l_{max} \leqslant \sqrt{\frac{\pi^2 EJ_{min}}{\mu^2 P_\Sigma}} = \frac{\pi}{\mu}\sqrt{\frac{EJ_{min}}{P_\Sigma}}$$

考虑冲裁速度等因素的影响，设置一定的安全系数 K，即

$$l_{max} \leqslant \frac{K\pi}{\mu}\sqrt{\frac{EJ_{min}}{P_\Sigma}} \qquad (2\text{-}25)$$

式中　P_c——凸模临界压力（N）；

　　　P_Σ——凸模总压力（N）；

　　　l_{max}——凸模最大自由长度（mm）；

　　　J_{min}——凸模最小断面惯性矩（mm⁴），对圆形凸模为 $J_{min}=\dfrac{\pi d^4}{64}$，对矩形凸模为 $J_{min}=\dfrac{bh^3}{12}$，其

中 d 为凸模工作刃口直径，b 为凸模工作刃口宽度，h 为凸模工作刃口长度；

　　　E——凸模材料弹性模量（MPa）；

　　　K——安全系数，当滑块行程次数 $n \leqslant 250$ 时，取 $K=0.578 \sim 0.707$（n 小取大值，n 大取小值）；

　　　μ——支承系数。

无导向装置的凸模如图 2-20（a）所示，可视为一端固定，另一端自由支承，取 $\mu=2$；有导向装置的直通式凸模如图 2-20（b）所示，由导板或卸料板导向时，可视为一端固定，另一端铰支，可取 $\mu=0.7$。

5. 小孔凸模的结构形式及特点

小孔凸模通常指被冲裁的材料厚度大于孔直径的凸模；或冲裁直径 $d<1mm$ 的孔，或面积 $S<1mm^2$ 的异形孔使用的凸模。

细长凸模经校核后，若凸模的设计直径 $d<d_{min}$ 或实用设计长度 $l>l_{max}$ 也属于此类。

设计小孔凸模的关键问题是如何提高细长凸模的抗失稳能力。凡是能增强凸模工作稳定性的措施，都有利于提高凸模的使用寿命。因此，设计这类模具应遵循下列原则。

（1）尽量缩短凸模刃口工作段的长度，以提高其结构刚度。

（2）增加支承使凸模工作段在冲裁时处于导向状态。

在刃口工作段的自由端设置支承，可有效减小长度系数 μ，相应提高临界压力 P_c，因而可提高细长凸模的相对抗弯刚度。

设置导向装置，可以提高凸、凹模的同轴度，而且可以承受凸模受到的侧向推力。例如，弹压卸料板压料后可能产生窜动，而对凸模产生侧向推力导致细长凸模折断。

（3）应使冲裁时凸模受力均衡、对称。

首先工作间隙应分布均匀，冲裁时条料或毛坯必须压平，不允许有翘曲。因此，具有导向作用的弹压卸料板，对毛坯施加的压紧力应不小于冲裁力的 10%。

（4）细长凸模在冲裁中应具有位置自调能力，避免因间隙分布不均匀使凸模产生单边磨损或卡断。

为了防止这类弊病，细长圆形凸模与固定板通常采用 H7/h6 间隙配合，而凸模与保护套导孔间的双边间隙取凸模工作直径 d 的 1%～1.5%为宜；对 $d \leqslant 2mm$ 的凸模，采用 H8/h8 间隙配合。

生产中使用的冲小孔凸模的结构形式较多，如图 2-21 所示，圆形凸模采用护套保护结构。

如图 2-21（a）所示结构：护套 1、凸模 2 均采用铆接方式固定，结构简单，但凸模较长。

如图 2-21（b）所示结构：护套 1 用台肩固定，凸模 2 较短，用上端的锥形台卡在护套的下端，通过芯轴 3 传递压力。

这两种结构工作时，均需采用弹压卸料板对护套导向，选用 H7/h6 间隙配合。

图 2-21（c）所示为一种经过改进的凸模护套。护套 1 固定在弹压卸料板 4 上，其上端与上模导板 5 采用 H7/h6 间隙配合。为防止凸模 2 卡死，凸模与护套 1 为 H8/h8 间隙配合。工作时护套的上端始终在上模导板内滑动。在上极点位置，不允许脱离上模导板 5；在下极点不能顶撞凸模固定板。上模下降，弹压卸料板压紧条料后，凸模由护套内伸出冲孔。由于伸出的长度很短，该结构的凸模可以冲出厚度大于直径 2 倍的孔。

图 2-21（d）所示是一种比较完善的凸模护套，三个等分扇形块 6 固定在固定板中，具有三个等分扇形槽的护套 1 固定在卸料板 4 中，可在固定扇形块 6 内滑动，因此可使凸模在任意位置均处于三向导向与保护之中。但其结构比较复杂，制造比较困难。

采用图 2-21（c）、（d）所示两种结构时应注意两点：当上模处于上止点位置时，护套 1 的上端不能离开上模的导向元件（如上模导板 5、扇形块 6），其最小重叠部分长度不小于 3～5mm；当上模处于下止点位置时，护套 1 的上端不能受到碰撞。

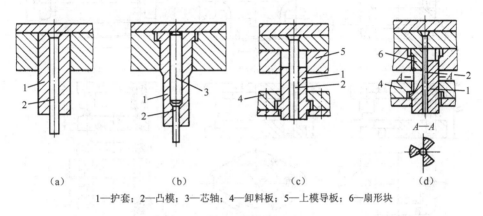

1—护套；2—凸模；3—芯轴；4—卸料板；5—上模导板；6—扇形块

图 2-21 冲小孔凸模的结构形式

2.7.3 模架与导向零件

1. 模架

实际生产中使用的冲裁模，特别是冲裁形状复杂、厚度较薄制件使用的模具，为了保证工作时凸、凹模间的间隙分布均匀，便于模具安装和冲压生产的安全，设计冲裁模时，广泛使用具有导向装置的标准模架，以保证凸、凹模间的良好导向。标准模架由上、下模座和导柱、导套组装构成，如图 2-22 所示。

在冲模国家标准 GB 2851～2853 中，模架有许多种，但常用的模架如图 2-22 所示。这些模架都由上、下模座，导柱，导套零件组合而成。一般上、下模座和导柱、导套都已标准化，因而上述各类模架可以通过组合变成许多种规格的模架，以供任意选择。

模架的结构形式按导柱在模座上固定位置的不同，可分为对角导柱模架（如图 2-22（a）所示）、后导柱模架（如图 2-22（b）、（c）所示）、中间导柱模架（如图 2-22（d）、（e）所示）和四导柱模架（如图 2-22（f）所示）；按导向形式不同，可分为有滑动导向模架和滚动导向模架（如图 2-22（f）所示）。图中 L、B、D 和 D_0 分别表示允许的凹模周界长、宽、直径尺寸，其数值均可在标准中查到。

（1）对角导柱模架：在凹模面积的对角中心线上有一个前导柱和一个后导柱，其凹模面积是毛坯进给方向上的导套之间的有效区域。

由于导柱安装在模具中心的对称位置，所以受力平衡，上模座在导柱上滑动平稳，无偏斜现象，有利于延长模具寿命。但使用条料时，因受导柱间距离限制，不可太大。该模架适用于纵向或横向送料，使用面宽，故常用于级进模和复合模，是生产上用得较多的一种。

（2）后导柱模架：两个导柱、导套分别装在模架的后侧，凹模面积是导套前面的有效区域。它可以使用宽度较大的条料冲制，而且可以用边角料，送料及操作都较方便，可以纵横向送料。但导柱装在一侧，因重力产生力矩而会引起模座歪斜，上模座在导柱上滑动不够平稳，影响模具寿命，因此不宜用在大型模具和精密的模具上，只适用于中等复杂和一般精度要求的模具。

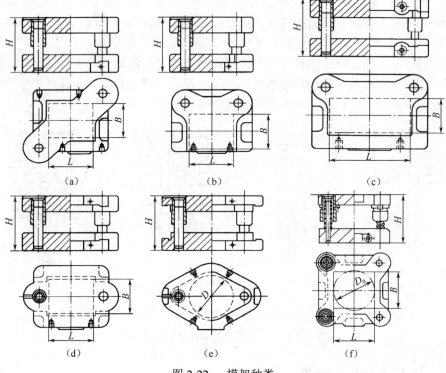

图 2-22   模架种类

（3）中间导柱模架：在模架的左右中心线上装有两个尺寸不同的导柱，凹模面积是导套之间的有效区域。它和对角导柱模架一样，具有导向精度高、上模座在导柱上滑动平稳的特点。其缺点是只适用于横向送料，常用于弯曲模和复合模。

（4）四导柱模架：四个导柱分布在下模座的四角，因此模架受力平衡，导向精度高，适用于大型制件或精度要求特别高的模具，以及大量生产和自动冲模上。

（5）滚动导向模架：在导柱和导套间装有预载的耐磨钢球（或滚柱）的模架。它除了有组成普通模架的零件外，多了保持圈和钢球（或滚柱）两种零件。由于导柱与导套间的导向是通过钢球的滚动实现的，导向精度高、寿命长，所以常用于硬质合金模、薄材料的冲裁模，以及高速精密级进模等导向精度要求高的模具。

选择模架应考虑的因素：凹模的形状和外形尺寸；制件精度要求；凸、凹模间的间隙；模具的结构特点和应用范围；生产批量；制件的材料种类和厚度；冲压速度以及模具的开启和闭合高度等。上、下模座应具有足够的刚度和强度，否则不仅不能保证凸、凹模间的导向精度，还会因强度不足而断裂，或因刚度不足产生过大变形，使凸、凹模啃伤刃口或使小凸模折断。

2．模具的导向零件

模架的导向结构主要有滑动导向装置和滚动导向装置两种类型。

1）滑动导向装置

滑动式导柱、导套如图 2-23 所示。普通型滑动导向装置为压入式，如图 2-23（a）所示，其结构简单、制造方便。为了避免导套 2 压入上模座 1 后因内孔收缩而影响与导柱 3 的配合，导套 2 上端的内孔直径需加大 0.4mm，但会使导向的有效长度减小，影响导向质量。此外，导柱、导套更换困难，所以对精密模具以采用图 2-23（b）所示结构为好，它的各配合部分均采用配合加工，达到几乎无间隙的动配合要求，因此不需要将导套 2 上端内孔加大。其优点是导向部分长，导向性好，装卸方便，故称为精密型滑动导向装置。精密型滑动导向装置为压板式。

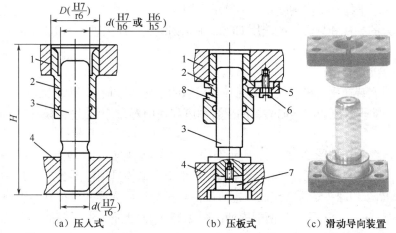

（a）压入式 （b）压板式 （c）滑动导向装置

1—上模座；2—导套；3—导柱；4—下模座；5—压板；6—螺钉；7—特殊螺钉；8—注油孔

图 2-23 滑动式导柱、导套

根据导套与导柱间的配合精度不同，常用的滑动导向模架分为一级精度和二级精度两类。一级精度的导套与导柱间采用 H6/h5 间隙配合，二级精度的导套与导柱间采用 H7/h6 间隙配合。

滑动导向模架良好导向的条件是：导套与导柱的间隙必须小于凸、凹模间的冲裁间隙。

当凸、凹模的间隙介于 0.01～0.05mm 时，应选用一级精度模架；当间隙值大于 0.05mm 时，选用二级精度模架为宜。滑动导向模架的导柱和导套一般用 20 号钢经渗碳淬火处理，表面硬度为 HRC 58～62，表面粗糙度为 Ra 0.1～0.2μm。

2）滚动导向装置

滚动导向装置由导柱、导套、滚珠、衬套组成，如图 2-24 所示。导柱与导套的径向有 0.005～0.02mm 的过量，因此称为无间隙导向装置。在高精度冲裁模、高速连续多工位级进模，以及硬质合金冲模的结构中应用较广。

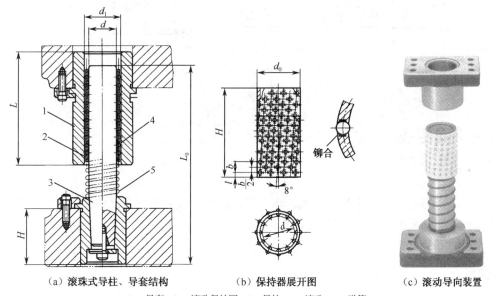

（a）滚珠式导柱、导套结构 （b）保持器展开图 （c）滚动导向装置

1—导套；2—滚珠保持圈；3—导柱；4—滚珠；5—弹簧

图 2-24 滚珠式导柱、导套

其优点是：导向精度高，寿命长和不易发热等。但由于错开排列的滚珠与导柱和导套是分散的点接触，所以运动不平稳，导向刚度差，不能承受侧向力，因此它不能用于后置导柱模架。

滚动导向模架的导柱和导套一般选用 GCrl5 轴承钢制造，淬火硬度 HRC 58～62，表面粗糙度为 $Ra0.05\sim0.1\mu m$。

3）模柄

模柄是将上模安装在压力机滑块上的元件。模柄的结构类型很多，如图 2-25 所示。模柄与上模座安装基准面之间的垂直度影响导向装置的配合精度和使用寿命，因此设计模具时选择模柄的结构形式很重要。

中、小型冲裁模具选用图 2-25（a）所示类型；上模座较厚、上模较重时，选图 2-25（b）所示带台压入式模柄；图 2-25（c）所示为凸缘模柄，常用于大型模具中；图 2-25（d）所示为浮动模柄，由模柄1、球面垫圈 2 和球头螺母 3 组成，它可以消除压力机导向误差对模具的影响，主要用于精密导柱模中；图 2-25（e）、（f）所示为槽形模柄；图 2-25（g）所示为通用模柄。后三种模柄都用于简单的敞开式模具中。模柄的支承面与其轴线的垂直度公差为 0.02/100mm，模柄压入上模座后，底面磨平。

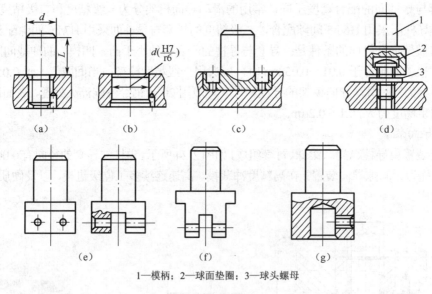

1—模柄；2—球面垫圈；3—球头螺母

图 2-25　模柄的类型

2.7.4　固定板与垫板

1. 固定板

固定板分为凸模固定板、凹模固定板。将凸模、凹模压入固定板后，整体安装在上模座或下模座上，固定板外形一般为圆形或矩形，凸模固定板厚度取凸模设计厚度的 40%；凹模固定板厚度取凹模镶块厚度的 0.6～1.0 倍。

2. 垫板

垫板的作用是分散凸模传递的压力，防止凸模尾端损伤模座。当凸模尾端单位压力大于模座材料的许用压应力时（一般铸铁取 100MPa，铸钢取 120MPa），需在凸模支承面上加一淬硬磨平的垫板。

2.7.5　条料导向装置

为了保证条料送进的直线性，在冲裁模上必须设置条料的导向装置。常用的导向装置有两类：导料板或侧导料销；导料板与侧压板组合装置。

导料板（导尺）的作用是保证条料模具中具有正确的送料方向。它沿条料进给方向安装在凹模型孔的两侧，与凹模中心线平行。标准的导料板结构见冲模国家标准。当采用挡料销导料时，要选用两个。为了使条料紧靠一侧的导料板送进，保证送料精度，可采用送料装置。

如图 2-26（a）、（d）所示为弹簧侧压块式和弹簧压板式，其压力较大，常用于冲裁厚度较大的条料，弹簧压板式侧压力均匀，它安装在进料口，常用于侧刃定距的级进模；图 2-26（b）所示为簧片式，用于料厚小于 1mm，侧压力要求不大的情况；图 2-26（c）所示为簧片侧压块式，使用时一般设置 2～3 个，其结构简单，但压力小，适用于 0.3～1.0mm 的薄材料（厚度小于 0.3mm 的材料不宜用侧压装置）。

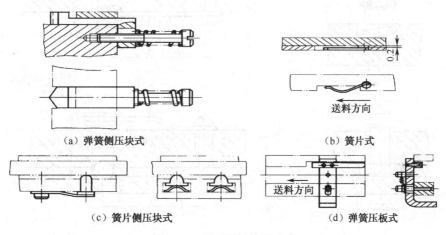

(a) 弹簧侧压块式　　　　　　　　　　　　（b）簧片式

（c）簧片侧压块式　　　　　　　　　　　（d）弹簧压板式

图 2-26　侧面压料装置形式

2.7.6　定位零件

毛坯在冲裁模中的正确位置是依靠定位零件来保证的。由于毛坯形式和模具结构不同，所以定位零件的种类很多。设计时应根据毛坯形式、模具结构、零件公差大小、生产效率等进行选择。

有时为了避免送料时条料在导料板中偏摆，保证最小搭边值，减小零件制造误差，可在导料板一侧设置侧压装置，迫使条料靠基准导料板送料。常用侧压装置如图 2-26 所示。

1. 挡料销

挡料销是对条料或带料在送进方向上起定位作用的零件，控制送进量。挡料销有固定挡料销、活动挡料销和始用挡料销三大类。

1）固定挡料销

固定挡料销装在凹模上，用来控制条料的进距。如图 2-27（a）所示为圆柱头挡料销，其结构简单，制造方便，应用甚广。图 2-27（b）所示为钩形挡料销，优点是可使挡料销与凹模孔壁之间的间距增大，从而增加凹模刃口强度，但由于此种挡料销形状不对称，要注意挡料销的方向，有时为了防止转动，需另加定向装置。图 2-27（c）所示为圆头挡料销，尺寸较小，用于小孔制件。

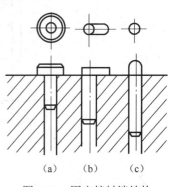

（a）　（b）　（c）

图 2-27　固定挡料销结构

2）活动挡料销

当模具闭合后不允许挡料销的顶端高出板料时，宜采用活动挡料销结构。标准结构的活动挡料销如图 2-28 所示。图 2-28（a）所示为弹簧弹顶挡料装置；图 2-28（b）所示为扭簧弹顶挡料装置；图 2-28（c）所示为橡胶弹顶挡料装置；图 2-28（d）所示为回带式挡料装置。回带式挡料装置的挡料销对着送料方向带有斜面，送料时搭边碰撞斜面使挡料销跳起并越过搭边。也就是说，送料时要将条料前送、后退，才能使搭边抵住挡料销而定位，操作不便。回带式的常用于具有固定卸料板的模具上；其他三种形式的挡料销可形成隐藏式，常用于倒装式复合模，挡料销安装在卸料板或凹模上。采用哪一种结构形式挡料销，须根据卸料方式、卸料装置的具体结构及操作等因素决定。

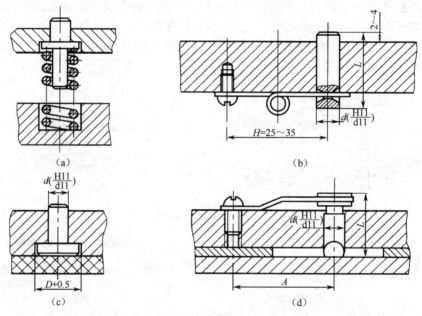

图 2-28　活动挡料销结构

3）始用挡料销

始用挡料销一般应用在连续模中，仅在每一条料开始冲第一步时才起定位作用。它的结构形式很多，如图 2-29 所示为一种常见的始用挡料销结构形式。使用时，用手压出挡料销，使挡块头部伸出导料板，即可送料定位。完成首次定位后，在弹簧的作用下挡料销自动退出，不再起作用。

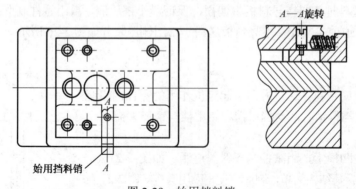

图 2-29　始用挡料销

2. 定距侧刃

侧刃定位用于多工位级进模中，它利用条料边缘被侧刃切除后出现的台阶来定位，因此定位可靠，操作简便，生产率高。常用的侧刃分为三类，如图 2-30 所示。图 2-30（a）所示为长方形侧刃，制造方便，应用广泛。图 2-30（b）所示为成型侧刃，一般是制件侧向有形状要求，为简化落料模具形状时才使用，由于侧刃形状复杂，制造困难，所以非特殊情况一般不使用。图 2-30（c）所示为尖角侧刃，采用尖角侧刃冲掉的废料少，常用于贵重金属材料的冲压，也与弹性挡料销同时配合使用。

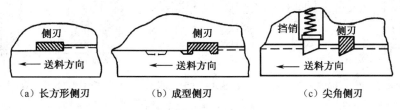

（a）长方形侧刃　　　　（b）成型侧刃　　　　（c）尖角侧刃

图 2-30　侧刃结构形式

采用侧刃定距时，侧刃的公称尺寸取值与公差标注也应予以注意。仅用侧刃定距，公差应标注双向偏差，取值为 ±0.01mm；采用侧刃与导正销定距，公差应标注负向偏差，取值为 0.01～0.02mm。凹模上的侧刃型孔尺寸按侧刃的实际尺寸加上单边间隙配制。

3．导正销

导正销是级进模中用来正确决定材料位置的定位装置，它可以单独使用或与凸模组合使用。单独使用称为间接导正，当零件上没有适合导正销导正用的孔时，对于工步数较多、零件精度要求较高的级进模，应在条料两侧的空位处设置工艺孔，以供导正销导正条料使用。间接导正可分为固定式和活动式两种，固定式用于较薄的材料，如图 2-31（a）所示；活动式用于较厚的材料，它可以避免或减少因材料送进误差而使导正销过早磨损或损坏，如图 2-31（b）、（c）所示。

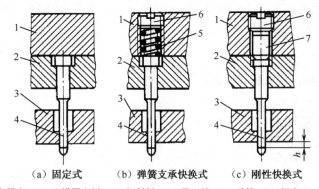

（a）固定式　　　（b）弹簧支承快换式　　　（c）刚性快换式

1—上模座；2—凸模固定板；3—卸料板；4—导正销；5—弹簧；6—螺塞；7—顶销

图 2-31　间接导正形式

与凸模组合使用时称为直接导正，即用制件本身冲好的孔来导正，这种导正方式比间接导正所确保的内外腔的位置精度高。直接导正形式有如图 2-32 所示的六种。其中，图 2-32（a）、（b）、（c）所示形式用于直径小于 10mm 的孔导正；图 2-32（d）所示形式用于直径为 10～30mm 的孔；图 2-32（e）所示形式用于直径为 20～50mm 的孔。为了便于装卸，对小的导正销也可采用如图 2-32（f）所示的结构，其更换十分方便。

当导正销与挡料销在级进模中配合使用时，导正销与挡料销的位置尺寸如图 2-33 所示。导正销直径为

$$d_1 = D_1 - 2a$$

式中　D_1——凸模直径（mm）；

$2a$——导正销与孔的双边间隙值（mm）。

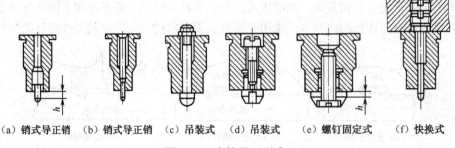

（a）销式导正销　（b）销式导正销　（c）吊装式　（d）吊装式　（e）螺钉固定式　（f）快换式

图 2-32　直接导正形式

导正销与挡料销的位置尺寸 s_1' 为

$$s_1' = s + \left[\frac{D_1 - D}{2}\right] + 0.1$$

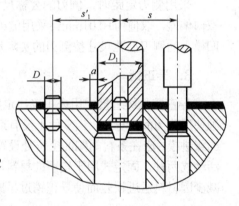

式中　s_1'——挡料销的位置尺寸（mm）；

s——进距（mm）；

D——挡料销头部直径尺寸（mm）。

式中加上的 0.1mm 是为了条料导正过程中的补偿间隙。

导正销常用材料为 T7、T8、45 钢，热处理硬度为 HRC 52～56。

图 2-33　导正销与挡料销的位置尺寸

2.7.7　卸料与顶件（推件）装置

1. 卸料装置

卸料装置分为刚性卸料装置和弹性卸料装置两种。

1）刚性卸料装置

刚性卸料装置分为悬臂式、封闭式和钩形三种，常用于制件较厚的场合，如图 2-34 所示。刚性卸料装置卸料力大，工作可靠。

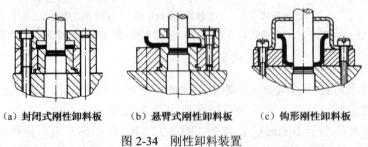

（a）封闭式刚性卸料板　　（b）悬臂式刚性卸料板　　（c）钩形刚性卸料板

图 2-34　刚性卸料装置

刚性卸料板与凸模间的轴向相对位置尺寸如图 2-35 所示，设计时应按 $H \geqslant h + t + 5$ 确定。

刚性卸料板与凸模间的单边间隙值：当制件厚度 $t < 3$mm 时，取 $Z/2 = 0.3$mm；当制件厚度 $t > 3$mm 时，取 $Z/2 = 0.5$mm。

设计、制造时，应注意卸料板孔的下方要保证锐角，以免卸料时条料或毛刺挤进间隙，造成凸模拉伤。

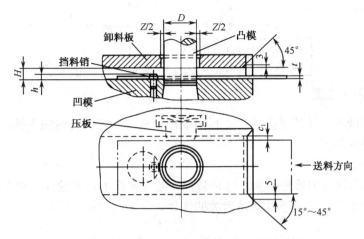

图 2-35　刚性卸料板与凸模间的轴向相对位置尺寸

2）弹性卸料装置

弹性卸料装置是通过弹簧或橡皮的作用来进行卸料的。此种装置在冲压时既可压料又可卸料，特别适合在薄料要求平整的复合模上使用，如图 2-36 所示。但其结构应确保卸料力及卸料行程能满足卸料要求。（注：精密级进式冲模卸料装置一般不作压料用。）

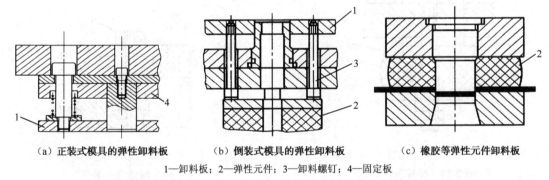

（a）正装式模具的弹性卸料板　　　（b）倒装式模具的弹性卸料板　　　（c）橡胶等弹性元件卸料板

1—卸料板；2—弹性元件；3—卸料螺钉；4—固定板

图 2-36　弹性卸料装置

模具的导向装置对保证卸料板的正常工作，卸料和压料动作的均衡，以及提高制件的尺寸精度具有极其重要的意义，设计时应引起重视。弹性卸料装置的安装尺寸参见图 2-37，弹性卸料板与凸模之间的间隙见表 2-13。

对于带弹压卸料板的冲模，在带有导正销的连续冲裁模和连续成型模中，卸料板不仅起到卸料作用或兼作导向作用，而且还起到压料作用。所以除考虑凸模和弹压板型孔之间的间隙外，还要考虑卸料板压料台阶的高度 h。

$$h=H-t+k$$

式中　H——侧刃尺厚度；

　　　t——料厚；

　　　k——系数，薄材料取 $0.3t$，厚材料（$t>1.0mm$）取 $0.1t$。

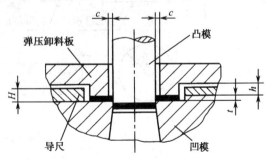

图 2-37　弹性卸料装置的安装

表 2-13　弹压卸料板与凸模之间的间隙

材料厚度 t（mm）	<0.5	0.5~1	>1
单面间隙 c（mm）	0.05	0.10	0.15

2. 顶件（推件）装置

将冲出的制件或废料从凹模孔内向上顶出或由上模的凹模型孔内向下推出使用的装置，通常称为顶件装置或推件装置。

1）顶件装置

图 2-38 所示为常见的顶件装置。这种装置常装在下模上，其顶件力随上模升起由受压橡皮通过顶杆传给顶件块，主要用于冲裁薄而大的制件。

2）推件装置

刚性推件装置如图 2-39 所示，利用压力机滑块回程的力量，通过滑块内打杆横梁的传递使推杆将制件（或废料）从凹模中推出。推板的结构形式很多，根据制件形状不同而不同。常用推板形式如图 2-40 所示。

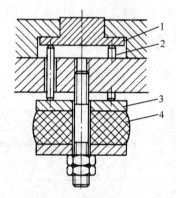

1—顶件块；2—顶杆；3—支承板；4—橡胶块

图 2-38　弹性顶件装置

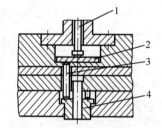

1—打杆；2—推板；3—推杆；4—推件块

图 2-39　刚性推件装置

顶件块和顶杆常用 45 号钢制造，热处理硬度为 HRC 43~48，表面粗糙度应达 $Ra\,1.6$~$0.8\mu m$。

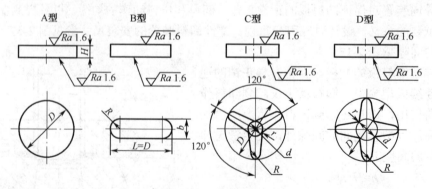

图 2-40　常用推板形式

2.7.8　模具的闭合高度

模具的闭合高度应与选用压力机的闭合高度相适应。模具冲压工作终结时，上模座的上平面至下模座的下平面间的高度称为模具的闭合高度 H，如图 2-41 所示。压力机的闭合高度是指滑块在下极点位置时，滑块下表面至压力机工作台板面间的距离。滑块连杆调至最短时的距离称最大闭合高度 H_{max}，连杆调至最长时的距离称最小闭合高度 H_{min}。M 为压力机的闭合高度调整量。正常条件下模具与压力机闭合高度间的关系应满足如下条件：

$$H_{max}-5 \geq H+H_1 \geq H_{min}+10$$

式中　H——模具的闭合高度（mm）；

　　　H_{max}——压力机的最大闭合高度（mm）；

　　　H_{min}——压力机的最小闭合高度（mm）；

　　　H_1——压力机的垫板厚度（mm）。

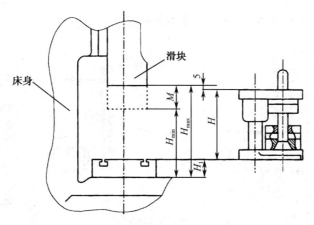

图 2-41　冲模与压力机闭合高度的关系

模具总体设计尺寸关系如图 2-42 所示。

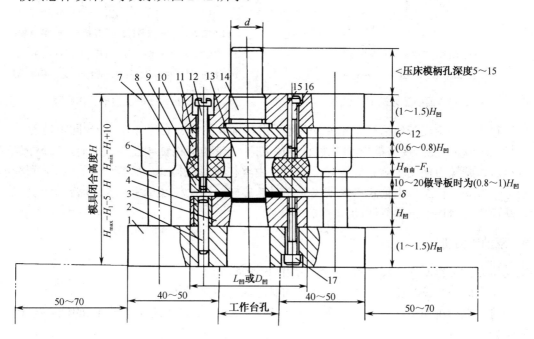

1—下模座；2、15—销钉；3—凹模；4—衬套；5—导柱；6—导套；7—上模座；8—卸料板；

9—橡胶；10—凸模固定板；11—垫板；12—卸料螺钉；13—凸模；14—模柄；16、17—螺钉

图 2-42　模具总体设计尺寸关系

2.7.9　常用压力机简介

1. 偏心压力机

偏心压力机工作原理如图 2-43 所示，具体说明如下：

电动机转动由小带轮传给大带轮，后经齿轮 3、4 传动，离合器 5 接合，带动偏心轮（曲柄）转动，连杆 6 作平面运动。连杆 6 带动滑块 7 实现上下往复直线运动。

2. 摩擦压力机

摩擦压力机工作原理如图 2-44 所示，具体说明如下：

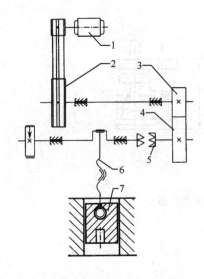

1—电动机；2—带轮；3、4—齿轮；

5—离合器；6—连杆；7—滑块

图 2-43　偏心压力机工作原理

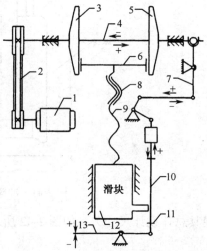

1—电动机；2—皮带；3—左摩擦轮；4—滑移轴；

5—右摩擦轮；6—飞轮；7—杠杆；8—螺母；9—丝杠；

10—拉杆；11—换向挡板；12—滑块；13—手柄（踏板）

图 2-44　摩擦压力机工作原理

电动机 1 转动由皮带传给滑移轴 4，固连于滑移轴 4 的左、右摩擦轮 3、5 同步转动。

手柄 13 下移，经由换向挡板 11、拉杆 10、杠杆 7 带动滑移轴 4 左移，此时，左摩擦轮 3 与飞轮 6 接触靠摩擦力使飞轮顺时针旋转，同时，由丝杠螺母机构 8、9 带动滑块 12 向下移动。

反之，右摩擦轮 5 与飞轮 6 接触使飞轮逆时针旋转，则丝杠螺母机构 8、9 带动滑块 12 向上移动，从而实现滑块上下往复运动。

3. 双动压力机

双动压力机工作原理如图 2-45 所示，具体说明如下：

基本工作原理与偏心压力机相同，不同的是它具有两个滑块。

工作时，电动机的转动由皮带经离合器 7 传给主轴 10 后，固连于主轴 10 的偏心齿轮 9、凸轮 5 同步转动。

偏心齿轮通过连杆 2 带动拉深滑块 1 下移；同时，凸轮 5 顶起活动工作台 4，活动工作台先于拉深滑块和压边滑块 3 配合逐渐压住工件（图中未画出），当凸轮升程结束时，活动工作台停止上移，工件保持压紧状态。随后，拉深滑块进入工作状态。拉深完成后，拉深滑块和活动工作台回退，同时，顶件装置工作，顶出工件，完成一个工作循环。

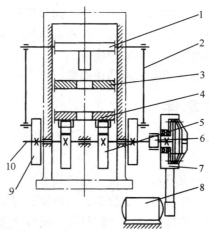

1—拉深滑块；2—连杆；3—压边滑块；4—活动工作台；5—凸轮；

6—制动器；7—离合器；8—电动机；9—偏心齿轮；10—主轴

图 2-45　J44-55B 型双动拉深压力机工作原理

2.7.10　冲压设备选择

根据冲压工艺性质、生产批量、几何尺寸、精度要求选择设备的类型。

中小型的冲裁件、弯曲件、拉深件，选择开式机械压力机，操作方便，容易安装。大中型冲压件，选择闭式结构的机械压力机。

大型拉深件，尽量选用双动拉深压力机。所使用的模具简单，调整方便。

小批量生产、大厚度冲压件，多采用液压机。不超载，速度小，生产效率低。弯曲成型等冲压工序，选用摩擦压力机，行程次数较少，生产率低，操作不方便。

大批量、形状复杂零件，选用高速压力机或多工位自动压力机。

根据冲压件的尺寸，模具的尺寸、冲压力确定设备的规格：

（1）公称压力大于总冲压力。

（2）压力机行程适当。

（3）压力机的闭合高度与冲模的闭合高度相适应。

（4）工作台面的尺寸大于下模座的外形尺寸，并且留有安装固定的余地。

2.8　冲裁模的典型结构

冲模结构必须满足冲压生产的要求，不仅要冲出合格的零件，适应生产批量的要求，而且应该操作方便、安全，便于制造和维修。因此，需要设计出切合生产实际的先进模具。

2.8.1　冲裁模分类

冲裁模的形式繁多，按不同角度分类，大致可分为如下几种类型。

按工艺性质：落料模、冲孔模、切断模、切口模、剖切模、切边模、整修模等。

按工序组合：单工序模（又称简单模）、复合模、连续模等。

按导向方式：无导向模、导板模、导筒模、导柱模等。

按专业化：通用模、专用模、自动模、组合冲模、简易模等。

按工作零件材料：橡胶冲模、低熔点合金模、锌基合金模、硬质合金模等。

按模具尺寸：大型冲模、中型冲模、小型冲模等。

按操作方式：手工操作模、半自动模、自动化模等。

2.8.2 冲裁模的组成零件

冲裁模的组成零件一般有下列六类：

冲裁模零部件
- 工艺构件
  - （1）工作零部件→（凸模、凹模、凸凹模）
  - （2）定位零件→（定位板、定位销、挡料销、导正销、导尺、侧刃）
  - （3）压、卸料及出件零部件→（卸料板、推件装置、顶件装置、压边圈、弹簧、橡胶垫）
- 辅助构件
  - （4）导向零件→（导柱、导套、导板、导筒）
  - （5）固定零件→（上模座、下模座、模柄、凸模固定板、凹模固定板、垫板、限位器）
  - （6）紧固及其他零件→（螺钉、销钉、键、其他）

应该指出，不是所有的冲裁模都具备上述六类零件，尤其是简单冲裁模。

2.8.3 冲裁模典型结构分析

冲裁模按工序组合分类，有单工序模（简单模）和多工序模。多工序模又分为连续模和复合模两种。

1. 单工序模

压力机一次行程中只能完成一道冲裁工序的模具称为单工序模。单工序模结构简单，制造容易，成本低。对多工序加工的零件，制件精度低。它常用于精度要求不高的零件的冲裁加工。

图 2-46 所示为单工序无导向落料模。模具导向主要靠压力机滑块与导轨的配合，条料送进靠导尺 7 导向，靠固定挡料销 9 定位，制件靠凸模推下经压力机工作台孔漏入料箱，废料由固定卸料板 2 从凸模上卸下。

图 2-47 所示为单工序导板导向冲孔模。模具导向主要靠导板 3，条料送进靠导尺 11 导向。第一步送进位置由始用挡料销 1 控制，以后送进位置由活动挡料销 10 定位，冲裁结束，制件靠凸模推下经压力机工作台孔漏入料箱，条料则由导板 3 从凸模 4 上卸下。

图 2-48 所示为带弹顶器导柱导向的落料模。上、下模依靠导柱、导套导向，间隙容易保证，并且该模具采用弹压顶出的结构，冲压时材料被上下压紧完成分离。零件的变形小，平整度高。该种结构广泛用于材料厚度较小，且有平面度要求的金属冲压件和易于分层的非金属材料冲压件。

2. 多工序模

压力机一次行程中能完成两道以上冲裁工序的模具称为多工序模。

多工序模可减少模具及设备数量，生产率高，可冲裁形状复杂的制件，制件制造精度高；操作方便安全，易于实现机械化、自动化，但模具制造复杂，成本高，轮廓尺寸大，适用于精度要求较高的制件的大批量生产。

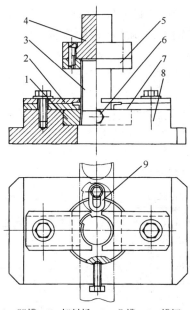

1—凹模；2—卸料板；3—凸模；4—模柄；
5—凸模固定板；6—顶丝；7—导尺；
8—下模座；9—挡料销

图 2-46　单工序无导向落料模

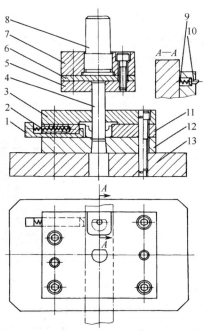

1—始用挡料销；2—弹簧；3—导板；4—凸模；5—凸模固定板；
6—垫板；7—上模座；8—模柄；9—弹簧；10—活动挡料销；
11—导尺；12—凹模；13—下模座

图 2-47　单工序导板导向冲孔模

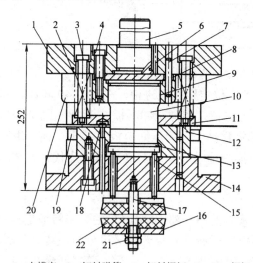

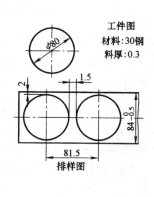

1—上模座；2—卸料弹簧；3—卸料螺钉；4、17—螺钉；5—模柄；6—防转销；7—销；
8—垫板；9—凸模固定板；10—落料凸模；11—卸料板；12—落料凹模；13—顶件板；
14—下模座；15—顶杆；16—板；18—固定挡料销；19—导柱；20—导套；21—螺母；22—橡胶

图 2-48　带弹顶器导柱导向的落料模

1）连续模（级进模）

连续模在压力机一次行程中完成的数道工序分布在坯料送进方向的不同部位。

图 2-49 所示是用导正销定距的导板式冲孔落料级进模。上、下模用导板 8 导向。冲孔凸模 3 与落料凸模 4 之间的距离就是送料步距 A。材料送进时，为了保证首件的正确定距，始用挡料销 7 首次定位冲两个小孔；第二工位由固定挡料销 6 进行初定位，由两个装在落料凸模上的导正销 5 进行精定位。导正销与落料凸模的配合为 H7/r6，其连接应保证在修磨凸模时装拆方便。导正销

头部的形状应有利于在导正时插入已冲的孔，它与孔的配合应略有间隙。始用挡料装置安装在导板下的导料板中间。在条料冲制首件时，用手推始用挡料销 7，使它从导料板中伸出来抵住条料的前端即可冲第一件上的两个孔。以后各次冲裁由固定挡料销 6 控制送料步距作初定位。

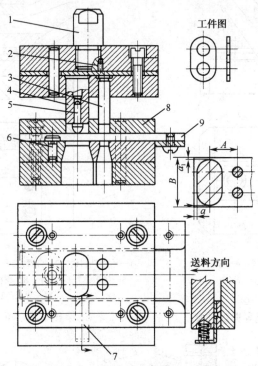

1—模柄；2—螺钉；3—冲孔凸模；4—落料凸模；5—导正销；6—固定挡料销；7—始用挡料销；8—导板；9—侧面导料板

图 2-49　用导正销定距的导板式冲孔落料级进模

图 2-50 所示为冲裁接触环焊片双侧刃定位定距的级进模。与图 2-49 相比，其特点是：用成型侧刃 12 代替了始用挡料销、挡料钉和导正销；用弹压卸料板 7 代替了固定卸料板。本模具采用前后双侧刃对角排列，可使料尾的全部零件冲下。弹压卸料板 7 装于上模，用卸料螺钉 6 与上模座连接。它的作用是：当上模下降，凸模冲裁时，弹簧 11（可用橡皮代替）被压缩而压料；当凸模回程时，弹簧回复推动卸料板卸料。

2）复合模

压力机一次行程中完成的数道工序在模具的同一部位。复合模的突出特征是具有一个兼做冲孔凹模和落料凸模的凸凹模。按落料凹模所在位置的不同，复合模又可分为正装式及倒装式两种形式。

图 2-51 所示为正装复合模。正装复合模的凸凹模 6 装在上模，落料凹模 8 和冲孔凸模 11 装在下模。工作时，条料靠导料销 13 和挡料销 12 定位。上模下压，凸凹模 6 和落料凹模 8 进行落料，落下的制件卡在凹模中。同时，冲孔凸模与凸凹模内孔进行冲孔，冲孔废料卡在凸凹模孔内。卡在凹模中的冲裁件由顶件装置顶出。顶件装置由带肩顶杆 10 和顶件块 9 及装在下模座底下的弹顶器（与下模座螺纹孔连接）组成。当上模上行时，原来在冲裁时被压缩的弹性元件恢复，把卡在凹模中的冲压件顶出凹模面。弹顶器弹性元件的高度不受模具空间的限制，顶件力的大小容易调整，可获得较大的顶件力。卡在凸凹模内的冲孔废料由推料装置推出。推料装置由打杆 1、推板 3 和推杆 4 组成。当上模上行至上死点时，把废料推出。每冲裁一次，冲孔废料被推出一次，凸凹模孔内不积存废料，因而胀力小，不易破裂，且冲压件的平直度较高。但冲孔废料要落在下模工作面上，清除麻烦。由于采用固定挡料销和导料销，所以在卸料板上需钻让位孔，也可采用活动导料销或挡料销。

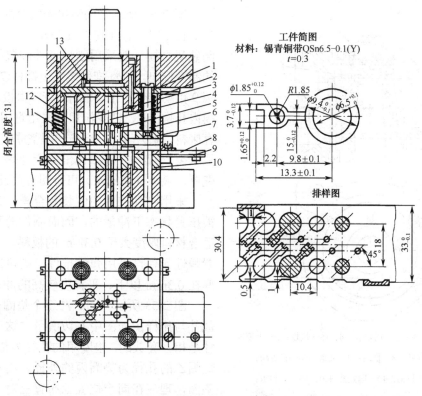

1—垫板；2—固定板；3—落料凸模；4、5—冲孔凸模；6—卸料螺钉；7—卸料板；
8—导料板；9—承料板；10—凹模；11—弹簧；12—成型侧刃；13—防转销

图 2-50　冲裁接触环焊片双侧刃定位定距的级进模

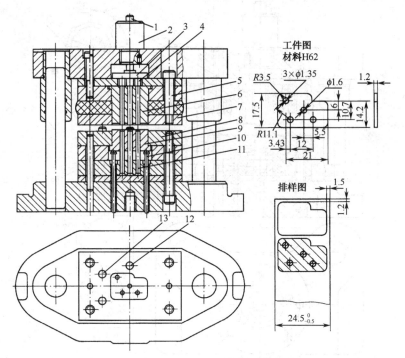

1—打杆；2—模柄；3—推板；4—推杆；5—卸料螺钉；6—凸凹模；7—卸料板；
8—落料凹模；9—顶件块；10—带肩顶杆；11—冲孔凸模；12—挡料销；13—导料销

图 2-51　正装复合模

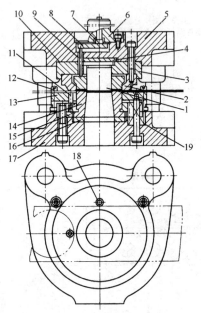

1—凸模；2—凹模；3—上模固定板；4、16—垫板；5—上模座；

6—模柄；7—推杆；8—推块；9—推销；10—推件块；

11、18—活动挡料销；12—固定挡料销；13—卸料板；

14—凸凹模；15—下模固定板；17—下模座；19—弹簧

图 2-52　倒装垫圈复合冲裁模

图 2-52 所示是倒装垫圈复合冲裁模。落料凹模 2 在上模，件 1 是冲孔凸模，件 14 为凸凹模。倒装复合模一般采用刚性推件装置把卡在凹模中的制件推出。刚性推件装置由推杆 7、推块 8、推销 9 推动推件块推出制件。废料直接由凸模从凸凹模内孔推出。凸凹模洞口若采用直刃，则模内有积存废料，胀力较大，当凸凹模壁厚较薄时，可能导致胀裂。倒装复合模凹模的设计要注意凹模的最小壁厚，最小壁厚的设计可查阅有关设计资料。

采用刚性推件的倒装复合模，条料不是处于被压紧状态下冲裁的，因而制件的平直度不高，适合材料厚度大于 0.3mm 的板料。若在上模内设置弹性元件，采用弹性推件，则可冲制较软且料厚在 0.3mm 以下、平直度较高的冲裁件。

图 2-53 所示为同时冲三个垫圈的复合模。冲裁件与排样图如图中右边所示。这三个垫圈的尺寸是相互套裁的，垫圈甲的孔径为垫圈乙的外径，垫圈乙的孔径为垫圈丙的外径。用复合模冲三个垫圈，理应在同一位置上布置三对工作刃口。这副模具展示了在复合模同一位置上布置多套凸凹模的结构特点，它采用了套筒式的交错布置。

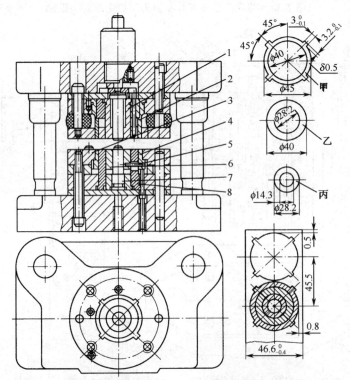

1、2、8—凸凹模；3—落料凹模；4、6—顶件板；5—连接销；7—冲孔凸模

图 2-53　同时冲三个垫圈的复合模

思考题

2.1　冲裁工序主要分为哪几种？它们在材料分离时各有什么特征？

2.2　冲裁断面上的几个带区是如何形成的？

2.3　如何划分冲裁时板料分离的三个变形阶段？

2.4　断面上的断裂带为什么成楔形？

2.5　正确确定合理间隙需要考虑哪些因素？

2.6　凸、凹模刃口尺寸公差的计算原则是什么？为什么要这样确定？

2.7　从冲裁工艺的应力、应变方面考虑，如何才能在冲裁后得到光洁而又平整的断面？

第 3 章
弯曲及弯曲模设计

3.1 基本概念

把板料、型材或管料等毛坯弯成一定角度、一定曲率，形成一定形状零件的冲压工序称为弯曲。

3.1.1 典型的弯曲件

用弯曲方法冲压的零件种类很多，可按其横截面形状分类，如图 3-1 所示。可以在压力机上弯曲，也可以用专用弯曲机进行折弯、滚弯或拉弯。各种弯曲方法尽管所用设备和模具不同，但其变形过程及特点却有着基本相同的规律。

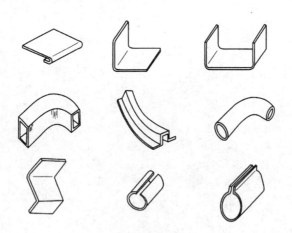

图 3-1　各种典型弯曲件

3.1.2 弯曲变形过程

如图 3-2 所示为板料在 V 形模具内弯曲变形过程。

从图中可以看出，在弯曲过程中，板料的弯曲半径 $r_1, r_2, \cdots, r_n$ 和支点距离 $l_1, l_2, \cdots, l_n$ 随凸模向下的进给运动而逐渐减小，而在弯曲终了时，板料与凸、凹模完全贴合。

在弯曲开始阶段，外弯曲力矩很小，当毛坯变形区的应力小于材料的屈服极限 σ_s 时，仅引起弹性变形，这一阶段称为弹性弯曲阶段。随着凸模的下降，外弯曲力矩继续增大，弯曲半径不断变小，毛坯变形区内板料厚度方向的内、外表面首先由弹性变形状态过渡到塑性变形状态，随之塑性变形由内、外表面向中心层逐渐扩展，变形由弹性弯曲过渡到弹-塑性弯曲。

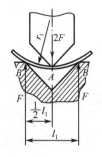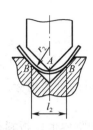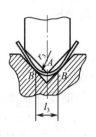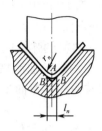

图 3-2　板料在 V 形模具内弯曲变形过程

凸模继续下行，外弯曲力矩继续增加，当板料与凹模完全贴合，直到行程终止并进行校正弯曲时，变形才由弹-塑性弯曲过渡到塑性弯曲，至此整个弯曲过程结束。

3.1.3　弯曲的应力与应变

由图 3-3 可知，板料在弯曲变形时，外层纤维受拉伸长，内层纤维受压缩短，在拉伸与压缩层之间存在一层既不伸长也不缩短的应变为零的金属层，称为应变中性层，其曲率半径用 ρ 表示。变形区域内的应力和应变状态与弯曲变形程度有关。

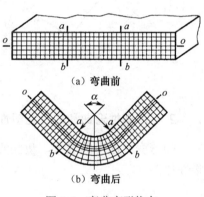

（a）弯曲前

（b）弯曲后

图 3-3　弯曲变形状态

1. 弹性变形（弹性弯曲）

板料在外加弯矩 M 的作用下，产生较小的弯曲变形。假设应变中性层的曲率半径为 ρ，弯曲角为 α，如图 3-4 所示，则在变形程度不大时，由材料力学可推导整理得出，距中性层 y 处的切向应变 ε_θ 为

$$\varepsilon_\theta = \ln\left(1 + \frac{y}{\rho}\right) \approx \frac{y}{\rho} \tag{3-1}$$

该处的切向应力为

$$\sigma_\theta = E\varepsilon_\theta = E\frac{y}{\rho} \tag{3-2}$$

应变和应力仅发生在切向方向，其分布情况如图 3-4 所示。由外层拉应力过渡到内层压应力，中间有一层纤维切向应力为零，此层称为应力中性层。在弹性变形范围内，应力中性层和应变中性层是重合的，即在板料厚度的中心，中性层的曲率半径 $\rho = r + (t/2)$。

最大切向应变在变形区内、外表面上，其表达式为

$$\varepsilon_{max} = \pm\frac{y}{\rho} = \pm\frac{\frac{t}{2}}{r + \frac{t}{2}} = \frac{1}{1 + \frac{2r}{t}} \tag{3-3}$$

根据弹性弯曲的条件 $|\sigma_{\theta max}| < \sigma_s$，可得出如下关系式：

$$\frac{E}{1 + \frac{2r}{t}} < \sigma_s \ \text{或} \ \frac{r}{t} > \frac{1}{2}\left(\frac{E}{\sigma_s} - 1\right) \tag{3-4}$$

式中　r——弯曲件的内表面圆角半径（mm）；

　　　t——弯曲件厚度（mm）；

　　　E——材料的弹性模量（MPa）；

　　　σ_s——材料的屈服极限（MPa）。

r/t 又称为相对弯曲半径，是衡量弯曲变形程度的重要指标，r/t 越小，变形程度越大。

当 r/t 小到一定数值，即 $r/t = \dfrac{1}{2}\left(\dfrac{E}{\sigma_s} - 1\right)$ 时达到临界值，板料内、外表面首先屈服，开始弹-塑性变形，纯弹性弯曲结束。

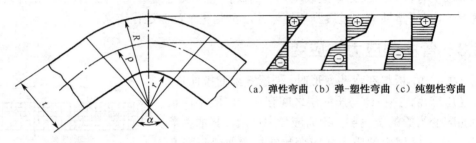

（a）弹性弯曲　（b）弹-塑性弯曲　（c）纯塑性弯曲

图 3-4　板料弯曲时切向应力状态

2. 弹-塑性弯曲和线性纯塑性弯曲

随着变形程度的增大，塑性变形由表及里扩展，变形区进入弹-塑性弯曲，进而进入线性纯塑性弯曲。

当 $\dfrac{1}{2}\left(\dfrac{E}{\sigma_s} - 1\right) > \dfrac{r}{t} > 200$ 时，板料的弯曲变形区处于弹-塑性弯曲，切向应力分布如图 3-4（b）所示，板料剖面的中心部分仍存在很大的弹性变形区域。

而当 $\dfrac{r}{t} < 200$ 时，板料变形进入线性纯塑性弯曲，弹性变形区所占比例极小，可忽略不计，如图 3-4（c）所示。这两种弯曲，其应力、应变仍属于线性状态，应力和应变中性层仍可以认为在板料厚度中间。

由材料力学可知，塑性变形时，许多金属的真实应力应变关系可用下列指数方程表示：

$$\sigma_\theta = \pm c\left(\varepsilon_\theta\right)^n \tag{3-5}$$

式中　c——与材料性质有关的常数；

　　　n——硬化指数。

$\varepsilon_\theta > 0$ 时，表示在外层拉伸区；$\varepsilon_\theta < 0$ 时，在内层压缩区。c 与 n 的值由实验得出，常用金属材料在 20℃时的 c 与 n 值见表 3-1。

表 3-1　常用金属材料在 20℃时的 c 与 n 值

材　　料	c（N/mm²）	n
软钢	710～750	0.19～0.22
软铜 H62	990	0.46
磷青铜	1 100	0.22
磷青铜（低温退火）	890	0.52

材　　料	c（N/mm^2）	n
银	470	0.31
铜	420～460	0.27～0.34
硬铝	320～380	0.12～0.13
铝	160～210	0.25～0.27

将式（3-1）代入式（3-5），则弹-塑性弯曲和线性纯塑性弯曲状态时,内、外层切向应力如下：

$$\sigma_\theta = \pm c\left(\frac{y}{\rho}\right)^n \tag{3-6}$$

切向应力形成的弯矩为

$$M = 2b\int_0^{\frac{t}{2}} \sigma_\theta y\mathrm{d}y = 2b\int_0^{\frac{t}{2}} c\left(\frac{y}{\rho}\right)^n y\mathrm{d}y = \frac{cbt^2}{2(n+2)}\left(\frac{t}{2\rho}\right)^n \tag{3-7}$$

式中　b——板宽；

　　　t——板厚；

　　　ρ——曲率半径；

　　　n——硬化指数。

由式（3-7）可知，当 $n=0$，$c=\sigma_s$ 时，可得出无硬化现象的弯矩为

$$M = E\frac{t^3}{12}\cdot\frac{1}{\rho} = \frac{EI}{\rho} \tag{3-8}$$

对于有硬化的弹-塑性弯曲，变形区内切向应力在厚度方向上的分布规律和拉伸硬化曲线完全相同，只是使用了另一个比例尺寸来表示硬化曲线，如图3-5所示。

弹性变化范围（见图3-5中 OA 部分）切向应力值为

$$\sigma_\theta = E\varepsilon_\theta \tag{3-9}$$

塑性变化范围（见图3-5中 AB 部分）切向应力值为

$$\sigma_\theta = \sigma_s + D(\varepsilon_\theta - \varepsilon_s)$$

式中　D——硬化模数；

　　　ε_θ——与 σ_θ 相对应的切向应变。

对于线性纯塑性弯曲，硬化曲线取近似于直线的形式，切向应力值为

$$\sigma_\theta = \sigma_s + D\varepsilon_\theta \tag{3-10}$$

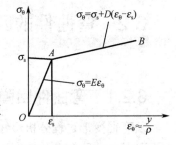

图3-5　应力应变关系曲线

3. 立体纯塑性弯曲

随着变形程度的增大，即 $r/t<5$ 时，整个断面几乎全部进入塑性变形，板料厚度方向应力 σ_θ 的作用越来越大，变形区的应力、应变状态由线性转为立体。

由于板料宽度不同，其应力应变状态不同。

1）应变状态

（1）切向：外层拉应变，内层压应变，ε_θ 为绝对值最大的主应变。

（2）厚向：根据塑性变形体积不变原则，沿着板料的宽度和厚度方向，必然产生与 ε_θ 符号相反的应变。在板料外层，切向应变 ε_θ 为拉应变，厚度方向的 ε_p 为压应变。而板料内层切向应变 ε_θ 为压应变，故厚度方向的应变 ε_p 为拉应变。

（3）宽向：有两种情况，对于窄板，$\frac{b}{t}$<3，材料在宽度方向可以自由变形，所以在外层的应变ε_b为压应变，内层为拉应变；对于宽板，$\frac{b}{t}$>3，由于板料在宽度方向变形阻力大，流动困难，几乎不能变形，所以内、外层在宽度方向的应变值$\varepsilon_b=0$，分别如图3-6（a）、（b）所示。

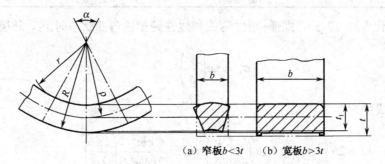

(a) 窄板b<3t　　(b) 宽板b>3t

图3-6　弯曲件剖面的变形

2）应力状态

（1）切向：外层受拉应力，内层受压应力，切向应力等于绝对值最大的主应力。

（2）厚向：板料弯曲时，外区材料在厚度方向产生压应变ε_p，因此材料有向曲率中心移动的趋势，结果使材料纤维之间互相挤压，因而在厚度方向产生压应力σ_p。同样，在材料的内区，厚向拉伸应变ε_p受到外区材料向曲率中心移近的阻碍，也产生了压应力σ_p。

（3）宽向：对于b/t<3的窄板，弯曲时，由于材料可以自由变形，所以内、外层应力$\sigma_b=0$；对于$\frac{b}{t}$>3的宽板，弯曲时，外层材料在宽向上收缩受到阻力，产生拉应力σ_p，内层材料在宽向上的伸长受阻，而产生压应力σ_p。

3.2　弯曲件的回弹

3.2.1　弯曲件回弹现象

从弯曲变形过程分析可知，任何塑性弯曲变形都是由弹性变形过渡到塑性变形的，变形过程中不可避免地残存着弹性变形，致使弯曲后工件的形状和尺寸都将发生与加载时变形方向相反的变化，从而造成弯曲件的弯曲角度和弯曲半径与模具尺寸不一致。这种现象称为回弹，又叫弹复。

由于弯曲时内、外区切向应力与应变性质不同，所以弹性恢复方向也相反，即外区缩短，内区伸长。这种反向的弹性恢复，引起弯曲件形状和尺寸的改变。因此，如何减小和控制板料弯曲时的回弹数值，是研究和拟定弯曲工艺的主要内容之一。

回弹现象产生在卸载中。弯曲毛坯在塑性弯矩M的作用下，毛坯断面上的切向应力分布如图3-7（a）所示，根据力的平衡原则，假设内部弹性弯矩M_1的大小与塑性弯矩相等、方向相反，即$M=-M_1$。这时毛坯所受外力矩之和$M+M_1=0$，相当于卸载后毛坯不承受任何外力的自由状态。假想弹性弯矩在断面内引起的切向应力分布如图3-7（b）所示。塑性弯矩和假想弹性弯矩在断面内的合成应力，便是弯曲件在自由状态下断面内的残余应力。在断面内由内区到外区呈拉、压应力，拉、压应力状态的顺序变化如图3-7（c）所示。

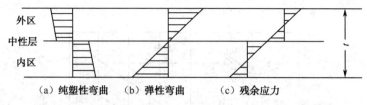

图 3-7　纯塑性弯曲卸载过程中毛坯断面内切向应力的变化

同理，可以得出弹–塑性弯曲卸载过程中毛坯断面内切向应力的变化，如图 3-8 所示。

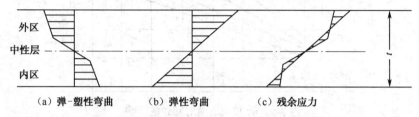

图 3-8　弹–塑性弯曲卸载过程中毛坯断面内切向应力的变化

弯曲变形中的回弹，表现为卸载后弯曲件的曲率和弯曲角发生变化。设卸载前中性层曲率半径为 ρ_1，弯曲角为 α_1，回弹后的中性层曲率半径为 ρ_0，弯曲角为 α_0。则弯曲件的曲率变化量为

$$\Delta K = \frac{1}{\rho_1} - \frac{1}{\rho_0} \tag{3-11}$$

角度变化量为

$$\Delta \alpha = \alpha_1 - \alpha_0 = \varphi_0 - \varphi_1 \tag{3-12}$$

曲率变化量 ΔK 或角度变化量 $\Delta \alpha$ 称为弯曲件的回弹量。

3.2.2　影响回弹的因素

1. 材料的机械性能

角度回弹量 $\Delta \alpha$（回弹角）及曲率回弹量 ΔK 与材料的屈服极限 σ_s 成正比，与弹性模数 E 成反比。

2. 相对弯曲半径 *r/t*

当其他条件相同时，回弹角 $\Delta \alpha$ 随 *r/t* 的增大而增大，曲率回弹量 ΔK 随 *r/t* 的增大而减小，如图 3-9 所示。

3. 弯曲角 α

α 越大，表面变形区域越大，回弹角 $\Delta \alpha$ 越大。但对弯曲半径 *r* 的回弹无影响，如图 3-9 所示。

4. 弯曲件的形状

一般来讲，形状复杂的弯曲件一次弯曲成型角的数量越多，回弹量就越小，弯曲 U 形件比弯曲 V 形件的回弹量要小。

5. 模具间隙

在弯曲 U 形件时，凸、凹模之间间隙越小，材料被挤压，则回弹量也越小。单面间隙大于材料厚度时，材料处于松动状态，回弹大。有时为了减小回弹量，适当减小间隙，使材料有挤薄现

象，称为深挤弯曲。

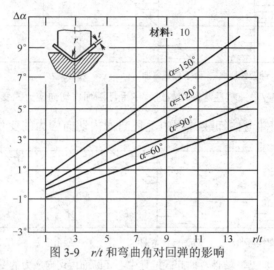

图 3-9　r/t 和弯曲角对回弹的影响

6. 校正弯曲时的校正力

校正力小，回弹力大，增加校正力可以减小回弹量。对相对弯曲半径 $\frac{r}{t} < 0.2 \sim 0.3$ 的 V 形件进行校正弯曲时，回弹角 $\Delta\alpha$ 可能为零或负值，即 $\Delta\alpha \leq 0°$。

3.2.3　回弹量的计算

影响回弹的因素很多，确定回弹值有两种方法：计算法和查表法。

1. 曲率回弹量 ΔK 的计算

设 ρ_1 为卸载前中性层处的曲率，ρ_0 为卸载后该处的曲率。

因为卸载过程是弹性变形过程，切向应力和应变之间的关系应遵守胡克定律，由此可得

$$\Delta K = \frac{1}{\rho_1} - \frac{1}{\rho_0} = \frac{M}{EI} \tag{3-13}$$

式中　M——弯矩；

I——板料截面的惯性矩；

E——弹性模量。

式（3-13）表示卸载前后弯曲件曲率之间的关系。

卸载后的曲率半径为

$$\rho_0 = \frac{\rho_1}{1 - \frac{M}{EI}\rho_1} \tag{3-14}$$

2. 回弹角 $\Delta\alpha$ 的计算

已知板料弯曲前后中性层长度不变，由此可得

$$\rho_1 \cdot \alpha_1 = \rho_0 \cdot \alpha_0 \tag{3-15}$$

$$\alpha_0 = \frac{\rho_1}{\rho_0}\alpha_1 \tag{3-16}$$

由式（3-12）可知，弯曲角回弹量为

$$\Delta\alpha = \alpha_1 - \alpha_0 = \alpha_1\left(1 - \frac{\rho_1}{\rho_0}\right)$$

将式（3-16）代入上式，并利用式（3-14），可得

$$\Delta\alpha = \frac{M}{EI}\rho_1\alpha_1 \qquad (3\text{-}17)$$

由式（3-13）和式（3-17）可知，当弯曲件的材料种类、断面形状给定后，卸载时曲率的变化只与弯曲变形程度有关，即与加载弯矩 M 和弯曲件的抗弯刚度 EI 的大小有关，而与弯曲角 α 的大小无关，弯矩 M 值越大，卸载时曲率的变化也越大；而回弹角 $\Delta\alpha$ 的大小不仅与弯曲变形程度有关，而且与弯曲角 α 的大小有关，随 r 与 α 的增大而增大。

由于理论计算既复杂又不精确，所以生产实际中常按表 3-2～表 3-4 查取，并在试模调整中修正。

表 3-2　90°单角自由弯曲时角度回弹量 $\Delta\alpha$

材　料	r/t	材料厚度 t（mm）		
		<0.8	0.8～2	>α
软钢 σ_b=343MPa	<1	4°	2°	0°
软黄铜，σ_b≤343MPa	1～5	5°	3°	1°
铝、锌	>5	6°	4°	2°
中硬钢 σ_b=392～490MPa	<1	5°	2°	0°
硬黄铜，σ_b=343～392MPa	1～5	6°	3°	1°
硬青铜	>5	8°	5°	3°
硬钢 σ_b>392～490MPa	<1	7°	4°	2°
	1～5	9°	5°	3°
	>5	12°	7°	6°

表 3-3　较软金属材料90°单角校正弯曲时的角度回弹量 $\Delta\alpha$

材　料	r/t		
	≤1	>1～2	>2～3
A2、A3	−1°～1°30′	0°～2°	1°30′～2°30′
紫铜、铝、黄铜	0°～1°30′	0°～3°	2°～4°

对于 $\frac{r}{t}$<5 的弯曲件，可参考以上各表设计凸、凹模的角度。对于 $\frac{r}{t}$>10 的弯曲件，由于弯曲半径较大，回弹量大，弯曲凸模的圆角半径 r_p 和直边夹角 φ_p 可按设计手册上诺模图查线求得或按下列公式计算：

$$r_p = \frac{1}{\dfrac{1}{r} + \dfrac{3\sigma_s}{Et}} \qquad (3\text{-}18)$$

$$\varphi_p = 180° - \frac{r_a}{r_p} \qquad (3\text{-}19)$$

表 3-4　U 形件弯曲时的角度回弹量Δα

材料的牌号和状态	$\dfrac{r}{t}$	凹模和凸模的间隙 Z						
		0.8t	0.9t	t	1.1t	1.2t	1.3t	1.4t
		角度回弹量Δα						
LY12Y	2	−2°	0°	2°30′	5°	7°30′	10°	12°
	3	−1°	1°30′	4°	6°30′	9°30′	12°	14°
	4	0°	3°	5°30′	8°30′	11°30′	14°	16°30′
	5	1°	4°	7°	10°	12°30′	15°	18°
	6	2°	5°	8°	11°	13°30′	16°30′	19°30′
LY12M	2	−1°30′	0°	1°30′	3°	5°	7°	8°30′
	3	−1°30′	0°30′	2°30′	4°	6°	8°	9°30′
	4	−1°	1°	3°	4°30′	6°30′	9°	10°30′
	5	−1°	1°	3°	5°	7°	9°30′	11°
	6	−0°30′	1°30′	3°30′	6°	8°	10°	12°
LC4Y	3	3°	7°	10°	12°30′	14°	16°	12°
	4	4°	8°	11°	13°30′	15°	17°	18°
	5	5°	9°	12°	14°	16°	18°	20°
	6	6°	10°	13°	15°	17°	20°	23°
	8	8°	13°30′	16°	19°	21°	23°	26°
LC4M	2	−3°	−2°	0°	3°	5°	6°30′	8°
	3	−2°	−1°30′	2°	3°30′	6°30′	8°	9°
	4	−1°30	−1°	2°30′	4°30′	7°	8°30′	10°
	5	−1°	−1°	3°	5°30	8°	9°	11°
	6	0°	−0°30′	3°30′	6°30′	8°30′	10°	12°
20 号钢（已退火的）	1	−2°30′	−1°	0°30′	1°30′	3°	4°	5°
	2	−2°	−0°30′	1°	2°	3°30′	5°	6°
	3	−1°30′	0°	1°30′	3°	4°30′	6°	7°30′
	4	−1°	0°30′	2°30′	4°	5°30′	7°	9°
	5	−0°30′	1°30′	3°	5°	6°30′	8°	10°
	6	−0°30′	2°	4°	6°	7°30′	9°	11°
30CrMnSiA	1	−1°	−0°30′	0°	1°	2°	4°	5°
	2	−2°	−1°	1°	2°	4°	5°30′	7°
	3	−1°30′	0°	2°	3°30′	5°	6°30′	8°30′
	4	−0°30′	1°	3°	5°	6°30′	8°30′	10°
	5	0°	1°30′	4°	6°	8°	10°	11°
	6	0°30′	2°	5°	7°	9°	11°	13°
1Cr18Ni9Ti	1	−2°	−1°	−0°30′	0°	0°30	1°30′	2°
	2	−1°	−0°30′	0°	1°	1°30′	2°	3°
	3	−0°30′	0°	1°	2°	2°30′	3°	4°
	4	0°	1°	2°	2°30′	3°	4°	5°
	5	0°30′	1°30′	2°30′	3°	4°	5°	6°
	6	1°30′	2°	3°	4°	5°	6°	7°

3.2.4　减小回弹的措施

完全消除弯曲时的回弹是很困难的，因此在生产中常用以下措施来减小弯曲时的回弹。

1.　弯曲件设计方面

改进弯曲件的某些结构，促使回弹角减小。例如在弯曲变形区压制加强筋，以增加弯曲区材料的刚度和塑性变形程度，如图 3-10 所示；又如，当 $\frac{r}{t}=1\sim2$ 时回弹角最小，可供产品设计选用；在不影响产品使用性能的条件下，选用弹性模数大，屈服极限低，机械性能较稳定的材料。

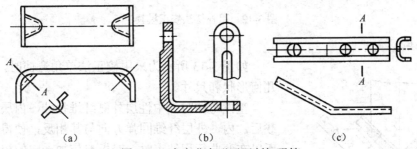

（a）　　　　　　　　　（b）　　　　　　　　　（c）

图 3-10　在弯曲变形区压制加强筋

2.　弯曲工艺方面

对硬材料弯曲前进行退火处理，降低它的屈服极限，减小回弹。若退火后不能满足使用性能要求时则弯曲后再进行淬火处理。

采用校正弯曲代替自由弯曲，并在操作中采用多次行程冲击校正。小批量生产时，也常用钳工校正的方法来补偿回弹。

3.　在模具结构上采取措施

1）补偿法

这种方法较简单，生产中广泛应用。它根据弯曲件的回弹趋势（ΔK 或 $\Delta\alpha$ 值的增大或减小）和回弹量大小，修正凸模或凹模工作部分的形状与尺寸，使工件的回弹量得到补偿。

单角弯曲时，根据估算的回弹量，将凸模圆角半径 r_p、顶角 α 预先做小些，经调试修磨补偿回弹。对于有压板的单角弯曲，回弹角做在凹模上（如图 3-11 所示），并使凸、凹模间隙为最小料厚。

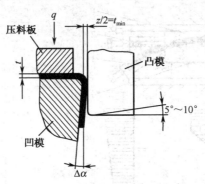

图 3-11　带压板的单角弯曲

双角弯曲时，可在凸模两侧做出回弹角（如图 3-12（a）所示）或在凹模底部做成弧面（如图 3-12（b）所示），使工件底部局面弯曲，当工件从凹模取出后，由于弧面回弹伸直，而使两侧产生负回弹，来补偿圆角部分的正回弹。

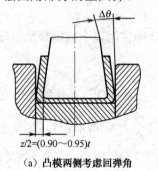
(a) 凸模两侧考虑回弹角
$z/2=(0.90\sim0.95)t$

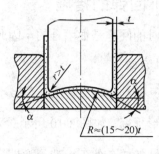
(b) 凹模底带弧面图
$R\approx(15\sim20)t$

图 3-12　用补偿法修正模具

2）校正法

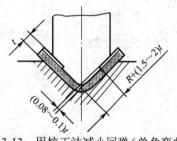

图 3-13　用校正法减小回弹（单角弯曲）

$R+(1.5\sim2)t$
$(0.08\sim0.1)t$

如图 3-13 所示为采用校正法单角弯曲时，所使用的凸模几何形状和尺寸。

塑性弯曲时，中性层外侧纤维拉伸，内层纤维压缩。卸载后，内、外层纤维回弹方向与其相反，使得回弹量较大。所以在弯曲行程结束时，对板料施加一定的校正压力，迫使变形处内层纤维产生切向拉伸应变，那么板料经校正后，内、外层纤维都要伸长，而卸载后都要缩短，内、外层回弹趋势相反，使回弹量减小。一般认为弯曲金属的校正压缩量为料厚的 2%～5%。

3）拉弯法

如图 3-14 所示，板料在拉力下弯曲，改变断面内应力的分布，使中性层内侧的压应力转为拉应力状态。在卸载后，内、外层纤维的回弹变形方向取得一致，所以可以减小回弹。

4）用软凹模弯曲

采用橡胶或聚氨酯软凹模代替金属的刚性凹模。板料在变形过程中，因为受软凹模侧压力的作用，直边部分不发生弯曲变形，而且圆角部分所受的单位压力大于两侧部分。卸载时，回弹仅发生在圆角处，直边不发生回弹，用调节凸模压入量的方法控制弯曲力大小，减小回弹，如图 3-15 所示。

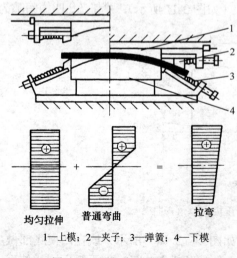

均匀拉伸　＋　普通弯曲　＝　拉弯

1—上模；2—夹子；3—弹簧；4—下模

图 3-14　用拉弯法减小回弹

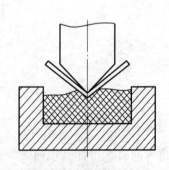

图 3-15　软凹模单角弯曲

3.2.5 弯曲件的工艺性

设计弯曲件必须满足使用上的要求，同时考虑工艺上的可能性与合理性。在一般情况下，对弯曲件工艺性影响最大的除弯曲半径外，还有弯曲件的材料、几何形状及尺寸精度等。

1. 弯曲件的材料

如果弯曲件的材料具有足够的塑性，屈强比（σ_s/σ_b）小，屈服点与弹性模量的比值（σ_s/E）小，则有利于弯曲成型和工件质量的提高。例如，软钢、黄铜和铝等材料的弯曲成型性能好；而脆性大的材料，如磷青铜、铍青铜、弹簧等，最小相对弯曲半径大，回弹大，不利于弯曲成型。

2. 弯曲件的结构

（1）弯曲半径。弯曲件的弯曲半径不宜小于该材料的最小弯曲半径，否则会造成变形区外层材料破裂。若工件要求的弯曲半径很小，可分两次弯曲，第一次预弯适当增大弯曲半径，第二次整形到要求的半径；也可采用热弯。对于 1mm 以下的薄料可改变工件的结构形状。如图 3-16（a）所示的 U 形件，可将直角处的清角改为凸底圆角。对于厚料，则预先沿弯曲区内侧开制槽口再进行弯曲，如图 3-16（b）所示。

（2）弯曲件直边高度。在工件弯曲 90° 时，为了保证弯曲件的直边平直，弯曲件直边高度 H 不应小于 $2t$（如图 3-17 所示），最好大于 $3t$。若 $H<2\text{mm}$，可开槽后弯曲；或先增加直边高度，弯曲后再去掉。

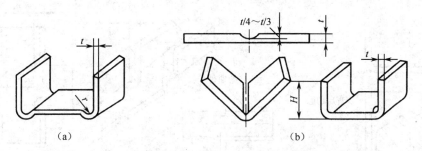

图 3-16 将直角处的清角改为凸底圆角和在弯曲区内侧开制槽口

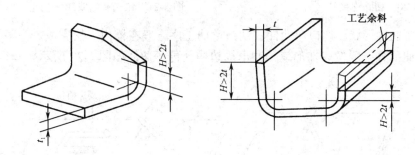

图 3-17 弯曲件的直边高度

（3）弯曲件孔边距。带孔的板料在弯曲时，如果孔位于弯曲变形区内，则孔会发生畸变。因此，由孔边到工件弯曲中心的距离 L（如图 3-18 所示）必须保证：

当 $t<2\text{ mm}$ 时，$L \geqslant t$；

当 $t \geqslant 2\text{ mm}$ 时，$L \geqslant 2t$。

如果不能满足上述条件，则可在不影响制件强度及使用的条件下，采取冲缺口或月牙槽的办法（如图 3-19（a）、（b）所示），或在弯曲变形区冲出工艺孔（如图 3-19（c）所示），以便将靠近孔的变形区材料适当切除，以释放弯曲应力。

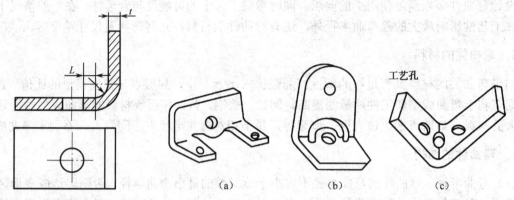

图 3-18　弯曲件孔边距　　　　　　图 3-19　防止孔变形的措施

（4）增添连接带和工艺孔、槽。弯曲变形区附近有缺口的弯曲件，若在坯料上先将缺口冲出后再弯曲，则弯曲时会出现叉口，甚至无法成型。这时应在缺口处补加连接带，弯曲后再将连接带切除，如图 3-20 所示。

板料边缘需局部弯曲时，为了避免角部畸变与形成裂纹，应预先切槽或冲工艺孔，如图 3-21 所示。

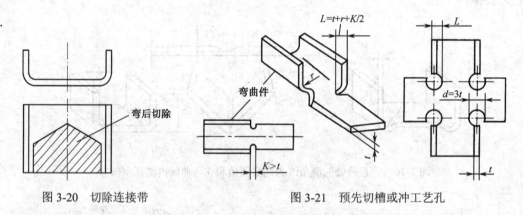

图 3-20　切除连接带　　　　　　　图 3-21　预先切槽或冲工艺孔

（5）切口弯曲件形状。切口弯曲件的切口弯曲工序一般在模内一次完成。为了工件便于从凹模中推出，弯曲部分一般做成梯形或先冲出周边槽孔再弯曲，如图 3-22 所示。

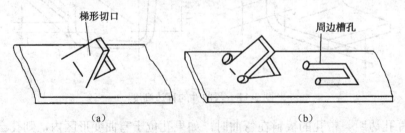

图 3-22　切口弯曲件形状

3. 弯曲件的尺寸公差

一般弯曲件的尺寸公差等级在 IT13 级以下，角度公差大于 $15'$。当工件弯曲精度要求更高时，应增加整形工序。

3.3　弯曲件毛坯尺寸计算

板料弯曲时，外层材料受拉而伸长，内层材料受压而缩短，应变中性层长度保持不变。因此，我们根据弯曲前后中性层不变原则来确定毛坯展开长度尺寸。

在压弯过程中，中性层的位置由材料厚度的中间向板料内侧移动。若移动后中性层的位置与板料最内层纤维的距离用 $x_0 t$ 表示（如图 3-23 所示），则中性层的曲率半径 ρ 为

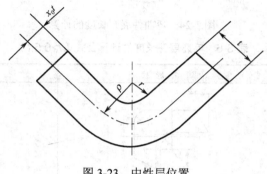

图 3-23　中性层位置

$$\rho = r + x_0 t \tag{3-20}$$

式中　ρ ——中性层的曲率半径（mm）；

　　　r ——工件的内圆半径（mm）；

　　　x_0 ——中性层的位置系数（见表 3-5）；

　　　t ——工件厚度（mm）。

表 3-5　中性层位置系数 x_0 值

r/t	0.1	0.2	0.3	0.4	0.5	0.6	0.7	0.8	1	1.2
x_0	0.21	0.22	0.23	0.24	0.25	0.26	0.28	0.3	0.32	0.33
r/t	1.3	1.5	2	2.5	3	4	5	6	7	≥8
x_0	0.34	0.36	0.38	0.39	0.4	0.42	0.44	0.46	0.48	0.5

3.3.1　有圆角半径弯曲件展开长度计算（$r > 0.5t$）

如图 3-24 所示弯曲件，将零件图上所注尺寸划分成圆弧及直线两部分。这类零件在弯曲时厚度变薄不严重，可按中性层展开长度等于毛坯长度的原则求得毛坯尺寸。那么，弯曲件的展开长度 L 应等于各直边部分和圆弧部分中性层长度之和，即

$$L = \sum l_{\text{直线}} + \sum l_{\text{圆弧}} \tag{3-21}$$

圆弧部分中性层展开长度 l 按式（3-22）计算：

$$l_{\text{圆弧}} = \frac{\pi}{180°} \phi \cdot \rho = \frac{\pi}{180°} \phi (r + xt) \tag{3-22}$$

式中　$l_{\text{圆弧}}$ ——圆弧中性层展开长度；

　　　ϕ ——弯曲中心角；

ρ——中性层曲率半径。

各种毛坯展开长度的计算公式可参见表3-6。

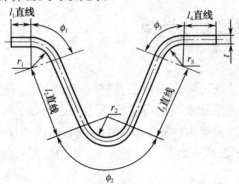

图 3-24　弯曲件展开长度的计算

表 3-6　毛坯展开长度的计算公式（$r > 0.5t$）

序号	弯曲性质	弯曲形状	毛坯展开长度公式
1	单直角弯曲		$L = a + b + \dfrac{\pi}{2}(r + x_0 t)$
2	双直角弯曲		$L = a + b + c + \pi(r + x_0 t)$
3	四直角弯曲		$L = 2a + 2b + c + \pi(r_1 + x_1 t) + \pi(r_2 + x_2 t)$
4	吊环		$L = 2a + (d + 2x_0 d)\dfrac{(360° - \beta)}{360°} + 2\left[\dfrac{(r + x_0 t)\pi\alpha}{180°}\right]$
5	半圆		$L = 2a + \dfrac{\pi\alpha}{180°}(r + x_0 t)$

3.3.2　无圆角半径或圆角半径很小的弯曲件展开长度计算（$r < 0.5t$）

考虑弯曲处材料变薄的情况下。遵循毛坯与工件体积相等的原则，确定毛坯长度尺寸。

各种毛坯展开长度的计算公式可参见表3-7。

表 3-7 毛坯展开长度的计算公式（$r<0.5t$）

序 号	弯曲性质	弯曲形状	毛坯展开长度公式
1	单角弯曲	$\alpha=90°$	$L=a+b+0.4t$
		$\alpha<90°$	$L=a+b+\dfrac{\alpha}{90}\times0.5t$
			$L=a+b-0.43t$
2	双角弯曲	$\alpha=180°$	$L=a+b+c+0.6t$
3	三角弯曲		$L=a+b+c+d+0.75t$
4	四角弯曲		$L=a+2b+2c+t$

3.3.3 铰链弯曲件展开长度计算

铰链弯曲件和一般弯曲件有所不同，铰链弯曲件常用推卷的方法成型。在弯曲卷圆的过程中，材料除了弯曲以外还受到挤压作用，材料不是变薄而是增厚了，中性层向外侧移动，因此其中性层位移系数 $k\geq0.5$，如图 3-25 所示。表 3-8 所示是铰链卷圈中性层位置系数 k。如图 3-26 所示为两种铰链形式。

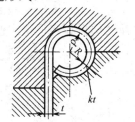

图 3-25 铰链中性层位置

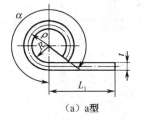

（a）a型

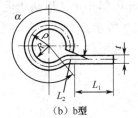

（b）b型

图 3-26 铰链形式

两种类型铰链展开长度如下：

a 型

$$L = \frac{\pi(R+kt)}{180°}\alpha + l_1 \qquad (3\text{-}23)$$

b 型

$$L = \frac{\pi(R+kt)}{180°}\alpha + l_1 + l_2 \qquad (3\text{-}24)$$

表 3-8　铰链圈中性层位置系数 k

R/t	>0.5～0.6	>0.6～0.8	>0.8～1.0	>1.0～1.2	>1.2～1.5	>1.5～1.8	>1.8～2.0	>2.0～2.2	>2.2
k	0.76	0.73	0.70	0.67	0.64	0.61	0.58	0.54	0.50

3.3.4　棒料弯曲件展开长度计算

当弯曲半径 $r \geq 1.5d$ 时，棒料断面基本上没有变化，仍为圆形，中性层位置系数 k 近似于 0.5。当 $r < 1.5d$ 时，断面发生畸变，中性层位置系数 $k > 0.5$，中性层外移。k 值见表 3-9。

表 3-9　圆棒料弯曲时的中性层位置系数 k 值

	弯曲半径 r	$\geq 1.5d$	d	$0.5d$	$0.25d$
	x_0	0.5	0.51	0.53	0.55

毛坯展开长度按下式计算（如图 3-27 所示）：

$$L = 2\pi\rho_s + l_1 + l_2 + l_3 \qquad (3\text{-}25)$$

$$\rho_s = r + kd$$

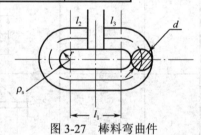

图 3-27　棒料弯曲件

3.4　弯曲模典型结构

3.4.1　V 形件弯曲模

如图 3-28 所示，V 形件弯曲模是弯曲模中最简单的一种，它的结构简单，弯曲变形容易，通用性好，但弯曲时毛坯容易滑动偏移，影响工件精度。所以需要采用带有定位尖、顶杆等的结构，来防止坯料滑动。

毛坯由定位螺钉 11 和凹模 3 定位，凸模 4 下行进行弯曲，弯曲成型后由顶杆 7 顶出制件，顶杆 7 还起压料作用，以防止毛坯偏移。

图 3-29 所示为 L 形件弯曲模，即非对称的 V 形件弯曲模。用弹性顶板和定位销定位，可以有效地防止毛坯偏移。

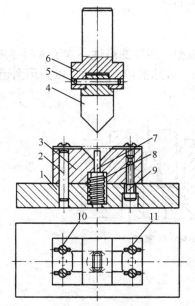

1—下模座；2—销钉；3—凹模；4—凸模；5—横销；

6—上模座；7—顶杆；8—弹簧；9、11—定位螺钉；10—可调定位板

图 3-28 V 形件弯曲模

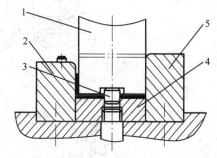

1—凸模；2—凹模；3—定位销；4—压料板；5—挡块

图 3-29 L 形件弯曲模

3.4.2 U 形件弯曲模

U 形件一般是同时弯曲。典型的 U 形件弯曲模如图 3-30 所示。毛坯靠 4 个定位销定位。工作完成后，由卸载板下的弹顶装置卸料。

图 3-31 所示是弯曲角大于 90°的 U 形件弯曲模，定位用凹模面上的定位板。压弯时凸模首先将坯料弯曲成 U 形，当凸模继续下压时，两侧的转动凹模使坯料最后压弯成弯曲角大于 90°的 U 形件。凸模上升，弹簧使转动凹模复位，工件由垂直于图面方向的凸模上卸下。

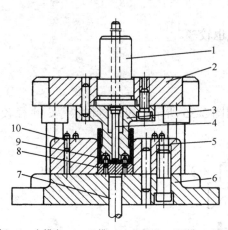

1—模柄；2—上模座；3—凸模；4—推杆；5—凹模；6—下模座；

7—顶料装置；8—顶杆；9、10—定位销

图 3-30 U 形件弯曲模

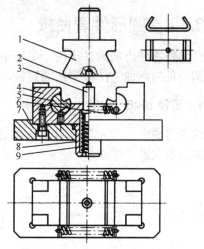

1—凸模；2—定位销；3—顶杆；4—凹模；5—凹模镶件；

6—拉簧；7—下模座；8—弹簧座；9—弹簧

图 3-31 弯曲角大于 90°的 U 形件弯曲模

3.4.3　⊓形件弯曲模

⊓形件可以一次弯曲成型，也可以分两次弯曲成型。当弯曲高度不大于板料厚度的 8～10 倍时，可采取一次弯曲成型，如图 3-32 和图 3-33 所示。弯边高度较大时，以采用两道工序弯曲为宜，如图 3-34 所示。

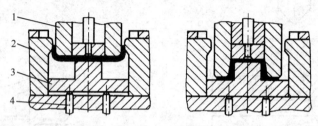

1—凹凸模；2—凹模；3—活动凹模；4—推杆

图 3-32　一次弯曲成型

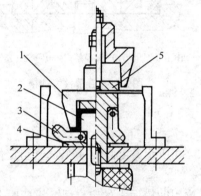

1—凹模；2—活动凸模；3—摆块；4—垫板；5—推块

图 3-33　摆块式弯曲模

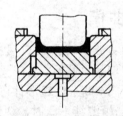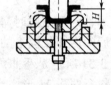

图 3-34　两次弯曲模

3.4.4　圆形件弯曲模

圆形件弯曲方法的多样性，决定了弯曲模结构形式也较多。

圆形件的弯曲方法根据圆的直径不同而各不相同。

1.　直径 $d \leqslant 5mm$ 的小圆弯曲件

这类弯曲件一般先弯成 U 形，然后再卷成圆形，如图 3-35 所示。如果材料较厚、直径较小，也可以采取三道工序成型。

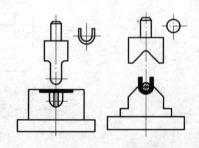

图 3-35　小圆二次弯曲模

2. 直径 d≥20mm 的大圆弯曲件

这类弯曲件一般先弯成波浪形，然后再弯成圆形，两次弯曲成型。如图 3-36 所示，弯曲完毕后，工件套在凸模上，可从凸模轴向取出工件。

3.4.5　Z 形件弯曲模

Z 形件一次弯曲即可成型，图 3-37（a）所示弯曲模结构简单，由于没有压料装置，毛坯受力后容易滑动，仅用于精度不高的 Z 形件弯曲。图 3-37（b）所示结构设置了能够防止毛坯受力滑移的定位销 2 和顶板 1。图 3-37（c）所示是两直边折弯方向相反的 Z 形件弯曲模，该模具由两件凸模（4、10）联合弯曲。为防止坯料偏移，设置了定位销 2 和弹性顶板 1，弯曲前凸模 4 与活动凸模 10 的下端面平齐。在下模弹性元件（图中未绘出）的作用下，顶板 1 的上平面与左侧凹模 5 的上平面平齐。定位销 2 和挡料销为毛坯定位。上模下行，活动凸模 10 与顶板 1 将坯料夹紧并下压，使坯料左端弯曲。当顶板 1 的下平面接触下模座后，活动凸模 10 停止下行，橡胶 8 被压缩，凸模 4 下行将坯料右端弯曲成型。当压块 7 与上模座下平面接触后，零件得到校正。上模回程，顶板 1 将弯曲件顶出。

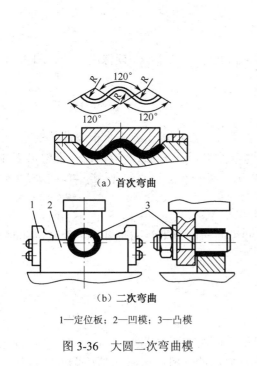

（a）首次弯曲

（b）二次弯曲

1—定位板；2—凹模；3—凸模

图 3-36　大圆二次弯曲模

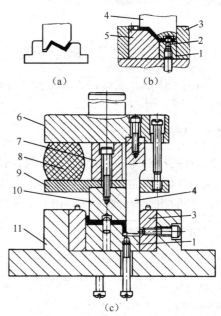

（a）　　　　　（b）

（c）

1—顶板；2—定位销；3—侧压块；4—凸模；5—凹模；6—上模座；
7—压块；8—橡胶；9—凸模固定板；10—活动凸模；11—下模座

图 3-37　Z 形件弯曲模

3.4.6　有斜楔装置的弯曲模

在多工序 V 形件弯曲、圆形件弯曲，以及铰链的弯曲模中，常常有斜楔结构。目的是将压力机滑块的垂直运动转化为活动凹模或凸模的水平运动或倾斜运动来完成弯曲成型。

图 3-38 所示为弯制复杂形状弯曲件使用的斜楔式弯曲模。毛坯在凸模作用下先被压成 U 形。随着上模继续向下移动，装在上模的两斜楔推动滑块向中间移动，滑块的成型面将 U 形件两侧边向里压在成型凸模上，弯成小于 90°的 U 形件。滑块的回程是靠回程弹簧的拉力实现的。

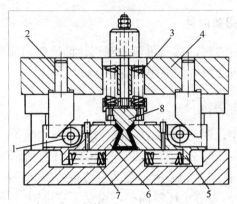

1—滚柱；2—斜楔；3、7—弹簧；4—上模座；5、6—凹模块；8—凸模

图 3-38 弯制复杂形状弯曲件的斜楔式弯曲模

3.5 弯曲模设计的几个问题

3.5.1 弯曲模工作部分尺寸计算

弯曲模工作部分设计，主要是指弯曲凸、凹模的圆角半径尺寸，凹模深度，凸、凹模间的间隙，凸、凹模尺寸与公差等。

1. 凸模圆角半径 r_p

当工件的相对弯曲半径 r/t 较小时，凸模圆角半径 r_p 可以取等于或略小于弯曲件的半径，但不得小于材料允许的最小弯曲半径 r_{min}。如果零件的弯曲半径小于 r_{min}，应增加一道整形工序。

当工件的相对弯曲半径 $r/t>10$ 时，考虑回弹量较大，可采用式（3-18）计算，并在试模中修正。

2. 凹模圆角半径 r_d

凹模圆角半径不能过小，以免材料表面擦伤。凹模两边圆角半径 r_d 应相同，否则弯曲时毛坯发生偏移。r_d 通常根据材料厚度取为：

$t \leqslant 2mm$ 时，$r_d=(3\sim6)t$；

$t=2\sim4mm$ 时，$r_d=(2\sim3)t$；

$t>4mm$ 时，$r_d=2t$。

V 形件弯曲时，凹模底部可开退刀槽，或取圆角半径 $r_d=(0.6\sim0.8)\times(r_p+t)$。

对于硬和厚的材料，选取 r_d 值应偏小些；对于薄而软的材料，选取 r_d 值应偏大些。

3. 凹模深度

凹模深度要适当。若凹模深度过小，因坯料两端未受压的部分太多，工件回弹大且不平直，影响工件的质量。若凹模深度过大，不仅浪费材料，而且也增大了机床的工作行程。

（1）V 形件弯曲模。如图 3-39（a）所示，凹模深度 h_0 及底部的最小厚度 h 可查表 3-10。

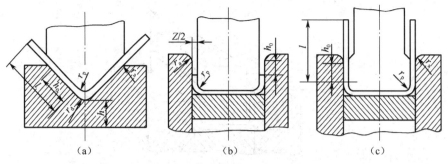

图 3-39　弯曲模工作部分尺寸

表 3-10　V 形件凹模深度 h_0 和底部最小厚度 h　　　　（mm）

弯曲件边长 l	材料厚度 t					
	≤2		2~4		>4	
	h	h_0	h	h_0	h	h_0
10~25	20	10~15	22	15	—	—
>25~50	22	15~20	27	25	32	30
>50~75	27	20~25	32	30	37	35
>75~100	32	25~30	37	35	42	40
>100~150	37	30~35	42	40	47	50

（2）U 形件弯曲模。U 形件弯边高度不大或两边要求平直时，凹模深度应大于零件的高度，如图 3-39（b）所示，图中 h_0 见表 3-11。

表 3-11　U 形件凹模深度 h_0　　　　（mm）

材料厚度 t	≤1	1~2	2~3	3~4	4~5	5~6	6~7	7~8	8~10
h_0	3	4	5	6	8	10	15	20	25

对于弯边高度较大，而平直度要求不高的 U 形件，可采用如图 3-39（c）所示的结构，凹模深度 h_0 见表 3-12。

表 3-12　U 形件凹模深度 h_0　　　　（mm）

弯曲件边长 l	材料厚度 t				
	<1	1~2	>2~4	>4~6	>6~10
<50	15	20	25	30	35
≥50~75	20	25	30	35	40
≥75~100	25	30	35	40	40
≥100~150	30	35	40	50	50
≥150~200	40	45	55	65	65

4．凸、凹模的间隙

V 形件弯曲的凸凹模间隙值依靠调整压力机的封闭高度来控制，设计时可以不予考虑。

只有 U 形件才有间隙值设计问题，其间隙值大小对弯曲模的弯曲变形抗力、回弹，以及模具寿命、弯曲件质量等均有影响。间隙过小，会使工件弯边厚度变薄，降低凹模寿命，增大弯曲力；间隙过大，则回弹大，降低工件精度。U 形件间隙值 Z 的大小取决于材料种类、厚度及弯曲件高度 H、弯曲件弯曲线长度 B（如图 3-40 所示）。其间隙值 Z 一般按下式确定：

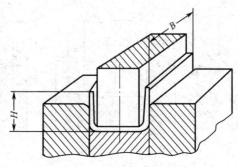

图 3-40 弯曲模间隙

$$Z/2 = t_{max} + c \cdot t = t + \Delta + c \cdot t \tag{3-26}$$

式中　$Z/2$——凸、凹模的边间隙（mm）；

　　　t——工件材料厚度（mm）；

　　　Δ——材料厚度的正偏差（mm）；

　　　c——间隙系数，见表 3-13。

表 3-13　U 形件弯曲模凸、凹模间隙系数 c
（mm）

弯曲件高度 H	弯曲件弯曲 $B \leqslant 2H$				弯曲件弯曲 $B > 2H$				
	材料厚度 t								
	<0.5	0.6~2	2.1~4	4.1~5	<0.5	0.6~2	2.1~4	4.1~7.5	7.6~12
10	0.05	0.05	0.04	—	0.10	0.10	0.08	—	—
20	0.05	0.05	0.04	0.03	0.10	0.10	0.08	0.06	0.06
35	0.07	0.05	0.04	0.03	0.15	0.10	0.08	0.06	0.06
50	0.10	0.07	0.05	0.04	0.20	0.15	0.10	0.06	0.06
70	0.10	0.07	0.05	0.05	0.20	0.15	0.10	0.10	0.08
100	—	0.07	0.05	0.05	—	0.15	0.10	0.10	0.08
150	—	0.10	0.07	0.05	—	0.20	0.15	0.10	0.10
200	—	0.10	0.07	0.07	—	0.20	0.15	0.15	0.10

当工件尺寸精度要求较高时，间隙应当缩小，取 $Z/2 = t$。

5. U 形件弯曲模的凸模和凹模尺寸

确定 U 形件弯曲模的凸、凹模尺寸和公差的原则是：工件标注外形尺寸时，应以凹模为基准件，缩小凸模取间隙。工件标注内形尺寸时，应以凸模为基准件，扩大凹模取间隙。凸、凹模尺寸和公差值应根据工件的尺寸、公差、回弹情况及模具的磨损规律而定。

弯曲件的尺寸标注根据装配要求有两种标注方式，相应地凸、凹模尺寸的计算也不相同。

1）尺寸标注在工件外形上

标注双向偏差时，凹模尺寸为

$$L_d = \left(L - \frac{1}{2}T\right)^{+T_d}_0 \tag{3-27}$$

标注单向偏差时，凹模尺寸为

$$L_d = \left(L - \frac{3}{4}T\right)^{+T_d}_0 \tag{3-28}$$

凸模尺寸 L_p 按凹模配作，保证间隙 Z。

2）尺寸标注在工件内形上

标注双向偏差时，凸模尺寸为

$$L_p = (L + \frac{1}{2}T)_{-T_p}^{0} \qquad (3-29)$$

标注单向偏差时，凸模尺寸为

$$L_p = (L + \frac{3}{4}T)_{-T_p}^{0} \qquad (3-30)$$

凹模尺寸 L_d 按凸模尺寸配作，保证间隙 Z。

式中　L_d——凹模工作部分尺寸（mm）；

L_p——凸模工作部分尺寸（mm）；

L——工件公称尺寸（mm）；

T——工件公差（mm）；

T_d、T_p——凹模、凸模制造公差，采用 IT7～IT9 级。

凸、凹模的间隙及尺寸标注如图 3-41 所示。

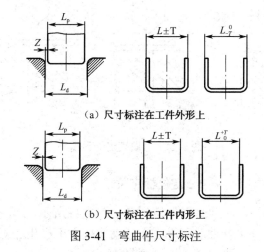

（a）尺寸标注在工件外形上

（b）尺寸标注在工件内形上

图 3-41　弯曲件尺寸标注

3.5.2　模具设计中的定位问题

零件的机械加工中，首先要解决的是定位问题。设计模具时，模具结构应能保证毛坯在弯曲时不产生偏移和窜动。定位件的作用就是使毛坯在模具中获得正确的位置，并且在弯曲过程中使毛坯不发生移动。在弯曲模中常用以下几种定位方法。

1. 销钉定位

用定位销定位时，要尽量利用零件上的预制孔，如图 3-42 所示。当板料送进后，其上面的预制孔与凸模上的销钉配合；定位后，毛坯上的工艺孔套在定位销上，避免因凸模与压料板之间的压料力不足发生坯料偏移现象；弯曲过程中，压料板 5 将毛坯压住，以防止弯曲时坯料上翘。

定位销装在顶板上，这是销钉定位的另一种形式。如图 3-43 所示，顶板上的销钉与毛坯料上的预制孔配合，这样就可以防止顶板与凹模之间因压料力不足而产生错动。

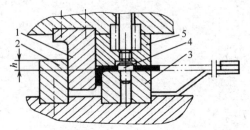 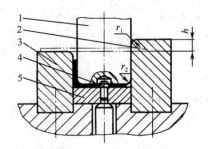

1—凹模；2—反侧模板；3—凸模；4—定位销；5—压料板　　1—凸模；2—反侧模板；3—凹模；4—定位销；5—顶板

图 3-42　销钉在凸模上的定位　　　　　图 3-43　销钉在顶板上的定位

2. 定位尖、顶杆、顶板定位

当 V 形件上无孔定位时，可采用定位尖（如图 3-44（a）所示）、顶杆（如图 3-44（b）所示）和 V 形顶板（如图 3-44（c）所示）的结构，以防止坯料滑动，提高工件精度。

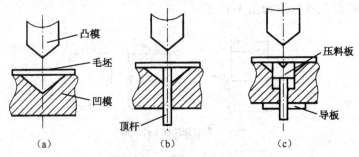

图 3-44　弯曲模定位形式

3. 定位板定位

V 形件精弯模如图 3-45 所示，定位板 3 固定在活动凹模 4 上。弯曲时因毛坯在活动凹模上不产生相对转动和滑动，所以定位安全可靠，成型质量高。

4. 导向块

如图 3-37 所示的 Z 形件以及各类不对称的弯曲件，由于受到不对称侧向压力的作用，使毛坯在弯曲过程中容易产生侧向滑动或偏移，这样不仅会改变弯曲线的位置，而且也会使凸、凹模间的间隙发生明显的变化。因此，弯曲后的零件往往不符合要求。在弯曲这类零件的模具结构中设置导向块（侧压块 3），可以有效地防止上、下模因受力不对称而在弯曲过程中沿水平方向产生错动，因而也保证了凸、凹模之间的合理间隙。

1—凸模；2—支承；3—定位板；4—活动凹模；5—转轴；6—支承板；7—顶杆

图 3-45　V 形件精弯模

3.6　弯曲力的计算

在弯曲工艺中，除了对弯曲件、弯曲模进行设计与计算外，还要对弯曲压力机进行选择。而弯曲力计算就是选择压力机和设计模的重要依据之一。

图 3-46 所示为弯曲力变化曲线。从图 3-46 可知，各弯曲阶段的弯曲力是不同的，弹性弯曲阶段的弯曲力较小，可以忽略不计；自由弯曲阶段的弯曲力不随行程的变化而变化；校正弯曲力随行程急剧增加。弯曲力不仅与弯曲变形过程有关，而且还受材料机械性能、零件形状、弯曲方法、模具结构等多种因素的影响，很难用理论分析方法进行准确计算。因此，生产中常采用经验公式进行估算。

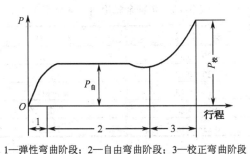

1—弹性弯曲阶段；2—自由弯曲阶段；3—校正弯曲阶段

图 3-46　弯曲力变化曲线

3.6.1　自由弯曲阶段弯曲力

V 形接触弯曲力为

$$P_z = \frac{0.6KBt^2\sigma_b}{r+t} \tag{3-31}$$

U 形接触弯曲力为

$$P_z = \frac{0.7KBt^2\sigma_b}{r+t} \tag{3-32}$$

⌐形接触弯曲力为

$$P_z = 2.4t\sigma_b ac \tag{3-33}$$

式中　P_z——冲压行程结束时的自由弯曲力（N）；

　　　　B——弯曲件宽度（mm）；

　　　　t——弯曲件材料厚度（mm）；

　　　　r——弯曲件的弯曲半径（mm）；

　　　　σ_b——材料的强度极限（MPa）；

　　　　K——安全系数，一般取 $K=1.3$；

　　　　a——系数，见表 3-14（其中各种金属板料的延伸率见表 3-15）；

　　　　c——系数，见表 3-16。

表 3-14　系数 a 的值

延伸率（%）　　r/t	20	25	30	35	40	45	50
10	0.416	0.379	0.337	0.302	0.265	0.233	0.204
8	0.434	0.398	0.361	0.326	0.288	0.257	0.227
6	0.459	0.426	0.392	0.358	0.321	0.290	0.259
4	0.502	0.467	0.437	0.407	0.371	0.341	0.312
2	0.555	0.552	0.520	0.507	0.470	0.445	0.417

续表

r/t \ 延伸率（%）	20	25	30	35	40	45	50
1	0.619	0.615	0.607	0.680	0.576	0.560	0.540
0.5	0.690	0.688	0.684	0.680	0.678	0.673	0.662
0.25	0.704	0.732	0.746	0.760	0.769	0.764	0.764

表 3-15　各种金属板料的延伸率

材　料	延伸率	材　料	延伸率
A1	0.20～0.30	A6	0.10～0.15
A2	0.20～0.28	A7	0.08～0.15
A3	0.18～0.25	紫铜板	0.30～0.40
A4	0.15～0.20	黄铜	0.35～0.40
A5	0.13～0.18	锌	0.05～0.08

表 3-16　系数 c 的值

Z/r \ r/t	10	8	6	4	2	1	0.5
1.20	0.130	0.151	0.181	0.245	0.388	0.570	0.765
1.15	0.145	0.161	0.185	0.262	0.420	0.605	0.822
1.10	0.162	0.184	0.214	0.290	0.460	0.675	0.830
1.08	0.170	0.200	0.230	0.300	0.490	0.710	0.960
1.06	0.180	0.204	0.250	0.322	0.520	0.755	1.120
1.04	0.190	0.222	0.277	0.360	0.560	0.835	1.130
1.05	0.208	0.250	0.355	0.410	0.760	0.990	1.380

3.6.2　校正弯曲的弯曲力

如果弯曲件在冲压行程结束时，受到模具的校正，则校正弯曲力为

$$P_{\mathrm{j}}=F \cdot q \tag{3-34}$$

式中　P_{j}——校正弯曲力（N）；

F——校正部分的投影面积（mm^2）；

q——单位校正力（MPa），其值见表 3-17。

表 3-17　弯曲时校正所需的单位校正力 q

（MPa）

材　料	材料厚度 t（mm）			
	1 以下	1～2	2～5	5～10
铝	10～15	15～30	20～30	30～40
黄铜	15～20	20～30	30～40	40～60
10～20 号钢	20～30	30～40	40～60	60～80
25～35 号钢	30～40	40～50	50～70	70～100

3.6.3　顶件力和压料力

若弯曲模没有顶件装置或压料装置，则其顶料力 P_d 或压料力 P_y 为

$$P_d(P_v)=(0.3\sim0.8)P_z \tag{3-35}$$

式中　P_z——自由弯曲力（N）。

3.6.4　压力机吨位的确定

自由弯曲时，有

$$P_{机} \geq P_z + P_d(P_y) \tag{3-36}$$

式中　$P_{机}$——压力机的吨位。

校正弯曲时，由于校正弯曲力的数值比顶料力大得多，所以顶料力、压料力可以忽略，即

$$P_{机} \geq P_j \tag{3-37}$$

思考题

3.1　弯曲成型有哪几种形式？

3.2　何谓中性层？应力应变中性层为什么会产生位移？板料弯曲时一般向何方向位移？

3.3　试分析弯曲时的应力应变状态。

3.4　何谓最小相对弯曲半径？影响最小相对弯曲半径的因素有哪些？

3.5　已知板料厚度 $t=1.5\text{mm}$，弯曲半径 $r=9\text{mm}$，试求最小相对弯曲半径 r_{min}/t。

3.6　何谓回弹现象？影响回弹的因素有哪些？

3.7　在模具设计中应采取哪些措施减小回弹？

3.8　分析 V 形件、U 形件、⎕形件、Z 形件、圆形件、铰链件及双向压弯、连续弯曲等弯曲模的结构特点。

第4章

拉深及拉深模设计

拉深是利用专用模具将平板毛坯制成开口空心件的一种冲压工艺方法。拉深又称拉延、压延、引伸等。拉深可以制成筒形、阶梯形、锥形、球形和其他不规则形状的薄壁零件，如和其他冲压成型工艺配合，还可以制造出形状极为复杂的工件。用拉深方法制造薄壁空心件生产效率高，材料消耗小，零件的强度和刚度高，而且工件的精度也较高。因此，在汽车、拖拉机、飞机、电器、仪表、电子等工业部门以及日常生活用品的生产中，拉深工艺占据相当重要的地位。

拉深件的种类很多，按变形力学特点可分为四种基本类型。图4-1（a）所示为圆筒形零件，图4-1（b）所示为曲面形零件，图4-1（c）所示为盒形零件，图4-1（d）所示为非旋转体曲面形状零件。在拉深过程中，不同形状拉深件的变形区位置、变形性质、毛坯各部位的应力状态和分布规律等都有相当大的差别，所以在确定拉深的工艺参数、工序数目与工艺顺序时都不一样。本章主要讨论圆筒形件的拉深，在此基础上，简单分析其他形状零件的拉深特点。

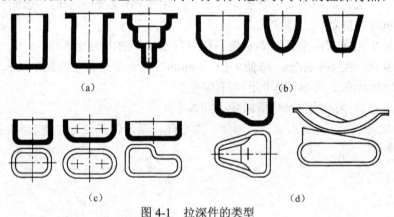

图 4-1 拉深件的类型

4.1 拉深的基本原理

4.1.1 拉深的工艺特点

拉深主要过程如图4-2所示，当凸模1向下运动时，把圆的平板毛坯经过凹模的洞口压下而成空心的筒形件。在凸模及凹模上都分别有圆角。由于凹模的直径小于坯料的直径，在拉深后周边起皱，压边圈预防边缘起皱。这种现象是因为把圆的毛坯拉成杯形工件的时候，多余材料如图4-2所示的阴影三角形 b_1、b_2……部分，产生塑性流动而转移，从而增加了工件的高度 Δh，工件上高度为 h 的直壁部分是由毛坯的环形（外径为 D，内径为 d）部分转变而成的，同时，在该处发生起皱现象，把多余材料挤开是拉深工艺中的主要特点。

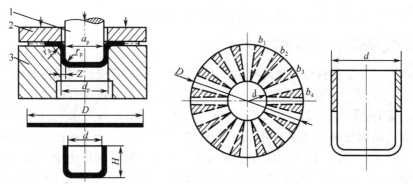

1—凸模；2—压边圈；3—凹模

图 4-2　拉深主要过程

图 4-3 所示的拉深坐标网格进一步说明了金属流动情况。拉深前，等间距同心圆和等分度的辐射线组成坐标网格，拉深后，圆筒形件底部网格基本保持原状，而筒壁部分的网格则发生了很大变化，原来的同心圆变成筒壁上的水平圆圈线，而且其间距增大了，且越靠近筒的口部增大越多；原来分度相等的辐射线变成了筒壁上间距相等的垂直平行线。

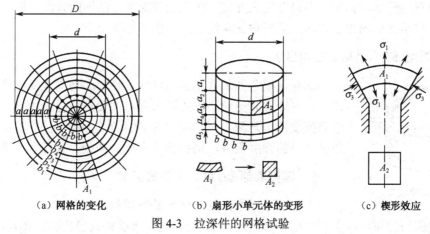

（a）网格的变化　　　　（b）扇形小单元体的变形　　　　（c）楔形效应

图 4-3　拉深件的网格试验

4.1.2　圆筒件拉深的应力应变状态

在拉深过程中的某一时刻，毛坯的应力应变状态如图 4-4 所示。

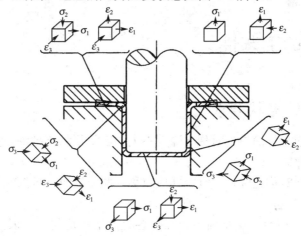

图 4-4　毛坯的应力应变状态

根据应力应变状态的不同，可将拉深毛坯划分为五个区域。

1. 凹模口的凸缘部分（大变形区）

拉深过程中，凸缘部分材料转为筒壁时，逐渐收缩，这时它受到相邻部分金属切线方向挤压作用，如图 4-3（b）所示，类似于毛坯 A_1 的一个扇形小单元体被拉着通过一个假想楔形槽而成为 A_2 的变形。结果切线方向被压缩，直径方向被拉长。因而凸缘变形区的材料径向受拉应力为 σ_1，切向受压应力 σ_3 的作用，厚度方向有压边圈作用时，产生压应力 σ_2；无压边圈时，$\sigma_2=0$。这一区域的应变是径向拉深 ε_1，切向压缩 $-\varepsilon_3$；厚度增大 ε_2。假如不用压边圈，且凸缘较大，板料较薄时，因为 $\sigma_2=0$，在切向压应力 σ_3 的作用下，凸缘部分会失去稳定而拱起，形成所谓"起皱现象"。

2. 凹模圆角部分（b 区，过渡区）

这是凸缘和筒壁的过渡区，除有与凸缘部分相同的特点，即径向受拉应力 σ_1、切向受压应力 σ_3 作用外，还由于受凹模圆角的压力和弯曲作用而产生压应力 σ_2。

3. 筒壁部分（c 区，传力区）

这部分材料已经形成筒壁，不再发生大变形。在继续拉深时，凸模的拉深力由筒壁传递到凸缘处，因此，它承受单向拉应力 σ_1，应变是纵向伸长 ε_1，厚度变薄 $-\varepsilon_3$。

4. 凸模圆角部分（d 区，过渡区）

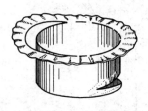

这是筒壁与圆筒底部的过渡区，径向和切向承受拉应力 σ_1、σ_3 的作用，厚度方向受到凸模的压力和弯曲而产生拉应力 σ_2。在拉深过程中此处变薄最严重，通常称此断面为"危险断面"。若此处的应力 σ_1 超过材料的强度极限，则拉深件在此处断裂，如图 4-5 所示。

5. 圆筒底部（e 区，小变形区）

图 4-5　断裂现象

在拉深过程中，这一区域始终保持平面状态，不产生大的变形，但由于凸模拉深力的作用（主要作用在凸模圆角部分），材料承受两向拉应力，即 $\sigma_1 = \sigma_3$，厚度略有变薄。

综上所述，在拉深过程中经常遇到的主要问题是破裂和起皱。一般情况下，起皱可以通过采用压边圈来解决，而破裂是主要的破坏形式。

4.2　拉深件的工艺性

4.2.1　拉深件的形状要求

（1）拉深件的形状应尽量简单、对称。深度不大的圆筒形易于拉深，其他形状的拉深件，应尽量避免急剧的轮廓变化。

（2）对于半敞开及非对称拉深件，宜合并成对称形状，以改善拉深时的受力状态，拉深后剖切，如图 4-6 所示。

（3）拉深件的厚度不均匀。这是因为拉深件各处变形不均匀，一般上、下壁厚度变化可达 $(1.2 \sim 0.75)\, t$，如图 4-7 所示。

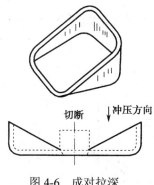

图 4-6　成对拉深

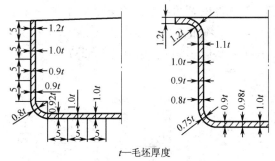

t—毛坯厚度

图 4-7　拉深件壁厚变化情况

（4）多次拉深的工件内外壁上或带凸缘拉深的凸缘表面，非工作表面应允许有拉深印痕。

（5）拉深件的口部应允许稍有回弹，但必须保证装配一端在公差范围内。

4.2.2　拉深件的尺寸要求

（1）尽量减小拉深件的深度。设计拉深件时，应尽量减小拉深件的深度，避免采取多次拉深方法成型。对各种形状的拉深件，用一次工序可制成的条件如下。

对于圆筒形零件，一次制成的条件为

$$h \leqslant (0.6 \sim 0.8)d$$

式中　h——拉深件的高度（mm）；

　　　d——圆筒形直径（mm）。

有凸缘的拉深零件如图 4-8 所示，其一次允许拉深的极限条件为

$$1 - \frac{d}{D} \leqslant 0.6$$

式中　D——拉深件毛坯直径（mm）；

　　　d——圆筒形直径（mm）。

（2）应尽量避免设计宽凸缘。在用压边圈拉深圆角形件时，最合适的凸缘尺寸约在以下范围：

$$d + 12t \leqslant d_\phi \leqslant d + 25t$$

式中　d——圆筒形直径（mm），如图 4-8 所示；

　　　t——材料厚度（mm）；

　　　d_ϕ——凸缘直径（mm）。

工件凸缘的外廓最好与拉深部分的轮廓形状相似，如图 4-9（a）所示；如果凸缘的宽度不一致，如图 4-9（b）所示，则不仅拉深困难，而且还需加大切边余量，增加了材料消耗。

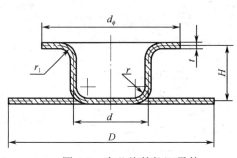

图 4-8　有凸缘的拉深零件

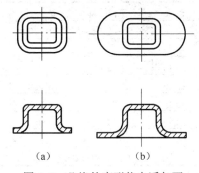

图 4-9　凸缘外廓形状合适与否

（3）拉深件的圆角半径应合适。圆角半径加大，有利于成型和减小拉深系数。拉深件底与壁、凸缘与壁、矩形件的四壁间圆角半径如图 4-10 所示，应满足 $r_1 \geqslant t$，$r_2 \leqslant 2t$，$r_3 \geqslant 3t$。如果增加整形工序，则 $r_1 \geqslant (0.1 \sim 0.3)\,t$，$r_2 \geqslant (0.1 \sim 0.3)\,t$。

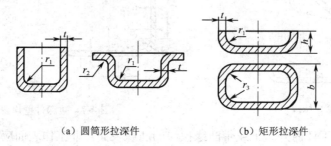

（a）圆筒形拉深件　　　　　　　（b）矩形拉深件

图 4-10　壁与凸缘的圆角半径

4.2.3　拉深件的尺寸标注

1. 直径尺寸

直径尺寸应明显注明必须保证的尺寸（外部或内部尺寸），不能同时标注内、外径尺寸。

2. 高度尺寸

高度尺寸最好以底部为基准，如图 4-11 所示。若以口部为基准，则尺寸不易保证。

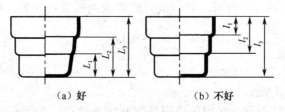

（a）好　　　　　　　　　（b）不好

图 4-11　高度尺寸标注

4.2.4　拉深件的尺寸精度要求

拉深件的制造精度包括直径方向的精度和高度方向的精度。在一般情况下，拉深件的精度不应超过表 4-1～表 4-3 中所列数值。

表 4-1　拉深件直径的极限偏差

（mm）

材料厚度	拉深件直径的基本尺寸 d			材料厚度	拉深件直径的基本尺寸 d			附　　图
	≤50	>50 ~ 100	>100 ~ 300		≤50	>50 ~ 100	>100 ~ 300	
0.5	±0.12	—	—	2.0	±0.40	±0.50	±0.70	
0.6	±0.15	±0.20	—	2.5	±0.45	±0.60	±0.80	
0.8	±0.20	±0.25	±0.30	3.0	±0.50	±0.70	±0.90	
1.0	±0.25	±0.30	±0.40	4.0	±0.60	±0.80	±1.00	
1.2	±0.30	±0.35	±0.50	5.0	±0.70	±0.90	±1.10	
1.5	±0.35	±0.40	±0.60	6.0	±0.80	±1.00	±1.20	

注：拉深件外形要求取正偏差，内形要求取负偏差。

表 4-2　圆筒拉深件高度的极限偏差

（mm）

材料厚度	拉深件高度的基本尺寸 H					附　图
	≤18	>18～30	>30～50	>50～80	>80～120	
≤1	±0.5	±0.6	±0.7	±0.9	±1.1	
>1～2	±0.6	±0.7	±0.8	±1.0	±1.3	
>2～3	±0.7	±0.8	±0.9	±1.1	±1.5	
>3～4	±0.8	±0.9	±1.0	±1.2	±1.8	
>4～5	—	—	±1.2	±1.5	±2.0	
>5～6	—	—	—	±1.8	±2.2	

注：本表为不切边情况所达到的数值。

表 4-3　带凸缘拉深件高度的极限偏差

（mm）

工件厚度	拉深高度的基本尺寸 H					附　图
	≤18	>18～30	>30～50	>50～80	80～120	
≤1	±0.3	±0.4	±0.5	±0.6	±0.7	
>1～2	±0.4	±0.5	±0.6	±0.7	±0.8	
>2～3	±0.5	±0.6	±0.7	±0.8	±0.9	
>3～4	±0.6	±0.7	±0.8	±0.9	±1.0	
>4～5	—	—	±0.8	±1.0	±1.1	
>5～6	—	—	—	±1.1	±1.2	

注：本表为未经整形所达到的数值。

4.2.5　拉深件的材料

用于拉深的材料一般要求具有较好的塑性、低的屈强比、大的板厚方向性系数和小的板平面方向性。

4.2.6　拉深工艺的辅助工序

拉深坯料或工序件的热处理、酸洗和润滑等辅助工序，是为了保证拉深工艺过程的顺利进行，提高拉深零件的尺寸精度和表面质量，提高模具的使用寿命。拉深过程中必要的辅助工序是拉深乃至其他冲压工艺过程不可缺少的工序。

1. 润滑

材料与模具接触面上总是有摩擦力存在，冲压过程中产生的摩擦对于板料成型不总是有害的，也有有益的一面。在拉深成型中，需要摩擦力小的部位，除模具表面粗糙度应该小外，还必须润滑，以降低摩擦系数，减小拉应力，提高极限变形程度；而摩擦力对拉深成型有益的部位，可不润滑，模具表面粗糙度不宜很小。

2. 热处理

拉深中由于加工硬化及塑性变形不均匀的影响，拉深后材料内部还存在残余应力。在多道拉深时，为了恢复冷加工后材料的塑性，应在工序中间安排退火，以软化金属组织。拉深工序后还要安排去应力退火。一般拉深工序间常采用低温退火，如果低温退火后的效果不够理想，也可采用高温退火。拉深完后则采用低温退火。退火使生产周期延长，成本增加，应尽可能避免。

3. 酸洗

退火后工件表面必然有氧化皮和其他污物，在继续加工时会增加模具的磨损，因此必须要酸洗，否则会使拉深不能正常进行。有时酸洗也在拉深前的毛坯准备工作中进行，酸洗前工件应用苏打水去油，一般是将工件置于加热的稀酸液中浸蚀，接着在冷水中漂洗并经烘干即可。关于酸洗溶液的配方和工艺，可查阅相关设计手册。

4.3 圆筒形件的工艺计算

4.3.1 切边余量的确定

平板毛坯在拉深中，常因材料性能的各向异性、模具间隙不均匀、摩擦阻力不均及定位不准确等因素的影响，使拉深件的口部或凸缘周边不齐，不得不进行修边。为此，在确定毛坯尺寸和形状时，首先要确定修边余量。修边余量的数值可查表 4-4 和表 4-5。

表 4-4　无凸缘圆筒形拉深件的修边余量δ

（mm）

工件高度 h	工件的相对高度 h/d				附　图
	>0.5~0.8	>0.8~1.6	>1.6~2.5	>2.5~4	
≤10	1.0	1.2	1.5	2	
>10~20	1.2	1.6	2	2.5	
>20~50	2	2.5	3.3	4	
>50~100	3	3.8	5	6	
>100~150	4	5	6.5	8	
>150~200	5	6.3	8	10	
>200~250	6	7.5	9	11	
>250	7	8.5	10	12	

表 4-5　有凸缘圆筒形拉深件的修边余量δ

（mm）

凸缘直径 $d_凸$	凸缘的相对直径 $d_凸/d$				附　图
	≤1.5	>1.5~2	>2~2.5	>2.5	
≤25	1.8	1.6	1.4	1.2	
>25~50	2.5	2.0	1.8	1.6	
>50~100	3.5	3.0	2.5	2.2	
>100~150	4.3	3.6	3.0	2.5	
>150~200	5.0	4.2	3.5	2.7	
>200~250	5.5	4.6	3.8	2.8	
>250	6	5	4	3	

4.3.2 毛坯尺寸的计算

拉深件的毛坯尺寸计算是以最后一次拉深成型的工件尺寸为基准，按照拉深前毛坯面积等于拉深后的工作面积的关系求出的。下面以形状简单的旋转体拉深件的毛坯直径求解为例进行说明。

首先将拉深件划分成若干个简单的几何形状，如图 4-12 所示，拉深件毛坯面积等于各个简单几何形状表面的面积（加上修边余量）之和，即

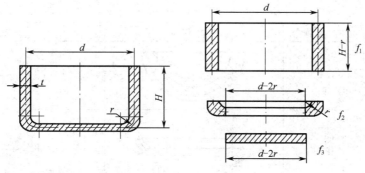

图 4-12 筒形件毛坯尺寸的确定

$$F=(\pi D^2/4)=f_1+f_2+\cdots+f_n=\sum f$$

则
$$D=\sqrt{4F/\pi}=\sqrt{4\sum f/\pi} \qquad (4\text{-}1)$$

式中　D——拉深件毛坯直径（mm）；

　　　F——拉深件表面积（mm^2）；

　　　f——拉深件分解为简单几何形状的表面积（mm^2），其计算公式可查表 4-6（或设计手册）。

常用的拉深件，其毛坯直径计算公式可查表 4-7。在图 4-12 中，有

f_1 的表面积：$f_1=\pi d(H-r)$

f_2 的表面积：$f_2=\dfrac{1}{2}\pi r\left[\pi(d-2r)+4r\right]$

f_3 的表面积：$f_3=\dfrac{1}{4}\pi(d-2r)^2$

根据等面积原则，毛坯的面积：$F=(\pi D^2/4)=f_1+f_2+f_3$

所以得毛坯直径：$D=\sqrt{d^2+4dH-1.72rd-0.56r^2}$

以上均未考虑拉深后制件厚度变薄，在个别情况要求拉深后不再修边，达到所需高度，其计算公式为

$$D=1.13\sqrt{F\cdot\alpha}=1.13\sqrt{F/\beta} \qquad (4\text{-}2)$$

式中　F——不加修边余量的冲件表面积（mm^2）；

　　　α——平均变薄系数（见表 4-8）；

　　　β——面积改变系数（见表 4-8）。

表 4-6　简单几何形状的表面积计算公式

序　　号	几 何 名 称	几 何 图 形	面积公式 f
1	筒形		πdh
2	圆锥形		$\dfrac{\pi dl}{2}$ 或 $\dfrac{\pi d}{4}\sqrt{d^2+4h^2}$

序　号	几何名称	几何图形	面积公式 f
3	半球形		$2\pi r^2$
4	凸球环		$\pi(dl + 2rh)$ 式中 $l = \dfrac{\pi r\alpha}{180°}$ $h = r[\cos\beta + \cos(\alpha+\beta)]$
5	截头锥形		$\dfrac{\pi}{2}l(d_1+d_2)$ 或 $\dfrac{\pi(d_1+d_2)}{2}\sqrt{h^2 + \dfrac{(d_2-d_1)^2}{2}}$
6	球缺		$2\pi rh$
7	1/4 的凸球带		$\dfrac{\pi}{4}(2\pi d_1 r + 8r^2)$ 或 $\dfrac{\pi}{4}(2\pi d_2 r - 4.56r^2)$
8	1/4 的凹球带		$\dfrac{\pi}{4}(2\pi d_2 r + 8r^2)$ 或 $\dfrac{\pi}{4}(2\pi d_1 r + 4.56r^2)$

注：尺寸均按材料厚度中心层尺寸计算。

表 4-7　常用旋转体拉深件毛坯直径的计算公式

序　号	工件形状	毛坯直径 D
1		$\sqrt{d_1^2 + 4d_2 h + 2\pi r d_1 + 8r^2}$ 或 $\sqrt{d_2^2 + 4d_2 H - 1.72 r d_2 - 0.56r^2}$
2		当 $r \neq R$ 时 $\sqrt{d_1^2 + 2\pi r d_1 + 8r^2 + 4d_2 h + 2\pi R d_2 + 4.56R^2 + d_4^2 - d_3^2}$ 当 $r = R$ 时 $\sqrt{d_4^2 + 4d_2 H - 3.44 r d_2}$
3		$\sqrt{d_1^2 + 2\pi r d_1 + 8r^2}$

续表

序　号	工 件 形 状	毛坯直径 D
4	$r=\dfrac{d}{2}$	$\sqrt{2d^2}=1.41d$
5		$\sqrt{8Rh}$ 或 $\sqrt{s^2+4h^2}$
6		$\sqrt{d_1^2+2l(d_1+d_2)}$

表 4-8　用压边圈拉深时的平均变薄系数及面积改变系数

相对圆角半径 $R_0=\dfrac{r_凹+r_凸}{t}$	相对间隙 $z_0=\dfrac{r_凹-d_凸}{2t}$	单位压边力 q	拉深速度 u（m/s）	平均变薄系数 $\alpha=\dfrac{t_1}{t}$	面积改变系数 $\beta=\dfrac{F_1}{F}$
>3	>1.1	1.0~2.0	<0.2	1.0~0.97	1.00~1.03
3~2	1.1~1.0	2.0~2.5	0.2~0.4	0.97~0.93	1.03~1.08
<2	<1.0~0.98	2.5~3.0	>0.4	0.93~0.90	1.08~1.11

注：（1）$r_凹$——凹模圆角半径；$r_凸$——凸模圆角半径；D——凹模直径；$d_凸$——凸模直径；t——材料厚度；t_1——拉深件平均厚度；F——毛坯面积；F_1——拉深后工件实际面积。

　　（2）表中 α 系数对于形状简单只进行一次拉深的冲件，应取较大数值，对于形状复杂需经多次拉深的冲件，取较小数值。

4.3.3　拉深系数和拉深次数的计算

1. 拉深系数

在每一道拉深工序中，应在毛坯侧壁强度允许的条件下，采用最大可能的变形程度。筒形件拉深的变形程度用拉深系数表示，故拉深系数是拉深工艺的基本参数。圆筒形件的拉深系数为拉深前、后的直径比值，以 m 表示。如图 4-13 所示，即第一次拉深系数 $m_1=d_1/D$，第二次拉深系数 $m_2=d_2/d_1$……第 n 次拉深系数 $m_n=d_n/d_{n-1}$。

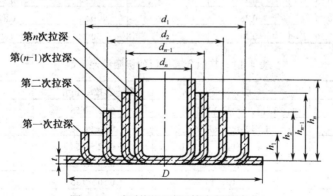

图 4-13　多次拉深时圆筒直径的变化

拉深系数 m 的数值永远小于 1，而且 m 值越小，拉深变形程度越大。所需要的拉深工序也越少，所需拉深力越大，当拉深力值达到危险断面的抗拉强度时，危险断面处则会出现裂纹，甚至会被拉断。也就是说，一种材料允许的拉深变形程度，即拉深系数是有一定界限的。把材料既能拉深成型又不被拉断时的拉深系数称为极限拉深系数。

拉深系数是拉深工艺计算中的主要参数之一。通常用它来决定拉深的顺序和次数。

2. 无凸缘圆筒形件的极限拉深系数及其拉深次数

采用压边圈拉深时的极限拉深系数见表 4-9，不用压边圈的极限拉深系数见表 4-10，其他金属材料的极限拉深系数见表 4-11。

表 4-9　无凸缘圆筒形件用压边圈拉深时的极限拉深系数

拉 深 系 数	毛坯相对厚度 $\frac{t}{D} \times 100$				
	2～1.5	1.5～1.0	1.0～0.5	5.5～0.2	0.2～0.06
m_1	0.46～0.50	0.50～0.53	0.53～0.56	0.56～0.58	0.58～0.60
m_2	0.70～0.72	0.72～0.74	0.74～0.76	0.76～0.78	0.78～0.80
m_3	0.72～0.74	0.74～0.76	0.76～0.78	0.78～0.80	0.80～0.82
m_4	0.74～0.76	0.76～0.78	0.78～0.80	0.80～0.82	0.82～0.84
m_5	0.76～0.78	0.78～0.80	0.80～0.82	0.82～0.84	0.84～0.86

注：（1）凹模圆角半径大时（$r_凹 = (8～15)\,t$），拉深系数取小值，凹模圆角半径小时（$r_凹 = (4～8)\,t$）拉深系数取大值。

（2）表中拉深系数适用于 08、10S、15S 钢与软黄铜 H62、H68。当拉深塑性更大的金属时（05、08Z 及 10Z 钢、铝等），应比表中数值减小（1.5～2）%，而当拉深塑性较小的金属时（20、25、A2、A3、酸洗钢、硬铝、硬黄铜等），应比表中数值增大（1.5～2）%（符号：S 为深拉深钢；Z 为最深拉深钢）。

表 4-10　无凸缘圆筒形件不用压边圈拉深时的极限拉深系数

材料相对厚度 $\frac{t}{D} \times 100$	各次拉深系数					
	m_1	m_2	m_3	m_4	m_5	m_6
0.4	0.90	0.92	—	—	—	—
0.6	0.85	0.90	—	—	—	—
0.8	0.80	0.88	—	—	—	—
1.0	0.75	0.85	0.90	—	—	—
1.5	0.65	0.80	0.84	0.87	0.90	—
2.0	0.60	0.75	0.80	0.84	0.87	0.90
2.5	0.55	0.75	0.80	0.84	0.87	0.90
3.0	0.53	0.75	0.80	0.84	0.87	0.90
>3	0.50	0.70	0.75	0.78	0.82	0.85

表 4-11　其他金属材料的极限拉深系数

材 料 名 称	牌 号	第一次拉深（m_1）	以后各次拉深（m_n）
铝和铝合金	L6M、L4M、LF21M	0.52～0.55	0.70～0.75
杜拉铝	LY12M、LY11M	0.56～0.58	0.75～0.80
黄铜	H62	0.52～0.54	0.70～0.72
	H68	0.50～0.52	0.68～0.72
紫铜	T2、T3、T4	0.50～0.55	0.72～0.80
无氧铜		0.50～0.58	0.75～0.82
镍、镁镍、硅镍		0.48～0.53	0.70～0.75

续表

材料名称	牌　号	第一次拉深（m_1）	以后各次拉深（m_n）
康铜（铜镍合金）		0.50～0.56	0.74～0.84
白铁皮		0.58～0.65	0.80～0.85
酸洗钢板		0.54～0.58	0.75～0.78
不锈钢	Cr13	0.52～0.56	0.75～0.78
	Cr18Ni	0.50～0.52	0.70～0.75
	Cr18Ni9Ti	0.52～0.55	0.78～0.81
	Cr18Ni11Nb,Cr23Ni18	0.52～0.55	0.78～0.80
镍铬合金	Cr20Ni80Ti	0.54～0.59	0.78～0.84
合金结构钢	30CrMnSiA	0.62～0.70	0.80～0.84
可伐合金		0.65～0.67	0.85～0.90
钼铱合金		0.72～0.82	0.91～0.97
钽		0.65～0.67	0.84～0.87
铌		0.65～0.67	0.84～0.87
钛及钛合金	TA2,TA3	0.58～0.60	0.80～0.85
		0.60～0.65	0.80～0.85
锌		0.65～0.70	0.85～0.90

注：（1）凹模圆角半径 $r_凹$<6t 时拉深系数取大值。

凹模圆角半径 $r_凹$≥(7～8)t 时拉深系数取小值。

（2）材料相对厚度 t/D×100≥0.6 时拉深系数取小值。

材料相对厚度 t/D×100<0.6 时拉深系数取大值。

拉深系数确定后，拉深次数通常先进行概略计算，然后通过工艺计算来确定。概略计算拉深次数的方法有三种。

（1）根据毛坯与工件直径用线图 4-14 确定拉深次数和各次半成品直径。

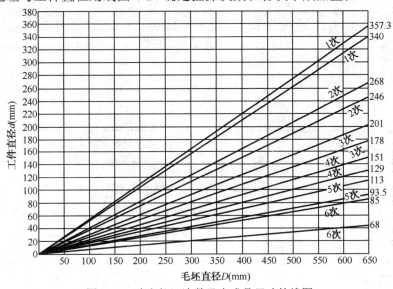

图 4-14　确定拉深次数及半成品尺寸的线图

（2）根据拉深件的相对高度（h/d）和材料的相对厚度（t/D×100），由表 4-12 直接查出拉深次数（常用）。

（3）采用公式计算。

$$n = 1 + [\lg d_n - \lg(m_1 \cdot D)] / \lg m_n \tag{4-3}$$

式中　　n——拉深次数；

$\quad\quad\quad d_n$——工件直径（mm）；

$\quad\quad\quad D$——毛坯直径（mm）；

$\quad\quad\quad m_1$——第一次拉深系数；

$\quad\quad\quad m_n$——第二次以后各次的平均拉深系数。

表 4-12　无凸缘圆筒形拉深件的最大相对高度 h/d

拉深次数 n	毛坯相对厚度 $\dfrac{t}{D} \times 100$					
	2～1.5	<1.5～1	<1～0.6	<0.6～0.3	<0.3～0.15	<0.15～0.08
1	0.94～0.77	0.84～0.65	0.70～0.57	0.62～0.5	0.52～0.45	0.46～0.38
2	1.88～1.54	1.60～1.32	1.36～1.1	1.13～0.94	0.96～0.83	0.9～0.7
3	3.5～2.7	2.8～2.2	2.3～1.8	1.9～1.5	1.6～1.3	1.3～1.1
4	5.6～4.3	4.3～3.5	3.6～2.9	2.9～2.4	2.4～2.0	2.0～1.5
5	8.9～6.6	6.6～5.1	5.2～4.1	4.1～3.3	3.3～2.7	2.7～2.0

注：（1）大的比值 $\dfrac{h}{d}$ 适用于在第一道工序内大的凹模圆角半径（由 $\dfrac{t}{D} \times 100 = 2 \sim 1.5$ 时的 $r_{凹} = 8t$ 到 $\dfrac{t}{D} \times 100 = 1.5 \sim 0.08$ 时的 $r_{凹} = 15t$）；小的比值适用于小的凹模圆角半径（$r_{凹} = (4 \sim 8)t$）。

（2）表中拉深次数适用于 08 及 10 号钢的拉深件。

由式（4-3）计算所得的拉深次数 n 通常不会是整数，此时应注意：n 值不能四舍五入，而应取较大的整数值；工序次数和各道工序半成品直径确定后，应确定底部圆角半径（拉深凸模的圆角半径）；可根据筒形件不同的底部形状，按表 4-13 所列公式计算出各道工序的拉深高度（半成品直径 d_n 应取中性层尺寸）。

表 4-13　圆筒形拉深件的拉深高度计算公式

工 作 形 状	拉深工序	计 算 公 式
平底筒形件	1	$h_1 = 0.25(Dk_1 - d_1)$
	2	$h_2 = h_1 k_2 + 0.25(d_1 k_2 - d_2)$
圆角底筒形件	1	$h_1 = 0.25(Dk_1 - d_1) + 0.43 \dfrac{r_1}{d_1}(d_1 + 0.32 r_1)$
	2	$h_2 = 0.25(Dk_1 k_2 - d_2) + 0.43 \dfrac{r_2}{d_2}(d_2 + 0.32 r_2)$ $r_1 = r_2 = r$ 时： $h_2 = h_1 k_2 + 0.25(d_1 - d_2) - 0.43 \dfrac{r}{d_2}(d_1 - d_2)$
圆锥底筒形件	1	$h_1 = 0.25(Dk_1 - d_1) + 0.57 \dfrac{a_1}{d_1}(d_1 + 0.86 a_1)$
	2	$h_2 = 0.25(Dk_1 k_2 - d_2) + 0.57 \dfrac{a_2}{d_2}(d_2 + 0.86 a_2)$ $a_1 = a_2 = a$ 时： $h_2 = h_1 k_1 + 0.25(d_1 k_2 - d_2) - 0.57 \dfrac{a}{d_2}(d_1 - d_2)$

工作形状	拉深工序	计算公式
$r=0.5d$ 球面底筒形件	1	$h_1=0.25Dk_1$
	2	$h_2=0.25Dk_1k_2=h_1k_2$

注：D——毛坯直径（mm）；d_1、d_2——第1、2道工序拉深的工件直径（mm）；k_1、k_2——第1、2道工序拉深的拉深比（$k_1=\dfrac{1}{m_1}$，$k_2=\dfrac{1}{m_2}$）；

r_1、r_2——第1、2道工序拉深件底部圆角半径（mm）；h_1、h_2——第1、2道工序拉深的拉深高度（mm）。

现通过实例介绍无凸缘圆筒形拉深件的工序计算步骤。

【实例】　试确定如图 4-15 所示筒形件（材料 08 号钢）所需的毛坯直径、拉深次数及拉深程序。

解：（d_n 应取中性层尺寸）

（1）修边余量 δ。查表 4-4，$h/d=68/20=3.4$，取 $\delta=6$mm。

（2）毛坯直径。查表 4-7，有

$$\begin{aligned}D&=\sqrt{d_1^2+4d_2h+6.28rd_1+8r^2}\\&=\sqrt{12^2+4\times20\times69.5+6.28\times4\times12+8\times4^2}\\&=\sqrt{6134.4}=78.32\approx78\text{mm}\end{aligned}$$

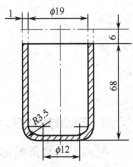

图 4-15　筒形件

（3）确定是否用压边圈。毛坯相对厚度 $t/D\times100=\dfrac{1}{78}\times100\approx1.28$，查表 4-18，应采用压边圈。

（4）确定拉深次数。采用查表法，当 $t/D\times100=1.28$，$h/d=3.7$（包括修边余量后的 h 为 74mm）时，由表 4-12 查得 $n=4$。

（5）确定各次拉深直径。由表 4-10 查得各次拉深的极限系数 $m_1=0.50$，$m_2=0.75$，$m_3=0.78$，$m_4=0.80$，则各次的拉深直径为

$d_1=0.5\times78=39$mm　　　　　　　　$d_2=0.75\times39=29.3$mm

$d_3=0.78\times29.3=22.8$mm　　　　　　$d_4=0.80\times22.8=18.3$mm

$d_4=18.3$ mm，小于工件直径 20 mm，说明允许的变形程度未用足，应对各次拉深系数做适当调整，使之均大于相应的极限拉深系数。经调整后，实际选取 $m_1=0.53$，$m_2=0.76$，$m_3=0.79$，$m_4=0.82$，各次拉深直径确定为

$d_1=0.53\times78=41$mm　　　　　　　　$d_2=0.76\times41=31$mm

$d_3=0.79\times31=24.5$mm　　　　　　　$d_4=0.82\times24.5=20$mm

（6）选取各次半成品底部的圆角半径。根据 $r_凹=0.8\sqrt{(D-d)t}$ 和 $r_凸=(0.6\sim1)\,r_凹$ 的关系，取各次的 $r_凸$（半成品底部的圆角半径）分别为：$r_1=5$mm，$r_2=4.5$mm，$r_3=4$mm，$r_4=3.5$mm。

（7）计算各次拉深高度。由表 4-13 的有关公式计算可得

$$h_n=0.25(Dk_n-d_n)+0.43\frac{r_n}{d_n}(d_n+0.32\,r_n)$$

则 $h_1=0.25\times(0.78\times78/41-41)+0.43\times5/41\times(4.1+0.32\times5)=30.4$mm

h_2=0.25×(0.78×78/41×41/31−31)+0.43×4.5/31×(31+0.32×4.5)=43.4mm

h_3=0.25×(0.78×78/41×41/31×31/24.5−24.5)+0.43×4/24.5×(24.5+0.32×4)=58mm

h_4=74mm

（8）画出工序图。圆筒形拉深件工序图如图4-16所示。

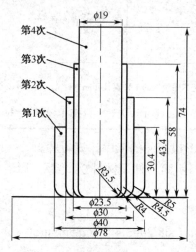

图4-16　圆筒形拉深件工序图

3. 带凸缘圆筒形件的拉深系数

拉深有凸缘圆筒形件时，绝不可用无凸缘圆筒形件的首次拉深系数 m_1，因为有凸缘拉深时，相当于无凸缘拉深过程的中间阶段。凸缘件拉深的拉深系数可用下式表示：

$$m_f = \frac{d}{D} \tag{4-4}$$

式中　d——工件筒形部分直径（mm）；

　　　D——毛坯直径（mm）。

凸缘筒形件按凸缘直径（d_t）与筒形部分直径（d）的比值可分为两种情况。

1）窄凸缘圆筒形件[（h/d）>1，（d_t/d)=1.1～1.4]的拉深

可在前几次拉深中不留凸缘，先拉成圆筒形件，再在以后的拉深中形成锥形的凸缘，并在最后一道工序中将凸缘压平，如图4-17所示。

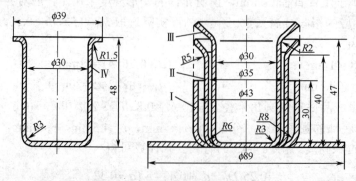

图4-17　窄凸缘圆筒形件的拉深

2）宽凸缘圆筒形件（d_t/d>1.4)的拉深

根据制件的形状和料厚的不同有两种拉深方法。

（1）逐渐缩小圆筒部分直径和增加其高度，如图 4-18（a）所示，它适用于毛坯和相对厚度（$\frac{t}{D} \times 100$）较小，拉深深度比直径大的中小型制件。

（2）第一次拉深出适当高度，以后制件高度基本不变，仅逐渐减小圆筒部分直径和圆角半径，如图 4-18（b）所示，它适用于毛坯相对厚度（$\frac{t}{D} \times 100$）较大、圆筒部分直径和深度相近的大中型制件。

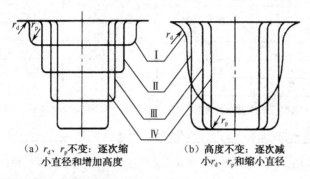

r_d、r_p 不变：逐次缩
小直径和增加高度

（b）高度不变：逐次减
小 r_d、r_p 和缩小直径

图 4-18　宽凸缘圆筒形件的拉探

用前一种方法得到的制件，表面光滑平整，厚度均匀，不存在中间拉深工序中圆筒部分的弯曲和局部变薄的痕迹；用后一种方法，则表面质量差，有中间过渡工序中形成的痕迹，所以最后要加一道校形工序。当制件圆角半径要求较小或对凸缘有不平度要求时，以上两种方法都需要加一道最终校形工序。

这两种方法的共同要求是第一次拉深就拉到图纸所要求的凸缘直径（包括修边余量），以后，凸缘就不因为尺寸缩小而受到拉应力。为保证做到这一点，通常把第一次拉入凹模的毛坯面积比最终拉深件所需要的面积加大 3%～5%；之后，逐次将 1%～3% 材料表面积挤入到凸缘上，因此凸缘上有起伏波纹，即使校平后也能看到痕迹。为此，也有人主张第一次拉深拉入凹模的材料只能是形成最终制件所需的材料，以保证凸缘表面质量。

当工件底部圆角半径 r 与凸缘根部的圆角半径 R 相等时，其毛坯直径为

$$D = \sqrt{d_f^2 + 4dh - 3.44dR} \qquad (4\text{-}5)$$

式中　h——工件高度（mm）；

　　　d_f——包括修边余量在内的凸缘直径，$d_f = d_t + 2\delta$（δ 为修边余量）。

代入式（4-4）得

$$m_f = \frac{d}{D} = \frac{1}{\sqrt{\left(\dfrac{d_f}{d}\right)^2 + 4\dfrac{h}{d} - 3.44\dfrac{R}{d}}} \qquad (4\text{-}6)$$

可以看出，凸缘筒形件的拉深系数（或变形程度 K，$K = 1/m_f$）取决于三个尺寸因素，即凸缘的相对直径 d_f/d、工件的相对高度 h/d，以及相对圆角半径 R/d。其中 d_f/d 的影响最大，而 R/d 的影响最小。凸缘的相对直径 d_f/d 及相对高度 h/d 越大，表示拉深时毛坯变形宽度越大，拉深的难度也越大。当 d_f/d 和 h/d 之值超过一定的界限时，便需要进行多工序拉深才能成型。

凸缘筒形件拉深的首次拉深最大相对高度 h_1/d_1、首次拉深系数 m_1、凸缘件以后各次的拉深系数 m_n 和修边余量 δ 分别列于表 4-14～表 4-17 中。

表 4-14　凸缘筒形件首次拉深的最大拉深相对高度 h_1/d_1（材料：08、10）

凸缘相对直径 d_t/d_1	毛坯相对厚度（$\frac{t}{D} \times 100$）				
	>0.06 ~ 0.2	>0.2 ~ 0.5	>0.5 ~ 1	>1 ~ 1.5	>1.5 ~ 2
≤1.1	0.45～0.52	0.5～0.62	0.57～0.70	0.6～0.8	0.75～0.90
1.3	0.4～0.47	0.45～0.53	0.50～0.60	0.56～0.72	0.65～0.80
1.5	0.35～0.42	0.4～0.48	0.45～0.53	0.5～0.63	0.58～0.70
1.8	0.29～0.35	0.34～0.39	0.37～0.44	0.42～0.53	0.48～0.58
2.0	0.25～0.30	0.29～0.34	0.32～0.38	0.36～0.46	0.42～0.51
2.2	0.22～0.26	0.25～0.29	0.27～0.33	0.31～0.40	0.35～0.45
2.5	0.17～0.21	0.2～0.23	0.22～0.27	0.25～0.32	0.28～0.35
2.8	0.13～0.16	0.15～0.18	0.17～0.21	0.19～0.24	0.22～0.27

注：表中较大值相当于圆筒形拉深件凸缘和底部的圆角半径 r_f、r_b，在（$\frac{t}{D} \times 100$）为 2～1.5 时，取为（10～12）t，到（$\frac{t}{D} \times 100$）为 0.06～0.2 时增大为(20～25)t 的情况；表中较小值相当于为（4～8）t 时的情况。

表 4-15　有凸缘圆筒形件的首次极限拉深系数 m_1（材料：08、10）

凸缘相对直径 d_t/d_1	毛坯相对厚度（$\frac{t}{D} \times 100$）				
	>0.06 ~ 0.2	>0.2 ~ 0.5	>0.5 ~ 1	>1 ~ 1.5	>1.5 ~ 2
≤1.1	0.59	0.57	0.55	0.53	0.50
1.3	0.55	0.54	0.53	0.51	0.49
1.5	0.52	0.51	0.50	0.49	0.47
1.8	0.48	0.48	0.47	0.46	0.45
2.0	0.45	0.45	0.44	0.43	0.42
2.2	0.42	0.42	0.42	0.41	0.40
2.5	0.38	0.38	0.38	0.38	0.37
2.8	0.35	0.35	0.34	0.34	0.33

表 4-16　凸缘件以后各次的拉深系数（材料：08、10）

拉深系数	毛坯的相对厚度（$\frac{t}{D} \times 100$）				
	>0.15 ~ 0.3	>0.3 ~ 0.6	>0.6 ~ 1.0	>1.0 ~ 1.5	>1.5 ~ 2
m_2	0.80	0.78	0.76	0.75	0.73
m_3	0.82	0.80	0.79	0.78	0.75
m_4	0.84	0.83	0.82	0.80	0.78
m_5	0.86	0.85	0.84	0.82	0.80

注：在应用中间退火的情况下，可以将以后各次的拉深系数减小 5%～8%。

表 4-17　凸缘件修边余量 δ

凸缘直径 d_t	凸缘的相对直径 d_t/d			
	1.5 以下	>1.5 ~ 2	>2 ~ 2.5	>2.5
≤25	1.8	1.6	1.4	1.2
25～50	2.5	2.0	1.8	1.6
50～100	3.5	3.0	2.5	2.2
100～150	4.3	3.6	3.0	2.5

凸缘直径 d_t	凸缘的相对直径 d_t/d			
	1.5 以下	>1.5～2	>2～2.5	>2.5
150～200	5.0	4.2	3.5	2.7
200～250	5.5	4.6	3.8	2.8
>250	6	5	4	3

凸缘拉深件每次拉深工序后半成品的拉深高度，可根据变形前后金属体积或表面积相等，按毛坯中间厚度计算得到，若设凸缘处圆角半径和底部圆角半径相等，可得如下公式。

第一次拉深：　　　　　　　　$h_1=(D^2-d_f^2)/(4d_1)+0.86r_1$ 　　　　　　　　　　（4-7）

以后各次拉深：　　　　　　　$h_n=(D^2-d_f^2)/(4d_n)+0.86r_n$ 　　　　　　　　　　（4-8）

式中　$h_1 \sim h_n$——各次拉深从底部到凸缘顶面的制件拉深高度（mm）；

　　　D——坯料直径（mm）；

　　　d_f——凸缘直径（mm）；

　　　$d_1 \sim d_n$——各次拉深筒壁直径；

　　　$r_1 \sim r_n$——各次拉深凸缘处圆角半径和底部圆角半径。

若每一工序拉入凹模相等的面积，已知前一次拉深高度，可以得出后一次圆筒形拉深的高度，即

$$h_2=(h_1-0.86r_1)/m_2+0.86r_2 \qquad (4-9)$$

除 $n=1$ 以外，其余各次拉深高度为

$$h_n=(h_{n-1}-0.86r_{n-1})/m_n+0.86r_n \qquad (4-10)$$

以上公式是在凸缘与底部圆角半径相等条件下得出的；如两者不等，则应按以下公式计算。

$$h_1=(D^2-d_f^2)/(4d_1)-(r_{1f}+r_{1b})\{0.14[(r_{1f}-r_{1b})/d_1]-0.43\} \qquad (4-11)$$

$$h_n=(D^2-d_f^2)/(4d_n)-(r_{nf}+r_{nb})\{0.14[(r_{nf}-r_{nb})/d_n]-0.43\} \qquad (4-12)$$

式中　r_{1f}、r_{1b}——首次拉深件凸缘或底部的圆角半径；

　　　r_{nf}、r_{nb}——首次以后各次拉深件凸缘或底部的圆角半径。

4.3.4　压边力、拉深力和拉深功的计算

1. 采用压边圈的条件

为了防止在拉深过程中，工件的边壁或凸缘起皱，应使直径为 d_0 的毛坯（或半成品）在被拉入凹模圆角之前保持稳定状态，其稳定程度主要取决于毛坯的相对厚度 $t/d_0 \times 100$，或以后各次拉深半成品的相对厚度 $t/d_{n-1} \times 100$。拉深时采用压边圈的条件列于表 4-18 中。

表 4-18　采用或不采用压边圈的条件

拉深方式	第 一 次		以 后 各 次	
	$(t/d_0) \times 100$	m_1	$(t/d_{n-1}) \times 100$	m_n
采用压边圈	<1.5	<0.6	<1	<0.8
可用可不用	1.5～2	0.6	1～1.5	0.8
不用压边圈	>2	>0.6	>1.5	>0.8

为了做出更准确的估计，还应考虑拉深系数的大小，因此，根据图 4-19 来确定是否采用压边圈更能符合实际情况，在区域Ⅰ内采用压边圈，在区域Ⅱ内可不采用压边圈。

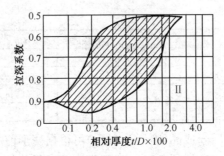

图 4-19　根据毛坯相对厚度和拉深系数确定是否采用压边圈

2. 压边力的计算

在拉深过程中压边力起防止起皱的作用，压边力太小，防皱效果不好，压边力过大，则拉深力也增加，从而增加危险断面的拉应力，易拉裂。所以，压边力的大小要适当，在保证变形区不起皱的前提下，尽量选用较小的压边力。

压边力的计算公式见表 4-19。式中单位压边力 q 的近似值见表 4-20（注意：钛合金等公式不同）。

表 4-19　压边力的计算公式

拉　深　情　况	公　　式
拉深任何形状的工件	$Q = Fq$
筒形件第一次拉深（用平毛坯）	$Q = \dfrac{\pi}{4}[D^2 - (d_1 + 2r_{凹})^2]q$
筒形件以后多次拉深（用筒形毛坯）	$Q = \dfrac{\pi}{4}[d_{n-1}^2 - (d_n + 2r_{凹})^2]q$

注：F——压边圈的面积；q——单位压边力；D——平毛坯直径；$d_1 \sim d_n$——拉深件直径；$r_{凹}$——凹模圆角半径。

表 4-20　拉深时单位压边力 q 的近似值

材　　料	单位压边力 q（MPa）
铝	0.8～1.2
铜、硬铝（已退火的）	1.2～1.8
黄铜	1.5～2.0
青铜	2.0～2.5
08、10、20 钢（$t > 0.5$mm）	2.0～2.5
08、10、20 钢（$t < 0.5$mm）	2.5～3
耐热钢（退火状态）	2.8～3.5
高合金钢、高锰钢、不锈钢	3.0～4.5

3. 拉深力的计算

由于拉深力理论计算很烦琐，而且计算结果与实际差别较大，故生产中广泛采用经验公式。

$$p = k\pi dt\sigma_b \qquad (4\text{-}13)$$

式中　k——修正系数，见表 4-21；

$\quad\sigma_b$——抗拉强度；

$\quad t$——工件厚度；

$\quad d$——工件筒形部分直径。

对横截面为矩形、椭圆形等的拉深件，拉深力也可用式（4-13）原理求得。

$$p = kLt\sigma_{b} \tag{4-14}$$

式中　　L——横截面周边的长度；

　　　　k——修正系数。

　　选择压力机的总压力应根据拉深力和压边力的总和，即

$$\sum p = p + Q \tag{4-15}$$

对于单动压床：　　　　　　　　　$p_{压} > p + Q$

对于双动压床：　　　　　　$p_{压1} > p$；　$p_{压2} > p$

式中　　$p_{压}$——压床的公称压力；

　　　　$p_{压1}$——内滑块公称压力；

　　　　$p_{压2}$——外滑块公称压力；

　　　　p——拉深力；

　　　　Q——压边力。

表 4-21　修正系数 k_1 和 k_2

拉深系数 m_1	0.55	0.57	0.60	0.62	0.65	0.67	0.70	0.72	0.75	0.77
修正系数 k_1	1.00	0.93	0.86	0.79	0.72	0.66	0.60	0.55	0.50	0.45
拉深系数 m_2	0.70	0.72	0.75	0.77	0.80	0.85	0.90	0.95		
修正系数 k_2	1.00	0.95	0.90	0.85	0.80	0.70	0.60	0.50		

4. 拉深功的计算

　　如图 4-20 所示，拉深力在拉深过程中是变化的（对变薄拉深，则在凸模工作行程的较大区间保持基本不变），图中曲线内面积 A 即为实际拉深功，实用中可按表 4-22 所示的公式计算。

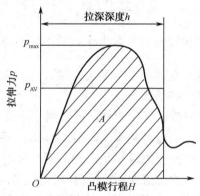

p_{max}—最大拉深力；p—变薄拉深力；h—拉深深度；p_{AV}—平均拉深力；A—拉深功

图 4-20　拉深力—行程图

表 4-22　计算拉深功的实用公式

拉 深 形 式	公　式
拉深	$A = c p_{max} h \times 10^{-3} (J)$
变薄拉深	$A = p h \times 1.2 \times 10^{-3} (J)$

表 4-22 中 1.2 为安全系数，考虑变薄拉深过程中摩擦所增加的能量消耗；系数 c 可查表 4-23。

表 4-23　系数 c 与拉深系数的关系

拉深系数 m	0.55	0.60	0.65	0.70	0.75	0.80
系数 c	0.8	0.77	0.74	0.70	0.67	0.64

4.4　其他形状零件拉深

4.4.1　阶梯圆筒形件的拉深

阶梯圆筒形件拉深变形特点，基本上与圆筒形件拉深相同，但由于这类工件的多样性或复杂性，现在还不能用统一方法确定拉深工序次数。此类工件能否一次拉深成型，可以用下述方法近似判断。

方法之一是求出工件的总高与最小直径之比 H/d_n（相对高度值），若不超过带凸缘圆筒形件第一次拉深的相对高度值（查表 4-14），则可一次拉深成型。对于不带凸缘阶梯形件，可参照表 4-14 中 $d_f/d \leqslant 1.1$ 一行的值确定。

不能一次拉深成型的，拉深次数取决于阶梯的数目。需要注意的是，后边工序的拉深系数不能小于圆筒形件相应次序数的许用拉深系数。

方法之二是用经验公式判断，此法比较简便，用于高度较大、阶梯数较多的工件。

$$m = \frac{\dfrac{h_1}{h_2} \cdot \dfrac{d_1}{d_0} + \dfrac{h_2}{h_3} \cdot \dfrac{d_2}{d_0} + \cdots + \dfrac{h_{n-1}}{h_n} \cdot \dfrac{d_{n-1}}{d_0} + \dfrac{d_n}{d_0}}{\dfrac{h_1}{h_2} + \dfrac{h_2}{h_3} + \cdots \dfrac{h_{n-1}}{h_n} + 1} \tag{4-16}$$

按此式计算的数值（相当于拉深系数）若大于按材料相对厚度（$\dfrac{t}{d_0} \times 100$）查得的圆筒形件的拉深系数，则可一次拉深成型；否则，需要多次拉深。

对于阶梯形件的拉深，可简单归纳如下。

大、小直径差值大，阶梯部分带锥形的制件，可以用一次或多次工序先拉出大直径，然后在拉出小直径过程中拉出侧壁锥形，最后再整形，如图 4-21（a）所示。如果小直径阶梯头部有孔，则利用预冲工艺孔可减少工序。中间要把料储足，然后逐渐拉出小直径。

当大、小直径差别小时，能一次拉深的则可同时一次拉出，或先拉小直径，后拉大直径，如同窄凸缘件拉深，最后第 n 次（或 $n-1$ 次）把大直径拉出，如图 4-21（b）所示。

当相邻阶梯的直径比 $d_2/d_1, d_3/d_2, \cdots, d_n/d_{n-1}$ 均大于圆筒形件的极限拉深系数时，可由大到小依次拉深，其拉深次数和阶梯数相等。

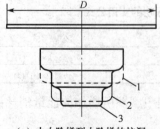

（a）由大阶梯到小阶梯的拉深

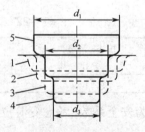

（b）先小直径后大直径的拉深

图 4-21　拉深顺序

4.4.2　球形、抛物线形及锥形件的拉深

这几种形状制件拉深的共同特点是拉深开始时，凸模只与毛坯中心小部分材料接触，因而这部分材料受到双向拉应力，容易有较多的变薄；再者，因为压边圈压住毛坯面积不多，所以极易起皱。

1. 半球形件拉深

半球形件拉深的特点在于拉深开始时，凸模与毛坯只有一个很小的面（理论上是点）接触。由于接触面要承受全部拉深力，故使该处的材料大幅度变薄。另外，在拉深过程中，材料的很大部分未被压边圈压住，故极易起皱（内皱），而且由于间隙大，皱纹不易消除。因此，半球形件拉深比较困难。

半球形件的拉深系数，对于任何直径的拉深件均为定值，即

$$m = d / D = d / (\sqrt{2}d) = 0.71 = 常数 \tag{4-17}$$

所以不能以拉深系数作为制定工艺的依据。可根据毛坯相对厚度 $\dfrac{t}{D} \times 100$ 数值的变化来考虑拉深工艺的安排。

（1）当 $\dfrac{t}{D} \times 100 > 3$ 时，可不用压边一次拉成，但需用球底凹模进行镦压校形，如图 4-22 所示，为此，以采用摩擦压力机为好。

（2）当 $\dfrac{t}{D} \times 100 = 0.5 \sim 3$ 时，需采用压边或反向拉深。反向拉深如图 4-23（a）所示。

（3）当 $\dfrac{t}{D} \times 100 < 0.5$ 时，需采用反拉深法，或采用带拉深筋的拉深，如图 4-23（b）所示。

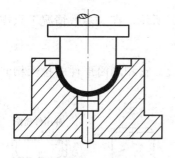

图 4-22　半球形件带校正拉深

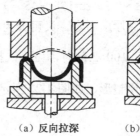
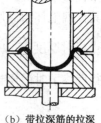

（a）反向拉深　　　（b）带拉深筋的拉深

图 4-23　半球形件拉深模

（4）当球形拉深件带有一定高度的直壁或带有一定宽度的凸缘时，虽然拉深系数有所减小，但对球面的成型却有好处。同理，对于不带凸缘和不带直边的球形拉深件的表面质量和尺寸精度要求高时，可加大坯料尺寸，形成凸缘，在拉深之后再用切边的方法去除凸缘。

2. 锥形件拉深

锥形件拉深的过程如图 4-24 所示，其变形特点是凸模的压力集中在毛坯中间一部分面积上，因而会引起局部变薄现象，有时甚至将工件拉裂。另外，毛坯与压边圈接触面积较小，很容易引起皱折现象。

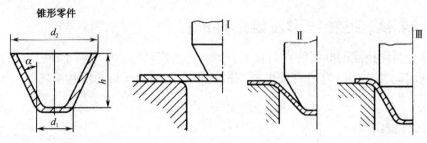

图 4-24　锥形件拉深的过程

锥形件拉深过程的选择取决于锥体的高度与直径，如图 4-25 所示。拉深方法大体可分为以下几类。

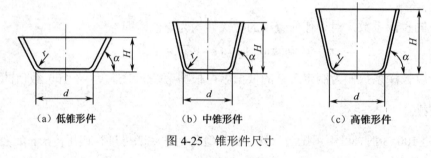

（a）低锥形件　　　　　　　（b）中锥形件　　　　　　　（c）高锥形件

图 4-25　锥形件尺寸

1）低锥形件

相对高度 $H/d \leqslant 0.25 \sim 0.3$ 和 $\alpha = 50° \sim 80°$ 的低锥形件如图 4-25（a）所示，由于拉深时毛坯的变形程度不大，拉深后回弹较大，为减小回弹常使用有凸肋的凹模，以增加压边力，如图 4-26 所示。通常这类工件只需一次拉深，如采用拉深筋或反锥度压紧方式。制件若无凸缘，可先拉出凸缘，然后再切去。

2）中锥形件

中锥形件（$H/d = 0.3 \sim 0.7$，$\alpha = 15° \sim 45°$）如图 4-25（b）所示，在大多数情况下只需一次拉深成型，具体视毛坯相对厚度而定，又可分为以下三种情况。

（1）当相对厚度 $\dfrac{t}{D} \times 100 > 2.5$ 时，可一次拉成，不用压边。它和圆筒形件的拉深相似，但需要在工作行程终了时镦死整形，如图 4-27 所示。

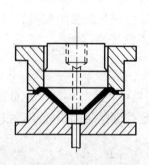

图 4-26　有凸肋的凹模拉深锥形件

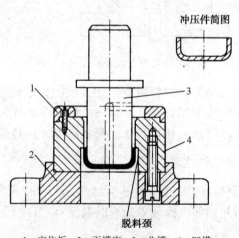

冲压件简图

脱料颈

1—定位板；2—下模座；3—凸模；4—凹模

图 4-27　没有压边的锥形件拉深

（2）当相对厚度 $\dfrac{t}{D} \times 100 = 1.5 \sim 2$ 时，可以一次拉深，但为防止起皱，应采用强压边。在工作行程终了时要精压一下，这样制件的外形比较平整。

（3）当相对厚度 $\dfrac{t}{D} \times 100 < 1.5$ 时，以及在有凸缘存在的情况下，需要两次以上拉深。拉深计算和圆筒形拉深计算相似，但拉深系数取上限。这类制件一般先拉深成面积相等的简单过渡形状，后拉深成所需形状尺寸。也可以用反拉深法拉深此类制件，如图 4-28 所示。

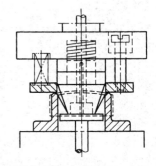

图 4-28　反拉深法锥形件拉深

　3）高锥形件

相对高度 $H/d > 0.7$ 的高锥形件如图 4-25（c）所示。这类制件一般需要多次拉深，带凸缘的工件先拉深出凸缘尺寸，并保持以后拉深中凸缘不变，然后再逐渐拉深成锥形。

拉深方法通常有两种。

（1）阶梯式法（如图 4-29 所示）。阶梯式法是先拉成具有大圆角半径过渡的阶梯形的中间毛坯，然后经整形成锥形。其缺点是制件表面留有痕迹。

（2）锥面增大法（如图 4-30 所示）。锥面增大法通过逐渐拉大锥形表面而得出制件，该方法采用较多，表面质量好。

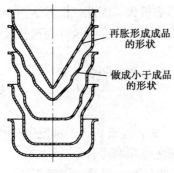

图 4-29　锥形件阶梯式成型法

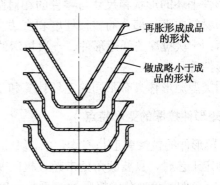

图 4-30　锥形件锥面增大法

4.4.3　矩形件的拉深

矩形件包括方形和长形拉深件，如图 4-31 所示。

矩形件由圆角和直边两部分组成，毛坯的拉深变形性质虽然与圆筒形件相似，但由于有直边部分参与变形，对圆角部分在拉深过程中产生的切向压应力起分散减弱作用，因此，与几何参数相同的圆筒形件相比，拉深时，圆角部分受到的径向平均拉应力和切向压应力都要小得多。所以在拉深过程中，圆角部分危险断面的拉裂可能性和凸缘起皱的趋势都比相应的圆筒形件小。因此，对于相同材料，拉深矩形件时，选用的拉深系数可以小一些。

矩形件拉深时毛坯的变形情况比较复杂，目前还不能准确地确定毛坯的尺寸和形状。生产中一般先按面积不变条件，初步确定毛坯的尺寸和形状，经多次试压修正后，才能获得准确的毛坯。

在确定毛坯的形状和尺寸之前，先确定矩形件的拉深高度 H，如图 4-31 所示。矩形件的拉深高度为 $H = h + \delta$，式中的 δ 是矩形件的修边余量，其值见表 4-24。

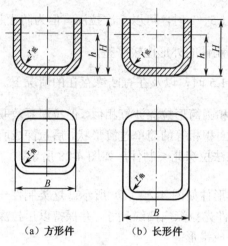

（a）方形件   （b）长形件

图 4-31   矩形件

表 4-24   矩形件的修边余量

(mm)

所需拉深工序数目	1	2	3	4
修边余量 δ	$(0.03\sim0.05)H$	$(0.04\sim0.06)H$	$(0.05\sim0.08)H$	$(0.06\sim0.1)H$

矩形件毛坯的形状和尺寸与零件的相对圆角半径 r/B 和相对高度 H/B 有关，这两个参数对圆角部分的材料向直边部分的转移程度和直边高度的增加量影响很大。因此，根据这两个参数将矩形件分为：一次拉深的低矩形件、一次拉深的高矩形件、多次拉深的小圆角低矩形件及多次拉深的高矩形件等几类。

不同类型矩形体具有不同的毛坯计算和工序计算方法，详见模具设计手册。

1. 矩形件拉深的变形特点

（1）矩形件的拉深变形是不均匀的，圆角处的变形程度较大，起皱和破裂都发生在圆角部分。因此，制定工艺时，只要圆角处未超过极限变形程度，拉深便能顺利进行。

（2）矩形件圆角部分的极限拉深系数可以小于直径等于两倍圆角半径的圆筒形工件的极限拉深系数，甚至可以达到 $m=0.3\sim0.32$。

（3）直边和圆角相互影响的大小，随矩形件的相对圆角半径 $r_角/B$ 和相对高度 H/B 的不同而异，这些相对值越小，相互影响就越小，反之则大。

2. 矩形件的工艺计算

矩形件坯料的确定，第一要根据面积不变的原则，第二要根据矩形零件拉深时沿周边切向压缩与径向拉深变形不均匀的特点对坯料形状与尺寸做一定的修正。下面以两种典型的矩形件为例进行分析。

1）一次拉深成型的低矩形件的毛坯确定

相对高度 H/B 和相对圆角半径 r/B 均较小的矩形件，其毛坯按下列步骤确定，如图 4-32 所示。将直边按弯曲变形，1/4 的圆角部分按圆筒拉深变形分别展开，得到如图 4-32 所示外形。其中弯曲部分的展开长度 L 为

$$L = H + 0.57r_底 \tag{4-18}$$

拉深部分展开后的毛坯半径 R 为

当 $r = r_底$ 时，
$$R = \sqrt{2rH} \tag{4-19}$$

当 $r \neq r_{底}$ 时，
$$R = \sqrt{r^2 + 2rH - 0.86r_{底}(r + 0.16r_{底})} \qquad (4\text{-}20)$$

修整展开料的形状。由 ab 线段的中点 c 作圆弧 R 的切线，然后以 R 为半径作圆弧与直边和切线相切。这样，增加的面积 $+A$ 与减小的面积 $-A$ 相等。去掉 $-A$ 部分后即可得到平滑过渡的毛坯外形。

2）多次拉深成型的高矩形件的毛坯确定

相对高度 $H/B > 0.6 \sim 0.7$ 的矩形件，一般需要多次拉深。拉深这类矩形件时，由于圆角部分有较多的材料向直边转移，所以毛坯的形状与工件的平面形状有显著的差别。下面介绍多次拉深的高正方形盒和多次拉深的高矩形盒毛坯的确定。

（1）多次拉深成型的高正方形盒如图 4-33 所示，其毛坯形状为圆形，毛坯直径 D 可按下式计算。

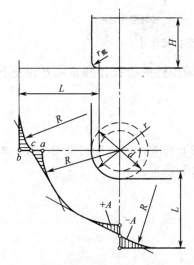

图 4-32　低矩形件毛坯

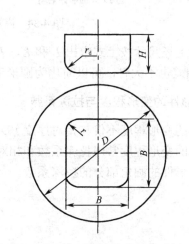

图 4-33　高正方形盒多次拉深的毛坯

当 $r = r_d$ 时：
$$D = 1.13\sqrt{B^2 + 4B(H - 0.43r) - 1.72r(H - 0.33r)} \qquad (4\text{-}21)$$

当 $r > r_d$ 时：
$$D = 1.13\sqrt{B^2 + 4B(H - 0.43r) - 1.72r(H + 0.5r) - 4r_d(0.11r_d - 0.18r)} \qquad (4\text{-}22)$$

（2）多次拉深成型的高矩形盒如图 4-34（a）所示，其形状可以看成由宽度为 B 的两个半正方形和中间宽度为 B，长度为 $A-B$ 的槽形组合而成的。

毛坯外形有两种确定方法。

一种是长圆形外形，如图 4-34（a）所示，长为 L，宽为 K，$R = K/2$；另一种是椭圆形外形，如图 4-34（b）所示，长为 L，宽为 K，长轴半径为 R_b，短轴半径为 R_a。

椭圆形毛坯的尺寸为
$$L = D + (A - B) \qquad (4\text{-}23)$$

式中　D——边长为 B 的高矩形盒件的毛坯直径。

$$K = \frac{D(B - 2r) + [B + 2(H - 0.43r_d)](A - B)}{A - 2r} \qquad (4\text{-}24)$$

$$R_a = \frac{0.25(L^2 + K^2) - LR_b}{K - 2R_b} \qquad (4\text{-}25)$$

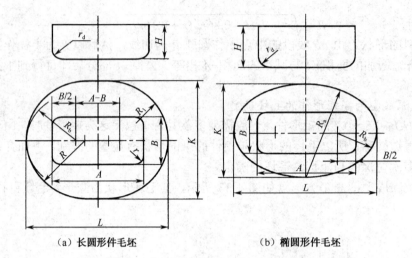

（a）长圆形件毛坯   （b）椭圆形件毛坯

图 4-34   高矩形盒的坯料形状与尺寸

长圆形毛坯尺寸按上式求出 L 和 K，$R = 0.5K$。当矩形件的边长 A 和宽度 B 相差不大，计算的 L 和 K 相差也不大时，可以简化为圆形毛坯。

3. 矩形件的变形程度与拉深系数

矩形件的变形程度不仅与相对厚度 $t/D \times 100$（或 t/B）有关，还与相对圆角半径 r/B 有关。

矩形件的变形程度常用拉深系数和相对高度两个参数衡量。

（1）矩形件的圆角部分的拉深系数。

$$m = \frac{r}{R_y} \tag{4-26}$$

式中 R_y ——毛坯圆角的假想半径（mm），在图 4-32 中 $R_y = R$；

r ——拉深件口部的圆角半径（mm）；

m ——首次拉深系数，极限拉深系数见相应表格。

（2）矩形件的相对高度 H/r 可用拉深系数转化。

当 $r = r_底$ 时，

$$m = \frac{d}{d_0} = \frac{2r}{2\sqrt{2rH}} = \frac{1}{\sqrt{2\dfrac{H}{r}}} \tag{4-27}$$

矩形件首次拉深的允许最大相对高度 H/r 见相应表格。

4. 矩形件多次拉深的分配与工序件的确定

矩形件多次拉深的变形特点不仅与圆筒形零件多次拉深不同，而且与矩形件首次拉深也有很大区别。矩形件多次拉深时的变形是直壁进一步收缩、高度进一步增大的过程，矩形件再次拉深可以分为待变形区、变形区、传力区和底部不变形区，如图 4-35 所示。冲模底部和已进入凹模深度为 h_2 的直壁部分是传力区，高度为 h_1 的直壁部分是待变形区。

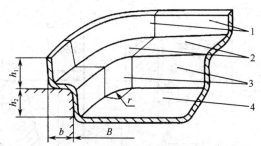

1—待变形区；2—变形区；3—传力区；4—底部不变形区

图 4-35　多次拉深

在拉深过程中，随着凸模向下运动，成型高度 h_2 不断增加，h_1 则逐渐减小，直至全部进入凹模而形成零件的侧壁。

在确定多次拉深工序件的形状和尺寸之前，应先确定矩形件的拉深次数 n。拉深次数可根据各次拉深系数 m_i 确定，而 m_i 用下式计算：

$$m_i = \frac{r_i}{r_{i-1}} \quad (i=2,3,\cdots,n)$$ （4-28）

式中　r_i、r_{i-1}——各次拉深工序口部的圆角半径（mm）；

　　　m_i——各次圆角处的拉深系数，其极限值可查表。

拉深次数用矩形件每次能达到的最大相对高度 H/B 确定，可查表 4-25。

表 4-25　矩形件多次拉深能达到的最大相对高度 H/B

拉 深 次 数	毛坯相对厚度($\frac{t}{D}$×100)			
	0.3 ~ 0.5	0.5 ~ 0.8	0.8 ~ 1.3	1.3 ~ 2.0
1	0.50	0.58	0.65	0.75
2	0.70	0.80	1.00	1.20
3	1.20	1.30	1.60	2.00
4	2.00	2.20	2.60	3.50
5	3.00	3.40	4.00	5.00
6	4.00	4.50	5.00	6.00

4.5　拉深模主要工作零件设计

4.5.1　拉深凸模和凹模的结构

凸、凹模结构形式设计得合理与否，不但关系到工件的质量，而且直接影响拉深变形程度，下面介绍几种常见的结构形式。

1. 不用压边圈的拉深凸、凹模

对于一次拉成的浅拉深件，其凹模结构如图 4-36 所示。比较常见的平端面圆弧形凹模和锥形凹模拉深性好，它适用于相对厚度（t/D×100）较小的毛坯拉深而不易起皱；而渐开线形凹模比锥形凹模拉深又有较大变形而不起皱（对软钢拉深能达到 m_{min}=0.36），渐开线形凹模的缺点是需要较长的工作行程。所以它常与变薄拉深工序串联在一起，作为后者的制坯工序。

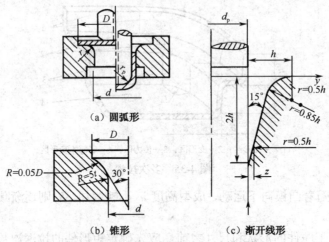

（a）圆弧形

（b）锥形　　　（c）渐开线形

图 4-36　不用压边圈的拉深凹模结构

对于初次拉深以后各次不用压边圈的拉深凹模洞口形状，基本与图 4-36（a）、（b）所示相似，唯一不同的是取用的圆角半径稍有减小。

2. 用压边圈的拉深凸、凹模

如图 4-37（a）所示为有斜角的凸模和凹模，采用这种结构不仅可以使毛坯在下次工序中容易定位，而且大大改善了金属的流动，从而减小变形抗力、减少材料变薄。因此当工件尺寸 $d>100mm$（甚至 $d>50\sim60mm$）时，均宜采用这种形式。图 4-37（b）所示为有圆角半径的凸模和凹模，多用于拉深尺寸较小的零件（$d\leqslant100mm$）及带宽凸缘与形状复杂的零件。采用多次拉深时，应注意到前后工序中的工作零件间的形状和尺寸关系，如压边圈与毛坯内表面所接触的部分，其形状和圆角半径等尺寸应与前道工序的凸模的相应部分相同。后一工序凹模锥面的角度也应与前道工序凸模的斜角相等。

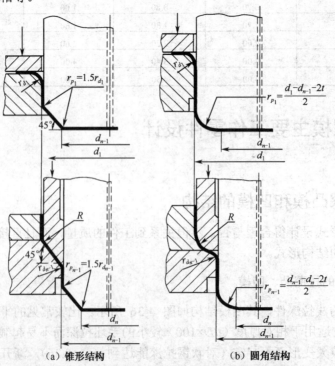

（a）锥形结构　　　（b）圆角结构

图 4-37　用压边圈多次拉深时凸模与凹模结构形式

3. 带限制型腔的拉深凹模

对不经中间热处理的多次拉深工序，在拉深之后或稍隔一些时期，在工件的口部往往会出现龟裂，这种现象在硬化严重的金属中（如不锈钢、耐热钢、黄铜等）特别严重。为了改善这一现象，通常采用所谓限制型腔，即在凹模上部加毛坯限制圈，如图 4-38 所示，其结构可以将凹模壁加高，也可以单独做成分离式。

限制型腔的高度 h 在各次拉深工序中可以认为是不变的，一般取

$$h=(0.4\sim0.6)d_1 \tag{4-29}$$

式中　d_1——第一次拉深的凹模直径。

限制型腔的直径取略小于前一道工序的凹模直径（0.1～0.2mm）。

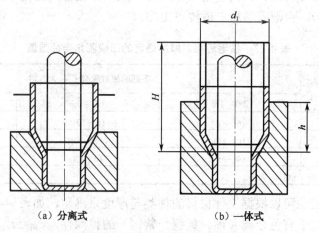

（a）分离式　　　　　　　　　（b）一体式

图 4-38　带限制型腔的拉深凹模

4.5.2　拉深凸模与凹模的圆角半径

1. 拉深凹模的圆角半径

拉深凹模的圆角半径对拉深过程有很大影响。毛坯进入凹模内要经过弯曲和重新又被拉直的过程。若凹模圆角过小，将增加弯曲抗力而导致毛坯破裂的可能。若凹模圆角过大，将会因毛坯在压边圈下面积的减小和毛坯外缘过早离开压边圈而产生皱褶。当这皱褶部分进入凸、凹模的间隙，将会造成毛坯的破裂。

对于宽凸缘拉深，由于在拉深过程中凸缘一直被压边圈压住，所以凹模圆角可以大一些。

凹模圆角半径的平均值 r_d 可按下式计算：

$$r_d = K\sqrt{(D-d)t} \tag{4-30}$$

式中　r_d——凹模圆角半径（mm）；

　　　K——系数，见表 4-26；

　　　D——毛坯或前一次拉深直径（mm）；

　　　d——凹模内径（mm）；

　　　t——材料厚度（mm）。

表 4-26　计算凹模圆角半径时的 K 值

材料厚度 t（mm）					
<0.6	0.6～1	1～2	2～4	4～6	6～10
1.0	0.9	0.85	0.8	0.7	0.6

为使用上的方便，可按表 4-27 选用凹模圆角半径数值。

表 4-27 所列数值适用于拉深系数适中的一般拉深。在前拉深中，如果 m 值相当大，凹模圆角半径应取较小值。

不用于压边圈的浅拉深件，其圆角半径可取（2～4）t。

在单次拉深宽凸缘制件时，凹模圆角半径应等于成品件相应的圆角半径尺寸，但其圆角半径尺寸不得小于（5～8）t，否则应增加一道校正工序。

表 4-27　按毛坯相对厚度确定的凹模圆角半径数值

拉 深 方 式	毛坯的相对厚度（$\frac{t}{D} \times 100$）		
	2.0～1.0	1.0～0.3	0.3～0.1
无凸缘	（6～8）t	（8～10）t	（10～15）t
有凸缘	（10～15）t	（15～20）t	（20～30）t
有拉深筋	（4～6）t	（6～8）t	（8～10）t
注：用于有色金属取小值，对于钢件取大值。			

拉深凹模圆角半径也可以根据工件材料的种类与厚度来确定，如表 4-28 所示。一般对于钢的拉深件，$r_凹 = 10t$，对于有色金属（铝、黄铜、紫铜）的拉深件，$r_凹 = 5t$。

表 4-28　拉深凹模的圆角半径 $r_凹$ 的数值

材　　料	厚度 t(mm)	凹模圆角半径 $r_凹$	材　　料	厚度 t(mm)	凹模圆角半径 $r_凹$
钢	<3	（10～6）t	铝、黄铜、紫铜	<3	（8～5）t
	3～6	（6～4）t		3～6	（5～3）t
	>6	（4～2）t		>6	（3～1.5）t
注：（1）对于第一次拉深和较薄的材料，应取表中的最大极限值；					
（2）对于以后各次拉深和较厚的材料，应取表中的最小极限值。					

以后各次拉深时，r_d 值应逐渐减小，其关系为

$$r_{dn} = （0.6～0.9）r_{d(n-1)} \qquad (4-31)$$

2. 拉深凸模的圆角半径

凸模也应有较大的圆角半径，以防危险断面处严重变薄。

（1）除最后一道工序外，其他所有各次拉深工序中，凸模的圆角半径应尽可能与凹模圆角半径相等或取略小的数值。

$$r_凸 = (0.6～1) r_凹 \qquad (4-32-1)$$

（2）对于中间过渡工序的凸模圆角半径，还可取各次拉深中直径减少量的一半，即

$$r_{凸 n-1} = \frac{d_{n-1} - d_n - 2t}{2} \qquad (4-32-2)$$

（3）在最后一道工序中，凸模圆角半径应小于工件圆角半径，但不小于料厚，否则应增加整形工序。

（4）对于矩形件，为便于最后一道工序成型容易，在过渡工序中，凸模底部具有与零件相似的矩形，然后用 45°斜角向壁部过渡。

设计拉深模时，凸、凹模圆角半径应采用小的允许值，以便在调整拉深模时按需要加大些。

4.5.3　拉深模间隙

拉深模的间隙是指单边间隙，即凸、凹模尺寸差的 1/2。如果间隙过小，会增加摩擦力，使拉深件容易破裂，且易擦伤表面，降低模具寿命；如果间隙过大，拉深件又易于起皱，且影响零件精度。因此，须根据拉深方式（是否采用压边圈）、工件的尺寸精度要求合理确定间隙数值。

1. 旋转体零件

（1）不用压边圈时，考虑到起皱的可能性，其间隙值取为

$$z=(1\sim1.1)t_{max} \tag{4-33-1}$$

式中　z——单边间隙值，末次拉深或精密拉深取小值，中间拉深取大值（mm）；

　　　t_{max}——材料厚度的上限值（mm）。

（2）用压边圈时，其间隙值见表 4-29。

（3）对于精度要求高的拉深件，为了使拉深后回弹很小，表面质量好，其间隙一般取为

$$z=(0.9\sim0.95)t \tag{4-33-2}$$

表 4-29　有压边圈拉深时单边间隙值

总拉深次数	拉深工序	单边间隙 z	总拉深次数	拉深工序	单边间隙 z
1	一次拉深	$(1\sim1.1)\delta$	4	第一、二次拉深	1.2δ
2	第一次拉深	1.1δ		第三次拉深	1.1δ
	第二次拉深	$(1\sim1.05)\delta$		第四次拉深	$(1\sim1.05)\delta$
3	第一次拉深	1.2δ	5	第一、二、三次拉深	1.2δ
	第二次拉深	1.1δ		第四次拉深	1.1δ
	第三次拉深	$(1\sim1.05)\delta$		第五次拉深	$(1\sim1.05)\delta$

注：（1）δ——材料厚度，取材料允许偏差的中间值；
　　（2）当拉深精密件时，最末一次拉深间隙取 $z=\delta$。

2. 矩形件

拉深矩形件的间隙值，在直边部分可参考 U 形工件的弯曲模间隙来确定，在圆角部分由于材料变厚，故其间隙值应比直边部分间隙增大 $0.1t$。

4.5.4　拉深凸、凹模工作部分尺寸及公差

1. 尺寸计算

确定凸模和凹模工作部分尺寸时，应考虑模具的磨损和拉深件的弹复，其尺寸公差只在最后一道工序考虑。最后一道工序凸、凹模工作部分尺寸，应按拉深件尺寸标注方式的不同，由表 4-30 所列公式进行计算。

表 4-30　拉深模工作部分尺寸计算公式

尺寸标注方式	凹模尺寸 D_d	凸模尺寸 D_p
标注外形尺寸	$D_d = (D - 0.75T) + T_凹$	$D_p = (D - 0.75T - 2z) - T_凸$
标注内形尺寸	$D_d = (d + 0.4T + 2z) + T_凹$	$D_p = (d + 0.4T) - T_凸$

注：D_d——凹模尺寸；D_p——凸模尺寸；D——拉深件外形的基本尺寸；d——拉深件内形的基本尺寸；z——凸、凹模的单边间隙；$T_凹$——凹模的制造公差；$T_凸$——凸模的制造公差。

2. 凸、凹模制造公差

（1）圆形凸、凹模的制造公差应根据工作材料厚度与工作的直径来选定，其值见表 4-31。

表 4-31　圆形拉深模凸、凹模的制造公差

(mm)

材料厚度	工件直径的基本尺寸							
	~ 10		>10 ~ 50		>50 ~ 200		>200 ~ 500	
	$T_凹$	$T_凸$	$T_凹$	$T_凸$	$T_凹$	$T_凸$	$T_凹$	$T_凸$
0.25	0.015	0.010	0.02	0.010	0.03	0.015	0.03	0.015
0.35	0.020	0.010	0.03	0.020	0.04	0.020	0.04	0.025
0.50	0.030	0.015	0.04	0.030	0.05	0.030	0.05	0.035
0.80	0.040	0.025	0.06	0.035	0.06	0.040	0.06	0.040
1.00	0.045	0.030	0.07	0.040	0.08	0.050	0.08	0.060
1.20	0.055	0.040	0.08	0.050	0.09	0.060	0.10	0.070
1.50	0.065	0.050	0.09	0.060	0.10	0.070	0.12	0.080
2.00	0.085	0.055	0.11	0.070	0.12	0.080	0.14	0.090
2.50	0.095	0.060	0.13	0.085	0.15	0.100	0.17	0.120
3.50	—	—	0.15	0.100	0.18	0.120	0.20	0.140

注：（1）表列数值用于未精压的薄钢板

（2）如用精压钢板，则凸模及凹模的制造公差等于表列数值的 20%～25%。

（3）如用有色金属，则凸模及凹模的制造公差等于表列数值的 50%。

（2）非圆形凸、凹模的制造公差可根据工件尺寸公差来选定，若工件的公差为 IT13 级以上者，则凸、凹模制造公差采用 IT19 级精度；若工件公差为 IT14 级以下者，则凸、凹模制造公差采用 IT10 级精度，但若采用配作，则只在基准件（凸模或凹模）上标注尺寸和公差，另一件按间隙 z 值配作。

4.5.5　拉深凸模的出气孔尺寸

为了防止拉深件被凹模内压缩空气顶瘪及拉深件与凸模之间发生真空现象而紧箍在凸模上，应在凹模、凸模上设计出气孔，以使拉深后制件容易从凸模上取下，如图 4-39 所示。

否则，工件与凸模间形成真空，增加卸件困难，造成工件底部不平。

圆形拉深凸模工件表面上出气孔尺寸及数量见表 4-32。

对大型凸模、凹模非工作表面或以后要修掉的废料部位，出气孔为 $\phi20\sim30mm$，数量为 2～6 个。

出气有时采用排气管，目的是防止灰尘等杂质侵入。排气管的尺寸如图 4-40 所示，其材料可为钢管、铜管或聚乙烯管。

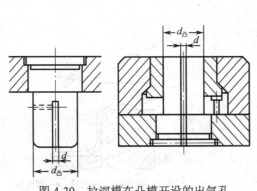

图 4-39   拉深模在凸模开设的出气孔

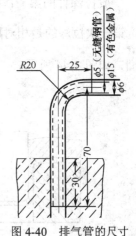

图 4-40   排气管的尺寸

表 4-32   拉深凸模出气孔尺寸及数量

凸模直径 $d_凸$（mm）	～50	>50～100	>100～200	>200
出气孔直径 d（mm）	5	6.5	8	9.5
数 量	按圆周直径ϕ50～60 均布 4～7 个成一组			

4.5.6   拉深模的压边圈

1. 压边圈的类型

拉深压边圈有刚性和弹性两大类。刚性压边圈广泛用于大型覆盖件拉深。因它装在双动压力机的外滑块上，可得到较大压边力并保持不变。刚性压边圈在中小件拉深较少采用，因要靠螺钉等临时固定，对调节和操作都带来不便。采用刚性压边圈的拉深模如图 4-41 所示。弹性压边圈是通过气垫、液压垫、弹簧垫和橡胶垫等弹顶装置来施加压力的，如图 4-42 所示。

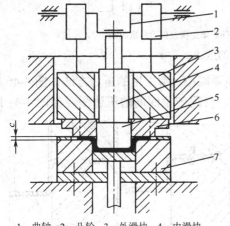

1—曲轴；2—凸轮；3—外滑块；4—内滑块；
5—凸模；6—压边圈；7—凹模

图 4-41   采用刚性压边圈的拉深模

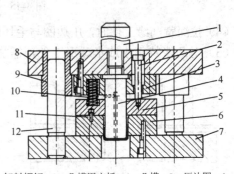

1—模柄；2—卸料螺钉；3—凸模固定板；4—凸模；5—压边圈；6—凹模
7—下模座；8—上模座；9—导套；10—弹簧；11—固定挡料销；12—导柱

图 4-42   采用弹性压边圈的拉深模

2. 压边圈形式

（1）一般拉深件的第一次拉深模均采用平面压边圈，如图4-43所示。

（2）第一次拉深的是相对厚度 $\frac{t}{D} \times 100 < 0.3$，且有小凸缘和很大圆角半径的工件时，应采用弧形压边圈，如图4-44所示。

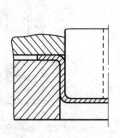

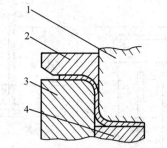

1—凸模；2—压边圈；3—凹模；4—顶件板

图 4-43　平面压边圈　　　　　　　　　图 4-44　弧形压边圈

（3）对于在整个拉深行程中，压边力需保持均衡和防止压边圈将毛坯夹得过紧的拉深件（特别是材料较薄且有较宽凸缘的工件），需采用带限位装置的压边圈，如图4-45所示，安装在模上或压边圈上的支柱、垫板、垫环都可作为限制距离的装置。限制距离 s 的大小根据工件的形状及材料的不同而有不同的取值。

拉深带凸缘的工件时：　　　　　　　　$s=t+(0.05\sim0.1)$　　　　　　　　（4-34-1）

拉深铝合金工件时：　　　　　　　　　$s=1.1t$　　　　　　　　　　　　　（4-34-2）

拉深钢制工件时：　　　　　　　　　　$s=1.2t$　　　　　　　　　　　　　（4-34-3）

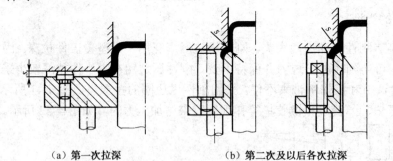

（a）第一次拉深　　　　　　　　（b）第二次及以后各次拉深

图 4-45　带限位装置的压边圈

（4）拉深宽凸缘工件时，压边圈与毛坯的接触面积要减小，常采用的压边方法如图4-46所示。

（5）对凸缘特别小或半球形工件，需加大拉应力，可用带拉深筋的压边圈，如图4-47所示。

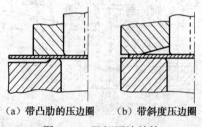

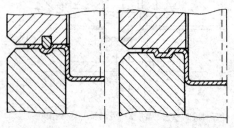

（a）带凸肋的压边圈　（b）带斜度压边圈

图 4-46　局部压边结构　　　　　　　　　图 4-47　带拉深筋的压边圈

拉深筋的布置原则见表4-33。

表 4-33　拉深筋（槛）的布置原则

序　号	要　求	布　置　原　则
1	增加进料阻力，提高材料变形程度	布置 1～3 条拉深筋或整圈的或间隔的 1 条拉深槛
2	增加径向拉应力，降低切向压应力，防止毛坯起皱	在容易起皱部位设置局部的短筋
3	调整进料阻力和进料量	（1）拉深深度大的直线部位设 1～3 条拉深筋； （2）拉深深度大的圆弧部位布设拉深筋； （3）拉深深度相差较大时，在深的部位不设拉深筋，浅的部位设筋

按凹模形状布置拉深筋的方法见表 4-34，其结构尺寸、紧定方法可参阅有关手册。

表 4-34　按凹模形状布置拉深筋的方法

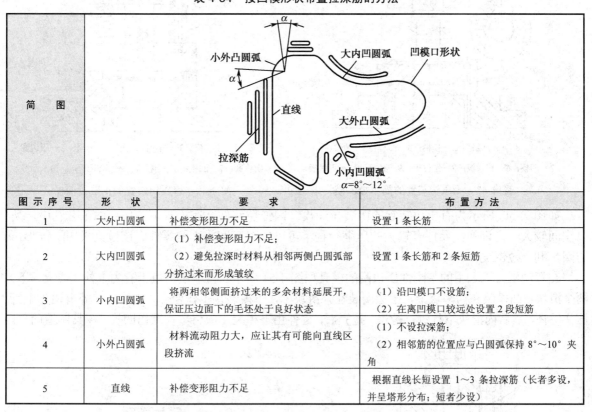

图示序号	形　状	要　求	布　置　方　法
1	大外凸圆弧	补偿变形阻力不足	设置 1 条长筋
2	大内凹圆弧	（1）补偿变形阻力不足； （2）避免拉深时材料从相邻两侧凸圆弧部分挤过来而形成皱纹	设置 1 条长筋和 2 条短筋
3	小内凹圆弧	将两相邻侧面挤过来的多余材料延展开，保证压边面下的毛坯处于良好状态	（1）沿凹模口不设筋； （2）在离凹模口较远处设置 2 段短筋
4	小外凸圆弧	材料流动阻力大，应让其有可能向直线区段挤流	（1）不设拉深筋； （2）相邻筋的位置应与凸圆弧保持 8°～10° 夹角
5	直线	补偿变形阻力不足	根据直线长短设置 1～3 条拉深筋（长者多设，并呈塔形分布；短者少设）

4.6　拉深模结构示例

根据拉深工艺情况及使用设备的不同，拉深模的结构也不同，一般单工序拉深模结构比较简单。拉深可在一般的单动压力机上进行，也可在双动、三动压力机及特种设备上进行。

4.6.1　首次拉深模

1. 无压边装置的简单拉深模

结构如图 4-48 所示，模具简单，上模往往是整体结构。当凸模直径过小时，可以加上模柄，增加上模与滑块的接触面积。在拉深过程中，为使工件不至于紧贴在凸模上难以取下，凸模上设直径大于 5mm 的通气孔。凹模下部设较大通孔，便于刮件环将零件从凸模上脱下后，能排除零件。该结构一般适用于厚度大于 2mm 及拉深高度较小的零件。

2. 有压边装置的简单拉深模

弹簧压边圈装在上部模具，如图 4-49 所示为有压边装置的正装拉深模。因弹性元件装在上模，所以凸模较长，适用于拉深高度较小的零件。

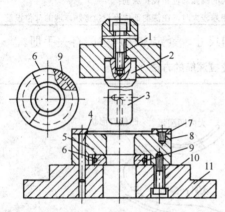

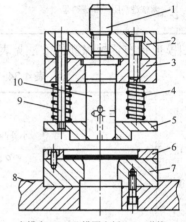

1、8、10—螺钉；2—模柄；3—凸模；4—销钉；

5—凹模；6—卸料板；7—定位板；9—拉簧；11—下模板

图 4-48　无压边装置的简单拉深模

1—模柄；2—上模座；3—凸模固定板；4—弹簧；5—压边圈；

6—定位圈；7—凹模；8—下模座；9—弹压螺钉；10—凸模

图 4-49　有压边装置的正装拉深模

如图 4-50 所示为有压边装置的倒装拉深模。因弹性元件装在模具下工作台的工艺孔中，所以空间较大，允许弹性元件有较大的压缩行程，可以拉深高度较大的零件。该模具采用了锥形压边圈，利于拉深变形。

在双动压力机上用的带刚性压边圈的模具如图 4-51 所示。双动压力机上有内、外（或上、下）两个滑块，凸模装在内滑块上，压边圈装在外滑块上，下模装在工作台上。工作时，外滑块先下行压住毛坯，然后内滑块下行进行拉深。拉完后，零件由下模漏出或将零件顶出凹模。模具制造简单。

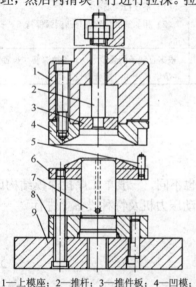

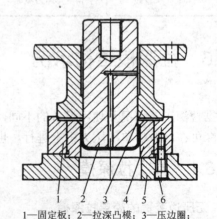

1—上模座；2—推杆；3—推件板；4—凹模；

5—挡料钉；6—压边圈；7—凸模；8—固定板；9—下模座

图 4-50　有压边装置的倒装拉深模

1—固定板；2—拉深凸模；3—压边圈；

4—拉深凹模；5—下模座；6—螺钉

图 4-51　在双动压力机上用的带刚性压边圈的模具

4.6.2 以后各次拉深模

1. 无压边后续拉深模

如图 4-52 所示，其凹模采用锥形，斜角为 30°～45°，具有一定抗失稳起皱的作用。

2. 有压边后续拉深模

如图 4-53 所示，压边圈兼做毛坯的定位圈。由于再次拉深工件一般较深，为了防止弹性压边力随行程的增加而不断增加，也可以在压边圈上安装限位销来控制压边力的增长。和无压边后续拉深模相比，模具采用了弹性压边圈，可以减小毛坯起皱趋势，但同时也增加了毛坯变形时的摩擦阻力，使毛坯的拉裂倾向增加。

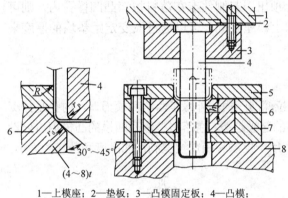

1—上模座；2—垫板；3—凸模固定板；4—凸模；
5—定位板；6—凹模；7—凹模固定板；8—下模座

图 4-52　无压边后续拉深模

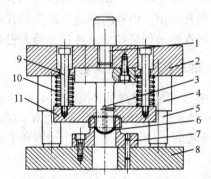

1—模柄；2—上模座；3—凸模；4—导套；5—导柱；6—冲压件；
7—凹模；8—下模座；9—卸料螺钉；10—弹簧；11—压边圈

图 4-53　有压边后续拉深模

4.6.3 反拉深模

图 4-54 所示为反拉深模。反拉深模具有较好的防皱效果，一般不需要压边装置（也有采用压边装置的）。拉深前，将半成品毛坯套在凹模上定位，拉深后的工件由于口部弹性张开，上模回程时被凹模下边缘刮下。

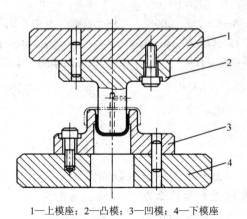

1—上模座；2—凸模；3—凹模；4—下模座

图 4-54　反拉深模

4.6.4　拉深复合模

拉深工序可以与一种或多种其他冲压工序（如落料、冲孔、成型、翻边、切边等）复合，构成拉深复合模。在单动压力机的一个工作行程内，落料拉深模可完成落料、拉深两道工序（或更多道工序），工作效率高，但结构较复杂，设计时要特别注意模具中所复合的各冲压工序的顺序。

1. 典型的落料拉深复合模

带凸缘零件的落料拉深复合模如图 4-55 所示，这类模具要注意设计成先落料后拉深，因此拉深凸模低于落料凹模。模具工作过程为：条形板料通过固定卸料板的定位槽由前向后送入并定位，上模下行，落料拉深凸凹模与落料凹模首先完成落料工序。上模继续下行，拉深凸模开始接触落料毛坯并将其拉入落料拉深凸凹模孔内，完成拉深工序。上模回程时，固定卸料板从落料拉深凸凹模上卸下废料，压边圈将制件从拉深凸模上顶出；若制件卡在落料拉深凸凹模孔内，则可通过打料杆推出。模具的定距垫块安装在打料块和上模座之间，可以通过改变定距垫块的厚度来控制拉深深度，保证拉深制件的高度和凸缘的大小。

2. 球形制件落料拉深复合模

球形制件落料拉深复合模如图 4-56 所示。落料拉深凸凹模的外缘是落料凸模刃口，内孔是拉深凹模。模具采用固定卸料板卸料，为减小拉深时毛坯的起皱趋势，在落料拉深凸凹模的凸模刃口处设计了一个锥面。定距垫块安装在压边圈和下模座之间，用于控制和确定拉深制件的高度和凸缘的大小。

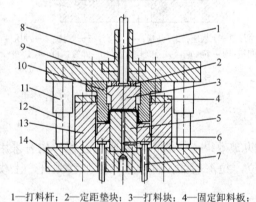

1—打料杆；2—定距垫块；3—打料块；4—固定卸料板；
5—拉深凸模；6—压边圈；7—顶料杆；8—模柄；9—上模座；
10—落料拉深凸凹模；11—导套；12—导柱；13—落料凹模；14—下模座

图 4-55　带凸缘零件的落料拉深复合模

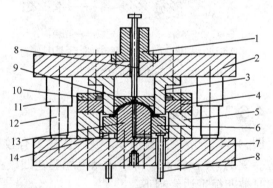

1—模柄；2—上模座；3—落料拉深凸凹模；4—落料凹模；
5—凹模垫板；6—压边圈；7—下模座；8—打料杆；9—打料盘；
10—刚性卸料板；11—导套；12—导柱；13—拉深凸模；14—定距垫块

图 4-56　球形制件落料拉深复合模

思考题

4.1　圆筒形件拉深时，各部分的应力应变状态如何？

4.2　拉深危险断面位置在何处？为什么？

4.3　拉深件起皱原因是什么？如何防止？

4.4　何谓圆筒形件的拉深系数？影响拉深系数的因素主要有哪些？

4.5　采用压边圈的条件是什么？

第5章
局部成型工艺及模具设计

所谓成型，是指用各种局部变形的方法（如局部胀形与缩口、翻边、校形和旋压等）来改变毛坯（或由冲裁、弯曲、拉深等方法制得的半成品）的形状、尺寸的一种冲压加工方法。

从变形观点分析，成型中各种工艺均属局部成型，但各有特点。例如，胀形和圆孔翻边局部成型过程主要靠拉伸变形；而缩口和外缘翻凸边局部成型过程主要是受压缩变形；至于校形工艺，变形量不大；旋压的变形特点又与上述各种工艺有所不同。变形特点不同，破坏和失败方式也有所区别，要根据不同工艺的特点，决定合理的工艺参数。

5.1 胀形

胀形主要用于平板毛坯的局部成型（或称起伏成型），如压制凹坑、加强肋、起伏形的花纹图案及标记等。另外，管类毛坯的胀形（如波纹管）、平板毛坯的拉形等，均属胀形工艺。

胀形时毛坯的塑性变形区固定，一般材料不从外部进入变形区内。胀形变形区内材料处于两向拉应力状态，变形区内板料的凸起和凹进成型主要是由其表面积的局部增大实现的，所以毛坯厚度变薄不可避免。

胀形的极限变形程度主要取决于材料的塑性。材料的塑性越好，允许的极限变形程度越大。用胀形工艺成型的工件表面光滑，质量好，可加工某些相对厚度很小的零件。

胀形所用的模具可分为刚模和软模（用液体、气体或橡胶代替凸模或凹模）两类。软模胀形可加工形状复杂的零件，如波纹管等。

5.1.1 起伏成型

起伏成型是平板毛坯的局部胀形，主要目的是提高零件的刚性以及使零件美观，如图 5-1 所示。

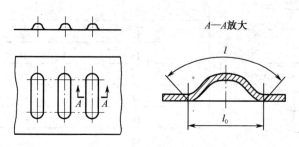

图 5-1 起伏成型的例子

起伏成型的极限变形程度主要受材料的塑性、凸模的几何形状、胀形方法及润滑等因素的影响。在计算极限变形程度时，可以按单向拉伸变形作近似的计算。

$$\delta_{max} = \frac{l - l_0}{l} < (0.7\sim0.75)\delta \tag{5-1}$$

式中　δ_{max}——起伏成型的极限变形程度；

　　　δ——单向拉伸的伸长率；

　　　l_0、l——变形前、后的长度（mm）。

系数 0.7～0.75 视起伏成型的断面形状而定，球面肋取大值，梯形肋取小值。

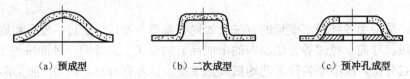

|　（a）预成型　|　（b）二次成型　|　（c）预冲孔成型　|

图 5-2　深度较大的起伏成型

对于深度较大的起伏成型，常在第一道工序中用直径较大的球形凸模胀形，达到在较大的范围内聚料和均化变形的目的，第二道工序再成型，如图 5-2（a），（b）所示。当成型部位有孔时，可先冲一个较小的预孔，起伏成型时，中心部位的材料会在凸模的作用下向外流动，可以缓解材料的局部变薄现象，改善成型深度超过极限变形程度的问题，并可减少成型工序次数，如图 5-2（c）所示。一般来说，起伏成型的冲压力可以不计算。

起伏成型常用来压制加强肋。起伏成型的肋与边缘的距离如果太小（小于（3～5）t），则在成型过程中，边缘材料要向内收缩，影响工件质量，在制定工艺规程时，必须注意这点。加强肋的形式和尺寸可参考表 5-1。

表 5-1　加强肋的形式和尺寸

（mm）

名　称	图　例	R	h	D 或 B	r	α
压肋		$(3\sim4)t$	$(2\sim3)t$	$(7\sim10)t$	$(1\sim2)t$	—
压凸		—	$(1.5\sim2)t$	$\geqslant3h$	$(0.5\sim1.5)t$	15°～30°

图　例	D	L	I
	6.5	10	6
	8.5	13	7.5
	10.5	15	9
	15	22	13
	18	26	16
	24	34	20
	31	44	26
	36	51	30
	48	68	40
	55	78	45

5.1.2　凸肚

凸肚是将拉深件或管料的形状加以改变，使材料沿径向拉伸，胀出凸起曲面的工艺方法。常见的凸肚件有波纹管、皮带轮等。

凸肚的方法可分为刚模凸肚（如图 5-3 所示）和软模凸肚（如图 5-4、图 5-5 所示）。刚模凸肚变形的均匀程度较差，工件的质量取决于凸模分瓣的数目，分瓣越多，质量越好。刚模凸肚模的结构一般比软模凸肚模复杂。所以，刚模凸肚一般适用于工件要求不高和形状简单的工件。软模（用液体、气体或橡胶）凸肚时，毛坯变形比较均匀，容易保证工件准确成型，因此在生产中广泛应用。

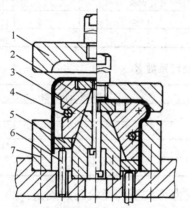

1—凹模；2—分瓣凸模；3—锥形心轴；4—拉簧；
5—毛皮；6—顶杆；7—下凹模

图 5-3　刚模（机械）凸肚

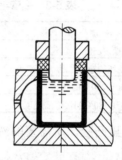 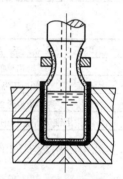

（a）用倾注液体的方法　　（b）用充液橡皮囊

图 5-4　液压凸肚

凸肚变形主要依靠材料的切向拉伸，其变形程度受材料塑性的影响较大。凸肚变形程度用凸肚系数表示，即

$$K = \frac{d_{max}}{d_0} \tag{5-2}$$

式中　d_{max}——凸肚后的最大直径（mm），如图 5-6 所示；

d_0——毛坯的原始直径（mm）；

K——凸肚系数，见表 5-2、表 5-3。

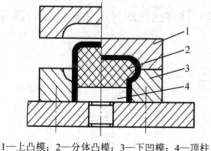

1—上凸模；2—分体凸模；3—下凹模；4—顶柱

图 5-5　聚氨酯橡胶胀形模示意图

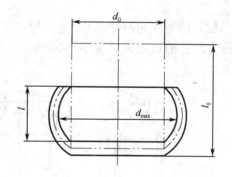

图 5-6　凸肚尺寸变化情况

根据凸肚系数求出凸肚的毛坯直径 $d_0 = d_{max}/K$。

毛坯高度 l_0 按下式确定：

$$l_0 = l[1 + (0.3 \sim 0.4)\delta] + b \tag{5-3}$$

式中　l——变形区母线长度（mm）；

　　　　δ——毛坯切向最大伸长率；

　　　　b——修边余量，一般取 5～15mm。

表 5-2　凸肚系数 K 的近似值

材　　料	毛坯相对厚度($\frac{t}{d_0}\times100$)			
	0.45～0.35		0.32～0.28	
	不退火	经过退火	不退火	经过退火
10　钢	1.10	1.20	1.05	1.15
铝、黄铜	1.20	1.25	1.15	1.20

表 5-3　铝管毛坯的实验凸肚系数 K

凸 肚 方 法	极限凸肚系数
简单的橡皮凸肚	1.2～1.25
带轴向压缩毛坯的橡皮凸肚	1.6～1.7
局部加热到 200～250℃的凸肚	2.0～2.1
用锥形凸模并加热到 380℃的边缘凸肚	～3.0

生产中应用较多的液压凸肚，所需要的液压单位压力可按下列经验公式确定：

$$p=\frac{6t\sigma_s}{d_0}\qquad\qquad(5\text{-}4)$$

式中　p——液体单位压力（MPa）；

　　　　t——板料厚度（mm）；

　　　　σ_s——材料的屈服点（MPa）；

　　　　d_0——毛坯内径（mm）。

5.2　缩口

缩口和凸肚是相对应的两种成型工艺。缩口工艺是一种将已拉深好的筒形件或管坯开口端直径缩小的冲压方法。缩口的形式如图 5-7 所示。

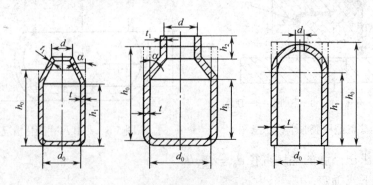

图 5-7　缩口的形式

5.2.1　缩口变形程度的计算

缩口变形主要是毛坯受切向压应力使直径减小，厚度和高度增加。因此在缩口工艺中，毛坯易产生失稳起皱，缩口的极限变形程度主要受失稳条件的限制。

缩口系数的大小与模具结构、材料种类、材料厚度有关。材料厚度越小，则缩口系数要相应增大。表 5-4 所示为不同材料和不同模具形式的平均缩口系数。

表 5-4　平均缩口系数 K

材 料 名 称	模 具 形 式		
	无 支 承	外 部 支 承	内 外 支 承
软　钢	0.7～0.75	0.55～0.60	0.30～0.35
黄铜 H62、H68	0.65～0.70	0.50～0.55	0.27～0.32
铝	0.68～0.72	0.53～0.57	0.27～0.32
硬铝（退火）	0.73～0.80	0.60～0.63	0.35～0.40
硬铝（淬火）	0.75～0.80	0.68～0.72	0.40～0.43

多道工序缩口时，一般第一道工序的缩口系数取 0.9 倍的平均缩口系数，以后各工序的缩口系数取 1.05～1.1 倍的平均缩口系数值。

缩口成型的变形特点如图 5-8 所示，变形区主要受两向压应力作用，其中切向压应力 σ_1 的绝对值最大。σ_1 使直径缩小，厚度和高度增加，所以切向压应变 ε_1 为最大主应变，径向应变 ε_3、厚向应变 ε_2 为拉应变。变形区由于受到较大切向压应力的作用易产生切向失稳而起皱，起传力作用的筒壁区由于受到轴向压应力的作用也容易产生轴向失稳而起皱，所以失稳起皱是缩口工序的主要障碍。

缩口模结构根据支承情况分为无支承、外支承和内外支承三种形式，如图 5-9 所示。设计缩口模时，可根据缩口变形情况和缩口件的尺寸精度要求选取相应的支承结构。

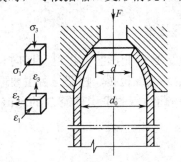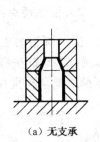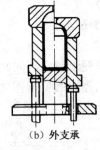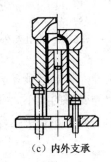

（a）无支承　　　　（b）外支承　　　　（c）内外支承

图 5-8　缩口成型的变形特点　　　　图 5-9　不同支承法的缩口模结构形式

5.2.2　缩口后材料厚度的变化及缩口的毛坯计算

缩口时颈口略有增厚，通常不予以考虑。当需要精确计算时，颈口厚度按下式计算：

$$t_1 = t_0 \sqrt{\frac{D}{d_1}} \tag{5-5}$$

$$t_n = t_{n-1} \sqrt{\frac{D}{d_1}} \tag{5-6}$$

式中　t_0——材料的原厚度（mm）；

D——毛坯直径（按中性层，mm）；

t_1、t_{n-1}、t_n——各次缩口后颈口壁厚度（mm）；

d_1、d_{n-1}、d_n——各次缩口后颈口处直径（按中性层，mm）。

缩口后，一般要产生比缩口模基本尺寸大 0.5%~0.8%的弹性恢复量，故设计缩口模基本尺寸时应予以考虑。

缩口前，毛坯高度尺寸的计算比较麻烦，一般可根据缩口变形前后体积不变的原则计算毛坯尺寸，详见有关设计资料和手册。

5.3　翻边

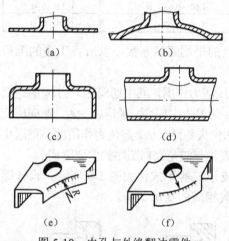

图 5-10　内孔与外缘翻边零件

翻边是在成型毛坯的平面部分或曲面部分上，使板料沿一定的曲线翻成竖立边缘的冲压方法。图 5-10 所示为内孔与外缘进行翻边的零件。用翻边方法可以加工形状较为复杂，且具有良好刚度和合理空间形状的立体零件，所以在冲压生产中应用较广，尤其在汽车、拖拉机、车辆等工业部门应用更为普遍。

按变形的性质，可分为伸长翻边和压缩翻边两类。伸长类翻边是切向的伸长变形，而压缩类翻边是切向的压缩变形。本节重点介绍圆孔翻边。

5.3.1　圆孔翻边

1. 变形特点与变形程度

圆孔翻边的主要变形是指变形区内材料受切向和径向拉伸，越接近预孔边缘变形越大。因此，圆孔翻边的失败往往是边缘拉裂，拉裂与否主要取决于拉伸变形的大小。圆孔翻边的变形程度用翻边前预孔直径 d_0 与翻边后的平均直径 D 的比值 K_0 表示（如图 5-11 所示），即

$$K_0 = \frac{d_0}{D} \tag{5-7}$$

K_0 称为翻边系数，显然 K_0 值越小，变形程度越大。圆孔翻边时，孔边濒临破坏的翻边系数称为最小（极限）翻边系数。

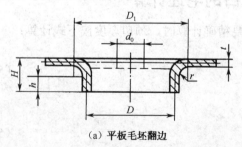

（a）平板毛坯翻边

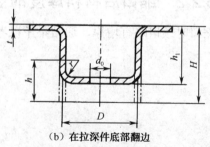

（b）在拉深件底部翻边

图 5-11　圆孔翻边

最小翻边系数的大小主要取决于材料的性能、预孔的表面质量与硬化程度、毛坯的相对厚度、凸模工作部分的形状等因素。表 5-5 列出几种常见材料的极限翻边系数。

表 5-5 几种常见材料的极限翻边系数

翻边方法	孔的加工方法	比值 d_0/t									
		100	50	35	20	10	8	6.5	5	3	1
球形凸模	钻后去毛刺	0.70	0.60	0.52	0.45	0.36	0.33	0.31	0.30	0.25	0.20
	冲孔	0.75	0.65	0.57	0.52	0.45	0.44	0.43	0.42	0.42	—
圆柱形凸模	钻后去毛刺	0.80	0.70	0.60	0.50	0.42	0.40	0.37	0.35	0.30	0.25
	冲孔	0.85	0.75	0.65	0.60	0.52	0.50	0.50	0.48	0.47	—

2. 翻边的工艺计算

翻边工艺计算有两方面的内容：一是要根据翻边工件的尺寸，计算毛坯预孔的尺寸；二是要根据允许的极限翻边系数，校核一次翻边可能达到的翻边高度。低碳钢的翻边系数如表 5-6 所示。

平板毛坯翻边预孔直径 d_0 可以近似地按弯曲展开计算。

表 5-6 低碳钢的翻边系数

材 料 名 称	翻 边 系 数	
	K_0	K_{0max}
白铁皮	0.70	0.65
软钢（$t=0.25\sim2mm$）	0.72	0.68
软钢（$t=2\sim4mm$）	0.78	0.75
黄铜 H62（$t=0.5\sim4mm$）	0.68	0.62
铝（$t=0.5\sim5mm$）	0.70	0.64
硬铝合金	0.89	0.80
钛合金 TA1（冷态）	$0.64\sim0.68$	0.55
TA5（冷态）	$0.85\sim0.90$	0.75

由图 5-11（a）可知

$$\frac{D_1-d_0}{2}=\frac{\pi}{2}\left(r+\frac{t}{2}\right)+h \tag{5-8}$$

将 $D_1=D+2r+t$ 及 $h=H-r-t$ 代入式（5-8）并整理后，可得预孔直径 d_0 为

$$d_0=D-2(H-0.43r-0.72t)$$

一次翻边的极限高度可以根据极限翻边系数及预孔直径 d_0 推导求得，即

$$H=\frac{D_1-d_0}{2}+0.43r+0.72t=\frac{D}{2}\left(1-\frac{d_0}{D}\right)+0.43r+0.72t \tag{5-9}$$

式中 $d_0/D=K$。如取极限翻边系数 K_{min} 代入翻边高度公式，便可求出一次翻边的极限高度，即

$$H_{max}=\frac{D}{2}(1-K_{0min})+0.43r+0.72t$$

若工件要求的翻边高度大于一次能达到的极限翻边高度，则可采用加热翻边、多次翻边（以后各次的翻边，其 K_0 值应增大 15%～20%）或拉深后冲底孔后再翻边的工艺方法。

但是，翻边高度也不能过小（一般 $H>1.5r$）。如果 H 过小，则翻边后回弹严重，直径和高度尺寸误差大。在工艺上，一般采用加热翻边或增加翻边高度，然后再切除的方法。

图 5-11（b）所示为在拉深件的底部冲孔翻边，这是一种常用的冲压方法。其工艺计算过程

是：先计算允许的翻边高度 h，然后按零件的要求高度 H 及 h 确定拉深高度 h_1 及预孔直径 d_0。

翻边高度可用图 5-11（b）中的几何关系求出。

$$h = \frac{D-d_0}{2} - \left(r + \frac{t}{2}\right) + \frac{\pi}{2}\left(r + \frac{t}{2}\right) = \frac{D}{2}\left(1 - \frac{d_0}{D}\right) + 0.57\left(r + \frac{t}{2}\right) \tag{5-10}$$

将翻边系数代入，则得出允许的翻边高度为

$$h = \frac{D}{2}(1 - K_0) + 0.57\left(r + \frac{t}{2}\right) \tag{5-11}$$

预孔直径 d_0 为

$$d_0 = K_0 D \text{ 或 } d_0 = D + 1.14\left(r + \frac{t}{2}\right) - 2h \tag{5-12}$$

拉深高度为

$$h_1 = H - h + r \tag{5-13}$$

非圆孔翻边也是常遇到的冲压工艺问题，这类翻边的变形性质比较复杂，它包括圆孔翻边、弯曲、拉深等变形性质。对于非圆孔翻边的预孔，可以分别按圆孔翻边、弯曲、拉深展开，然后用作图法把各展开线光滑连接即可。

在非圆孔翻边中，由于变形性质不相同的各部分相互毗邻，对翻边和拉深都有利，所以翻边系数可以取圆孔翻边系数的 85%～90%，即

$$K_0' = (0.85 \sim 0.9)K_0$$

式中　　K_0——圆孔翻边系数；

　　　　K_0'——非圆孔翻边系数。

5.3.2　外缘翻边

外缘翻边分为外凸轮廓和内凹轮廓翻边两种形式。外凸轮廓的翻边也称压缩类翻边，其应力状态和变形性质类似于不用压边圈的浅拉深；内凹轮廓翻边也称拉长类翻边，与孔的翻边相似，如图 5-12 所示。

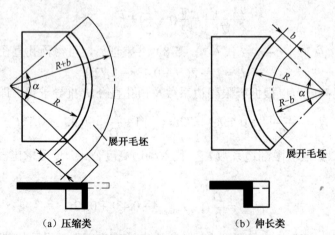

（a）压缩类　　　　　　　　　　（b）伸长类

图 5-12　压缩类和伸长类外缘翻边

外缘翻边的变形程度可用下式表示：

压缩类翻边

$$K = \frac{b}{R+b} \tag{5-14}$$

拉长类翻边

$$K = \frac{b}{R-b}$$

（5-15）

式中　R——制件翻边后圆角半径（mm）；

　　　b——翻边前的半径与翻边后半径之差；

　　　$R+b$、$R-b$——制件翻边前（毛坯）的圆角半径（mm）；

　　　K——外缘翻边变形程度。

常用几种材料外缘翻边的允许变形程度见表 5-7。

表 5-7　外缘翻边的允许变形程度 K（%）

材 料 名 称		伸长类变形程度		压缩类变形程度	
		橡 皮 变 形	模 具 变 形	橡 皮 变 形	模 具 变 形
铝合金	L4M	25	30	6	40
	L4Y1	5	8	3	12
	LY12M	14	20	6	30
	LY12Y	6	8	0.5	9
黄铜	H62 软	30	40	8	45
	H62 半硬	10	14	4	16
	H68 软	35	45	8	55
	H68 半硬	10	14	4	16
钢	10	—	38	—	10
	20	—	22	—	10

5.3.3　毛坯形状的修正

平面内凹外缘翻边时，由于翻边线不是封闭的，翻边时变形区切向的拉应力和伸长变形沿翻边线的分布都是不均匀的，其值在变形区中间最大，向两端逐渐减小，在两端边缘处降为零。如图 5-13 所示，如果按圆孔翻边的一部分来确定平面伸长翻边的毛坯形状，则变形区将为等宽度 b 的圆环的一部分，即图中半径为 r 的实线部分。变形的不均匀性将使翻边后的直边高度不平齐，中间最低，向两端逐渐增高。同时，直边两端边缘与板平面也不垂直，而向内倾斜成一定的角度。当翻边高度较高时，这种不规则变形较为明显。

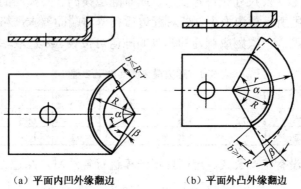

（a）平面内凹外缘翻边　　　　　　（b）平面外凸外缘翻边

图 5-13　平面内凹外缘和平面外凸外缘翻边

当翻边的形状和尺寸精度要求较高时，应对毛坯形状进行修正，取图 5-13 中虚线所示的形状。以平面内凹外缘翻边为例，毛坯两端的宽度由 b 减至 b'，两端头按斜角 β 增加一个三角形部分，β 角可在 25°～40° 选取。比值 r/R 和中心角 α 越小，则 b' 值取小，而 β 值取大。如果翻边高度较小，而翻边线的曲率半径较大，可不考虑对毛坯形状的修正，按部分圆孔翻边确定毛坯形状，以便使工艺计算和模具制造得以简化。

5.3.4　翻边模

翻边模结构与拉深模十分相似，不同之处是翻边模的凸模圆角半径一般比较大，甚至有的翻边凸模工作部分做成球形或抛物线形，以利于翻边工作的进行。

图 5-14 所示为倒装式翻边模，凹模 2 在上模，为倒装结构形式，以便于使用通用弹顶装置。该模具适合在平板毛坯上进行小孔翻边加工。利用凸模 3 导引端的端头对工序件底孔进行定位，压料板 4 上不另设定位件。翻边后工件将随上模上升，由打板 1 将工件从凹模内推出。

图 5-15 所示为正装式翻边模。工序件 4 为带凸缘的拉深件，底部冲出翻边底孔，倒置于翻边凹模 5 上定位。翻边时工件由压料板 3 压住，可使工件较平整，在工作行程，由凸模 1 完成翻边。在回程，压料板使工件脱离凸模而留在凹模内。压料板的压力来自弹簧 2。最后，由顶板 6 将工件从凹模内顶出。顶件力由冲床下面的弹顶装置提供，通过顶杆 7 传给顶板。

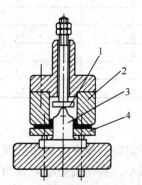
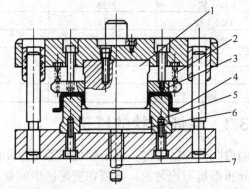

1—打板；2—凹模；3—凸模；4—压料板　　　　　1—凸模；2—弹簧；3—压料板；4—工序件；5—凹模；6—顶板；7—顶杆

图 5-14　倒装式翻边模　　　　　　　　　　图 5-15　正装式翻边模

翻边凹模的圆角半径对材料变形影响不大，一般可取等于工件的圆角半径。

如果翻边后对工件形状及尺寸无特殊要求，此时翻边模凸、凹模间的单面间隙可等于或稍大于毛坯厚度，间隙大，则所需翻边力小。若对翻边后孔壁与端面要求严格垂直的工件，则模具单面间隙值应小于毛坯厚度。一次翻成制件的模具间隙值可按表 5-8 选取。

表 5-8　翻边模单面间隙 Z/2 值

毛坯材料厚度（mm）		03	0.5	0.7	0.8	1.0	1.2	1.5	2.0
Z/2 值	在平板毛坯上翻边	0.25	0.45	0.6	0.7	0.85	1.0	1.2	1.7
	毛坯拉深后翻边	—	—	—	0.6	0.75	0.9	1.1	1.5

翻边力计算现在还没有统一公式。用圆柱形凸模进行翻边时，翻边力可按下式近似计算：

$$F = 1.1\pi t \sigma_s (D - d) \tag{5-16}$$

式中　F——翻边力（N）；

　　　t——毛坯厚度（mm）；

　　　σ_s——材料的屈服点（MPa）；

　　　D——翻边直径（按中线算，mm）；

d——毛坯预制孔直径（mm）。

无预制孔的翻边力比有预制孔的翻边力大 1.33～1.75 倍。采用球形凸模翻边，其翻边力可比小圆角圆柱凸模的翻边力降低 50%左右。

外缘翻边可看做带有压边的单边弯曲，翻边力可用下式计算：

$$F \approx 1.25Lt\sigma_b K \tag{5-17}$$

式中　F——翻边力（N）；

L——弯曲线长度（mm）；

t——毛坯厚度（mm）；

σ_b——材料的抗拉强度（MPa）；

K——系数，可取 0.2～0.3。

5.4　校平与整形

整形与校平均属于修整性的成型工序，目的是把冲压件的平面度、圆角半径等修整到满足工件的要求。它们大多是在冲裁、弯曲、拉深等冲压工序后进行的。

工序特点是：变形量很小，是在局部地方成型以达到修整的目的；要求经整形或校平后，工件的误差比较小，因而对模具也要求较精确；要求压力机滑块达到下止点时，对工件要施加校正力，因此，所用设备要有一定的刚性。这类工序使用的机械压力机必须带有保护装置，以防损坏设备。

5.4.1　校平

校平通常用来校正冲裁件的穹弯。

根据板料的厚度和对表面的要求，校平可采用光面模和齿形模两种。

一般对于薄料和表面不允许有压痕的板件，采用光面校平模。为了使校平不受压力机滑块导向误差的影响，校平模最好做成浮动式，如图 5-16 所示。应用光面校平模进行校平时，由于回弹较大，对于高强度材料制成的工件，校平效果比较差。对于材料比较厚的板件，通常采用齿形校平模，如图 5-17 所示。

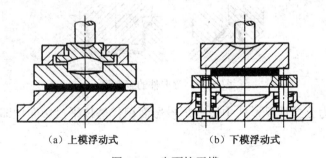

　（a）上模浮动式　　　　　　　　（b）下模浮动式

图 5-16　光面校平模

齿形可做成细齿和粗齿两种。细齿模适用于表面允许留有齿痕的零件，粗齿模适用于厚度较薄的铝、青铜、黄铜等表面不允许有压痕的工件。上、下模齿形应相互交错，其形状和尺寸可参考图 5-17 所示的数值。

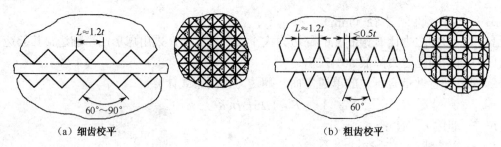

|（a）细齿校平|（b）粗齿校平|

图 5-17 齿形校平模

校平力的计算公式为

$$F = Aq \tag{5-18}$$

式中 F——校平力（N）；

  A——校平投影面积（mm²）；

  q——单位校平力（MPa），可查表 5-9。

表 5-9 校平和整形单位压力

方　　法	q（MPa）
光面校平模校平	50～80
细齿校平模校平	80～120
粗齿校平模校平	100～150
敞开形制件整形	50～100
拉深件减小圆角半径及对底、侧面整形	150～200

5.4.2 整形

当工件材料的弹性恢复太大，或工件的圆角半径小于弯曲、拉深或翻边等工艺允许的圆角半径时，往往需要采用整形工艺，使工件达到要求的尺寸和几何形状。

成型件的整形模与一般拉深、弯曲模等的结构没有多大差异，不同的是整形模工作部分的精度更高，表面粗糙度值更低，圆角半径较小。在冲床滑块行至下止点时，需要整形的平面或圆角与模具刚性接触。

图 5-18 所示是弯曲件的整形模。

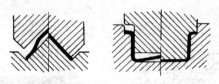

图 5-18 弯曲件的整形模

整形力可按校平力公式计算，式中以整形投影面积代替校平投影面积即可。

5.5 旋压

旋压是一种特殊成型工艺，多用于搪瓷和铝制品工业中，在航天和导弹工业中应用也较广泛。旋压工艺早在 10 世纪初，就由我国劳动人民所发明，14 世纪后传入欧洲，1840 年后传入美国。

近几十年来，随着工业的发展，在普通旋压基础上，又发展了强力旋压（变薄旋压）工艺。

5.5.1　普通旋压

普通旋压（简称旋压）将毛坯压紧在旋压机（或供旋压用的车床）的芯模上，使毛坯同旋压机的主轴一起旋转，同时操纵旋轮（或赶棒、赶刀），在旋转中加压于毛坯，使毛坯逐渐紧贴芯模，从而达到工件所要求的形状和尺寸，如图 5-19 所示。旋压可以完成类似拉深、翻边、凸肚、缩口等工艺。

旋压的优点是所使用的设备和工具都比较简单，但是它的生产率低，劳动强度大，所以限制了它的使用范围。

合理选择旋压主轴的转速、旋压件的过渡形状及旋轮加压力的大小，是拟定旋压工艺的三个重要问题。

主轴转速如果太低，坯料将不稳定；若转速太高，材料与旋轮接触次数太频繁，容易过度辗薄。合理的转速可根据被旋压材料的性能、厚度及芯模的直径确定。一般软钢为 400～800r/min，铝为 800～1 200r/min。当毛坯直径较大、厚度较薄时取小值，反之则取较大的转速。

旋压操作时应掌握好合理的过渡形状，先从毛坯的内缘（靠近芯模底部圆角半径）开始，由内向外赶辗，逐渐使毛坯转为浅锥形，然后再由浅锥形向圆筒形过渡，如图 5-20 所示。

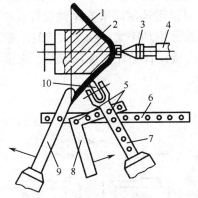

1—芯模；2—板料；3—顶针；4—顶针架；5—定位钉；6—机床固定板；

7—旋压杠杆；8—复式杠杆限位垫；9—成型垫；10—旋轮

图 5-19　普通旋压

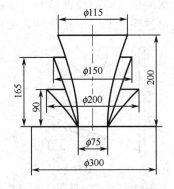

图 5-20　旋压时合理的过渡形状

旋压时旋轮加的压力，一般凭操作者的经验控制，所加压力不得太大（特别是坯料外缘），否则易起皱。同时着力点必须逐渐转移，使坯料变形均匀。

旋压成型虽然是局部成型，但是，如果材料的变形量过大，也易起皱甚至破裂，所以变形量大的则需要多次旋压成型。对于圆筒形旋压件，其一次旋压成型的许用变形量大约为

$$\frac{d}{d_0} \geqslant 0.6 \sim 0.8$$

式中　d——工件直径（mm）；

　　　d_0——毛坯直径（按等面积法求出，mm）；

　　　0.6～0.8——旋压系数，相对厚度小时取大值，反之取小值。

多次旋压成型中，如由圆锥形过渡到圆筒形，则第一次成型时圆锥许用变形量为

$$\frac{d_{min}}{d_0} \geqslant 0.2 \sim 0.3$$

式中　　d_{min}——圆锥最小直径（mm）；

　　　　d_0——毛坯直径（mm）；

　　　　0.2～0.3——旋压系数。

由于旋压的加工硬化比拉深严重，所以工序间均应安排退火处理。

旋压件的毛坯尺寸计算与拉深工艺一样，按等面积法求出毛坯直径。但由于毛坯在旋压过程中有变薄现象，所以，实际毛坯直径可比理论计算直径小5%～7%。

5.5.2　强力旋压（旋薄）

强力旋压如图5-21所示。旋压机尾顶针3把毛坯2紧压在模具芯模1的顶端。芯模、毛坯和尾顶针随同主轴一起旋转，旋轮5沿靠模板（图中未画出）按与芯模母线（锥面线）平行的轨迹移动（使芯模和旋轮之间保持一定的间隙，此间隙小于毛坯的厚度），旋轮施加高压于毛坯（压力可达2 500MPa），迫使毛坯贴合芯模并被辗薄逐渐成型为零件。

1．强力旋压的特点

与普通旋压比，强力旋压在加工过程中，毛坯凸缘不产生收缩变形，因而没有凸缘起皱问题，也不受毛坯相对厚度的限制，可以一次旋压出相对深度较大的零件。与冷挤压比较，强力旋压是局部变形，冷挤压是整体变形，因此，强力旋压的变形力比冷挤压小得多。经强力旋压后，材料晶粒紧密细化，提高了强度，降低了表面粗糙度，可以用较薄筒壁的零件代替较厚筒壁的零件，这样既减轻了重量又节约了材料。强力旋压一般要求使用功率大、刚度大的旋压机床。强力旋压要求零件形状简单（筒形或锥形）。通常圆筒形强力旋压件毛坯内径在成型过程中变化不大，其长度增加是通过毛坯变薄来实现的，如图5-22所示。

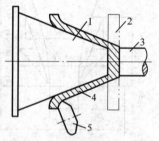

1—模具芯模；2—毛坯；3—尾顶针；4—工件；5—旋轮

图5-21　强力旋压

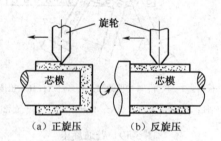

（a）正旋压　　（b）反旋压

图5-22　筒形件强力旋压

2．锥形件的强力旋压

在强力旋压锥形件过程中，旋压前、后壁厚是按照正弦定律变化的，变形后的工件厚度等于变形前毛坯厚度与工件半锥角正弦的乘积，即

$$t = t_0 \sin\frac{\alpha}{2} \qquad (5-19)$$

式中　　t——工件厚度（mm）；

　　　　t_0——毛坯厚度（mm）；

　　　　α——工件锥角。

强力旋压的变形程度用变薄率ε表示。

$$\varepsilon = \frac{t_0 - t}{t_0} = 1 - \frac{t}{t_0} \qquad (5\text{-}20)$$

将 $t = t_0 \sin\dfrac{\alpha}{2}$ 代入式（5-20），整理后得

$$\varepsilon = 1 - \sin\frac{\alpha}{2} \qquad (5\text{-}21)$$

或

$$\sin\frac{\alpha}{2} = 1 - \varepsilon$$

由此可知，工件锥角（芯模锥角）α 也可以表示变形程度的大小。α 角越小，变形程度越大。在一定的条件下，对每种材料都可以测出它的极限变形程度，即最小锥角 α_{min}。例如，当毛坯厚度为 2mm 时，钢 08F 的 $\alpha_{min} = 25°$。

若工件的锥角小于材料允许的最小锥角，则不仅需要多次旋压，而且还要用锥形过渡毛坯，同时工序间必须进行退火处理。

经过多次强力旋压，可能达到的总的变形程度为

$$\varepsilon = 0.9 \sim 0.95 \ (\alpha = 6° \sim 120°)$$

3．筒形件的强力旋压

筒形件的强力旋压不可能用平面毛坯旋压成型，因为圆筒形件的锥角 $\alpha = 0°$，根据正弦定律，毛坯厚度 $t_0 = \dfrac{t}{\sin\dfrac{\alpha}{2}} = \infty$，所以圆筒形件强力旋压只能采用壁厚较大、长度较短而内径与制件相同的圆筒形毛坯。

筒形件强力旋压可分为正旋压和反旋压两种，如图 5-22 所示。按使用机床的不同，旋压也可分为卧式和立式旋压两种，立式旋压模具如图 5-23 所示。

正旋压时，材料流动方向与旋轮移动方向相同，一般是朝向机头架。反旋压时，材料流动方向与旋轮移动方向相反，一般是材料向尾架方向流动。

反旋压的特点是未旋压的部分不动，已旋压的部分向旋轮移动的反方向移动。这样使坯料夹持简化，旋轮移动距离短，被旋压出的筒壁长度长（可取下机床的尾架，使旋出长度超过机床的正常加工长度）。但是，由于已旋出部分已脱离芯模，工件易产生轴向弯曲。

正旋压的特点是毛坯已旋压后的部分不再移动，贴模性好。但是，由于旋轮移动距离长（应等于工件长度），所以生产率低。如工件小而长时，芯模易产生纵弯曲。

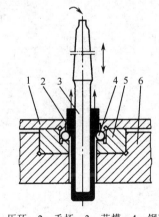

1—压环；2—毛坯；3—芯模；4—钢珠；
5—凹模；6—底座

图 5-23 立式旋压模具

筒形件强力旋压的变形程度仍然用变薄率 ε 表示。一般塑性好的材料一次的旋薄量可达 50% 以上（如铝可达 60% ～70%），多次旋压总的变薄量也可达 90% 以上。

立式旋压模用多个钢珠代替旋轮（或滚轮），这样，旋压点增多了，不仅提高了生产率，而且也降低了工件表面粗糙度值。钢珠的数目随零件的大小而不同，但是，一般在钢珠组成一个圆圈后要保持圆周方向有 0.5～1mm 的间隙。

　　立式旋压可以获得比较大的变形程度。例如，对于黄铜、低碳钢、不锈钢等材料，一次最大的变薄率可达 85%左右。

　　立式旋压可在专用的立式旋压机上进行，也可在普通的钻床上进行。

思考题

　　5.1　何为胀形、翻边、缩口？在这些成型工序中，由于变形过度而出现的材料损坏形式分别是什么？

　　5.2　胀形、翻边、缩口的变形程度分别是如何表示的？如果零件的变形超过了材料的极限变形程度，它们在工艺上分别可以采取哪些措施？

第6章

塑料成型基础知识

6.1 塑料及塑料工业的发展

塑料是以高分子合成树脂为基本原料，加入一定量添加剂（又称助剂），在一定温度和压力下可塑制成一定结构形状，并能在常温下保持形状不变的材料。塑料的主要成分是树脂，树脂的结构与塑料的性能密切相关，加入各种添加剂是为了改善塑料的性能和降低成本。

塑料是 20 世纪发展起来的一大类新材料，以其成本低廉、成型方便、性能优良等特点，而被广泛应用于机械工业、电子工业、日常用品工业、医疗器械、包装工业等领域。

塑料工业包括原料（树脂、添加剂）生产、成型工艺、成型设备、成型模具四部分。塑料工业虽然只有百年发展史，但其发展速度惊人。

塑料的年产量在 1910 年约为 2 万吨，1930 年约为 10 万吨，1950 年约为 150 万吨，1970 年约为 3 000 万吨，1990 年约为 1 亿吨。现今，塑料已成为四大工业基础材料（钢铁、木材、水泥和塑料）之一。塑料工业的发展大致分为以下几个阶段。

20 世纪 20 年代以前，主要发展和利用热固性塑料。1909 年酚醛树脂实现工业化生产，制成电话机壳、绝缘用零件等，这是第一次用人工合成树脂制成的塑件。1920 年氨基塑料（苯胺-甲醛）产生，酚醛塑料和氨基塑料在当时的电器和仪器制造业中得到广泛应用。

20 世纪 20 年代以后，逐步发展热塑性塑料。20 世纪 40 年代以后，塑料的产量和品种得到了迅速发展，相继产生了聚乙烯、不饱和聚酯、氟塑料、环氧树脂、聚甲醛、聚碳酸酯等。

20 世纪 60 年代后，石油工业的高速发展为塑料工业提供了丰富而廉价的原料，聚碳酸酯、聚甲醛和聚酰亚胺的相继生产，使塑料制件的强度、耐高温性大大提高，工程塑料成为塑料工业生产的新重点，塑料工业处于飞速发展阶段。

20 世纪 70 年代以来，石油危机使塑料工业的原材料价格猛涨，塑料及塑料工业的发展受到抑制，人们不断改善塑料的性能，推广和使用先进的模具设计制造方法，采用快速塑料成型技术，塑料工业向着生产工艺自动化，塑件的精密化、微型化、大型化及模具标准化方向发展。

我国塑料生产在解放前基本上是空白，解放后，特别是改革开放后的 20 多年里，我国合成树脂的产量及塑料制品增长迅速。改革开放后，国家非常重视模具工业的发展：1989 年 3 月国家把模具列为机械工业技术改造序列的第一位，生产和基本建设序列的第二位；1997 年以后，又把模具及模具加工技术和成型设备列入国家重点发展产业，同时对 80 多家国有专业模具厂实行增值税返还 70%的优惠政策，扶植模具工业的发展。所有这些，都充分体现了国务院和国家有关部门对发展模具工业的重视和支持，也体现了模具工业在国民经济中的重要性。目前，我国的合成树脂和塑料制品产量均居世界前十位。

6.2　塑料模具

塑料制品是以塑料为主要结构材料经过成型加工获得的制品。塑料模具就是利用其本身特定密闭腔体去成型具有一定形状和尺寸的立体塑件的工具。塑料模具是使塑件成型的主要工艺装备，它可以使塑料获得一定的形状和所需的性能。塑件中约有 90%是通过模具转化为产品的，塑料模具的重要性不言而喻。

（1）用模具生产的塑件具有高精度、高复杂程度、高一致性、高生产率和低消耗等特点。

（2）模具又是"效益放大器"，用模具生产的最终产品的价值，往往是模具价值的几十倍、上百倍。

（3）模具技术已成为衡量一个国家产品制造水平高低的重要标志，决定着产品质量、效益和新产品的开发能力。美国工业界认为"模具工业是美国工业的基石"，日本则称"模具是促进社会繁荣富裕的动力"。

（4）国民经济的五大支柱产业（机械、电子、汽车、石化和建筑）都要求模具工业的发展与之相适应，以满足五大支柱产业发展的需要。

对塑料模具设计的基本要求是能生产出尺寸精度、外观、物理及力学性能等各方面均能满足使用要求的优质塑件。在模具使用时，力求生产效率高，自动化程度高，操作安全方便，模具使用寿命长；在模具制造方面，要求结构设计合理、制造容易、成本低廉。

6.3　塑料的组成及特性

6.3.1　塑料的组成

塑料的成分是相当复杂的，按其成分的不同，可分为简单组分和多组分塑料。简单组分的塑料基本上以树脂为主要成分，不加或加入少量添加剂；多组分的塑料除树脂以外，还需加入其他添加剂。树脂和添加剂按不同比例配制，可以获得各种性能的塑料。

1. 合成树脂

塑料的主要成分是合成树脂，约占塑料总重量的 40%～100%。合成树脂的作用是使塑料具有可塑性和流动性，并将各种添加剂黏结在一起，塑料的基本性能取决于树脂的性能。

树脂按其来源不同可分为天然树脂和合成树脂。天然树脂可从自然界获得，如从松树的乳液状分泌物松脂中分离出来的松香、从热带昆虫的分泌物中提取的虫胶、从石油中得到的沥青等均为天然树脂。但天然树脂数量、质量远远不能满足现实需要，生产中所用的树脂都是合成树脂。

所谓合成树脂，是指按照天然树脂的分子结构和特性，用人工方法合成制造的高分子聚合物。合成树脂在常温、常压下一般为固体，也有的为黏稠液体，有些合成树脂可直接作为塑料使用（如聚乙烯、聚苯乙烯、尼龙等）；有些必须加入一些添加剂，才能作为塑料使用（如酚醛等）。

2. 添加剂

1）填充剂

填充剂又称填料，一般是对聚合物呈惰性的粉末物质。填充剂的作用是改善塑料的某些性能，扩大塑料的应用范围，减少树脂用量，降低塑料成本（填充剂含量可达近 40%）。在许多情况下，填充剂所起的作用并不比树脂小，是塑料中重要但并非必要的成分。

对填充剂的基本要求是填充剂颗粒要小，分散性良好，因为其颗粒越小对塑件稳定性和外观等方面的改善作用就越大。填充剂应易被树脂浸润，与树脂有很好的黏附性，性质稳定，不吸油和水，对设备磨损不严重。填充剂按其化学性能可分为无机填充剂和有机填充剂；按其形状可分为粉状、纤维状和层状（片状）的。常用的填充剂及其作用如表 6-1 所示。

表 6-1 常用的填充剂及其作用

序号	填充剂名称	作用
1	碳酸钙（$CaCO_3$）	用于聚氯乙烯、聚烯烃等，提高制件耐热性、硬度；塑件稳定性好；降低收缩率和成本；因遇酸易分解，不宜用于耐酸制件
2	黏土（Al_2O_3） 高岭土（Al、SiO_2） 滑石粉（Mg、SiO_2） 石棉（Ca、Mg、SiO_2） 云母（硅酸盐）	用于聚氯乙烯、聚烯烃等，改善加工性能，降低收缩率，提高制件的耐热、耐燃、耐水性及降低成本；提高制件的刚性、尺寸稳定性，以及使制件具有某些特性（如滑石粉可降低摩擦系数，云母可提高介电系数）
3	炭黑（C）	用于聚氯乙烯、聚烯烃等，提高制件导热、导电性能，也做着色、光屏蔽剂
4	白炭黑（SiO_2）	用于聚氯乙烯、聚烯烃、不饱和酸酯、环氧树脂等，提高制件介电性、冲击性；可调节树脂的流动性
5	石膏（$CaSO_4$） 亚硫酸钙	用于聚氯乙烯、丙烯酸类树脂，降低成本，提高制件尺寸稳定性、耐磨性
6	金属粉（铜、铝、锌等）	用于各种热塑性工程塑料、环氧树脂等，提高塑件导电、传热、耐热等性能
7	二硫化钼 石墨（C）	用于尼龙浇注制件等，提高表面硬度，降低摩擦系数、热膨胀系数，提高耐磨性
8	聚四氟乙烯粉或纤维	用于聚氯乙烯、聚烯烃及各种热塑性工程塑料，提高制件耐磨性、润滑性
9	玻璃纤维	提高制件机械强度
10	木粉	用于酚醛树脂及聚氯乙烯等塑料，提高制件的电性能、抗冲击性能、耐水性，但耐热性稍差

2）增塑剂

增塑剂可加大树脂分子间的距离，削弱分子间的作用力，使树脂分子变得容易滑移，从而使塑料能在较低温度下具有良好的可塑性和柔顺性，如图 6-1 所示。

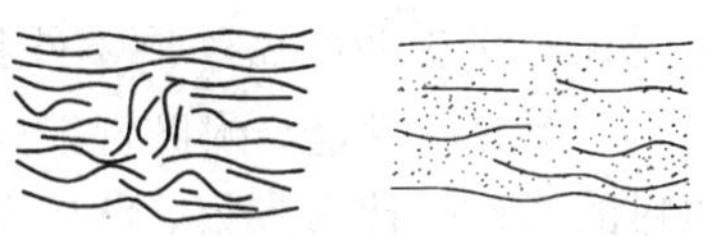

常用的增塑剂是一些不易挥发的高沸点液体、有机化合物或低熔点的固体有机化合物，如邻苯二甲酸酯类、脂肪族二元酸酯类等。对增塑剂的要求是：能与树脂很好地混溶而不起化学反应；不易析出及挥发；不降低塑件的主要性能；无毒、无害、无色、不燃、成本低。应用时，可采用多种增塑剂混用来满足塑件的不同性能要求。

（a）不含增塑剂

（b）含有增塑剂

图 6-1 增塑剂作用示意图

3）着色剂

着色剂又称色料，其功用是赋予塑料色彩，起美观和装饰作用；某些着色剂还可改善塑件耐老化性或使塑料具有特殊的光学性能。例如，聚氯乙烯用二盐基性亚磷酸铅等颜料着色后，可避免紫外线的射入，对树脂起屏蔽作用。对色料的要求是：性能稳定，不分解，易扩散，耐光和耐热性优良等。

4）稳定剂

稳定剂是提高树脂在光、热、氧及霉菌等外界因素作用时的稳定性，阻缓塑料变质的一类物质，加入千分之几即可。稳定剂的种类包含光稳定剂、热稳定剂和抗氧剂。对稳定剂的要求包括其对聚合物的稳定效果要好，还要耐水、耐油、耐化学药品，并与树脂相溶，在成型过程中不分解、挥发小、无色。常用的稳定剂有硬脂酸盐、铅的化合物及环氧化合物等。

5）润滑剂

为改善塑料熔体的流动性，减少或避免塑料对模具或设备的磨损和黏附，以及改进塑件表面质量而加入的一类添加剂，称为润滑剂。润滑剂的主要作用是降低塑料内部分子之间的相互摩擦，降低塑料与机械及模具表面的摩擦。因此，润滑剂分内、外两类。内润滑剂在高温下与聚合物有一定相溶性，可削弱聚合物分子间引力，起到塑化或软化作用。外润滑剂与聚合物的相溶性很低，能附着在熔融树脂表面，或附着在成型机械及模具的表面，降低塑料与模具表面之间的摩擦。常用的润滑剂有石蜡、硬脂酸、金属皂类、脂类及醇类等。

当然，塑料的成分远不止上述几种，还有防静电剂、阻燃剂、增强剂、驱避剂、发泡剂、交联剂及固化剂等。

6.3.2　塑料的特性

塑料特性包括使用性能、加工性能和技术性能，其中技术性能是物理性能、化学性能、力学性能等的统称。塑料品种繁多，性能、用途也各不相同，其主要特性如下所述。

（1）密度小、质量轻。塑料的密度一般为 $1.0\sim2.3g/cm^3$，约为铝的1/2、钢的1/5。塑料质量轻的这一特点，对于需要全面减轻自重的车辆、飞机、建筑工业等具有特别重要的意义。由于质量轻，塑料还特别适于制造轻巧的日用品和家用电器零件。

（2）比强度和比刚度高。塑料密度小，所以按单位质量计算相对的强度和刚度，即比强度（强度与其密度之比）和比刚度（弹性模量与其密度之比）高，通常，塑料的比强度接近或超过普通的金属材料，因此塑料可用制造受力不大的结构件。

（3）化学稳定性好。塑料对酸、碱、盐等化学物质具有良好的抗腐蚀能力。因此，在化工设备、日用工业中广泛应用。

（4）电绝缘、绝热性能好。塑料具有优良的电绝缘性能和耐电弧性，常见塑料的电阻通常在 $10^{14}\sim10^{16}\Omega$ 范围内，大多数塑料介电强度较高，介电损耗极小，所以，塑料被广泛应用于电机、电器和电子工业中做结构零件和绝缘材料。

（5）减摩性能、耐磨性能、减振消声性好。塑料的摩擦系数小，具有良好的减摩、耐磨性能。塑料的柔软性比金属好，当其受到机械力冲击与振动时，因阻尼较大具有良好的吸振与消声性能。

（6）具有多种防护性能（防水、防潮、防透气、防辐射）。因而塑料成为现代包装行业中不可或缺的包装材料。

此外，塑料还具有良好的成型性能、着色性能、透明性能（透光率高达90%以上）、绝热性能（热导率比金属低）等。

塑料也有一定的缺陷：如塑料成型时收缩率高，成型塑件的精度不如金属件精度高；塑料对温度的敏感性比金属和非金属材料大，塑件的使用温度范围窄；塑件在光和热的作用下容易老化，使塑料性能变差；塑件强度、刚度低，长期受力时塑件易变形。这些缺陷使塑料的应用受到限制。

6.4　塑料成型过程中的物理和化学行为

塑料在成型过程中会出现各种物理和化学行为，这些行为包括聚合物的结晶、取向、降解和交联等。塑料的物理、力学性能与温度密切相关，温度变化时塑料的受力行为发生变化，呈现出不同的物理状态，表现出分阶段的力学性能特点。

6.4.1　塑料的热力学性能

1．高聚物的结晶

塑料的主要成分树脂为一种高分子聚合物（简称高聚物）。聚合物在冷凝过程中，分子由独立、自由移动的无序状态到停止移动，取得一个略微固定的位置，而分子排列成为正规模型倾向的过程，称为结晶。结晶使大分子链排列整齐，分子间作用力增强。因而塑件密度、刚度、抗拉强度、硬度、耐热性、气密性及耐化学腐蚀性等性能随结晶度的增大而提高，而弹性、伸长率及冲击强度则有所下降。聚合物的结晶程度用结晶度衡量，结晶度是指聚合物内结晶组织的质量（或体积）与聚合物总质量（或总体积）之比。大多数聚合物的结晶度为10%～60%，有些聚合物可达70%～95%。

2．高聚物的热力学性能

高聚物的分子结构决定了其分子运动的多样性，即物理状态的多样性。影响高聚物物理状态的因素主要包括分子结构、化学组成、受力情况及环境温度等。当聚合物及其组成一定时，分子的运动程度和规模主要受温度影响。随着温度的变化，分子热运动表现出三种不同的热力学状态，即玻璃态、高弹态及黏流态，在一定条件下它们可以相互转变。图 6-2 所示为聚合物受恒定压力时变形程度与温度关系的曲线，也称热力学曲线。

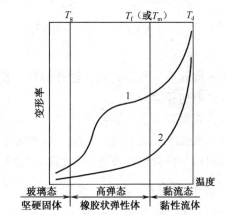

1—线型非结晶聚合物；2—线型结晶聚合物；T_g—玻璃化温度；$T_f(T_m)$—流动温度；T_d—热分解温度

图 6-2　聚合物的热力学曲线

（1）玻璃化温度（T_g）：高聚物从黏流态或高弹态（橡胶态）向玻璃态转变（或相反转变）的温度，它是塑件的最高使用温度。超过 T_g 温度的塑料力学性能会大大降低，甚至丧失力学性能。

（2）流动温度（T_f 或 T_m）：从高弹态向黏流态转变（或相反转变）的温度，它是塑料的最低成型温度。如果 T_f（或 T_m）温度过高，会使聚合物黏度大大降低，难以得到良好塑件。

（3）热分解温度（T_d）：聚合物在高温下开始发生分解的温度，是塑料最高成型温度。热分解是指聚合物在高温下与氧接触后，产生可燃性低分子物质及挥发性低分子物质气体，破坏聚合物的组成，影响塑件质量的现象。表 6-2 所示是常见聚合物的热分解温度与成型温度。

表 6-2　常见聚合物的热分解温度与成型温度

（℃）

聚　合　物	热分解温度	成 型 温 度	聚　合　物	热分解温度	成 型 温 度
聚乙烯（PE）	335～450	220～280	聚酰胺-6　（PA-6）	310～380	230～290
聚丙烯（PP）	328～410	200～300	聚酰胺-66	310～380	230～290
聚氯乙烯（PVC）	200～300	150～190	聚甲醛　（POM）	220～280	195～220
聚苯乙烯（PS）	300～400	170～250	聚甲基丙烯酸甲酯（PS）	170～300	180～240

6.4.2　高聚物的取向与影响因素

1．高聚物的取向

所谓取向，就是在应力作用下聚合物分子链倾向于沿应力方向作平行排列的现象。根据应力性质的不同，取向结构分拉伸取向和流动取向两种。拉伸取向是由拉应力引起的，取向方向与应力方向一致；流动取向是在切应力作用下沿着流动方向形成的。

由于塑件的结构形态、尺寸和塑料熔体在模具型腔内的流动情况不同，取向结构可分为单轴取向和多轴取向（或称平面取向）。单轴取向时，取向结构单元均沿着一个流动方向有序排列，如图 6-3（a）所示；多轴取向时，结构单元可沿两个或两个以上流动方向有序排列，如图 6-3（b）所示。

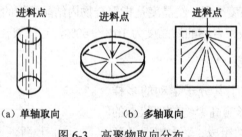

（a）单轴取向　　　　　（b）多轴取向

图 6-3　高聚物取向分布

随取向程度的提高，聚合物弹性模量提高，玻璃化温度上升，沿取向方向线膨胀系数增大，收缩率与取向程度成正比。

取向可使聚合物出现明显的各向异性。即在取向方向（纵向）的抗拉强度和冲击强度显著提高，横向则强度显著下降，收缩率纵向大于横向。采用多轴取向后的各向异性可能减小。结晶聚合物取向后各向异性程度低于非结晶聚合物。

2．影响聚合物取向的主要因素

温度升高，聚合物黏度下降，利于熔体变形和流动，取向程度可能提高。但在高温下，聚合物内的解取向能力增长得更快，两者综合作用的结果，最终导致取向程度降低。所谓解取向，是指取向后的聚合物大分子在高温作用下，因布朗运动加剧而促进恢复原来蜷曲状态的能力。

结晶聚合物的冷却速度快，容易冻结大分子，可获得较高的取向程度。

增大注射压力和保压压力，提高剪切应力和剪切速率，有利于取向程度的提高。

浇口冻结时间也影响取向程度，采用大浇口时，浇口冻结较晚，流动过程延时，在一定程度上抵消了因分子热运动而引起的解取向，因此浇口附近取向显著。模具温度较低时，聚合物大分子运动容易冻结，因此解取向能力减小，取向程度提高。结晶和取向只存在于具有线型结构的塑料中，不存在于网状或体型结构的塑料中。

6.4.3　高聚物的降解与交联

降解是指聚合物成型时在高温、氧气、应力及水分等作用下发生的化学分解反应。降解的实质是聚合物的分子结构发生变化，如分子链断裂、交联、侧链变化及相对分子质量下降等。因为降解使聚合物强度下降、变脆、发黏、熔体发生紊流、塑件表面粗糙及使用寿命缩短等，所以通常降解是有害的。降解主要有以下几种类型。

1．热降解

热降解是聚合物在成型中因高温受热时间过长而引起的降解。通常，热降解温度稍高于热分解温度，降解速度随温度升高而加快，所以必须严格控制成型温度和加热时间。

2．应力降解

应力降解是指在成型中受到应力作用，使聚合物分子链断裂，相对分子质量降低的现象。在聚合物中加入溶剂或增塑剂，增大其流动性，应力降解作用减弱。

3．氧化降解

氧化降解指常温下聚合物和氧气发生缓慢作用而氧化降解。成型时由于热量的作用加速氧化降解，称为热氧化降解，其反应比热降解的反应剧烈，对成型过程影响也更大。必须严格控制温度和时间，避免过热而发生热氧化降解。对热稳定性差的聚合物，应加入抗氧剂，提高聚合物的抗降解能力。

4．水降解

如果聚合物中含有容易被水解的基团，在高温和高压下成型时，该基团将被聚合物中的水分分解，这种现象叫聚合物的水降解。为防止水降解，在成型前必须对塑料材料进行干燥处理。

因为应力降解发生的同时常伴有热量的产生，可能同时发生热降解，因此成型过程中的降解，很多情况下是热、力及氧降解作用的总和。

5．聚合物的交联

聚合物的交联是指聚合物在成型过程中，由线型结构转变为体型结构的化学反应过程。"交联"通常也称为"硬化"或"熟化"。随着交联反应的进行，聚合物的相对分子质量急剧增加，交联完成后整个聚合物成为一个大分子，其物理、力学及化学性能等都得到提高。交联程度低，塑件性能不好，即"硬化不足"或"欠熟"；而如果交联过度，塑件会发脆、变色和起泡，塑件物理性能降低，即"硬化过度"或"过熟"。影响交联的因素有温度、硬化时间、应力等，成型过程中，需严格控制这三种因素，使聚合物硬化适中，从而获得优良的聚合物性能。

6.5　塑料的成型工艺性能

塑料的工艺性能影响其成型方式、成型过程、生产效率、塑件质量等。为保证塑件的表面质量、机械性能达到要求，就必须掌握塑料成型工艺的基本知识。

6.5.1　热塑性塑料的成型工艺性能

1. 收缩性

收缩性指塑件从温度较高的模具中取出冷却到室温后，其尺寸或体积发生收缩的性质。收缩性用相对收缩量的百分率（收缩率 S）表示。

收缩率的计算公式如下：

$$S = \frac{A - B}{B} \times 100\% \qquad (6\text{-}1)$$

式中　S——收缩率（%）；

　　　A——模具型腔在室温下的尺寸；

　　　B——塑件在室温下的尺寸。

常用塑料的收缩率可参见表 6-3。

表 6-3　常用塑料的收缩率

（%）

塑料名称	收缩率	塑料名称	收缩率
聚苯乙烯	0.5～0.8	聚碳酸酯	0.5～0.8
硬聚氯乙烯	0.6～1.5	聚砜	0.4～0.8
聚甲基丙烯酸甲酯	0.5～0.7	苯乙烯-丁二烯-丙烯腈共聚体（ABS）	0.2～0.8
有机玻璃	0.5～0.9	氯化聚醚	0.4～0.6
半硬聚氯乙烯	1.5～2	注射酚醛（塑 11-10）	1～1.2
聚苯醚	0.5～1	醋酸纤维素	0.5～0.7

成型后塑件的收缩不仅与热胀冷缩有关，而且还与各种成型因素有关。影响热塑性塑料成型收缩的因素主要有以下几种。

1）塑料品种

不同种塑料收缩率不同，同一种塑料批号不同，收缩率也不同。塑料的收缩率数值越大，收缩率变化范围越大，塑件的尺寸控制越困难。

2）塑件结构

一般随壁厚的增加，收缩率增大。形状复杂塑件的收缩率小于形状简单件的收缩率。

3）模具结构

模具的分型面、加压方向、浇注系统形式等因素对塑料的收缩率产生影响。采用直浇口或大截面浇口时收缩小，但方向性明显；浇口厚度过小，浇口先硬化，成型压力作用减小，收缩变大，塑件致密。距浇口近的或与料流方向平行的部位收缩大。

4）成型工艺条件

成型工艺条件不同则收缩率不同。型腔内成型压力越高，弹性恢复越大，收缩率越小；保压时间长，则收缩小，但方向性明显；料温升高，热胀冷缩就增大，成型收缩率也增大；黏度减小，有利于压力传递，会减小收缩；黏度大或黏度对温度不敏感的塑料，收缩率增大；黏度小或黏度对温度敏感的塑料，收缩率减小；注射时间越短，收缩率越大；冷却时间长，冷却均匀，硬化充分，收缩率小。对于非结晶塑料，冷却时间影响较小。

从以上分析可知，影响塑料收缩率的因素很多，具体确定收缩率的值非常困难，而且十分复杂。在模具设计时，综合考虑各种因素的影响，按经验及公式确定塑件各部位的收缩率。收缩的形式有线尺寸收缩、后收缩、后处理收缩三种。

（1）线尺寸收缩。线尺寸收缩指塑件脱模冷却到室温后，其尺寸缩小。产生线尺寸收缩的主要原因在于热收缩、弹性恢复及塑性变形等。为此，设计模具成型零件时必须予以补偿，避免尺寸超差。

（2）后收缩。塑件脱模后，会因各种残余应力趋向平衡而产生时效变形，引起塑件尺寸缩小。产生后收缩的主要原因在于残余应力大小、方向不同，塑化不均匀，各点冷却速度不同。后收缩使塑件内出现结晶不均，时效变形，塑件的力学性能、光学性能及外观质量变坏，严重时会使塑件开裂。压注和注射工艺成型的塑件，后收缩大于压缩成型塑件；热塑性塑件的后收缩大于热固性塑件的后收缩。后收缩过程时间很长，非结晶塑料在脱模 24h 后，基本上完成收缩；结晶型塑料需 48～60h 才能达到最终稳定状态。

（3）后处理收缩。热处理后塑件尺寸也会发生变化，称为后处理收缩。热处理目的是为了消除或减小后收缩对塑件的影响，稳定成型后的尺寸。常用方法有退火和调湿处理。退火可以消除或降低塑件成型后的残余应力，解除取向，降低塑件硬度和提高韧性。调湿处理用沸水或醋酸钾溶液，加热温度 120～121℃，调整其含水量。调湿处理主要用于吸湿很强，而产生较大尺寸变化，又容易氧化的聚酰胺等塑料。

在模具设计时，对于高精度塑件应考虑后收缩和后处理收缩的误差，予以补偿。

2．流动性

塑料在一定的温度及压力作用下，充满模具型腔的能力，称为流动性。常用熔融指数表示流动性的大小。测量热塑性塑料在一定温度和一定压力下，熔体在 10min 的时间内通过标准毛细管的塑料重量，该值就称为熔融指数，单位为 g/10min。熔融指数大，则流动性好，反之则流动性不好。影响流动性的因素主要有温度、压力、模具结构。

（1）温度：料温较高时，熔体流动性增大，易于流动成型，但易分解而且脱模后收缩较大。因此料温要适宜。不同塑料对温度的敏感性不同，尼龙、有机玻璃等的流动性对温度变化较敏感，而聚乙烯和聚甲醛的流动性受温度影响较小。

（2）压力：适当增加压力能降低熔体黏度，使流动性增大。但过高压力会使塑件产生应力，而会因熔体黏度过小，易形成飞边。聚乙烯和聚甲醛的流动性对压力变化较敏感。

（3）模具结构：浇注系统的形式，流道与浇口的布置，流道、浇口、模腔的尺寸，型腔表面粗糙度及型腔形状等因素，都会影响熔料在型腔内的流动性。

凡使熔料温度降低、流动阻力增加的因素都会使流动性降低，因此模具设计时应考虑所用的塑料的流动性，选用合理的模具结构。

3．取向与结晶

取向和结晶是塑件成型过程中形成的，其方式与成型条件密切相关，并严重影响塑件性能。取向与结晶使塑件力学性能和收缩率产生各向异性。平行于取向方向的力学性能较高，收缩率也较大，而垂直于取向方向的力学性能较低，收缩率也较小。如果取向过大，塑件内应力也较大，易产生裂纹，形状和尺寸稳定性较差。取向还会使光学塑件不同方向折射率不同。

热塑性塑料按其冷凝时有无结晶现象可分为结晶型塑料（如聚乙烯、尼龙等）、非结晶型塑料（如聚苯乙烯、有机玻璃、ABS 等）。对于结晶型塑料，在模具设计时应注意以下几点。

（1）结晶型塑料上升到成型温度时需要热量多，应使用塑化能力强的设备。

（2）冷凝结晶时放出的热量大，模具要充分冷却。

（3）黏流态与固态的密度差值大，成型收缩也大，易发生缩孔和气泡。

（4）塑件壁薄时，冷却快，结晶度低，收缩小；而塑件厚壁时，冷却慢，结晶度高，收缩大，物理性能和力学性能好。因此，应根据塑件的要求严格控制模温。

（5）各向异性明显，内应力大，脱模后未结晶分子有继续结晶化倾向，易产生翘曲和变形。

（6）结晶熔点范围窄，易产生未完全熔融塑料注入模具或堵塞浇口。

（7）应考虑塑件的取向方向、取向程度及各部分的取向分布。

4．热敏性

塑料化学结构在热量作用下都可能发生变化，其对热量作用的敏感程度称为热敏性。对热量作用反应敏感的塑料为热敏性塑料，如硬聚氯乙烯、聚甲醛及聚三氟氯乙烯等。热敏性塑料在成型过程中，很容易在不太高的温度下受热分解和热降解，或在料温高和受热时间较长的情况下，产生变色、降解及分解，从而影响塑件性能和表面质量。

热敏性塑料在分解时还会放出一些挥发性气体，有的气体对人体、设备及模具有刺激、腐蚀作用，有的甚至带有毒性，分解的气体还会成为继续分解的催化剂。因此在模具设计、选择注射机及成型时都应予以注意，可选用螺杆式注射机；成型加工时应加入热稳定剂；严格控制成型温度和成型周期；及时清理滞料；模具型腔表面镀铬处理，以减弱塑料的热敏性能。

5．应力开裂与熔体破裂

（1）应力开裂：有些塑料在成型时易产生内应力而使塑件质脆易裂，塑件在不大的外力或溶剂作用下即发生开裂，这种现象称为应力开裂。易产生应力开裂的塑料有聚苯乙烯等。

内应力的产生原因多种多样。如熔体冷却速度快，应力变化时间短，塑件就会存有较大内应力。充模时与模具接触的熔体迅速冷却凝固，而中心冷却缓慢，使塑件在厚度方向上应力分布不均；各部位结构不同，对熔体流动阻力不同，使塑件各部位密度和收缩不均，而产生应力；塑件含有嵌件，阻碍自由收缩而产生应力等。

防止内应力产生的措施有：在塑料中加入增强填料；合理布置浇口位置和顶出位置，减小残余应力或脱模力；对塑件进行热处理；使用时禁止与溶剂接触等。

（2）熔体破裂：是指具有一定熔融指数的塑料，在恒温下通过喷嘴孔时，其流速超过一定值后，熔体表面发生明显的横向裂纹的现象。常出现熔体破裂的热塑性塑料有聚乙烯、氟塑料等。产生熔体破裂的原因是成型过程中剪切应力或应变速率过大而引起的成型缺陷。因此对熔融指数较大的塑料，应采用适当增大喷嘴、流道和浇口的截面积，降低注射速度，提高熔体温度等方法以避免熔体破裂。

6．吸湿性

吸湿性是指塑料对水分子的亲疏程度。吸湿或黏附水分的塑料包括有机玻璃、尼龙等；不吸湿也不黏附水分的塑料有聚乙烯、聚丙烯、聚苯乙烯及氟塑料等。凡是吸湿或黏附水分的塑料，如果水分含量超过一定限度，会在成型加工过程中变成水汽，促使塑料高温水解，使熔体起泡和黏度下降，影响塑件外观，使塑件机械强度下降。对吸湿性强的塑料，在成型前必须进行干燥处理。

6.5.2　热固性塑料的成型工艺性能

1．收缩性

热固性塑料成型收缩的形式及其影响因素与热塑性塑料类似。在模具设计中应综合考虑各影响因素选取合适的塑料收缩率。

2．流动性

1）拉西格流动性

热固性塑料的流动性通常用拉西格流动性来表示。拉西格压模如图 6-4 所示，将一定质量的被测塑料预压成圆锭，再将圆锭放入拉西格压模中，在一定温度和压力下，测定它从模孔中挤出的长度（毛糙部分不计在内），此即为拉西格流动性。拉西格流动性数值大，塑料的流动性好。

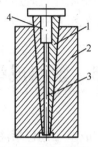

1—凹模；2—模套；3—流料槽；4—加料室

图 6-4　拉西格压模

每一品种塑料按其流动性分为不同等级，供不同塑件及成型工艺选用。流动性好的塑料，在成型时易溢料，塑件组织疏松，影响塑件力学性能和电性能，树脂及填料分开聚集，易黏模，清理模具困难；流动性差的塑料，即使增大压力也会填充不足，不易成型；流动性中等的塑料，效果最佳。选用塑料的流动性应考虑塑件结构和性能要求，成型工艺及成型条件应与选择的塑料相适应。例如，对面积大、嵌件多及薄壁复杂塑件，应选流动性好的塑料。

2）影响流动性的因素

填料不同，流动性不同。添加润滑剂，流动性会提高。用木粉作为填料，流动性最好；用无机盐作为填料，流动性较差；用玻璃纤维和纺织物作为填料，流动性最差。模具型腔光滑，形状简单，浇口位置、流道设计合理可改善流动性。成型工艺不同，流动性不同。采用预压及预热，适当提高成型压力以及在低于塑料硬化温度条件下提高成型温度，都能提高塑料的流动性。

3．固化速度

固化速度是指热固性塑料在压制标准试样时，树脂分子由线型结构变成体型结构，在模腔内变成坚硬而不熔的固化状态的速度。固化速度以固化 1mm 厚的试样所需时间来表示，单位为 s/mm。此值越小，表明固化速度越快。

影响固化速度的因素有塑料品种、塑件壁厚、结构形状、成型温度、预热及预压、成型工艺方法等。成型工艺方法不同阶段对固化速度要求不同。例如，注射和压注成型要求塑化及填充时化学反应要慢，硬化要慢，当充满型腔后在高温和高压下快速硬化。热固性塑料固化的速度有一定范围限制。如果固化速度太慢，则塑件成型周期长，生产率低；固化速度太快，因熔料在充模过程中已开始固化，成型形状复杂大件时型腔内尺寸较小的部位不易充满。

4．水分及挥发物含量

塑料中含有水分，原因是塑料制造过程中未能除净，储存过程中吸收，成型过程中化学反应的副产物等。水分及挥发物适量，在成型中可起增塑作用，利于提高塑料流动性，有利塑料成型。水分及挥发物含量过多，会引起熔料流动性过大、延长成型周期、塑件收缩率增大，导致塑件翘曲、变形、裂纹及表面粗糙度增大等。水分及挥发物含量不足时，流动性降低，成型困难。针对这一现象，模具设计时应开设必需的排气系统。因为水分及挥发物在成型时变成气体，必须排出模外，否则影响塑件质量。

5．比体积（比容）和压缩率

比体积是指单位质量的松散塑料所占的体积；压缩率是指制造塑件所用材料的体积与成品塑件的体积之比，比值恒大于 1。比体积和压缩率都表示粉状或短纤维状塑料的松散程度，都可用来确定加料室大小。比体积和压缩率大，则加料室尺寸加大，浪费钢材，加热难，粉料含气体多，排气难，成型周期长，生产率低。比体积和压缩率小，则加料室尺寸缩小，粉料内所含气体减少，成型中排气容易，而且压制容易，加料量较准确。但比体积和压缩率太小，则会影响塑料的松散性，采用体积计量时加料量不准。

热固性塑料在应力开裂、熔体破裂、热变形温度等工艺特性上与热塑性塑料相似。

6.6　塑料成型工艺

塑料成型工艺包括注射成型、压缩成型、压注成型、挤出成型等。下面介绍几种主要塑料成型工艺方法。

6.6.1　注射成型

注射成型是热塑性塑料制品生产的一种重要方法。除个别热塑性塑料（氟塑料）外，几乎所有的热塑性塑料都可用此方法成型。近年来，注射成型还已成功地用来成型某些热固性塑料制品。注射成型可成型各种形状的塑料制品，其特点是成型周期短，能一次成型外形复杂、尺寸精密、带有嵌件的塑料制品，生产效率高，易于实现自动化生产，所以注射成型方法应用广泛。据统计用注射成型的塑料产量已占塑料总量的30%以上。

1．螺杆式注射机注射成型原理

螺杆的作用是送料、压实、塑化与传压。将颗粒状塑料从料斗送入加热料筒，当螺杆在料筒内旋转时，料筒中的塑料受螺杆的剪切摩擦热作用而逐渐熔融塑化，并不断被螺杆压实而推向料筒前端，其反作用力使螺杆在转动的同时缓慢后移。当积存的熔体达到预定的注射量时，螺杆停止转动。注射活塞带动螺杆按一定的压力和速度向前，将料筒端部的熔体经喷嘴注入模具型腔，熔料在受压情况下冷却成型，获得模腔赋予的形状。开模、分型、取出塑件，即完成一个工作循环。如图6-5所示为螺杆式注射机成型原理图。

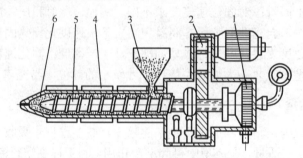

1—注射液压缸；2—螺杆传动装置；3—料斗；4—加热料筒；5—螺杆；6—喷嘴

图6-5　螺杆式注射机成型原理图

2．柱塞式注射机注射成型原理

柱塞式注射机注射成型原理图如图6-6所示。柱塞在料筒内仅作往复运动，将熔融塑料注入模具。分流梭将料筒内流经的塑料分流，以加快热传递，同时使其流速增大，塑料得以进一步混合和塑化。柱塞式注射机注射成型特点是控制温度和压力比较困难，注射速度和塑料质量不均匀。该设备适用于热敏性、流动性较差的塑料；对于大、中型注射机多用螺杆式。

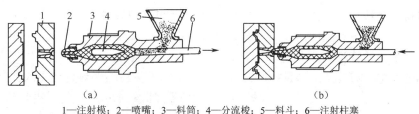

1—注射模；2—喷嘴；3—料筒；4—分流梭；5—料斗；6—注射柱塞

图 6-6　柱塞式注射机注射成型原理图

3. 注射成型工艺过程

注射成型工艺过程包括三个阶段：成型前的准备、注射成型过程和塑件的后处理。

1）成型前的准备

为使注射过程顺利进行，保证塑料制品质量，在注射成型之前应做好如下准备工作。

（1）原料的检验和预处理。在成型前对原料进行外观和工艺性能检验，检验内容包括对原料色泽、粒度及均匀性、流动性（熔体指数、黏度）、热稳定性、收缩性的检验等。

对于吸水性强的塑料（如聚碳酸酯、聚酰胺等），在成型前必须进行干燥处理，否则塑件表面会出现银丝、斑纹和气泡等缺陷，甚至导致高分子物质在注射时产生降解，严重影响塑件的外观和内在质量。对于不易吸水的塑料（如聚乙烯、聚丙烯、聚甲醛等），只要包装、运输、储存良好，一般可不进行干燥处理。

各种塑料干燥的方法，应根据塑料的性能和生产批量等条件进行选择。小批量生产大多数采用热风循环烘箱或红外线加热烘箱进行干燥；大批量生产宜采用沸腾干燥或真空干燥，其效率较高。

（2）嵌件的预热。为了满足装配和使用强度的要求，塑料制品内常需要嵌入金属嵌件。由于金属嵌件和塑料的热性能、收缩率存在较大差别，所以在塑料制品冷却时，在嵌件周围会产生较大的内应力，导致嵌件周围强度下降或出现裂纹。为克服上述问题，可对金属嵌件进行预热，以减小熔料和嵌件的温差，使熔料收缩比较均匀，减小嵌件周围的内应力。

（3）料筒的清洗。若需要更换新的塑料，则在注射成型之前，均须对残存在料筒内的塑料进行清洗。

螺杆式注射机的料筒通常采用直接换料清洗。换料清洗时，必须掌握料筒内的塑料和欲换的新塑料的特性，然后采用正确的清洗方法。新塑料成型温度若高于料筒内残存塑料的成型温度，则应将料筒温度升高到新塑料的最低成型温度，然后加入新塑料，连续对空注射，直到残存塑料全部清洗完毕，再调整温度进行正常生产；新塑料成型温度若低于料筒内残存塑料的成型温度，则应将料筒温度升高到残存塑料的最好流动温度后切断电源，用新塑料在降温下清洗；若新塑料成型温度高，而料筒内残存塑料为热敏性塑料，则应选热稳定性好的塑料（如聚苯乙烯）作为过渡换料。柱塞式注射机的料筒清洗比较困难，通常须拆卸清洗。

（4）脱模剂的选用。塑件的脱模主要依赖于合理的工艺条件和正确的模具设计。在生产上为顺利脱模，通常使用脱模剂。常用的脱模剂有三种：硬脂酸锌适用于各种塑料，但聚酰胺除外；液状石蜡（油）适用于聚酰胺；硅油润滑效果良好，但价格较贵，使用不便（须配制成甲苯溶液，涂抹在模型表面，还要加热干燥）。在使用脱模剂时，脱模剂喷涂要均匀适量。

2）注射成型过程

注射成型过程包括加料、塑化、注射充模、保压、冷却定型和脱模等步骤。但从实质上说主要是塑化、注射充模与冷却定型等基本过程。

（1）塑化：塑料在料筒内经加热达到流动状态并具有良好的可塑性的全过程。

对塑化的要求是塑料在进入模腔之前，应达到规定的成型温度，并能在规定时间内提供足够数量的熔融塑料，熔料各点温度应均匀一致。塑化情况直接关系到塑件的质量和生产率，必须予以重视。应根据塑料的特性，正确选择工艺参数和注射机类型。

（2）注射充模与冷却定型：这是指用柱塞或螺杆推动塑化后的塑料熔体注入并充满模具型腔，熔体在压力下冷却凝固定型，直至塑料制品脱模的全过程。这一过程时间不长，但合理地选择和控制该过程的温度、压力、时间等工艺参数，对塑料制品的质量有重要影响。

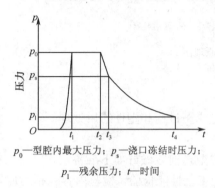

p_0—型腔内最大压力；p_s—浇口冻结时压力；
p_1—残余压力；t—时间

图 6-7　注射过程中塑料压力的变化

塑料熔体进入模腔内的流动情况可分为充模、压实、倒流和浇口冻结后的冷却四个阶段。在这四个阶段中，塑料熔体温度将不断降低，而压力的变化如图 6-7 所示。

充模阶段：从注射机的柱塞或螺杆向前推进，将塑料熔体射入型腔，直到型腔被塑料熔体完全充满（时间从零到 t_1）为止。在充模开始阶段，型腔内没有压力，当型腔快充满时，型腔内压力迅速上升而达到最大值 p_0。

压实阶段：从塑料熔体充满型腔时起至柱塞或螺杆开始退回的一段时间（时间从 $t_1 \sim t_2$）。这段时间内，塑料熔体因受到冷却而收缩，但由于柱塞或螺杆继续缓慢向前移动对塑料熔体保持压力，这样料筒内的熔料必然会继续注入型腔，以补充收缩留出的空隙，从而使型腔内熔体压力保持不变。压实阶段对提高塑件的密度，减小塑件收缩和克服塑件表面缺陷都有重要影响。

倒流阶段：从柱塞或螺杆开始后退起至浇口处熔料冻结（时间从 $t_2 \sim t_3$）为止。该阶段由于柱塞或螺杆后退，型腔内的压力比浇注系统流道内的压力高，这就导致塑料熔体从型腔内倒流出来，型腔内压力也随着迅速下降。塑料熔体倒流情况主要取决于压实阶段的时间。

浇口冻结后的冷却阶段：从浇口的塑料完全凝固时起到塑件从模腔中顶出（时间从 $t_3 \sim t_4$）为止。这一阶段中，型腔内的塑料继续冷却、硬化和定型。在冷却阶段中，随着温度的下降，型腔内塑料体积收缩，压力下降，到开模时，型腔内的压力不一定等于外界的大气压。型腔内压力与外界大气压之差称为残余压力 p_1。残余压力 p_1 的大小与压实阶段的压力和时间长短有关。当残余压力为正值时，脱模比较困难，塑件容易被刮伤或破裂；残余压力为负值时，塑件表面容易有凹陷或内部有真空泡；当残余压力接近零时，塑件脱模容易，质量良好。浇口冻结时型腔内的压力和温度是决定塑件平均收缩率的重要因素，而影响这些因素的则是压实阶段时间。

3）塑件的后处理

由于塑料的塑化不均匀或在型腔内冷却不均匀，常会使塑件的收缩不均匀，形成一定的内应力。而内应力过大往往会导致塑件在使用过程中变形和开裂。为减小内应力的影响，常须对塑件进行后处理。塑件的后处理包括退火和调湿处理。

（1）退火处理。退火处理的方法是把塑件放在一定温度的烘箱中或液体介质（热水、热矿物油、甘油、乙二醇和液状石蜡等）中一段时间，然后缓慢冷却。退火温度一般控制在高于塑件的使用温度 10～20℃或低于塑料热变形温度 10～20℃。退火的时间取决于塑料品种、加热介质的温度，以及塑件的形状、壁厚和精度等。

（2）调湿处理。调湿处理主要用于聚酰胺类塑件。由于聚酰胺类塑件脱模时，在高温下接触空气容易氧化变色，此外在空气中使用或存放又容易吸水而膨胀，需要经过很长时间尺寸才能稳定下来，所以对刚脱模的这类塑件放在热水中处理，不仅可以隔绝空气、防止其氧化、消除内应力，而且还可加速达到吸湿平衡，稳定塑件尺寸，故称为调湿处理。调湿处理的温度一般为 100～

120℃。调湿处理的时间取决于塑料品种，以及塑件的形状、壁厚和结晶度大小等。

4．注射成型工艺参数的选择

正确的注射成型工艺是保证高生产率、高塑件质量、低成本的关键，其中成型主要工艺参数温度、压力和时间的选择可按以下方法进行。

1）温度

注射成型工艺过程需要控制的温度有料筒温度、喷嘴温度和模具温度。前两种温度主要影响注射过程的塑化和流动，后一种温度主要影响塑料的充模和冷却定型。

（1）料筒温度。料筒温度的选择与塑料的特性、注射机的类型、塑料制品和模具结构特点等因素有关。

每种塑料都具有不同的黏流温度（或熔点），对非结晶型塑料，料筒末端温度应高于黏流温度；对于结晶型塑料，应高于熔点，但不论非结晶型还是结晶型塑料，料筒温度均必须低于塑料的分解温度，故料筒的最合适温度范围应控制在黏流温度（或熔点）与分解温度之间。

柱塞式注射机料筒中的塑料仅靠料筒壁和分流梭表面传热，传热速率小，因此需要较高的料筒温度。螺杆式注射机料筒中的塑料在加热过程中受到螺杆的搅拌混合，获得较多的剪切摩擦热，料层较薄，传热加快，因此其料筒温度可比柱塞式注射机低 10～20℃。

对于薄壁塑件，其型腔比较狭窄，熔体充模的阻力大，冷却快，为顺利充模，料筒温度应选择高一些。相反，对于厚壁塑件，料筒温度可取低一些。对于形状复杂或带有嵌件的塑件，熔体充模流程较长或曲折较多，这时料筒温度也应取高一些。

料筒温度的分布，一般从料斗一侧（后端）起至喷嘴（前端）止，是逐步升高的，以达到均匀塑化的目的。对于螺杆式注射机，其料筒内的塑料受螺杆搅动产生剪切摩擦热，有助于塑化，为防止塑料的过热分解，料筒前端的温度也可略低于中段。

（2）喷嘴温度。喷嘴温度通常是略低于料筒最高温度的，这是为了防止熔料在直通式喷嘴上可能发生的"流涎"现象。由喷嘴低温产生的影响可以从塑料注射时产生的摩擦热中得到一定的补偿。但喷嘴温度也不能过低，否则，喷嘴处的熔料可能产生早凝而将喷嘴堵塞，或将早凝料注入型腔而影响塑料制品的质量。

料筒和喷嘴温度的选择并不是孤立的，它与其他工艺参数有关。如果采用较低的压力，则料筒温度应适当提高；如果成型周期短，则料筒温度也应适当提高等。在生产中，一般可通过对熔料的"对空注射"或试模来调整料筒和喷嘴温度。

（3）模具温度。模具温度对塑料熔体在型腔内的流动和塑件的内在性能与表面质量影响很大。模具温度的选择与塑料的特性，塑件的结构、尺寸和性能要求，以及成型工艺参数有关。一般说来，模具温度高，冷却速率小，为结晶充分进行创造了条件，因而得到塑件的结晶度高、硬度高、刚度大、耐磨性能较好，但成型周期长、收缩率较大，塑件发脆；模具温度低，冷却速率大，结晶不充分，对某些塑料（如聚烯烃）还会出现后期结晶过程，使塑件后收缩增大。因此，对于结晶型塑料，模具温度以取中等为宜。

模具温度通常是依靠通入定温的冷却介质来控制的，也有靠熔料注入模具自然升温和自然散热达到平衡而保持一定模温的。在要求模具温度较高时，可采用电阻加热圈或电热棒对模具加热以保持模具温度。

2）压力

注射成型过程中的压力包括塑化压力和注射压力。

（1）塑化压力（背压）。采用螺杆式注射机时，螺杆顶部熔料在螺杆转动后退时所受到的压力称为塑化压力。这种压力可以通过液压系统中的溢流阀来调整。增加塑化压力可以提高熔体温度和使温度均匀，但会降低塑化速率，延长成型周期，可能导致塑料降解。在满足塑件质量的前提下，塑化压力低一点为好，一般取6MPa左右，通常不超过20MPa。

（2）注射压力。注射压力是指柱塞或螺杆顶部对塑料熔体所施加的压力。注射压力的作用是克服塑料熔体从料筒流向型腔的流动阻力，使熔体具有一定的充模速率并对熔体进行压实。

注射压力的大小与塑料品种、注射机类型、模具结构及其他工艺参数有关。为了保证塑件的质量，对注射速率有一定的要求，而注射速率又主要取决于注射压力，注射压力高则注射速率高。在满足塑件成型的前提下，一般应尽量采用低的注射压力。

3）时间（成型周期）

完成一次注射成型过程所需的时间称为成型周期。在整个成型周期中，注射时间和冷却时间是基本组成部分，注射时间和冷却时间的长短对塑件的质量有决定性影响。

注射时间中的充模时间不长，一般不超过10s；保压时间较长，一般为20~120s，壁厚特别大的可达5~10min，通常以塑件收缩率最小作为确定保压时间最佳值的依据。

冷却时间主要取决于塑件的壁厚、模具温度、塑料的热性能和结晶性能。冷却时间的长短应以保证塑件脱模时不引起变形为原则，一般为30~120s。

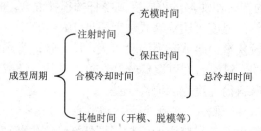

成型周期长短直接影响生产率和设备利用率，因此，在保证产品质量的前提下，应尽量缩短成型周期中各阶段的时间。常用热塑性塑料注射成型的工艺参数见附录A。热塑性塑料注射成型制品缺陷及产生原因见表6-4。其他成型方式的工艺参数参阅塑料成型工艺手册。

表6-4　热塑性塑料注射成型制品缺陷及产生原因

制 品 缺 陷	产生的原因
1. 制品不足	（1）料筒、喷嘴及模具温度偏低； （2）加料量不够； （3）料筒剩料太多； （4）注射压力太低； （5）注射速度太慢； （6）流道或浇口太小，浇口数目不够，位置不当； （7）模腔排气不良； （8）注射时间太短； （9）浇注系统发生堵塞； （10）原料流动性太差
2. 制品溢边	（1）料筒、喷嘴及模具温度太高； （2）注射压力太大，锁模力不足； （3）模具密封不严，有杂物或模板弯曲变形； （4）模腔排气不良； （5）原料流动性太大； （6）加料量太多

制 品 缺 陷	产生的原因
3. 制品有气泡	(1) 塑料干燥不良，含有水分、单体、溶剂和挥发性气体； (2) 塑料有分解； (3) 注射速度太快； (4) 注射压力太小； (5) 模温太低，充模不完全； (6) 模腔排气不良； (7) 从加料端带入空气
4. 制品凹陷	(1) 加料量不足； (2) 料温太高； (3) 制品壁厚相差大； (4) 注射及保压时间太短； (5) 注射压力不够； (6) 注射速度太快； (7) 浇口位置不当
5. 熔接痕	(1) 料温太低，塑料流动性太差； (2) 注射压力太小； (3) 注射速度太慢； (4) 模温太低； (5) 模腔排气不良； (6) 原料受到污染
6. 制品表面有银丝及波纹	(1) 原料含有水分及挥发物； (2) 料温太高或太低； (3) 注射压力太低； (4) 流道浇口尺寸太大； (5) 嵌件未预热或温度太低； (6) 制品内应力大
7. 制品表面有黑点及条纹	(1) 喷嘴与进料口吻合不好，产生积料； (2) 模腔排气不良； (3) 原料污染或带进杂质； (4) 塑料颗粒大小不均匀
8. 制品翘曲变形	(1) 模具温度太高，冷却时间不够； (2) 制品厚薄悬殊； (3) 浇口位置不当，数量不够； (4) 推出位置不当，受力不均； (5) 塑料大分子定向作用太大
9. 制品尺寸不稳定	(1) 加料量不稳定； (2) 原料颗粒不均，新旧料混合比例不当； (3) 料筒和喷嘴温度太高； (4) 注射压力太低； (5) 充模保压时间不够； (6) 浇口、流道尺寸不均； (7) 模温不均匀； (8) 模具设计尺寸不准确； (9) 脱模推杆变形或磨损； (10) 注射机的电气、液压系统不稳定

制 品 缺 陷	产生的原因
10. 制品黏模	(1) 注射压力太高，注射时间太长； (2) 模具温度太高； (3) 浇口尺寸太大和位置不当； (4) 模腔不够光洁； (5) 脱模斜度太小，不易脱模； (6) 推出位置结构不合理
11. 进料口（主流道）黏模	(1) 料温太高； (2) 冷却时间太短，进料口的料尚未凝固； (3) 喷嘴温度太低； (4) 主流道无冷料穴； (5) 主流道不够光洁； (6) 喷嘴孔径大于主流道直径； (7) 主流道衬套弧度与喷嘴弧度不吻合或主流道斜度不够
12. 制品内有冷块	(1) 塑化不均匀； (2) 模温或喷嘴温度太低； (3) 料内混入杂质或不同牌号的原料； (4) 无主流道或分流道冷料穴； (5) 制品重量和注射机最大注射量接近，而成型时间太短
13. 制品分层脱皮	(1) 不同塑料混杂； (2) 同一种塑料不同级别相混； (3) 塑化不均匀； (4) 原料污染或混入异物
14. 制品褪色	(1) 塑料污染或干燥不够； (2) 螺杆转速太大，注射压力太大； (3) 注射速度太快； (4) 注射保压时间太长； (5) 料筒温度过高，致使塑料、着色剂或添加剂分解； (6) 流道、浇口尺寸不合适； (7) 模腔排气不良
15. 制品强度下降	(1) 塑料分解； (2) 成型温度太低； (3) 熔接不良； (4) 塑料潮湿或混入杂质； (5) 浇口位置不当； (6) 制品设计不当，有锐角缺口； (7) 围绕金属嵌件周围的塑料厚度不够； (8) 模具温度太低； (9) 塑料回料次数太多

6.6.2　压缩成型

压缩成型主要用于热固性塑料的成型，也可用于热塑性塑料的成型。

压缩成型原理图如图 6-8 所示。压缩成型的方法是先将粉状、粒状或纤维状的热固性塑料放入模具型腔中，如图6-8（a）所示；合模加热使其熔融，由固体变为半液体，加压使塑料流动而充满模腔，如图6-8（b）所示；同时塑料高分子发生交联反应，随着交联反应的深化，半液体塑料的黏度逐渐增加以至变为固体而定型；最后脱模获得塑件，如图6-8（c）所示。

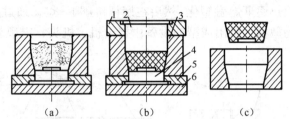

1—上模座；2—上凸模；3—凹模；4—下凸模；5—下凸模固定板；6—下模座

图6-8 压缩成型原理图

热塑性塑料压缩成型时，其前一阶段的情况与热固性塑料相同，但不存在交联反应，所以在半液体塑料充满型腔后，需将模具冷却使塑料凝固，才能脱模而获得塑件。由于热塑性塑料压缩成型时模具需要交替地加热和冷却，生产周期长，效率低，因此，热塑性塑料一般采用注射成型，只有较大平面的塑件才采用压缩成型。热固性塑料压缩成型的塑件具有耐热性好、使用范围广、变形小等优点。

压缩成型的特点是模具结构简单，料耗少，可使用普通压力机，可成型大面积的塑件，其生产周期长，效率低，不易压制形状复杂和尺寸精度较高的塑件。

用于压缩成型的塑料主要有酚醛塑料、氨基塑料。压缩塑件主要用做机械零部件、电气绝缘件和日常生活用品。

6.6.3 压注（传递）成型

压注成型是在克服压缩成型的缺点并吸收注射成型的优点的基础上发展起来的一种成型方法。压注成型适用于热固性塑料的成型。

压注成型的方法是模具先闭合，再将塑料加入已预热的模具加料室中，如图6-9（a）所示；塑料受热成为黏流状态，在柱塞压力的作用下，黏流态的塑料经过浇注系统进入并充满闭合的型腔，如图6-9（b）所示；塑料在型腔内继续受热受压，经过一定时间的固化后，打开模具即可取出塑件，如图6-9（c）所示。

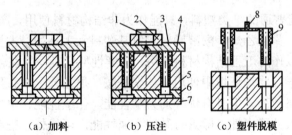

（a）加料   （b）压注   （c）塑件脱模

1—柱塞；2—加料腔；3—上模座；4—凹模；5—凸模；6—凸模固定板；7—下模座；8—凝料；9—塑件

图6-9 压注成型原理图

压注成型的特点是塑件的密度及强度提高；分型面的塑料飞边很薄，塑件精度易保证，表面粗糙度也小；保压时间较短，提高了生产效率；模具磨损也较小；模具结构较复杂，制造成本高；塑料浪费较大；塑件有浇口痕迹，整修工作量大；成型工艺条件较压缩成型要求严格，操作难度大。压注成型适用于成型深孔、形状复杂及带有精细嵌件的塑件。

6.6.4　挤出成型

如图 6-10 所示，挤出成型是将原料（粒、粉）从挤出机的料斗送进加热料筒中，塑料被料筒加热受螺杆的剪切摩擦热逐渐熔融塑化。然后在螺杆挤压下，熔体通过挤出模具（机头及口模），得到具有一定截面形状的型材。挤出成型的设备由挤出机、机头、定型装置、冷却槽、牵引和切断设备组成。

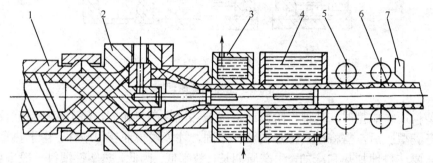

1—料筒；2—机头；3—定径装置；4—冷却装置；5—牵引装置；6—塑料管；7—切割装置

图 6-10　挤出成型原理图

挤出成型的特点是能连续成型、生产率高、塑件截面恒定、形状简单，几乎能加工所有热塑性塑料和部分热固性塑料。

挤出成型加工的塑件种类包括管材、薄膜、棒材、板材、电缆及异型材，该成型方法在塑料成型加工中占有很重要的地位。

6.7　塑料的分类

塑料的种类繁多，有 300 多种，常用几十种，每一品种又有多种牌号，为了便于识别和使用，需要对塑料进行分类。

1．按塑料的使用特性和用途分类

（1）通用塑料：性能普通的一类塑料，只能作为非结构材料使用，产量大，用途广，价格低。它包括聚乙烯、聚丙烯，聚氯乙烯、酚醛塑料和氨基塑料六大品种，占塑料总产量的 75% 以上。

（2）工程塑料：可以作为工程结构材料使用，力学性能优良，能在较广温度范围内承受机械应力和在较为苛刻的化学及物理环境中使用，如聚酰胺（尼龙）、ABS 及各种增强塑料。与通用塑料相比其产量小，价格较高，但具有优异的力学性能、化学性能、电性能、耐磨性、耐热性、耐腐蚀性、自润滑性及尺寸稳定性，即具有某些金属性能，可代替一些金属材料。

（3）特种塑料（又称功能塑料）：用于特种环境中，具有某一方面的特殊性能的塑料，如氟塑料、光敏塑料、导磁塑料、高耐热性塑料及高频绝缘性塑料等。这类塑料产量小，价格较贵，性能优异。

2．按塑料中树脂分子结构及热性能分类

（1）热塑性塑料：聚合反应得到的，合成树脂分子结构是线型或支链型结构，在一定的温度范围内，能反复加热软化乃至熔融流动，冷却后能硬化成一定形状的塑料。在成型过程中只有物

理变化，而无化学变化，因而受热后可多次成型，废料可回收再利用。此类塑料有聚乙烯、聚氯乙烯、聚丙烯、聚苯乙烯、聚碳酸酯、ABS、聚甲醛、有机玻璃等。

（2）热固性塑料：缩聚反应得到的，合成树脂固化后分子结构呈体型网状结构，加热温度达到一定程度后能成为不溶和不熔性物质，使形状固化下来不再变化的塑料。热固性塑料在成型受热时发生化学变化使线型分子结构转变为体型结构，废料不能再回收利用。此类塑料有酚醛塑料、氨基塑料、环氧塑料等。

常用热塑性塑料和热固性塑料见表 6-5。

表 6-5 常用热塑性塑料和热固性塑料

塑料种类	塑料名称	代号
热塑性塑料	聚乙烯（高密度、低密度）	PE(HDPE，LDPE)
	聚丙烯	PP
	聚苯乙烯	PS
	丙烯腈——丁二烯——苯乙烯共聚物	ABS
	聚甲基丙烯酸甲酯（有机玻璃）	PMMA
	聚苯醚	PPO
	聚酰胺（尼龙）	PA
	聚砜	PSF
	聚氯乙烯	PVC
	聚甲醛	POM
	聚碳酸酯	PC
	聚四氟乙烯	PTFE
热固性塑料	酚醛塑料	PF
	脲醛塑料	UF
	三聚氰胺甲醛	MF
	环氧树脂	EP
	不饱和聚酯	UP

6.8 常用塑料

6.8.1 热塑性塑料

热塑性塑料的优点是质轻，密度范围为 $0.83 \sim 2.20 \mathrm{g/cm^3}$；电绝缘性好；化学稳定性好，能耐一般的酸、碱、盐及有机溶剂；有良好的耐磨性和润滑性；比强度高，如玻璃纤维及碳纤维增强的塑料，可达到或超过钢的比强度；着色性良好；可以采用多种成型方法加工，生产效率高。热塑性塑料的主要缺点是耐热性差、热膨胀系数大、尺寸稳定性差、在载荷作用下易老化等。热塑性塑料的原料来源广泛，合成工艺成熟，占塑料总产量的 3/4 以上，而且还将持续增长。

热塑性塑料主要品种包括：聚乙烯（PE）、聚丙烯（PP）、聚氯乙烯（PVC）、聚苯乙烯（PS）、聚酰胺（PA）、聚甲醛（POM）、聚碳酸酯（PC）、丙烯腈-丁二烯-苯乙烯（ABS）、聚砜（PSU）、聚苯醚（PPO）、氟塑料、聚甲基丙烯酸甲酯（PMMA）等。

1. 聚乙烯（PE）

聚乙烯由乙烯单体经聚合而成，是无臭、无味、无毒的白色粉末。经挤出造粒成蜡状半透明颗粒料，外观呈乳白色，密度为 $0.91\sim0.98g/cm^3$。聚乙烯是合成树脂中产量最大、用途最广的塑料品种，约占塑料总产量的 30%，为塑料工业之冠。聚乙烯按聚合时采用的压力不同分为高压、中压和低压聚乙烯。目前习惯于按聚乙烯密度的不同分为高密度、中密度和低密度聚乙烯。聚乙烯的特性及用途包括如下几方面。

（1）聚乙烯高频绝缘性能优异，由于其吸水性极小，介电性能与频率、温度及湿度无关，耐化学性好，所以适于制造各种高频通信电缆和海底电缆的绝缘层。

（2）聚乙烯化学稳定性较高，能耐大多数酸、碱及盐的侵蚀，但不耐强氧酸的腐蚀。一般不溶于有机溶剂（除苯及汽油外），可用于制造化工设备的零部件、管道及容器等。

（3）聚乙烯的耐低温性能好，在-60℃下仍具有较好的力学性能；聚乙烯不耐高温，低密度聚乙烯（高压聚乙烯，LDPE）的使用温度在 80℃以下，高密度聚乙烯（低压聚乙烯，HDPE）的使用温度在 110℃以下。

（4）聚乙烯在热、光及氧的作用下易发生老化，逐渐变脆，力学性能和电性能下降。在成型时，氧化会引起熔体黏度下降和变色，产生条纹，影响塑件质量。因此，聚乙烯成型过程中需添加抗氧化剂及紫外线吸收剂等。

2. 聚氯乙烯（PVC）

聚氯乙烯由氯乙烯单体聚合而成，是无毒、无臭的白色或浅黄色粉末。改变增塑剂含量，可制成硬质和软质聚氯乙烯。聚氯乙烯的力学性能取决于树脂的相对分子质量、增塑剂及填料的含量。树脂相对分子质量越大，力学性能、耐寒性、热稳定性越高，但成型加工困难；填料含量增多，则抗拉强度降低。加入增塑剂后，塑料的柔软性、伸长率、耐寒性增加，但玻璃化温度、脆性、硬度及抗拉强度降低。

由于原料易得，聚氯乙烯的价格低廉，性能较好，是热塑性通用塑料中耗能和生产成本最低的品种，所以应用广泛。聚氯乙烯是世界上产量仅次于聚乙烯的塑料第二大品种。

聚氯乙烯具有较好的电绝缘性能，可用做低频绝缘材料。它的化学稳定性也较好，因含氯量高达 50%，故有较好的阻燃性和自熄性。但其热稳定性差，在力、热及氧等条件下分解出氯化氢气体，需加入稳定剂防止其分解、老化。

硬质聚氯乙烯不含或含有少量增塑剂，密度为 $1.35\sim1.45g/cm^3$，力学强度高，硬度大，印刷及焊接性好但软化点低，主要用于制造硬管、硬板及型材，如输水管、地板等。

软质聚氯乙烯含有较多增塑剂，密度为 $1.16\sim1.70g/cm^3$，其柔软程度随增塑剂的加入量增加而增大，延伸率增加，但力学性能、电绝缘性、耐腐蚀性降低。软质聚氯乙烯可制成压延和吹塑薄膜，如农用薄膜、电线电缆的绝缘保护层等。

3. 聚苯乙烯（PS）

聚苯乙烯由苯乙烯单体经聚合而成，是白色透明颗粒，无臭、无味、无毒及易于着色，密度为 $1.05g/cm^3$。聚苯乙烯光学性能良好，透光率为 88%～92%，仅次于有机玻璃；电绝缘性优良，电性能不受频率影响；印刷和着色性好；聚苯乙烯泡沫塑料的热导率不随温度变化，且具有良好的卫生性能；聚苯乙烯的化学性能稳定，能耐矿物油、有机酸、碱、盐、低级醇及其溶液，但能溶于芳香烃、氯代烃、脂类和一些油类；聚苯乙烯的力学性能不高，质硬而性脆，冲击强度和耐热性差，易燃。

聚苯乙烯可用于制成仪表外壳、包装和制冷设备的绝热材料、一次性使用的包装容器等。聚苯乙烯成型特性表现为：

（1）成型性能好，可注射、挤出及真空成型等。

（2）流动性好，溢边值约 0.03mm，对压力变化敏感。

（3）吸湿性小，可不进行干燥处理。

（4）成型后塑件收缩率很低，尺寸稳定性好。

（5）可用柱塞式或螺杆式注射机成型，为防止淌料，可采用直通式或自锁式喷嘴。

（6）性脆易裂，热膨胀系数大，易产生内应力，可采用退火消除应力。

4．聚酰胺（PA）

聚酰胺（又称尼龙）是由二元胺和二元酸通过缩聚反应制得的，是白色或淡黄色结晶颗粒，无毒、无味，熔点在 180～230℃之间（其中原子数多的熔点低），密度为 $1.14g/cm^3$。尼龙塑料是最重要的通用工程塑料，使用量是五大工程塑料（尼龙、聚碳酸酯、聚甲醛、改性聚苯醚、热塑性聚酯）之首。常用的聚酰胺有尼龙-6、尼龙-66、尼龙-610、尼龙-1010 等。

聚酰胺易染色，有良好的电性能；具有优异的物理力学性能，结晶度高，其强度、硬度、耐磨性及润滑性均提高；耐磨性高于轴承钢、铜合金等，热膨胀系数和比刚度不如金属，但比强度高于金属；尼龙有良好的耐化学腐蚀性，能耐弱酸、弱碱和一般溶剂，尤其是耐油性优异，但强酸和氧化剂能侵蚀尼龙。

尼龙软化温度范围窄，具有比较明显的熔点，多数尼龙具有自熄性（阻燃性），热分解温度约 300℃，使用温度 80～100℃，在 100℃以上长期与氧接触会热降解。尼龙的耐候性一般，在大气中长时间暴露，力学性能会逐渐下降。尼龙吸水性大，热稳定性差。

聚酰胺可替代金属材料，广泛用于制造机械零部件（如齿轮等）、电气零部件（如集成电路板等），还可用于制作刷子、梳子及球拍等。聚酰胺的成型特性表现为：

（1）可用注射、挤出、模压及烧结等多种方法成型加工。

（2）吸湿性较大，成型前须干燥。

（3）熔点较高，熔融温度范围窄，热稳定性差，不宜在高温料筒长时间停留。喷嘴须加热，防止堵塞。

（4）熔体黏度低，流动性好，溢边值为 0.02mm，易发生溢料和流涎现象。模具须选用最小间隙，喷嘴宜自锁。

（5）收缩大且收缩率范围大，各向异性明显，易发生缩孔、凹陷和变形等，成型条件应稳定。

（6）冷却速度对结晶度和塑件性能影响较大，应根据壁厚等控制模温。模温过低，易产生缩孔及结晶度低等问题。

（7）可采用各种形式浇口，与塑件连接处应圆滑过渡。流道和浇口尺寸大些较好，可减少缩孔及凹陷等现象。

5．ABS 塑料

ABS 是聚苯乙烯的改性产品，是由丙烯腈、丁二烯和苯乙烯组成的共聚物，属于非结晶热塑性树脂。其原料来源广泛，价格低廉，性能优异。20 世纪 60 年代以后发展很快，是目前产量很大、应用很广的一种工程塑料。

ABS 不透明、无毒、无味、呈微黄色，其密度为 $1.02～1.20g/cm^3$。ABS 具有三种组分的综合性能，是一种坚韧、质硬和刚度好的工程塑料。控制三种成分的比例可改变 ABS 的性能，使之具有突出的力学性能。

ABS 可用于制造家用电器的零部件，如电视机、电冰箱等的壳体；制造齿轮、轴承等；还可用于制作玩具、包装容器等。ABS 的成型特性表现为：

（1）可用注射、挤出、压延、吹塑、真空成型、电镀、焊接及表面涂饰等成型加工方法。

（2）收缩率小，可制得精密塑件。

（3）吸湿性较大，成型前应干燥处理。

（4）流动性中等，溢边值 0.04mm，熔体黏度强烈依赖于剪切速率，因此模具设计大多采用点浇口形式。

（5）熔融温度较低，熔融温度范围固定，宜用高料温、高模温和高注射压力。

（6）浇注系统流动阻力要小，浇口形式和位置应合理，防止产生熔接痕。

6. 氟塑料

氟塑料是各种含氟塑料的总称，是乙烯分子中的氢原子被氟原子取代后生成的聚合物。主要包括聚四氟乙烯、聚三氟氯乙烯、聚偏氟乙烯及聚全氟乙丙烯等工程塑料。氟塑料中产量最大、用途最广的是聚四氟乙烯，占氟塑料总产量的 60%～70%，其综合性能突出。

聚四氟乙烯（PTFE）为无臭、无味、无毒的白色粉末或颗粒，外观蜡状，光滑不黏。其密度为 2.1～2.3g/cm^3，不易燃烧，离火后自熄，是结晶型线型高聚物。

聚四氟乙烯耐热及耐寒性非常好，玻璃化温度 327℃，热分解温度 415℃，长期使用温度在 -250～260℃之间，而性能几乎不变，不脆化。具有极其优异的化学稳定性，除金属钠、氟元素和个别卤化胺及芳香烃对它有一定侵蚀外，能耐任何强酸、强碱、强氧化剂及有机溶剂，甚至"王水"对其都不起作用，被誉为"塑料王"。聚四氟乙烯有突出的表面不黏性，几乎所有的黏性物质都不能黏附在其表面，除非特殊处理使其失去不黏性，以便用黏合剂将其与其他材料或自身相黏结。它具有良好的耐候性，即使长期在大气环境中使用，表面也不会发生任何变化。聚四氟乙烯的缺点是热膨胀系数大，其力学强度在工程塑料中属中等，硬度较低，在应力长期作用下会变形，温度越高，变形越大。

聚四氟乙烯可制作轴承、电线电缆绝缘层、化工设备管道等。

7. 聚甲基丙烯酸甲酯（PMMA）

聚甲基丙烯酸甲酯是以丙烯酸或丙烯酸衍生物为单体聚合或以它们为主与其他不饱和化合物共聚而制得的一类丙烯酸树脂，种类很多，最主要的是聚甲基丙烯酸甲酯（PMMA），俗称"有机玻璃"。

有机玻璃是透明非结晶型热塑性塑料，透明率高达 90%，密度为 1.18g/cm^3。有机玻璃力学强度和韧性是硅玻璃的 10 倍以上，在玻璃化温度下进行定向拉伸，可大大提高冲击强度；有机玻璃连续使用温度随工作条件不同在 65～95℃之间改变，软化温度为 100～120℃；有机玻璃能耐水、碱、稀酸及大多数无机盐溶液腐蚀，可溶于醇、酮、酯及芳烃等溶剂；电性能优良，耐电弧性好，耐电压强度高，老化对电性能的影响很小，是室外使用的良好绝缘材料；耐候性优良，长期在室外仍保持高透光率，能透紫外线；有机玻璃吸湿性低，成型收缩率小，尺寸稳定性好，而且刚性及冲击韧度好。聚甲基丙烯酸甲酯的缺点是质脆，易开裂，表面硬度低易被划伤，不耐有机溶剂，耐热性差。PMMA 的熔体黏度高，流动性差，热稳定性差，可用挤出、浇铸及热成型等方法成型。

PMMA 适于制作要求有一定透明度和强度的防震、防爆和观察等方面的零件，如汽车风挡玻璃、光学透镜、塑料铭牌及表盘等；日用品，如自来水管、圆珠笔和纽扣等。

6.8.2 热固性塑料

热固性塑料刚度大，弹性和塑性变形极小，且温度对刚度影响很小，蠕变量小于热塑性塑料；耐热性能良好，固化后对热相当稳定；尺寸稳定性好，尺寸精度高，受温度及湿度影响小；收缩小；绝缘性能好，耐电弧及电压等；耐腐蚀性好，不受强酸、弱碱及有机溶剂的腐蚀；抗老化性好，加工性好，可以采用多种成型方法，价格低廉，应用较广泛。

1．酚醛塑料（PF）

酚醛塑料是由酚类和醛类化合物经缩聚反应而制得的一类聚合物总称，其中最早合成、最重要的是苯酚和甲醛缩聚制得的酚醛树脂。酚醛塑料属通用塑料，因原料易得、综合性能优良、价格低廉，应用广泛。酚醛塑料可用于制作各种电器开关、仪表外壳等。

酚醛塑料与一般热塑性塑料相比，刚性好、变形小、耐热、耐磨；在水润滑条件下，有极低的摩擦系数；其电绝缘性能优良，俗称"电木"；耐溶剂、耐热、耐燃烧，能在 150～200℃之间长期使用；酚醛塑料吸湿性低，尺寸稳定，但质脆，冲击强度差。

酚醛塑料的成型特性表现为：

（1）成型较好，适于压缩成型，部分适于压注成型，少数适于注射成型。

（2）含水分和挥发物，应对其进行预热、干燥和排气处理。未预热的需提高模温和成型压力，并排气。

（3）模温对流动性影响较大（超过 160℃时，流动性会下降）。

（4）收缩率和取向程度较大，比氨基塑料大。

（5）固化速度一般比氨基塑料慢，固化时放出热量。大型塑件易发生固化不均及过热现象。

2．氨基塑料

氨基塑料是以含有氨基或酰胺基的单体与甲醛经缩聚反应而制得的热固性树脂。氨基树脂主要用做木材黏合剂和涂料，生产胶合板和人造板；其次是作为塑料。氨基塑料的原料易得，成本低，用途广，属于通用塑料品种之一。

1）脲醛塑料（UF）

脲醛塑料由尿素与甲醛经缩聚反应而制得，绝大部分用做黏合剂，小部分用做塑料。以脲醛树脂为基础制成的塑料粉，俗称电玉粉。其塑件色泽似玉，因此称电玉。

脲醛塑料无毒、无臭、无味、半透明，坚硬耐划伤，密度为 1.48～1.52g/cm^3；着色性好，可制成各种鲜艳的塑件；具有较好的力学性能和电绝缘性能；对霉菌作用稳定，耐油、耐弱碱及有机溶剂，但不耐酸；长期使用温度 80℃，短时间可在 110～120℃应用；比酚醛塑料价廉。脲醛塑料的缺点是吸湿性强，耐水性和耐热性较差。

脲醛塑料可制造一般电子绝缘零件，如插头、插座；日常用品，如纽扣、发夹及餐具等。

2）三聚氰胺-甲醛塑料（MP）

三聚氰胺-甲醛塑料又称密胺塑料，由三聚氰胺与甲醛经缩聚反应而制得。三聚氰胺-甲醛塑料无毒、无味、耐燃，密度为 1.47～1.52g/cm^3；表面硬度大，耐冲击，吸水率低，耐热性及耐水性好；热变形温度高达 180℃，长期使用温度在 100℃以上，可在沸水中长期浸渍，在 200～300℃之间性能无变化，用矿物填料时使用温度可达 150～200℃；电性能优良，耐电弧性好；能耐酸、碱，耐果汁、酒等饮料的沾污及耐药品性好；成本较高。

三聚氰胺-甲醛塑料可制造一些质量要求高的电气绝缘零件，如灯罩、电子元件等；还用于制造一些质量要求较高的日常用品，如饮料杯子、盘子及各种餐具等。

氨基塑料的成型特性表现为：

（1）常用压缩及压注成型，少数氨基塑料也可采用注射成型。压缩成型时收缩率较小，压注成型时收缩率较大，注射成型时收缩率更大。

（2）含水分及挥发物多，易吸潮而结块，使用时要预热干燥处理。

（3）流动性好，固化速度快，应选择适当的预热温度和成型温度，加料及加压速度要快。成型温度过高，易产生分解、变色及气泡等缺陷；成型温度过低，流动性差，易产生欠压和表面无光泽等缺陷。

（4）带嵌件的塑件易产生应力集中，尺寸稳定性较差。

（5）物料颗粒细，比体积大，压缩比大。

3. 环氧树脂（EP）

环氧树脂是聚合物分子链中含有两个以上环氧基的线型热塑性树脂，加入固化剂后交联成为网状结构，成为不溶、不熔的热固性聚合物。环氧树脂品种多，产量大，应用最广的是双酚 A 型环氧树脂，占环氧树脂总量的 90% 左右。

双酚型环氧树脂是黄色至琥珀色的黏稠液体或低熔点脆性固体，无臭、无味。环氧树脂未固化前是线型热塑性树脂，（可从液态到固态）能溶于甲苯、丙酮及苯等有机溶剂，易燃且燃烧时冒浓烟。未固化前有很好的黏性，作胶黏剂用，能黏结金属和非金属材料，有"万能胶"之称。固化后的环氧树脂，具有优异的物理力学性能、耐热性能、耐候性能、电绝缘性能及高的耐电压强度；成型收缩率低，所需成型压力也低；固化后化学稳定性好，耐水浸及吸水率低，具有极好的耐碱性和耐酸性；对金属、陶瓷、玻璃及木材等具有优异的黏结力；经玻璃纤维增强的环氧树脂强度高，抗冲击强度好，尺寸稳定，成型工艺简单。

环氧树脂可用于纤维增强塑料、烧结塑料、黏合剂和涂料。环氧树脂还广泛用于机械、化工等行业，可制造电器开关、仪表盘、防潮的印制电路底板、耐腐蚀管道、飞机升降舵等。

环氧树脂的成型特性表现为：

（1）常用浇铸、压注、压缩及注射成型。

（2）流动性好，固化速度快，装料后应立即加压，不需排气。

（3）固化收缩小，但热刚性差，塑件不易脱模。

6.9 塑料制件设计

塑料制件（简称塑件）的设计不仅要满足使用要求，而且要符合塑料的成型工艺特点，并且尽可能使模具结构简单。塑料制件设计的主要内容包括塑料制件的结构设计、加工精度和表面质量的确定。

6.9.1 塑件的结构设计

塑件的结构工艺性是指塑件加工成型的难易程度，它与成型模具设计有着密切关系，良好的塑件结构工艺性是我们获得合格塑件的基础，也是成型工艺顺利进行、提高产品质量和生产效率、降低生产成本的基本保证。

塑件主要根据其使用要求进行设计，在满足使用要求的前提下，力求塑件结构简单、壁厚均匀、使用方便，并尽可能使模具结构简单，易于制造。

塑件的结构设计包括对其形状、壁厚、脱模斜度、加强肋、支承面、圆角、孔、螺纹、嵌件等的设计。

1. 形状

塑件的形状在满足使用要求的前提下，应尽量有利于成型。采用瓣合结构或侧向抽芯机构不但使模具结构复杂，还会使分型面上留下飞边，因此应避免塑件有侧壁凹槽或与塑件脱模方向垂直的孔。表 6-6 所示为改变塑件形状以利于塑件成型实例，改进后的塑件形状使模具结构得以简化。此外，塑件的形状还应有利于提高其强度和刚度。

表 6-6 改变塑件形状以利于塑件成型实例

序　号	不 合 理	合 理	说　明
1			横向侧孔改为垂直孔，免去侧抽芯机构
2			塑件内侧凹，侧抽芯距过大，成型困难。改进后的结构使侧抽芯距明显缩短
3			应避免塑件有横向凸台，以便于脱模
4			改变塑件形状后则不需要侧抽芯机构
5			塑件外侧凹，需瓣合凹模成型，模具结构复杂，塑件表面有接痕

2. 壁厚

塑件的壁厚主要由塑件的使用条件决定。壁厚不仅会影响塑件的强度和刚度，而且会影响塑料成型时的流动性。因此必须合理选择塑件的壁厚。

壁厚过小则成型时流动阻力大，对大型复杂塑件就难以充满型腔，而且不能保证塑料制品的强度和刚度；壁厚过大则浪费原料，增加塑件的成本，而且会增加成型时间和冷却时间，降低生产率，还容易使塑件产生气泡、缩孔等缺陷。

壁厚大小主要与塑料品种、塑料制品大小及成型工艺条件等因素有关。对于热固性塑料，小件壁厚一般取 1.5～2.5mm，大型塑件壁厚一般取 3～8mm，热固性塑料制件的壁厚推荐值可参见表 6-7。对于热塑性塑料，薄壁塑料制件易于成型，但壁厚一般不小于 0.6～0.9mm，常选取 2～4mm。热塑性塑料制件的最小壁厚和常用壁厚推荐值见表 6-8。塑料制件的壁厚一般应力求均匀，否则会因固化或冷却速度不同而引起收缩不均匀，产生内应力，导致塑料制件产生翘曲变形或缩孔。

表6-7　热固性塑料制件的壁厚推荐值

（mm）

塑料制品材料	塑料制品外形高度 H（mm）		
	<50	50~100	>100
粉状填料的酚醛塑料	0.7~2.0	2.0~3.0	5.0~6.5
纤维状填料的酚醛塑料	1.5~2.0	2.5~3.5	6.0~8.0
氨基塑料	1.0	1.3~2.0	3.0~4.0
聚酯玻璃纤维填料的塑料	1.0~2.0	2.4~3.2	>4.8
聚酯无机物填料的塑料	1.0~2.0	3.2~4.8	>4.8

表6-8　热塑性塑料制件的最小壁厚和常用壁厚推荐值

（mm）

塑料制品材料	最小壁厚	小型塑件壁厚	中型塑件壁厚	大型塑件壁厚
尼龙	0.45	0.76	1.5	2.4~3.2
聚乙烯	0.6	1.25	1.6	2.4~3.2
聚苯乙烯	0.75	1.25	1.6	3.2~5.4
改性聚苯乙烯	0.75	1.25	1.6	3.2~5.4
有机玻璃	0.8	1.50	2.2	4~6.5
硬聚氯乙烯	1.2	1.60	1.8	3.2~5.8
聚丙烯	0.85	1.45	1.75	2.4~3.2
氯化聚醚	0.9	1.35	1.6	2.5~3.4
聚碳酸酯	0.95	1.80	2.3	3~4.5
聚苯醚	1.2	1.75	2.5	3.5~6.4
醋酸纤维素	0.7	1.25	1.9	3.2~4.8
丙烯酸类	0.7	0.9	2.4	3~6
聚甲醛	0.8	1.40	1.6	3.2~5.4
聚砜（PSU）	0.95	1.80	2.3	3~4.5
乙基纤维素	0.9	1.25	1.6	2.4~3.2

3. 脱模斜度

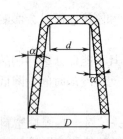

图6-11　塑料制件的脱模斜度

为了便于脱模，所设计塑料制件的内外壁应有足够的脱模斜度，如图 6-11 所示。脱模斜度的大小与塑料性能、塑料收缩率、塑料制件的形状和壁厚等因素有关。在具体选择脱模斜度时应注意以下几点：

（1）塑料制件精度要求高，应选用较小的脱模斜度。

（2）塑料制件尺寸较大的部位，应选用较小的脱模斜度。

（3）塑料制件形状复杂，不易脱模，应选用较大的脱模斜度。

（4）塑料制件脱模后要求留在型芯一侧，则塑料制件内表面的脱模斜度应比外表面小；反之，塑料制件脱模后要求留在型腔一侧，则塑料制件外表面的脱模斜度应小于内表面。

几种常用塑料制件的脱模斜度参见表6-9。

表 6-9　几种常用塑料制件的脱模斜度

塑料制品材料	脱模斜度 α	
	型　腔	型　芯
聚酰胺（通用）	$20' \sim 40'$	$25' \sim 40'$
聚酰胺（增强）	$20' \sim 50'$	$20' \sim 40'$
聚乙烯	$20' \sim 45'$	$25' \sim 45'$
聚甲基丙烯酸酯	$35' \sim 1° 30'$	$30' \sim 1°$
聚苯乙烯	$35' \sim 1° 30'$	$30' \sim 1°$
聚碳酸酯	$35' \sim 1°$	$30' \sim 50'$
ABS 塑料	$40' \sim 1° 20'$	$35' \sim 1°$

4．加强肋

为了确保塑料制件的强度和刚度，又不至于使制件的厚度过大，可在塑料制件的适当位置设置加强肋。加强肋可以避免塑件的变形，有时还可以改善成型时塑料熔体的流动状况。加强肋的布置及尺寸如图 6-12、图 6-13 所示。若塑件壁厚为 δ，则加强肋高度 $L=(1 \sim 3)\delta$，肋根宽 $A=(1/4 \sim 1)\delta$（当 $\delta \leqslant 2mm$ 时，取 $A=\delta$），肋根过渡圆角 $R=(1/8 \sim 1/4)\delta$，收缩角 $\alpha=2° \sim 5°$，肋部圆角 $r=\delta/8$。

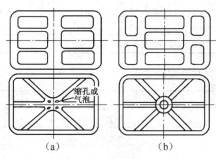

图 6-12　加强肋的布置

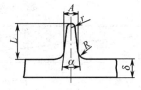

图 6-13　加强肋的尺寸

加强肋设计要求如下：

（1）加强肋的厚度应小于塑件的厚度。

（2）加强肋的端面高度不应超过塑件高度，通常应低于塑件高度 0.5mm。

（3）加强肋的布置应尽量减少塑料的局部集中，以避免产生气泡和缩孔。

5．支承面

若用塑料制件的整个底面作为支承面，则稍有变形就会造成底面不平。为了使支承面有更好的支承效果，常采用凸边或几个凸起的支脚作为支承面，这样既可以增加塑料制件的刚度，又保证了塑料制件的平稳性。图 6-14（a）所示结构不合理；图 6-14（b）、（c）所示结构合理。

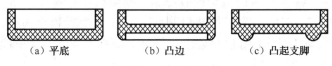

（a）平底　　　　　　（b）凸边　　　　　　（c）凸起支脚

图 6-14　支承面设计

6．圆角

在塑料制件设计中，制件的转角处应尽可能采用圆弧过渡。这样可以避免应力集中，提高塑料制件的强度，改善塑件成型时的塑料流动情况及便于脱模。塑料制件内外表面转角处的圆角半径 R 与塑件壁厚 t 的关系如图6-15所示。

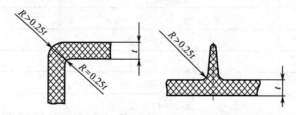

图6-15　塑件的圆角半径 R 与塑件壁厚 t 的关系

7．孔

在设计塑料制件上各种孔（如通孔、盲孔、螺纹孔等）的位置时，应不影响塑料制件的强度，并且应尽量不增加模具制造的复杂性。塑件孔的形状宜简单；孔与孔之间、孔与壁之间应保持一定的距离（见表6-10）；孔径与孔的深度也有一定关系（见表6-11）。

表6-10　热固性塑料孔间距、孔边距与孔径的关系

孔径 d（mm）	<1.5	1.5～3	3～6	6～10	10～18	18～30
孔间距、孔边距 b（mm）	1～1.5	1.5～2	2～3	3～4	4～5	5～7

注：热塑性塑料尺寸为热固性塑料的75%；增强塑料取较大值；两孔径不一致时，则以小孔为准查表。

表6-11　孔径与孔深的关系

孔 的 形 式		孔 的 深 度	
成 型 方 法		通孔	不通孔
压塑	横孔	2.5d	<1.5d
	竖孔	5d	<2.5d
挤塑或注射		10d	4～5d

注：（1）d 为孔的直径。

（2）采用纤维状塑料时，表中数值乘系数0.75。

通孔可用一端固定的成型芯或两端分别固定的对头成型芯来成型；盲孔则用一端固定的成型芯来成型。

8．螺纹

塑料制件上的螺纹可以直接成型，也可以在成型后进行机械加工。对于经常拆装或受力较大的螺纹，则采用金属的螺纹嵌件。螺纹的牙型尺寸不宜过细，否则使用时强度不够。直接成型的外螺纹直径不宜小于4mm，内螺纹直接不宜小于2mm。塑料螺纹的公差等级一般低于IT8。如果模具上的螺纹没有考虑塑料的收缩值，则塑料制件螺纹与金属螺纹的配合长度一般不大于螺纹直径的1.5～2倍。为了使塑料制件上的螺纹始端和末端在使用中不致崩裂或变形，其始、末端应按图6-16所示结构参数进行设计。螺纹始端和末端的过渡长度可按表6-12选取。

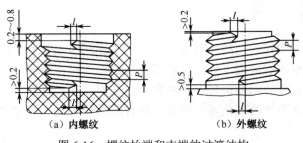

图 6-16　螺纹始端和末端的过渡结构

表 6-12　塑料制件螺纹始端和末端的过渡长度

螺纹直径（mm）	P（mm）		
	<0.5	0.5～1	>1
	始末端长度尺寸 l（mm）		
≤10	1	2	3
>10～20	2	2	4
>20～34	2	4	6
>34～52	3	6	8
>52	3	8	10

9. 嵌件

在塑料制件内部镶嵌的金属件、非金属件或已成型的塑件等称为嵌件。使用嵌件的目的在于提高塑件的局部强度、刚度或满足塑件某些特殊要求，如导电性、耐磨性等。

金属是最常用的嵌件材料。金属嵌件能起到提高塑料制件的机械强度及耐磨性，保证电气性能，增强塑料制件形状和尺寸的稳定性，提高塑件精度等作用。金属嵌件周围的塑料层不能太薄，否则塑料制件会因冷却收缩而破裂。金属嵌件周围塑料层的厚度见表 6-13。金属嵌件常用的类型有圆柱形、圆筒形、板形和片形等形状。在设计带金属嵌件的塑料制品时，主要应保证嵌件固定的牢靠性、嵌件在成型过程中的稳定性和塑料制件的强度。

表 6-13　金属嵌件周围塑料层的厚度

（mm）

D	<4	4～8	8～12	12～16	16～25
H	1	1.5	2.0	2.5	3.0
C	1.5	2.0	3.0	4.0	5.0

6.9.2　塑件的尺寸精度和表面质量

1. 塑件的尺寸

塑件的尺寸是指塑件的总体尺寸（如塑件的总体长、宽和高等），而不是壁厚、孔径等结构尺寸。塑件尺寸的大小影响塑料在成型过程中的流动性。

2．塑件的尺寸精度

塑件的尺寸精度是指塑件成型后的尺寸与产品图中标注尺寸的符合程度。为降低模具的制造成本，在满足塑件使用要求的前提下应尽可能取较低的塑件尺寸精度。

影响塑料制件尺寸精度的因素很多，其主要因素是模具的制造误差、模具的磨损程度、塑料收缩率的波动、成型工艺条件的变化等。要保证塑件的尺寸精度应考虑如下因素。

1）成型材料

塑料本身的收缩性、原料内含水分及挥发物量、原料的配制工艺、生产批量大小、保存方法和保存时间等因素，均会造成塑料成型收缩不稳定。

2）成型条件

塑料制件的成型温度、压力、时间等成型条件，都直接影响成型收缩。

3）塑件形状

塑件的形状和壁厚会影响成型收缩，脱模斜度大小直接影响尺寸精度。

4）模具结构

（1）主流道尺寸：主流道尺寸大时塑件尺寸收缩小，主流道尺寸小时塑件尺寸收缩大。

（2）料流方向：与料流方向平行的尺寸收缩大，与料流方向垂直的尺寸收缩小。

（3）分型面的选择：它决定了飞边产生的位置，飞边使垂直于分型面的制件尺寸产生误差。

（4）模具制造误差及磨损：尤其是成型零件的制造和装配误差，以及使用中的磨损会直接影响塑料制件的精度。

5）成型后的条件

（1）测量误差：由于测量工具、测量方法、测量温度等造成的误差。

（2）存放条件：塑料制件如果存放不当，会使塑料制品产生弯曲、扭曲等变形。

影响塑件尺寸精度的因素较多，所以塑件的尺寸精度往往不高，设计时在保证使用要求的前提下应尽可能选用低的精度等级。塑件的尺寸公差可依据 GB/T 14486—2008《塑件尺寸公差》（见附录 D）确定。表中只列出公差值，基本尺寸的上、下偏差可根据工程的实际需要分配。塑件上孔的公差可采用基准孔，取表中数值冠以（＋）号；塑件上轴的公差可采用基准轴，取表中数值冠以（－）号；对于中心距尺寸及其他位置尺寸采用双向等值偏差，取表中数值的一半冠以（±）号。

对塑件的精度要求要具体分析，根据装配情况来确定尺寸公差。一般配合部分尺寸精度高于非配合部分尺寸精度。塑件的精度要求越高，模具的制造精度要求也越高，模具制造困难，塑件易出现废品。在塑件材料和工艺条件一定的情况下，应参照 GB/T 1844.1—2008《常用塑料模塑件尺寸公差等级的选用》（见附录 E）合理选用塑料的精度等级。

3．塑件的表面质量

塑件的表面质量是指塑件的表面缺陷（如斑点、条纹、凹痕、起泡、变色等）、表面光泽性、表面粗糙度。表面缺陷与成型工艺和工艺条件有关，必须避免。表面光泽性和表面粗糙度根据塑件的使用要求确定，透明塑件对光泽性和表面粗糙度均有严格要求，透明塑件型腔和型芯的表面粗糙度必须相同。塑件的表面粗糙度与塑料的品种、成型工艺条件、模具成型零件表面粗糙度及其磨损情况有关，其中模具成型零件的表面粗糙度是决定塑件表面粗糙度的主要因素。在设计模具时型腔的表面粗糙度一般要比塑件的要求高 1～2 级，塑件的表面粗糙度可参照 GB/T 14234—1993《塑料件表面粗糙度标准》（见附录 F）选取，一般在 Ra 0.2～1.6μm 之间选取。

思考题

6.1　什么是塑料？什么是塑料的收缩性？影响塑料收缩率的因素有哪些？

6.2　什么是塑料的流动性？影响流动性好坏的因素有哪些？

6.3　什么是热敏性、应力开裂和熔体破裂？

6.4　何谓聚合物结晶和取向？它们对聚合物性能各有什么影响？

6.5　何谓聚合物的降解？如何避免聚合物的降解？

6.6　热塑性塑料与热固性塑料的成型工艺性能主要包括哪些方面？

6.7　试介绍几种主要塑料成型工艺方法的基本原理和特点。

6.8　注射成型过程分为几个阶段？

6.9　塑料是如何分类的？热塑性塑料与热固性塑料有什么本质区别？

6.10　酚醛塑料、聚苯乙烯、尼龙、ABS 等塑料的主要成型特性有哪些？

6.11　在塑件设计中应考虑的结构工艺性包括哪些内容？

6.12　如何确定塑件上的脱模斜度？

6.13　设计带螺纹的塑件应注意哪些问题？

6.14　影响塑件尺寸精度、表面质量的因素有哪些？

第7章
注射成型模具设计

7.1 注射模的分类及典型结构

模具是塑料制品成型的主要工具。根据塑料品种、塑料制品结构、生产批量和使用设备不同，采用各种不同形式的模具。注射成型工艺中使用的模具叫注射成型模具，简称注射模，其结构如图 7-1 所示。注射模可用于绝大部分热塑性塑料及部分热固性塑料的成型加工。

注射模具有生产适应性强、生产效率高和容易实现自动化等特点，在塑件的生产中应用十分广泛。

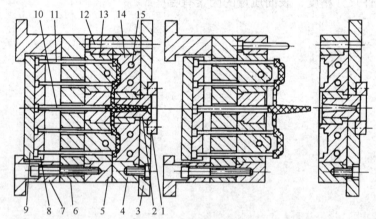

1—定位圈；2—浇口套；3—定模座板；4—定模板；5—动模板；6—动模垫板；7—动模底座；
8—推杆固定板；9—推板；10—拉料杆；11—推杆；12—导柱；13—型芯；14—凹模；15—冷却水通道

图 7-1　注射模结构

7.1.1 注射模的结构组成

注射模主要由定模和动模两部分构成。定模安装在注射机的固定模板上，动模安装在注射机的移动模板上并可随移动模板的移动实现模具的启闭。在模具闭合状态，动模和定模共同构成模具的型腔和浇注系统。注射模的组成零件按用途可以分为成型零件和结构零件两大类。

1. 成型零件

成型零件是注射模的关键件，它们决定了塑件内外表面的几何形状和尺寸，如图 7-1 中的型芯 13 和凹模 14。

2．结构零件

结构零件是指在注射模中起安装、定位、导向、装配等作用的零件，一般包括浇注系统零件、合模导向零件、推出机构零件、侧向分型和抽芯机构零件、温度调节系统零件、排气系统零件及支承零部件等。

1）浇注系统零件

用于将熔融塑料由注射机喷嘴引向模具型腔的通道。普通浇注系统包括主流道、分流道、浇口、冷料穴四部分。如图 7-1 中的浇口套 2 中间的圆锥孔形成主流道。

2）合模导向零件

保证动、定模或模具中其他零部件合模时准确对中，以保证塑件的形状精确和壁厚均匀，还可避免损坏成型零部件，如图 7-1 中的导柱 12。

3）推出机构零件

在开模过程中，将塑件及浇注系统凝料推出或拉出的装置，如图 7-1 中的推杆固定板 8、推板 9 及推杆 11。

4）侧向分型和抽芯机构零件

开模推出塑件前，把成型侧凹（凸）的活动型芯从塑件中抽拔出去的装置，如图 7-3 中的斜导柱 2、斜滑块 3。

5）温度调节系统零件

为满足注射工艺对模具温度的要求，控制模具中各部位温度的装置，包括冷却或加热装置，如图 7-1 中的冷却水通道 15。

6）排气系统零件

注射过程中排出型腔内原有空气和塑料熔体释放气体的结构。一般在分型面处开设排气槽，或者利用推杆和型芯与模具的配合间隙排气。

7）支承零部件

安装、固定、支承上述零部件的零部件，如图 7-1 中的定模座板 3、定模板 4、动模板 5、动模垫板 6、动模底座 7 等。

并不是所有注射模都具有上述结构，塑件的形状不同，模具的结构组成有差异。

7.1.2　注射模的分类及典型结构

注射模的分类方法很多。按加工塑料的品种，可分为热塑性和热固性塑料注射模；按注射机类型，可分为卧式、立式和角式注射机用注射模；按型腔数目，可分为单型腔和多型腔注射模；按模具在注射机上的安装方式，可分为移动式（仅用于立式注射机）和固定式注射模。

通常按注射模总体结构的某一特征来分，注射模的类型及典型结构如下。

1．单分型面注射模

只有一个分型面，称为单分型面注射模（又称两板式注射模），如图 7-1 所示。单分型面注射模结构最简单，应用也最多。合模后动、定模闭合构成型腔。主流道在定模一侧，分流道及浇口设在分型面上，动模上设有推出机构。

2．双分型面注射模

双分型面注射模又称三板式注射模，在两板式注射模的动模和定模之间增加了一个可以定距移动的流道板（又称中间板），塑件和浇注系统凝料分别从两个分型面取出。卧式双分型面注射模如图7-2所示。开模时在弹簧2的作用下，中间板13与定模座板14首先沿*A—A*面作定距分型。其分型距离由定距拉板1和限位销3联合控制，以便取出这两板间的浇注系统凝料。继续开模，模具沿*B—B*分型面分型，塑件与凝料拉断留在型芯上动模一侧，最后在注射机的固定顶出杆的作用下，推动模具的推出机构，将型芯上的塑件推出。

双分型面注射模应用于中心进料的点浇口的单（多）型腔注射模。因双分型面注射模结构较复杂、制造成本较高、零件加工困难、模具重量大，一般不用于大型、特大型塑件的成型。

3. 带侧向分型和抽芯机构的注射模

当塑件上带有侧孔或侧凹时，模具中要设斜导柱或斜滑块等组成的侧向分型抽芯机构，使侧型芯作横向运动。图7-3所示为带侧向分型抽芯机构的注射模。开模时斜导柱2依靠开模力带动侧型芯斜滑块3侧向移动完成抽芯，开模后再由推出机构将塑件从型芯4上推出。

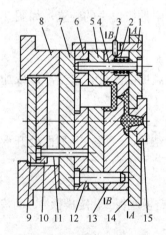

1—定距拉板；2—弹簧；3—限位销；4—导柱；
5—推件板；6—型芯固定板；7—支承板；8—模座；
9—推板；10—推杆固定板；11—推杆；12—导柱；
13—中间板；14—定模座板；15—浇口套

图7-2　卧式双分型面注射模

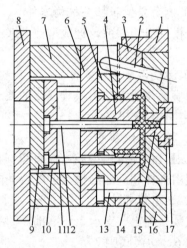

1—锁紧块；2—斜导柱；3—斜滑块；4—型芯；5—固定板；
6—动模垫板；7—支架；8—动模座板；9—推板；
10—推杆固定板；11—推杆；12—拉料杆；13—导柱；
14—动模板；15—浇口套；16—定模座板；17—定位圈

图7-3　带侧向分型抽芯机构的注射模

4. 定模设推出机构的注射模

通常情况下，开模后要求塑件留在设有推出机构的动模一侧。但有时由于塑件的特殊要求或受其形状限制，开模后塑件会留在定模一侧或有可能留在定模一侧，此时应在定模一侧设推出机构。如图7-4所示，开模时，动模左移，塑件从动模板5及成型镶块3上脱出留在定模一侧。当动模左移至一定距离时，拉板紧固螺钉4带动拉板8移动一段距离后，继而通过螺钉6带动推件板7移动，将塑件从定模的型芯11上脱出。

5. 自动卸螺纹的注射模

带有螺纹的塑件，要求在成型后自动卸螺纹时，模具中应设置能转动的螺纹型芯或型环，利用注射机本身的旋转运动或往复运动，将螺纹塑件脱出。

图 7-5 所示为直角式注射机上用的自动卸螺纹注射模。为防止塑件随螺纹型芯一起转动，要求塑件外形具有防转结构，图中是用塑件端面的凸起图案（图中未表示）保证塑件与定模板 7 相对位置防转的。开模时，模具沿 A—A 分型面先分开，同时螺纹型芯 1 随注射机开合模丝杆 8 旋转且左移，此时带螺纹的塑件由定模板 7 止动而不动，仍留在定模中。待 A—A 面分开一段距离后，螺纹型芯在塑件内还剩最后一牙时，定距螺钉 4 拉动动模板 5 使 B—B 分型面分开，塑件随型芯左移，脱出定模，最后由人工将塑件稍作旋转即可从型芯上取下。

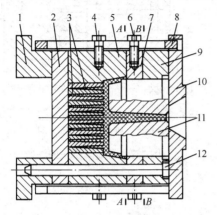

1—模座；2—支承板；3—成型镶块；4—拉板紧固
螺钉；5—动模板；6—螺钉；7—推件板；8—拉板；
9—定模板；10—定模座板；11—型芯；12—导柱

图 7-4　定模设推出机构的注射模

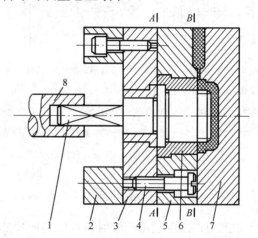

1—螺纹型芯；2—模座；3—支承板；4—定距螺钉；
5—动模板；6—衬套；7—定模板；8—注射机开合模丝杆

图 7-5　自动卸螺纹注射模

6. 热流道注射模

热流道注射模又称无流道注射模。普通浇注系统注射模，每次开模取件时都有流道凝料。热流道注射模成型过程中用加热或绝热的办法使浇注系统中的塑料始终保持熔融状态，在每次开模时，只需取出塑件而没有浇注系统凝料。热流道注射模如图 7-6 所示。塑料从注射机喷嘴 21 进入模具后，在流道中被加热保温而保持熔融状态，每次注射完成后只有型腔内的塑料冷却成型，取出塑件后继续合模注射。采用热流道注射模可大大节省塑料用量，提高生产率，保证塑件质量，更容易实现自动化生产。但热流道注射模结构复杂，温度控制要求严格，模具成本高，适于大批量生产。

7. 带有活动成型零件的注射模

带有内侧凸、凹或螺纹孔等塑件时，需设置活动的成型零件（也称活动镶块），以方便取件。活动镶块的动作方向和动模开模方向垂直，或成一定角度。图 7-7 所示为带有靠手动操作的活动镶块的注射模，制件内侧所带凸台，采用活动镶块 3 成型。开模时，塑件留在凸模，待分型到一定距离后，推出机构的推杆将活动镶块 3 连同塑件一起推出模外，然后由人工或其他装置将塑件与镶件分离。推杆 9 完成推出动作后在弹簧 8 的作用下先回程，以便活动镶块 3 在合模前再次放入型芯座 4 的定位孔中。

采用活动镶块结构比采用侧向分型与抽芯机构的模具结构简单、外形小、成本低，但其操作安全性差，生产率低。

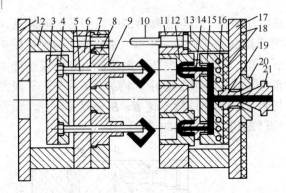

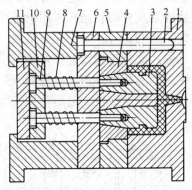

1—动模座板；2—垫块；3—推板；4—推杆固定板；5—推杆；6—支承板；
7—导套；8—动模板；9—型芯；10—导柱；11—定模板；12—凹模；
13—垫块；14—喷嘴；15—热流道板；16—加热器孔道；17—定模座板；
18—绝热层；19—浇口套；20—定位圈；21—注射机喷嘴

图 7-6 热流道注射模

1—定模板；2—导柱；3—活动镶块；4—型芯座；
5—动模板；6—支承板；7—模座；8—弹簧；
9—推杆；10—推杆固定板；11—推板

图 7-7 带活动镶块的注射模

7.1.3 型腔总体布局

在生产中，注射模每次注射循环所能成型的塑件数量等于模具的型腔数量。型腔数量、型腔的布局不仅与模具的结构有关，而且直接影响塑件的质量和制造成本。

型腔数量分为单型腔和多型腔两种。单型腔模具结构简单，制造容易，但生产效率低。多型腔模具生产效率高，材料利用率高，适合大批量生产，但结构复杂，塑件的一致性较差。

1. 型腔数量的确定

型腔数量的确定方法：一种是先确定注射机的型号，再根据注射机的技术参数和塑件的技术要求，计算型腔的数量；另一种是先根据生产效率的要求和塑件的精度要求确定型腔的数量，然后再选择注射机。

型腔数量可按下列方法确定。

（1）在多型腔模具的设计中，一般可按注射机的最大注射量来确定型腔数目 n。

$$n \leqslant \frac{0.8V_{\max} - V_j}{V_s} \tag{7-1}$$

式中　$V_{\max}$——注射机额定注射量（cm^3）；

　　　V_s——单个塑件的体积（cm^3）；

　　　V_j——浇注系统凝料的体积（cm^3）。

经验表明，模具每增加一个型腔，塑件的尺寸精度将降低 4%。成型高精度塑件时，模具型腔数目不宜过多，通常不超过 4 个。

（2）按注射机的额定锁模力大小确定型腔数 n。薄壁板形的塑件以锁模力确定型腔数为宜，为保证注射机的额定锁模力大于将模具分型面胀开的力，型腔数可按下式计算：

$$n \leqslant \frac{F_0 - p'A_{浇}}{p'A_i} \tag{7-2}$$

式中　F_0——注射机的额定锁模力（N）；

　　　p'——塑料熔体对型腔的平均压力（MPa）；

　　　$A_{浇}$——浇注系统及飞边在分型面上的投影面积（cm^2）；

　　A_i——单个塑件在分型面上的投影面积（cm^2）。

　　（3）按经济性确定型腔数。根据总成型加工费用最小的原则，并忽略准备时间和试生产原材料费用，仅考虑模具费和成型加工费。

　　设型腔数目为 n，塑件总数为 N，每个型腔所需的模具费用为 C_1，与型腔无关的模具费用为 C_0，成型周期为 t（min），单位时间内注射成型的加工费用为 Y_t（元/小时），则

模具费用

$$X_m = nC_1 + C_0 （元） \tag{7-3}$$

成型加工费用

$$X_j = N\left(\frac{Y_t}{60n}\right) （元） \tag{7-4}$$

总成型加工费用

$$X = X_m + X_j （元） \tag{7-5}$$

为使总的成型加工费用最低，令 $\dfrac{dX}{dn} = 0$，则有

$$n = \sqrt{\frac{NY_t}{60C_1}} \tag{7-6}$$

2．型腔的布局

　　对于多型腔模具，由于型腔的布局与浇注系统、模具结构、塑料质量密切相关，所以在模具设计时应综合考虑。型腔的布局应使成型塑件时每个型腔内的压力、温度和充模时间相同，即做到平衡进料，才能保证各个型腔成型的塑件内在质量均一稳定。型腔的排布分为平衡式排布和非平衡式排布两种。

　　1）平衡式排布

　　平衡式排布如图 7-8 所示。其特点是各分流道长度、截面形状、尺寸及分布对称性对应相同，可实现平衡进料，但分流道的总长度大，模具加工困难。

　　2）非平衡式排布

　　非平衡式排布如图 7-9 所示。其特点是各分流道长度不同，不利于平衡进料，但可有效缩短分流道长度。

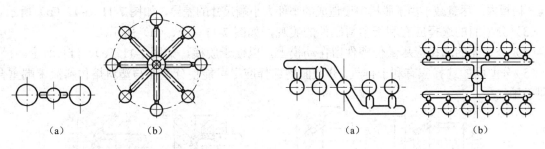

　　（a）　　　　　　　　（b）　　　　　　　　　　　　　（a）　　　　　　　　（b）

　　　图 7-8　平衡式排布　　　　　　　　　　图 7-9　非平衡式排布

　　合理的型腔布局，应使每个型腔都能从浇注系统总压力中均等地分到足够的成型压力；型腔排列应紧凑，这样可以减小模具的外形尺寸，节省制模材料；流道长度要求最短；要求熔料充模时，模具内压力分布均衡；型腔布局力求对称，以防止模具受偏载而产生溢料等。

7.1.4　模具分型面的选择

　　分型面是模具上用于取出塑件和凝料的可分离的接触表面。通过分型面可实现模具型腔的分离和闭合，分型面的选择决定了模具的结构形式、浇注系统的设计及模具的制造工艺等。分型面

的选择是否合理，直接影响塑件的质量、模具的结构和模具操作的难易程度等。

1．模具分型面的基本类型

分型面的形式如图 7-10 所示。分型面的表示方法为在分型面的延长面上画出一小段直线表示分型面的位置；用箭头表示开模方向或模板移动的方向。如果是多分型面，则用罗马数字（也可用大写字母）表示开模的顺序。

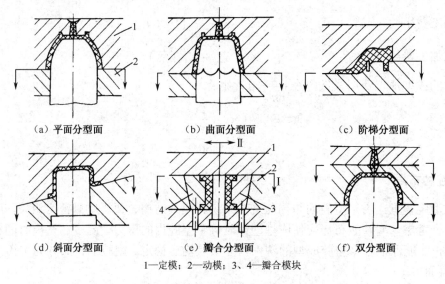

（a）平面分型面　　　　（b）曲面分型面　　　　（c）阶梯分型面

（d）斜面分型面　　　　（e）瓣合分型面　　　　（f）双分型面

1—定模；2—动模；3、4—瓣合模块

图 7-10　分型面的形式

2．分型面的选择原则

（1）分型面的选择应尽量做到模具结构简单、脱模方便、制造容易。一般情况下，分型面的位置应设在塑件截面尺寸最大的部位，且分型面设在垂直于合模的方向上。

（2）分型面的选择应考虑塑件的质量要求。对有同轴度要求的塑件，应将有同轴度要求的部分设在同一模板内，尽量减小由于脱模斜度造成的塑件大小端尺寸的差异，如图 7-11（a）、（b）所示。

（3）分型面的选择应有利于塑料制件的美观，如图 7-11（c）、（d）所示。

（4）分型面的选择应尽量使塑件留在动模上，以便于脱模，如图 7-11（e）、（f）所示。

（5）分型面的选择应有利于排气。分型面的选择应尽可能使分型面与塑料熔体料流末端重合，以利于排气。

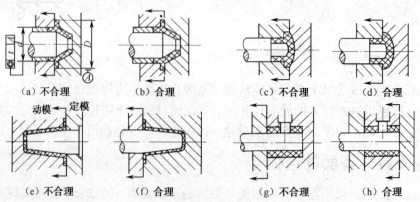

（a）不合理　　（b）合理　　　　（c）不合理　　（d）合理

（e）不合理　　（f）合理　　　　（g）不合理　　（h）合理

图 7-11　分型面的形式对比

（6）分型面的选择应有利于侧向分型与抽芯。一般将抽芯或分型距离较大的方向放在开模的方向，而将抽芯距离较小方向的放在侧向，如图 7-11（g）、（h）所示。

7.2　注射模与注射机的关系

注射机是塑料注射成型所用的主要设备，其结构如图 7-12 所示。注射成型时注射模安装在注射机上，在合模状态下，塑料在料筒内被加热至熔融状态，再由注射装置将塑料液体注入模具型腔内，待塑料冷却后可形成塑料制件。为完成上述工作过程，注射机一般由注射装置、锁模装置、加热和冷却装置、液压和电气装置组成。

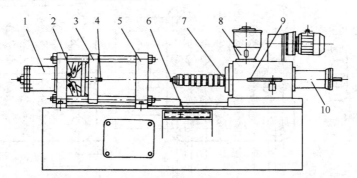

1—锁模液压缸；2—锁模机构；3—动模板；4—推杆；5—定模板；

6—控制台；7—料筒及加热器；8—料斗；9—供料装置；10—注射缸

图 7-12　注射机的结构

注射装置的主要作用是使固态的塑料液化，并在足够的压力和速度下将塑料液体注入模具型腔。注射装置由料斗、料筒、加热器、注射缸等组成。

锁模装置可实现模具的开闭。在塑件成型时提供足够的夹紧力使模具锁紧，在开模时还可推出塑件。锁模装置的主要部件有机架、定模板、动模板、拉杆、肘杆等，如图 7-15 所示。

液压传动和电气控制系统是保证注射成型按照预定的工艺要求和动作程序准确进行而设置的。

7.2.1　注射机的基本技术参数

注射机的技术参数是注射机设计、制造、选择与使用的基本依据，也是模具设计、制造的基础。在设计注射模时，必须熟悉所选用注射机的基本技术参数，这样才能保证设计的注射模具符合要求，并能安装在注射机上使用。

描述注射机性能的基本参数包括额定注射量、额定注射压力、锁模力、模板行程、模具最大厚度和最小厚度、拉杆间距和安装螺钉孔位置尺寸、定位孔尺寸、喷嘴球面半径等。图 7-13 所示为国产 XS-ZY-125 注射成型机合模部分的结构和基本尺寸。

注射成型机分为立式注射成型机、直角式注射成型机和卧式注射成型机。卧式注射成型机的基本技术参数见表 7-1，其他类型注射机的基本技术参数见模具设计手册。

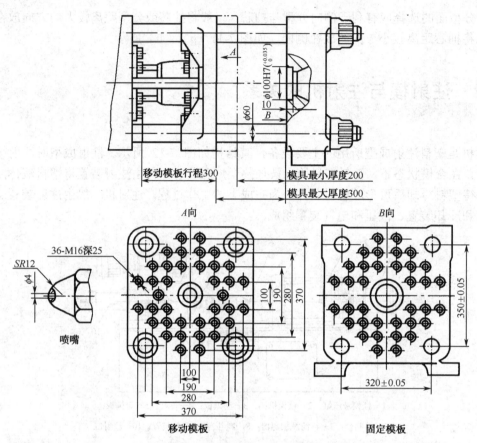

图 7-13　国产 XS-ZY-125 注射机合模部分的结构和基本尺寸

表 7-1　卧式注射成型机的基本技术参数

型　　号	XS-Z-30	XS-Z-60	XS-ZY-125	XS-ZY-250	XS-ZY-500	XS-ZY-1000	XS-ZY-1000A
螺杆直径（mm）	$\phi 28$	$\phi 38$	$\phi 42$	$\phi 50$	$\phi 65$	$\phi 85$	$\phi 100$
额定注射量（cm^3）	30	60	125	250	500	1 000	2 000
额定注射压力（MPa）	119	122	120	130	145	121	121
锁模力（kN）	25	50	90	180	350	450	600
最大注射面积（cm^2）	90	130	320	500	1 000	1 800	2 000
模具最大厚度（mm）	180	200	300	350	450	700	700
模具最小厚度（mm）	60	70	200	250	300	300	300
模板行程（mm）	160	180	300	350	700	700	700
喷嘴球半径（mm）	12	12	12	18	18	18	18
喷嘴孔直径（mm）	$\phi 4$	$\phi 4$	$\phi 4$	$\phi 4$	$\phi 7.5$	$\phi 7.5$	$\phi 7.5$
定位孔直径（mm）	$\phi 63.5^{+0.064}_{0}$	$\phi 55^{+0.03}_{0}$	$\phi 100^{+0.054}_{0}$	$\phi 125^{+0.06}_{0}$	$\phi 150^{+0.06}_{0}$	$\phi 150^{+0.06}_{0}$	$\phi 150^{+0.06}_{0}$

续表

型　号	XS-Z-30	XS-Z-60	XS-ZY-125	XS-ZY-250	XS-ZY-500	XS-ZY-1000	XS-ZY-1000A
推出机构中心 孔径（mm）		$\phi 50$			$\phi 150$		
推出机构两侧 孔径（mm）	$\phi 20$		$\phi 22$	$\phi 40$	$\phi 24.5$	$\phi 20$	$\phi 20$
推出机构两侧 孔距（mm）	170		230	280	530	850	850

7.2.2　注射机基本参数的校核

注射模须安装在注射机上工作，为完成模具的开合、保证塑件的质量，应对所选择的注射机进行如下校核。

1．最大注射量的校核

注射机的额定注射量是指在对空注射条件下，注射机螺杆或柱塞完成一次最大注射行程时注射出的塑料体积或质量，其值在一定程度上反映了注射机的成型能力。

塑件的体积（或质量）必须与所选择注射成型机的最大注射量相适应。为了保证正常的注射成型，注射机的最大注射量应稍大于塑件（包括流道凝料和飞边）的体积或质量。

当注射成型机最大注射量以最大注射容积标定时，按下式校核：

$$KV_0 \geqslant nV_i + V_j \tag{7-7}$$

式中　V_0——注射成型机最大注射量（cm^3）；

　　　V_i——一个塑料制品的体积（cm^3）；

　　　V_j——流道凝料和飞边的体积（cm^3）；

　　　n——型腔数；

　　　K——注射机最大注射量的利用系数，一般取 0.7～0.9。

因塑料的体积与压缩率有关，故所需塑料体积为

$$V_料 \geqslant K_压 V = K_压 (nV_i + V_j) \tag{7-8}$$

式中　$K_压$——压缩率，见表 7-2；

　　　$V_料$——塑料的体积（cm^3）；

　　　V——塑件的总体积（包括塑件、流道凝料和飞边在内，cm^3）。

考虑实际注射的具体情况，为保证塑件质量，充分发挥设备的能力，注射模一次成型所需的最小注射量应大于注射机额定注射量的 20%，最大注射量应小于额定注射量的 80%。

表 7-2　常用热塑性塑料的密度及压缩率

塑 料 名 称	密度 ρ（$g \cdot cm^{-3}$）	压缩率 $k_压$
高压聚乙烯	0.91～0.94	1.84～2.30
低压聚乙烯	0.94～0.965	1.725～1.909
聚丙烯	0.90～0.91	1.92～1.96
聚苯乙烯	1.04～1.06	1.90～2.15
硬聚氯乙烯	1.35～1.45	2.3
软聚氯乙烯	1.16～1.35	2.3
尼龙	1.09～1.14	2.0～2.1
聚甲醛	1.4	1.8～2.0
ABS	1.0～1.1	1.8～2.0

续表

塑料名称	密度ρ（g·cm^{-3}）	压缩率 $k_{压}$
聚碳酸酯	1.2	1.75
醋酸纤维素	1.24～1.34	2.40
聚丙烯酸酯	1.17～1.20	1.8～2.0

2. 注射压力的校核

注射机的额定注射压力 p_0 是指注射成型时柱塞或螺杆施加于熔融塑料单位面积上的压力。其值应稍大于塑料制品成型所需的注射压力，即

$$p_0 \geqslant p \tag{7-9}$$

式中　p——塑料制品成型所需的注射压力（MPa）。

塑料制品成型所需的注射压力与塑料的品种、塑件的形状、浇注系统、注射机的类型及喷嘴的形式有关。可参考塑料的注射成型工艺参数来确定塑料制品成型所需的注射压力，塑料制品成型所需注射压力的推荐值一般为 70～150MPa，对于流动性好、形状简单或加工精度要求较低的塑件，注射压力可取较小值；对于流动性较差、形状复杂或薄壁的塑件，注射压力可取较大值。

3. 锁模力的校核

锁模力又称合模力，是指注射机的合模装置对模具所施加的最大夹紧力。为避免塑料注射成型时由于受到注射压力的作用而使模具沿分型面胀开，注射机的锁模力可按下式校核：

$$F_0 \geqslant p_{模} A_{分} \tag{7-10}$$

式中　F_0——注射机的额定锁模力（N）；

　　$p_{模}$——型腔内塑料熔体的平均压力（MPa），一般取 25～40MPa；

　　$A_{分}$——塑料制品及浇注系统在分型面上的投影面积之和（mm^2）。

4. 模具闭合高度和外形尺寸的校核

（1）模具的闭合高度。应满足以下关系：

$$H_{\min} \leqslant H \leqslant H_{\max} \tag{7-11}$$

式中　H——模具闭合高度（mm）；

　　$H_{\min}$——注射机模具最小厚度（mm）；

　　$H_{\max}$——注射机模具最大厚度（mm）。

$$H_{\max} = H_{\min} + L \tag{7-12}$$

式中　L——注射机在模厚方向长度的调节量（mm）。

（2）模具的外形尺寸。模具的外形尺寸应保证模具顺利安放在注射机的拉杆之间。

5. 开模行程的校核

注射机的开模行程应满足取出塑件和浇注系统凝料及完成侧向抽芯的要求。开模行程与合模机构的结构密切相关，液压式合模机构的动模板行程由液压缸活塞的实际行程决定，其开模行程与模具厚度有关（如图 7-14 所示）；曲肘式合模机构的动模板行程为定值，其开模行程由连杆运动行程决定，与模具厚度无关（如图 7-15 所示）。

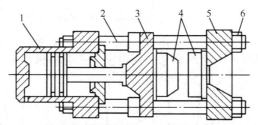

1—合模液压缸；2—拉杆；3—动模板；4—模具；5—定模板；6—拉杆螺母

图 7-14　液压式合模机构

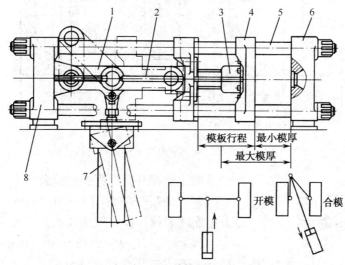

1—肘杆；2—顶出杆；3—调节螺母；4—动模板；5—拉杆；6—前固定模板；7—合模液压缸；8—后固定模板

图 7-15　液压-机械（单曲肘）合模机构

注射机开模行程的校核分为以下三种情况。

（1）注射机的最大开模行程与模厚无关。采用液压-机械联合作用的曲肘式合模机构注射机的最大开模行程与模厚无关。

单分型面注射模（如图 7-16 所示）开模行程的校核公式为

$$s \geqslant H_1 + H_2 + (5 \sim 10) \text{（mm）} \tag{7-13}$$

式中　s——注射机动模板行程（mm）；

　　　H_1——塑件推出距离（mm）；

　　　H_2——塑件（单分型面注射模包括浇注系统凝料）高度（mm）。

双分型面注射模（如图 7-17 所示）开模行程的校核公式为

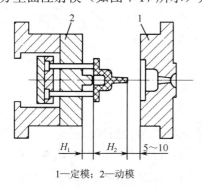

1—定模；2—动模

图 7-16　单分型面注射模开模行程校核

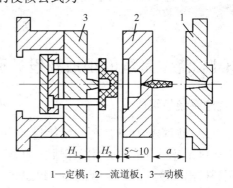

1—定模；2—流道板；3—动模

图 7-17　双分型面注射模开模行程校核

$$s \geq H_1 + H_2 + a + (5 \sim 10) \text{（mm）} \tag{7-14}$$

式中　a——取出浇注系统凝料所需的定模板与流道板分离的距离（mm）。

（2）注射机的最大开模行程与模厚有关。采用全液式合模机构注射机的最大开模行程与模厚有关（如图7-18所示）。

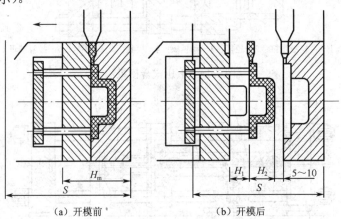

（a）开模前　　　　　　（b）开模后

图7-18　全液式、单分型面注射模开模行程校核

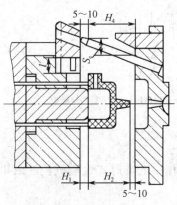

图7-19　有侧向分型抽芯机构注
射模开模行程校核

单分型面注射模开模行程的校核公式为

$$s \geq H_m + H_1 + H_2 + (5 \sim 10) \text{（mm）} \tag{7-15}$$

双分型面注射模开模行程的校核公式为

$$s \geq H_m + H_1 + H_2 + a + (5 \sim 10) \text{（mm）} \tag{7-16}$$

式中　H_m——模具的闭合高度（mm）。

（3）模具有侧向分型抽芯机构注射模的最大开模行程校核。如图7-19所示，为保证开模时侧向抽芯机构顺利抽出，注射模的最大开模行程 s 按两种情况校核。

当 $H_4 > H_1 + H_2$ 时：

$$s \geq H_4 + (5 \sim 10) \text{（mm）} \tag{7-17}$$

当 $H_4 < H_1 + H_2$ 时：

$$s \geq H_1 + H_2 + (5 \sim 10) \text{（mm）} \tag{7-18}$$

式中　H_4——斜导柱沿开模方向的长度（mm）。

7.3　浇注系统设计

7.3.1　浇注系统的组成及设计原则

1. 浇注系统的组成

浇注系统指塑料熔体从注射机喷嘴进入模具开始到进入型腔为止所流经的通道。浇注系统的作用是将塑料熔体平稳有序地引入型腔，在填充和固化定型过程中传递压力和热量，并将型腔内的气体顺利排出，最终获得外观清晰、组织致密的塑件。浇注系统一般由主流道、分流道、浇口、冷料穴四部分组成，如图7-20所示。

（1）主流道（又称进料口）。指从注射机喷嘴与模具接触处开始，到有分流道支线为止的一段料流通道。其功用是将熔体从喷嘴引入模具。其尺寸大小直接影响熔体的流动速度和填充时间。

（2）分流道：是指主流道末端与型腔进料口之间的一段流道。主要起分流和转向作用，分流道是将熔体由主流道分流到各个型腔的过渡通道；也是浇注系统断面变化和熔体流动转向的区域。

（3）浇口：是指分流道与型腔之间的狭窄部分。其作用是使料流进入型腔前加速，便于充满型腔；利于封闭型腔口，防止熔体倒流；便于成型后冷料与塑件分离。

（4）冷料穴：是在每个注射周期开始时，最前端的熔融塑料接触低温模具后会降温、变硬，变硬的塑料称为冷料。冷料穴的作用是储存冷料，防止冷料进入型腔和堵塞浇口。冷料穴一般设在主流道的末端；当分流道较长时，在分流道的末端需增设冷料穴。

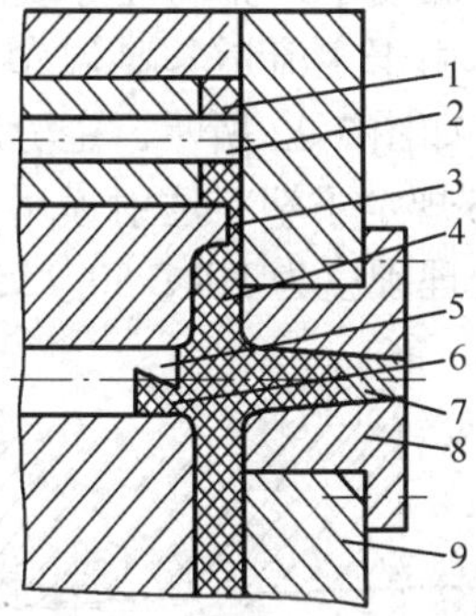

1—型腔（塑件）；2—型芯；3—浇口；
4—分流道；5—拉料杆；6—冷料穴；
7—主流道；8—浇口套；9—定模板

图 7-20　浇注系统的组成

2. 浇注系统的设计原则

浇注系统设计直接影响注射成型的效率和质量。设计时一般遵循以下基本原则：

（1）必须了解塑料的工艺特性。设计者应深入了解塑料的成型工艺特性，以便设计出理想的浇注系统。尽量使浇注系统凝料与塑件容易分离，浇口痕迹易于清除修整，从而保证塑件的美观和质量要求。

（2）结合型腔布局考虑。尽可能保证在同一时间内塑料熔体充满各型腔，为此，尽量采用平衡式布局；型腔布置和浇口开设部位力求沿模具轴线对称，以防止模具承受偏载而产生溢料现象；使型腔及浇注系统在分型面上投影的中心与注射机锁模机构的锁模力作用中心相重合，以使锁模可靠；型腔排列尽可能紧凑，以减小模具外形尺寸。

（3）热量及压力损失要小。应该尽量缩短浇注系统的流程，特别是对于较大的模具型腔，增加断面尺寸，尽量减少弯折，表面粗糙度为 $Ra\,1.6\sim0.4\mu m$。

（4）排气良好。浇注系统应能顺利地引导熔体充满型腔，料流快而不紊乱，并能把型腔内的气体顺利排出。

（5）防止型芯和塑件变形。高速熔融塑料进入型腔时，要尽量避免料流直接冲击型芯或嵌件，否则会使注射压力消耗大或使型芯及嵌件变形。对于大型塑件或精度要求较高的塑件，可考虑采用多点浇口进料防止塑件变形。

（6）降低成本，提高生产效率。在满足各型腔充满的前提下，尽可能减小浇注系统的容积，以减少塑料的消耗；尽可能使塑件不进行或少进行后加工，以缩短成型周期，提高生产效率。

7.3.2　主流道设计

1. 主流道的结构形式

主流道的结构如图 7-21 所示，它是连接注射机喷嘴和注射模具的桥梁，也是塑料熔体进入模具型腔时最先经过的地方。主流道的形状、尺寸和塑料进入型腔的速度及充模时间长短有着密切关系。若主流道截面尺寸太大，则主流道塑料体积增大，需回收冷料多，冷却时间增长，生产效率低。如果排气不良，还容易使塑料在流动时产生紊流或涡流，会产生气泡或组织松散等缺陷，影响塑件质量；若主流道截面尺寸太小，则塑料在流动过程中的冷却面积相应增加，热量损失增大，黏度提高，流动性降低，流动阻力增大，易造成塑件成型困难。

在设计主流道时，对于黏度大、流动性差或尺寸较大的塑件，主流道尺寸应设计得大一些；对于黏度小、流动性好或尺寸较小的塑件，主流道尺寸应设计得小一些。

由于主流道与高温塑料熔体及喷嘴反复接触和碰撞，所以主流道常设计成可拆卸更换的衬套，如图 7-22 所示。主流道衬套（又称浇口套）常见的形式有 Ⅰ、Ⅱ 两种类型，GB/T 4169.19—2006 规定了塑料注射模用主流道衬套的尺寸规格和公差。主流道衬套材料一般采用 T8A 或 T10A，热处理硬度为 HRC 50～55。

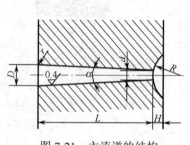

图 7-21　主流道的结构

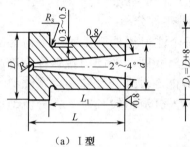

（a）Ⅰ型

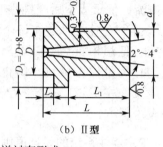

（b）Ⅱ型

图 7-22　主流道衬套形式

主流道衬套是注射机喷嘴在注射模具上的对接体，在注射时它承受很大的注射机喷嘴端部的压力，同时由于主流道衬套末端通过流道浇口与模具型腔相连接，所以也承受模具型腔压力的反作用力。为了防止主流道衬套因喷嘴端部压力而被压入模具内，主流道衬套的结构上要增加台肩并用螺钉紧固在定模板上，这样可防止模腔压力的反作用力把主流道衬套顶出。

对于小型模具，主流道衬套采用整体式设计，不另设定位环，如图 7-23（a）所示。对于大、中型模具，为了保证模具安装到注射机上后主流道与喷嘴对中，可采用定位环对模具定位，主流道衬套与定位环之间的装配关系如图 7-23（b）所示。GB/T 4169.18—2006 规定了注射模定位环的尺寸规格和公差。

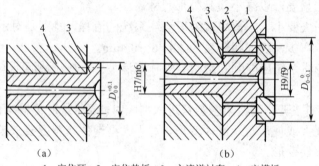

（a）　　　　　　　　　　（b）

1—定位环；2—定位垫板；3—主流道衬套；4—定模板

图 7-23　主流道衬套与定位环

2．主流道设计要点

主流道因模具类型和所用注射机类型不同，其结构也不同。

（1）主流道垂直于分型面，为便于脱模，主流道应设计成圆锥形，锥度 α 可取 2°～4°，黏度大的塑料可取 3°～6°。锥度 α 过大会造成熔体压力减弱、流速减慢，塑料形成涡流，熔体前进时易混进空气，产生气孔；锥度 α 过小，会使熔体流动阻力增大、热量损耗大，塑料表面黏度变大，造成注射困难。

（2）主流道小端直径 d 应比注射机喷嘴孔直径大 1mm，通常为 4～8mm，否则在注射成型时会造成死角，并积存塑料，塑料冷凝后脱模困难。

（3）主流道大端与分流道相接处应有圆角过渡，以减小料流转向时的阻力，其圆角半径 r 通常取 1～3mm 或取 $D/8$。

（4）主流道与注射机喷嘴接触处球面的圆弧度必须吻合。模具主流道球面半径 R 比注射机喷嘴球面半径大 1～2mm，球面深度 H 一般取 3～5mm 或取 $(1/3～2/5)R$。

（5）主流道长度 L 根据定模座板厚度确定，在保证成型良好的条件下 L 应尽量短，可减少冷料回收量，减少压力损失和热量损失。一般取 $L \leqslant 60mm$。

（6）主流道内壁表面粗糙度为 $Ra\ 1.6～0.4\mu m$，保证料流顺畅，易脱模。

（7）主流道不能制成拼块结构，以免塑料进入接缝处，造成脱模困难。

（8）主流道是热量最集中的地方，为保证注射工艺顺利进行及塑件质量，要考虑冷却措施。

7.3.3　分流道设计

1．分流道的结构形式

分流道的基本作用是在压力损失最小的条件下，将来自主流道的塑料熔体，以较快的速度送到浇口处充模。同时，在保证充满型腔的前提下，要求分流道中残留的熔融塑料最少，以减少冷料的回收。因此，分流道的截面积不能太大，也不能太小。如果分流道截面积太小，会降低单位时间可输送的熔融塑料量，使充模时间增长，塑件出现缺料、烧焦、产生波纹及凹陷等；如果分流道截面积过大，易在模具型腔内积存气体，造成塑件出现缺陷，增加冷料回收量，延长塑件的冷却时间，因而延长成型周期，降低生产效率。

在设计分流道时，为减少分流道中的压力损失和热量损失，分流道截面形状应尽量使其比面积小，即保证分流道的内壁表面积与其体积之比最小。

常用分流道的截面形状有圆形、梯形、U 形、半圆形及矩形等，如图 7-24 所示。分流道的长度应尽量短，弯折少，以减少压力和热量损失。分流道的长度一般取 8～30mm。通常圆形截面分流道直径取 2～12mm，对于流动性好的塑料取小值。梯形分流道取 $H = \dfrac{2}{3}D$，侧面斜角常取 5°～10°，梯形截面分流道的尺寸 D 可按下面经验公式确定。

$$D = 0.265\ 4\sqrt{m}\sqrt[4]{L} \tag{7-19}$$

式中　m——塑件的质量（g）；

L——分流道的长度（mm）。

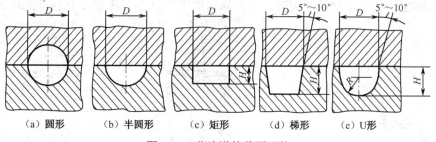

图 7-24　分流道的截面形状

（a）圆形　　（b）半圆形　　（c）矩形　　（d）梯形　　（e）U 形

2．分流道设计要点

（1）在保证正常的注射成型工艺条件下，分流道的截面积应尽量小，长度尽量短。

（2）较长的分流道应在末端开设冷料穴，以便容纳注射开始时产生的冷料和防止空气进入模具型腔内。

（3）在多型腔注射模中，各分流道的长度均应一致，长度应尽量缩短，以保证熔融的塑料同时均匀地充满各个型腔。主流道的截面积应大于各分流道截面积的总和。例如，用一个模具同时成型几个不同重量和形状各异的塑料制品时，要求各分流道的截面积和塑料制品大小、形状相适应。

（4）分流道的表面不必很光滑，其表面粗糙度 Ra 值一般为 1.6μm。

（5）分流道与浇口处的连接应光滑过渡，以利于熔体的流动及填充。

7.3.4 浇口设计

浇口是分流道和型腔之间的连接部分，也是注射模浇注系统的最后部分。浇口设计与塑件形状、塑件断面尺寸、模具结构、注射工艺参数及塑料性能等因素有关。浇口的截面要小，长度要短，这样才能增大料流速度，同时在保压结束后快速封闭型腔，防止型腔内的塑料倒流，且成型后便于浇注系统凝料与塑件分离。塑件的质量缺陷，如缺料、缩孔、拼缝线、质脆、分解、白斑、翘曲等，往往都是由于浇口设计不合理造成的。浇口的形式决定了浇注系统的结构。浇口的设计包括浇口类型的选择，截面形状和尺寸的确定，浇口位置的选择。

1. 常用浇口类型及特点

根据模具浇注系统在塑件上开设的位置、形状不同，浇口的形式是多种多样的。按其特征可分为非限制浇口（又称直浇口）和限制浇口；按浇口形式可分为点浇口、轮辐式浇口等；按浇口在塑件的位置分为中心浇口和侧浇口等。具体选用浇口类型时应综合考虑塑料的成型特性、塑件的几何形状与尺寸、生产批量等因素。常用浇口有以下几种形式。

1）直浇口

直浇口又称主流道浇口，熔融塑料经主流道直接进入型腔，如图 7-25 所示。这种浇口有圆形横截面和较小的锥度，并在最大横截面处与塑件相连。直浇口的优点是塑料流程短、压力损失小、有利于排气、能量消耗少等；其缺点是去除浇口困难，塑件上留有明显的痕迹。直浇口适合各种塑料成型，尤其适合加工热敏性及高黏度塑料，可成型大型或深腔壳体、箱形塑件。

2）中心浇口

中心浇口直接从中心环形进料，如图 7-26 所示。这类浇口能使熔融的塑料环绕型芯均匀地进入型腔，充模状态较好，浇口去除方便，排气良好，能减少拼缝痕迹。当模具中有细长型芯时，型芯两端可以固定，提高了型芯的刚度。中心浇口适用于筒形、环形或中心带孔的塑件成型。

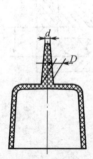

图 7-25 直浇口

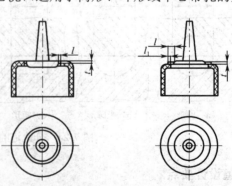

图 7-26 中心浇口

3）侧浇口

侧浇口为限制性浇口，即在一定程度上可对浇口厚度及浇口快速固化等进行限制的浇口，如图 7-27 所示。侧浇口一般开设在模具的分型面处，从塑件侧边缘进料。它可以根据塑件的形状和填充需要，选择合理的浇口部位，还可调整浇口尺寸。侧浇口广泛应用于多型腔模具中，可制造截面尺寸较小的塑件，是一种被广泛采用的浇口形式。

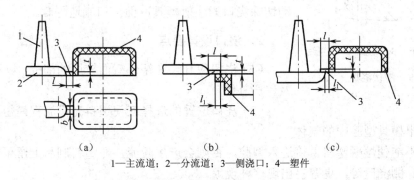

1—主流道；2—分流道；3—侧浇口；4—塑件

图 7-27　侧浇口

侧浇口的截面形状通常为矩形，侧浇口宽度 b 和深度 t 可按下列经验公式计算：

$$b = \frac{0.6 \sim 0.9}{30} \sqrt{A} \tag{7-20}$$

$$t = (0.6 \sim 0.9)\delta \tag{7-21}$$

式中　A——塑件的外侧表面积（mm^2）；

　　　δ——浇口处塑件的壁厚（mm）。

中小型塑件侧浇口的尺寸一般为 b=1.5～5mm，t=0.5～2mm（或取塑件壁厚的 1/3～2/3），侧浇口长度 l=0.5～2mm。有搭接时 l 可适当加长，取 l=2～3mm。

4）点浇口

点浇口是一种截面形状小如针点的浇口，其结构尺寸如图 7-28 所示，分为单点形浇口和双点形浇口。点浇口可以提高塑料熔体通过时的流动速度，并且由于浇口两端压力差和摩擦生热提高料温，使塑料熔体表观黏度降低，增加了塑料流动性，易于充模。点浇口凝固快，缩短了成型周期，可控制并缩短补料时间，从而降低了塑料的内应力。开模时浇口可自动拉断，有利于自动化操作。此外，点浇口残留痕迹小，塑件美观。但采用点浇口时，模具必须采用双分型面结构，模具结构复杂。点浇口主要用于壳体、盒、罩及大平面塑件成型。

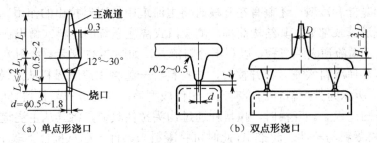

（a）单点形浇口　　　　　　（b）双点形浇口

图 7-28　点浇口

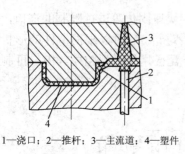

1—浇口；2—推杆；3—主流道；4—塑件

图 7-29 潜伏浇口

5）潜伏浇口

如图 7-30 所示，潜伏浇口的分流道一部分位于分型面上，另一部分呈倾斜状潜伏在分型面下方（或上方）。由于潜伏浇口斜向开设在塑件的隐蔽处，塑料熔体通过型腔的侧面或推杆的端部进入型腔，因而不影响塑件的外观。潜伏浇口适用于自动切除浇口的注射模具，但浇口制造困难。

2．浇口设计要点

（1）浇口应开设在塑件截面较厚的部位，以利于熔体填充及保压补缩。

（2）浇口位置的选择应使塑料充模流程最短，减少压力损失，有利于排出模具型腔中的气体。

（3）浇口不能使熔融塑料直接进入型腔，否则会产生漩流，在塑料制品上留下螺旋形痕迹，特别是点浇口、侧浇口等，更容易出现这种现象。

（4）浇口位置应尽量开设在不影响塑料制品外观的部位，如开设在塑料制品的边缘和底部等，如图 7-30 所示。

（5）大型和扁平塑料制品成型时，为了防止塑料制品翘曲、变形和缺料，可采用多点形浇口，如图 7-31 所示。

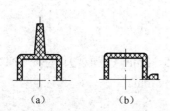

（a） （b）

图 7-30 浇口应不影响塑件的美观

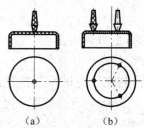

（a） （b）

图 7-31 多点形浇口可防止塑件变形

（6）浇口位置的选择应防止在塑料制品表面上产生拼缝线，特别是圆环或筒形塑料制品，应在浇口对面的熔料结合处加开冷料穴。

（7）装有细长型芯的注射模所开设的浇口位置应当离型芯较远，以防止熔融料流的冲击使型芯变形、错位或折断。

7.3.5 冷料穴

冷料穴的作用是储存冷料，还兼有在开模时将主流道中的凝料拉出的作用。直浇口式浇注系统的冷料穴为主流道延长部分，其结构简单。侧浇口式浇注系统的冷料穴常设在主流道末端的动模上，其直径稍大于主流道大端直径，以利于冷料流入，如图 7-32 所示。冷料穴底部常设计成曲折的钩形、锥形等，使冷料穴兼有在开模时，与拉料杆一起将主流道凝料从定模中拉出的作用。

如图 7-32（a）所示为带拉料杆的冷料穴。塑件成型后，穴内冷料与拉料杆的钩头连在一起，拉料杆固定在推杆固定板上。开模时，拉料杆通过钩头拉住凝料，将其从主浇道中拔出，然后随推出机构的运动，将凝料与塑件一起推出，此时可将凝料与塑件一起从推杆上取下。如图 7-32（b）、（c）所示为无拉料杆但设有推杆的冷料穴。开模时靠倒锥或环形凹槽起拉料作用，然后利用推杆强制推出凝料，这种冷料穴适用于弹性好的塑料。

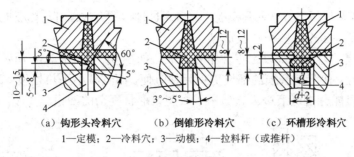

（a）钩形头冷料穴　　（b）倒锥形冷料穴　　（c）环槽形冷料穴

1—定模；2—冷料穴；3—动模；4—拉料杆（或推杆）

图 7-32　带拉料杆（或推杆）的冷料穴

7.3.6　排气槽

塑料注射模的型腔，在熔融塑料填充过程中，除了模具型腔内有空气外，还有因塑料受热而产生的气体。这些气体如果不排出，会降低充模速度，被压缩的气体所产生的高温将引起塑件局部烧焦碳化或产生气泡等缺陷。因此在模具设计时必须考虑排气问题。

常见的排气方法有两种。大多数情况下，可利用分型面间隙或模具配合间隙排气，间隙值以不产生溢料为宜，一般取 0.03~0.05mm。当排气量较多时须在模具上单独开设排气槽，排气槽的形式如图 7-33 所示，其深度一般取 0.02~0.05mm；宽度一般取 3~5mm。排气槽最好加工成弯曲状，其截面由细到粗逐渐加大，这样可降低塑料熔体从排气槽溢出的流速。

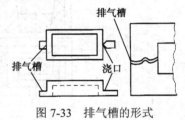

图 7-33　排气槽的形式

选择排气槽的开设位置时，应遵循以下原则：

（1）排气槽的排气口不能正对工人操作的方向，以防熔料喷出伤及工人。

（2）排气槽应尽量开设在分型面上，通常在型腔一侧，以便于模具的加工和清理。

（3）排气槽应尽量开设在料流的末端，如塑件、流道、冷料穴等位置。

（4）排气槽应尽量开设在靠近嵌件和塑件壁最薄处，减少熔接痕。

7.4　成型零件设计

在塑料成型加工中，成型零件是构成模具型腔的零件，通常包括凹模（型腔）、凸模（型芯）等。由于成型零件直接与高温、高压塑料相接触，它的质量直接关系到塑件的质量，所以对成型零件的强度、刚度、硬度、耐磨性、加工精度和表面质量均有要求。在进行成型零件结构设计时，以满足塑件质量要求为前提，还要求考虑金属零件的工艺性及模具制造成本。成型零件一般用工具钢制造，需经热处理。

1. 凹模（型腔）结构设计

凹模是成型塑件外形的零件，一般装在定模板上。其形式有整体式和组合式两种类型。

（1）整体式凹模。它包括整体安装式凹模和整体嵌入式凹模。

整体安装式凹模由整块材料加工制造而成，直接安装在模板上，如图 7-34（a）所示。模具结构简单，强度高，成型质量较好，适用于形状简单的小型塑件。

整体嵌入式凹模从模板下方嵌入到模板中，可通过过盈配合或螺钉与模板连接，如图 7-34（b）所示。它适用于小型件多型腔塑料模具成型。

（2）组合式凹模。它由两个以上零件组合而成，如图 7-35、图 7-36 所示。组合式凹模改善了凹模的加工工艺性，使容易磨损的部位更换元件方便，而且减小了热处理变形，节省模具材料。其缺点是塑件表面可能有拼缝痕迹。它适用于大型或形状复杂的凹模。

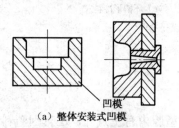

（a）整体安装式凹模　　（b）整体嵌入式凹模

图 7-34　整体式凹模　　　　　　　　图 7-35　镶嵌组合式凹模

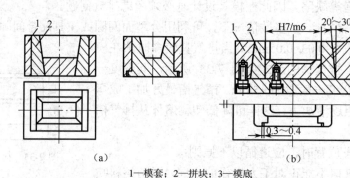

（a）　　　　　　　　　　　　（b）

1—模套；2—拼块；3—模底

图 7-36　镶拼结构的组合式凹模

2．组合式凹模的设计原则

（1）拼块件数应少，以减少加工量和塑件上过多的拼缝痕迹。

（2）拼缝接线应尽量与塑料制品脱模方向相一致，以免渗入的塑料妨碍塑料制品脱模。

（3）在允许的情况下，拼块的角度应尽量成直角或钝角。

（4）拼块之间应采用凹凸槽嵌接，防止注射时拼块发生位移。

（5）易磨损部分制成独立镶件，便于加工制造和更换。

（6）设计拼块和镶件时，尽量把复杂的内形变为外形加工。

（7）为使接合面正确配合，并减少磨削加工量，应缩短接缝面的长度。

（8）塑件上的外形圆弧部分应单独制成一块，拼缝的接合线应位于塑件的外形部分。

3．凸模（型芯）结构设计

凸模是成型塑料制品内表面的零件，一般装在动模板上。凸模可分为整体式和组合式两类，如图 7-37 所示。整体式凸模的形式如图 7-37（a）所示，凸模与模板做成一体，其结构简单牢固，成型质量好，但材料消耗量大，加工困难，适用于形状简单的小型凸模。当塑件内表面形状复杂而不便于加工，或为节约材料时，可采用组合式凸模的形式，如图 7-37（b）所示，组合式凸模须通过销和螺钉与模板连接。

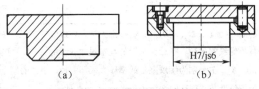

图 7-37　凸模的结构与连接方式

4. 成型零件工作尺寸计算

成型零件工作尺寸是指成型零部件上直接决定塑件形状的有关尺寸，主要包括型腔（凹模）、型芯（凸模）的径向尺寸、高度和深度尺寸、中心距尺寸、螺纹成型零件的径向尺寸和螺距尺寸等。成型零件工作尺寸计算与塑料收缩率、成型零件制造公差、成型零件的磨损等因素有关。

成型零件工作尺寸的计算方法有平均值法和公差带法。平均值法以平均概念进行计算，计算方法简单，但计算精度较低；公差带法引入公差带，能保证成型塑件在规定的公差带范围内，计算精度高，但计算比较复杂。表 7-3 所示为成型零件工作尺寸的平均值法计算公式。

表 7-3　成型零件工作尺寸的平均值法计算公式

（a）型腔　　（b）塑件　　（c）型芯

尺 寸 名 称	计 算 公 式
型腔（凹模）径向尺寸	$L_{\mathrm{M}} = (L_{\mathrm{S}} + L_{\mathrm{S}} S_{\mathrm{CP}} - x\Delta)_{0}^{+\delta_{z}}$
型腔（凹模）深度尺寸	$H_{\mathrm{M}} = (H_{\mathrm{S}} + H_{\mathrm{S}} S_{\mathrm{CP}} - x'\Delta)_{0}^{+\delta_{z}}$
型芯（凸模）径向尺寸	$l_{\mathrm{M}} = (l_{\mathrm{S}} + l_{\mathrm{S}} S_{\mathrm{CP}} + x\Delta)_{-\delta_{z}}^{0}$
型芯（凸模）高度尺寸	$h_{\mathrm{M}} = (h_{\mathrm{S}} + h_{\mathrm{S}} S_{\mathrm{CP}} + x'\Delta)_{-\delta_{z}}^{0}$
成型中心距尺寸	$C_{\mathrm{M}} = (C_{\mathrm{S}} + C_{\mathrm{S}} S_{\mathrm{CP}}) \pm \dfrac{\delta_{z}}{2}$
说明	S_{CP} 为塑料平均收缩率（%）；Δ 为塑件公差（mm）；δ_{z} 为模具制造公差（mm），一般取 $(\frac{1}{6} \sim \frac{1}{3})\Delta$；下标 M 代表模具；下标 S 代表塑件；$x$ 为修正系数，一般取 $(\frac{1}{2} \sim \frac{3}{4})$；$x'$ 为修正系数，一般取 $(\frac{1}{2} \sim \frac{2}{3})$。对于中小型件，$x$、$x'$ 取较小值；对于大型件，x、x' 取较大值

螺纹的种类很多，普通螺纹型芯和型环主要参数的平均值法计算公式见表 7-4。

表 7-4　螺纹型芯和型环平均值法计算公式

尺 寸 名 称	螺 纹 型 芯	螺 纹 型 环
大径	$d_{\mathrm{M}大} = (D_{\mathrm{S}大} + D_{\mathrm{S}大} S_{\mathrm{CP}} + \Delta_{中})_{-\delta_{大}}^{0}$	$D_{\mathrm{M}大} = (d_{\mathrm{S}大} + d_{\mathrm{S}大} S_{\mathrm{CP}} - \Delta_{中})_{0}^{+\delta_{f大}}$
中径	$d_{\mathrm{M}中} = (D_{\mathrm{S}中} + D_{\mathrm{S}中} S_{\mathrm{CP}} + \Delta_{中})_{-\delta_{中}}^{0}$	$D_{\mathrm{M}中} = (d_{\mathrm{S}中} + d_{\mathrm{S}中} S_{\mathrm{CP}} - \Delta_{中})_{0}^{+\delta_{f中}}$
小径	$d_{\mathrm{M}小} = (D_{\mathrm{S}小} + D_{\mathrm{S}小} S_{\mathrm{CP}} + \Delta_{中})_{-\delta_{小}}^{0}$	$D_{\mathrm{M}小} = (d_{\mathrm{S}小} + d_{\mathrm{S}小} S_{\mathrm{CP}} - \Delta_{中})_{0}^{+\delta_{f小}}$
螺距	$P_{\mathrm{M}} = (P_{\mathrm{S}} + P_{\mathrm{S}} S_{\mathrm{CP}}) \pm \dfrac{\delta_{z}}{2}$	

说明	S_{CP} 为塑料平均收缩率（%）；$D_{S大}$、$D_{S中}$、$D_{S小}$分别为塑件内螺纹的大径、中径、小径的基本尺寸（mm）；$d_{S大}$、$d_{S中}$、$d_{S小}$分别为塑件外螺纹的大径、中径、小径的基本尺寸（mm）；$\Delta_中$为塑件螺纹中径公差（mm），其值可查 GB/T 197—2003；$\delta_大$、$\delta_中$、$\delta_小$分别为螺纹型芯或型环大径、中径、小径的制造公差（mm），一般可取塑件螺纹公差的$(\frac{1}{5} \sim \frac{1}{4})$；$P_M$ 为螺纹型芯或型环的螺距（mm）；P_S 为塑件螺纹螺距的基本尺寸；δ_z为螺纹型芯与型环螺距制造公差（mm），可查表 7-5

表 7-5　螺纹型芯与型环螺距制造公差

(mm)

螺 纹 直 径	螺纹配合长度	δ_z
3～10	～12	0.01～0.03
12～22	>12～20	0.02～0.04
24～68	>20	0.03～0.05

5．成型零件强度的计算

型腔承受的力有合模时的压应力、型腔内塑料熔体的压力、浇口封闭前一瞬间的保压压力、开模时的拉应力等。其中型腔内塑料熔体的压力为影响型腔强度和刚度的主要因素，该压力会使型腔产生变形，变形量必须控制在允许的范围内。若变形量过大，会导致塑件形状、尺寸变化量增大，甚至报废；成型过程易出现飞边，甚至会造成凹模开裂。另外，在塑件压制成型后，当成型压力消失时凹模因弹性恢复而收缩，若其变形量大于塑件的成型收缩值时，则会使凹模紧紧地包住塑件而造成开模、脱模困难，进一步降低塑件质量或破坏塑料。

注射模的成型零件必须有足够的强度和刚度，以便承受工作时的作用力，因此，模具零件应按各自工作时的受力情况进行强度和刚度计算。在模具设计中往往凭经验设计及确定其尺寸，然后对一些主要的零部件按其具体受力情况进行必要的强度校核。型腔的力学计算与型腔尺寸和结构密切相关。对大尺寸型腔，以刚度校核为主；对小尺寸型腔，因在发生大的弹性变形前，其内应力往往已经超过材料的许用应力，当以强度校核为主。

模具型腔强度、刚度与型腔壁厚和底板厚度密切相关，型腔壁厚和底板厚度可通过计算法或经验数据确定，由于计算法计算过程复杂，在此推荐采用经验数据确定型腔壁厚和底板厚度。常见的型腔有矩形和圆形型腔，其型腔壁厚和底板厚度的经验数据见表 7-6～表 7-8。

表 7-6　矩形型腔的壁厚经验数据

(mm)

型腔宽度 a	整体式型腔	镶拼式型腔	
	型腔壁厚 S	型腔壁厚 S_1	模套壁厚 S_2
～40	25	9	22
40～50	25～30	9～10	22～25
50～60	30～35	10～11	25～28
60～70	35～42	11～12	28～35
70～80	42～48	12～13	35～40
80～90	48～55	13～14	40～45

续表

型腔宽度 a	型腔壁厚 S	型腔壁厚 S_1	模套壁厚 S_2
90～100	55～60	14～15	45～50
100～120	60～72	15～17	50～60
120～140	72～85	17～19	60～70
140～160	85～95	19～21	70～78

表 7-7　圆形型腔的壁厚经验数据

（mm）

型腔直径 d	整体式型腔	镶拼式型腔	
	型腔壁厚 S	型腔壁厚 S_1	模套壁厚 S_2
～40	20	7	18
40～50	20～22	7～8	18～20
50～60	22～28	8～9	20～22
60～70	28～32	9～10	22～25
70～80	32～38	10～11	25～30
80～90	38～40	11～12	30～32
90～100	40～45	12～13	32～35
100～120	45～52	13～16	35～40
120～140	52～58	16～17	40～45
140～160	58～65	17～19	45～50

表 7-8　型腔底壁厚度的经验数据

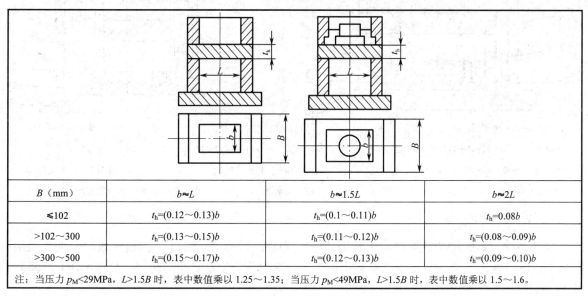

B（mm）	$b \approx L$	$b \approx 1.5L$	$b \approx 2L$
≤102	$t_h=(0.12～0.13)b$	$t_h=(0.1～0.11)b$	$t_h=0.08b$
>102～300	$t_h=(0.13～0.15)b$	$t_h=(0.11～0.12)b$	$t_h=(0.08～0.09)b$
>300～500	$t_h=(0.15～0.17)b$	$t_h=(0.12～0.13)b$	$t_h=(0.09～0.10)b$

注：当压力 $p_M<29$MPa，$L>1.5B$ 时，表中数值乘以 1.25～1.35；当压力 $p_M<49$MPa，$L>1.5B$ 时，表中数值乘以 1.5～1.6。

7.5 模具的标准化

模具的标准化是指在模具设计和制造中应遵循的技术规范、基准和准则。模具的标准化对提高模具设计和制造水平、提高模具质量、缩短制模周期、降低成本、节约金属和采用新技术，都具有重要意义。2006 年颁布了新的塑料模具国家标准，有关塑料模具的国家标准见表 7-9。

表 7-9 有关塑料模具的国家标准

序　号	标 准 名 称	标 准 号
1	塑料注射模零件	GB/T 4169.1～4169.23—2006
2	塑料注射模零件技术条件	GB/T 4170—2006
3	塑料成型模具术语	GB/T 8846—2005
4	塑料注射模大型模架	GB/T 12555.1～12555.15—2006
5	塑料注射模中小型模架及技术条件	GB/T 12556.1～12556.2—2006

GB/T 4169—2006《塑料注射模零件》中共有 23 个通用零件，主要包括常用的推出、导向、定位零件和模块、模板等。塑料注射模模架以其在模具中的应用方式不同，分为直浇口、点浇口两种形式，其标准结构与组成零件如图 7-38、图 7-39 所示。

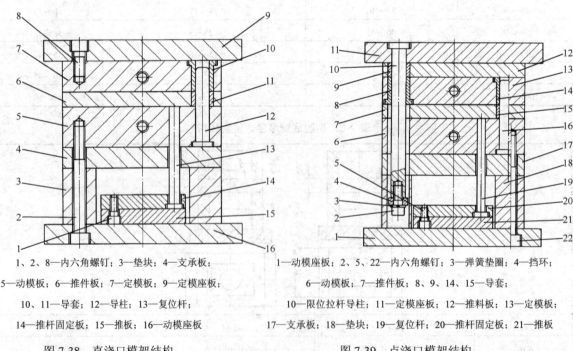

1、2、8—内六角螺钉；3—垫块；4—支承板；
5—动模板；6—推件板；7—定模板；9—定模座板；
10、11—导套；12—导柱；13—复位杆；
14—推杆固定板；15—推板；16—动模座板

图 7-38　直浇口模架结构

1—动模座板；2、5、22—内六角螺钉；3—弹簧垫圈；4—挡环；
6—动模板；7—推件板；8、9、14、15—导套；
10—限位拉杆导柱；11—定模座板；12—推板；13—定模板；
17—支承板；18—垫块；19—复位杆；20—推杆固定板；21—推杆

图 7-39　点浇口模架结构

模架是设计、制造塑料注射模的基础部件。我国于 1988 年完成了《塑料注射模中小型模架》和《塑料注射模大型模架》两项国家标准的制定。2006 年 12 月颁布的新国家标准 GB/T 12555—2006 取代了以前颁布的模架标准。

GB/T 12555—2006《塑料注射模模架》标准规定组成模架的零件应符合 GB/T 4169.1～4169.23—2006《塑料注射模零件》标准的规定。标准中所称的组合尺寸为零件的外形尺寸和孔径与孔位尺寸。基本型模架尺寸组合如图 7-40 所示。

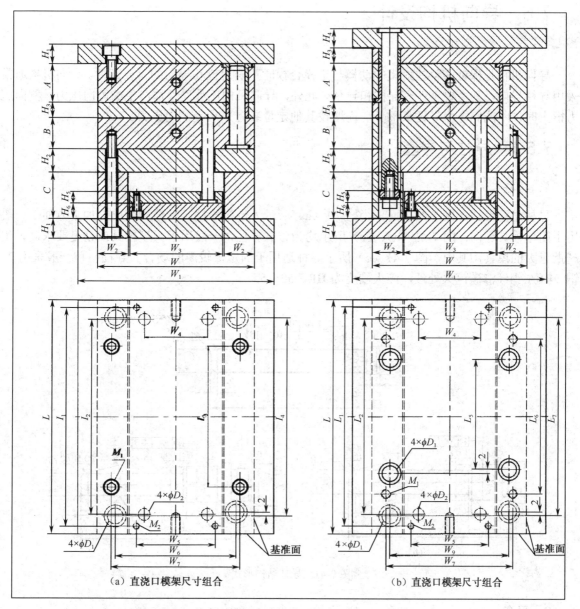

图 7- 40　基本型模架尺寸组合（摘自 GB/T12555—2006）

基本型模架标记实例如下：

（1）直浇口 A 型模架，A 表示基本型号，模板 W=400，L=600，A=100，B=60，C=120 的标准模架标记为：模架 A40 60-100×60×120—GB/T 12555—2006。

（2）点浇口 D 型模架，D 表示基本型号，W=350，L=450，A=80，B=90，C=100，拉杆导柱长度 200 的标准模架标记为：模架 DD35 45-80×90×100-200 GB/T 12555—2006

标准模架尺寸系列很多，应选用合适的尺寸。注射模基本模架尺寸由模板的长宽（$W×B$）决定。除了动、定模板的厚度由设计者从标准中选定外，模架的其他有关尺寸在标准中都有规定。选择模架的关键是确定型腔模板的周界尺寸（包括长度、宽度）和厚度。模板的长、宽由型腔尺寸、型腔壁厚尺寸及型腔的布局决定。根据模板的长和宽及模板厚度即可选择模架。

7.6　导向机构设计

导向机构是保证塑料注射模的动模与定模合模时正确定位和导向的重要部件。导向机构通常采用导柱导向，其主要零件有导柱和导套。此外，导向机构还承受熔体产生的侧向压力。侧向压力很大时，不能完全由导柱来承受，需增设其他定位装置来承受侧向压力。

7.6.1　导柱与导套

1. 导柱

导柱结构形式如图 7-41 所示，图 7-41（a）所示为带头导柱，其结构简单，加工方便，一般用于简单模具导向；图 7-41（b）、（c）所示均为带肩导柱，一般用于大型模具或精度要求高，生产批量大的模具，其中，图 7-41（c）所示导柱适用于固定板较薄的场合。导柱材料一般采用 20 钢、T8A 钢经渗碳淬火处理，淬火硬度为 HRC 50～55。

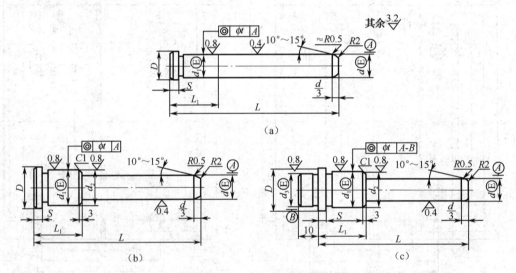

图 7-41　导柱结构形式

2. 导套

导套结构形式如图 7-42 所示。图 7-42（a）所示为直导套，结构简单，加工方便，用于简单模具的导向；图 7-42（b）、（c）所示为带头导套，结构较复杂，用于精度要求较高模具的导向。导套所用的材料与热处理要求和导柱基本相同。在实际生产中，为改善导向效果，减小导向元件的磨损，可在导套的导滑部分开设油槽。导柱和导套为标准件，其选取和具体尺寸可参照国标 GB/T 4169.1～4169.23—2006 选取。导柱与导套的固定及配合形式如图 7-43 所示。

一副模具导柱的数量一般为 2～4 个，尺寸较大的模具一般采用 4 个导柱；小型模具通常采用两个导柱。导柱直径应根据模具尺寸选用，必须保证有足够的强度和刚度。导柱（导套）在模板上的布置如图 7-44 所示。对于动、定模或上、下模合模时无方位要求的可以采用直径相同并对称布置的形式（如图 7-44（a）所示）；对于合模时有方位要求的可以采用直径不同（如图 7-44（b）所示）或直径相同但不对称布置的形式（如图 7-44（c）所示）；对于大中型模具，为简化加工工艺，可采用直径相同但不对称布置的形式，或对称布置但中心距不同的形式（如图 7-44（d）、（e）所示）。

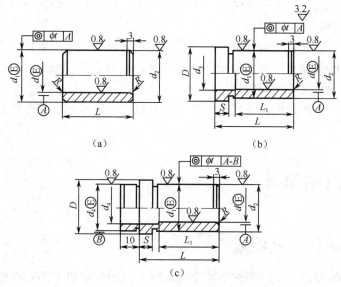

图 7-42 导套结构形式

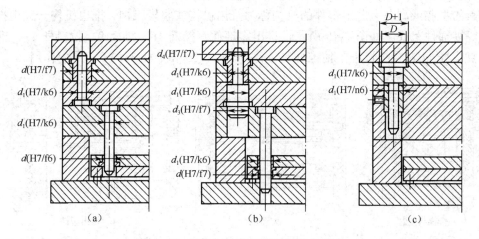

图 7-43 导柱与导套的固定及配合形式

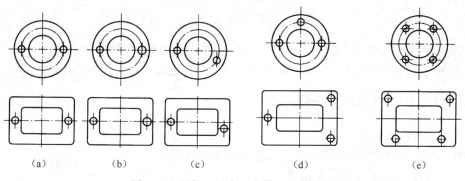

图 7-44 导柱（导套）在模具上的布置

7.6.2　导向机构的设计原则

（1）导柱（导套）应对称分布在模具分型面的四周，其中心至模具外缘应有足够的距离，以保证模具强度和防止模板发生变形。

（2）导柱（导套）的直径应根据模具尺寸来选定，并应保证有足够的抗弯强度。

（3）导柱固定端的直径和导套的外径应尽量相等，有利于配合加工，并保证同轴度要求。

（4）导柱和导套应有足够的耐磨性。

（5）为了便于塑料制品脱模，导柱最好装在定模板上，但有时也装在动模板上，这就要根据具体情况而定。

7.7　推出机构设计

7.7.1　推出机构及其组成

塑件成型后，常黏附在动模一侧的凸模上，这时可利用注射机上的推出机构推出塑件。推出过程包括开模、推出、取件、推出机构复位、合模等过程。

由模具的型腔或型芯上脱出塑件的机构称为推出机构或脱模机构。推出机构一般由推出、复位、导向等零部件组成。如图7-45所示，推出零部件有推杆16、推板9、拉料杆13、推杆固定板8等；复位杆11在合模过程中使推杆复位；导套2、15和导柱3、14起导向作用。

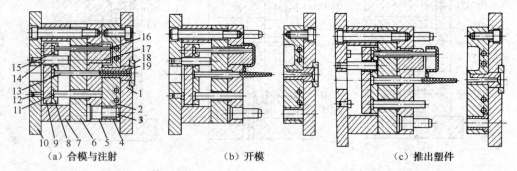

(a) 合模与注射　　　　　(b) 开模　　　　　(c) 推出塑件

1—定模座板；2、15—导套；3、14—导柱；4—凹模；5—动模板；6—动模垫板；7—垫块；8—推杆固定板；9—推板；10—动模座板；11—复位杆；12—限位钉；13—拉料杆；16—推杆；17—凸模；18—定位圈；19—浇口套

图7-45　推出机构

推出机构按驱动方式分为手动推出机构、机动推出机构、液压与气动推出机构；按模具结构分为简单推出机构、二级推出机构、双向推出机构、点浇口自动脱模机构、带螺纹塑件的推出机构等。

7.7.2　推出机构的设计原则

1）塑件尽量留在动模上

因为利用注射机顶出装置来推出塑件，推出结构较为简单。

2）保证塑件不因推出而变形或损坏

应选择合理的推出方式及推出位置，使塑件受力均匀、不变形、不损坏。脱模力作用点尽量靠近型芯并施加于塑件刚性、强度最大的部位。脱模力作用面积应尽可能大一些。

3）保证塑件良好的外观

推出塑件的位置尽量设在塑件的内部或对塑件外观影响不大的部位。

4）结构应准确可靠

推出机构应工作可靠、动作灵活、制造方便、更换容易；机构本身应具有足够的强度、刚度以克服脱模阻力。

推出机构的形式和推出方式与塑件的形状、结构和塑料性能密切相关，具体情况具体分析。

7.7.3 简单推出机构

开模后塑件在推出机构的作用下，通过一次推出动作将塑件从模具上脱下的机构称为一次推出机构，或称简单推出机构。简单推出机构包括推杆推出机构、推管推出机构、推板推出机构等。

1. 推杆推出机构设计

推杆推出机构包括推出、复位、导向等零部件，如图 7-46 所示。推杆的作用是将塑件从模具内推出。因为推杆制造方便，滑动阻力小，可以在塑件任意位置配制，更换方便，脱模效果好，在实际生产中应用广泛。但因推杆与塑件接触面积小，易引起应力集中，从而可能引起塑件变形甚至损坏，故推杆推出机构不宜用于斜度小和脱模阻力大的管形或箱形塑件的推出。

1）推杆推出机构设计的基本原则

（1）推杆的直径不宜过细，应有足够的刚度和强度，能承受一定的推力。一般推杆直径为 2.5～15mm。对于直径为 2.5mm 以下的推杆最好做成台阶形状。

（2）推杆应设在塑件最厚及收缩率大的凸模或嵌件附近，但不要离凸模和嵌件装配固定孔过近，以免影响固定板的强度。由图 7-46（a）可知，在盖、壳类塑件的底部和靠近侧壁处均应设置推杆；由图 7-46（b）可知，为防止推出时加强肋断裂，在加强肋处须设置推杆；由图 7-46（c）可知，为防止推出塑件变形可增大推杆与塑件接触处的面积；由图 7-46（d）可知，当塑件不允许有推杆痕迹时，可设置推出耳，通过推杆推动推出耳带动塑件运动，从而完成脱模动作。

（3）推杆分布要合理，使推出塑件受力均匀，以保证塑件不变形。

（4）塑件靠近主流道处的内应力大，易碎裂，因此在主流道处尽量不设推杆。

（5）为避免推杆与侧抽芯机构发生冲突，推杆要避开侧抽芯处，如果必须设计推杆，则应先考虑复位结构。

2）推杆的设计

设置在型腔内的推杆截面形状多种多样，应根据模具中设置推杆处的几何形状来选择推杆的截面形状。常见的推杆截面形状如图 7-47 所示。其中圆截面推杆应用最广且已实现了标准化（GB/T 4169.1—2006），如图 7-48 所示。推杆与孔的配合一般为 H8/f8，保证配合间隙值在 0.02～0.08mm 范围内，间隙过大产生溢料现象，塑件会出现飞边。推杆和推杆孔的配合应灵活可靠，配合长度一般为 2.5～3d（d 为推杆直径）。

2. 推管推出机构设计

图 7-49 所示为典型的推管推出机构，其推件过程为：定模板 3 首先与型腔板 6 分开，主流道从定模板 3 中脱出；然后注射机的顶杆推动垫板 18，垫板 18 再推动拉料杆 15 和推杆 14，在主流道被拉料杆顶出的同时，推杆 14 再推动垫板 10 和推管 7，将塑件从型芯 11 上脱出。

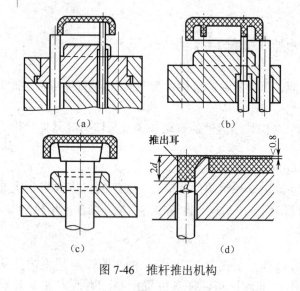

图 7-46 推杆推出机构

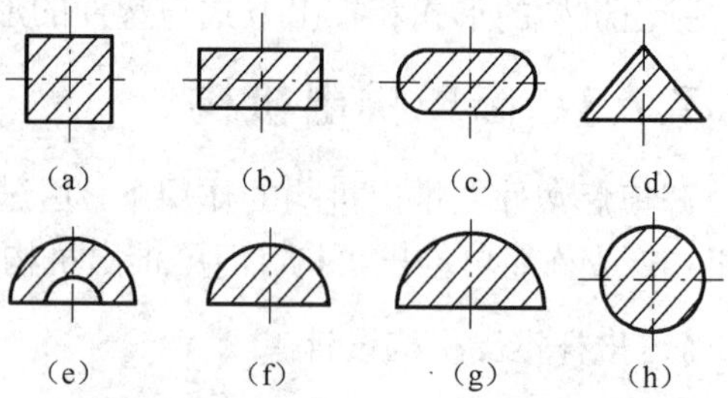

图 7-47 推杆的常用截面形状

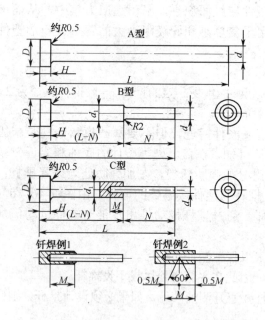

图 7-48 标准圆形截面推杆的结构

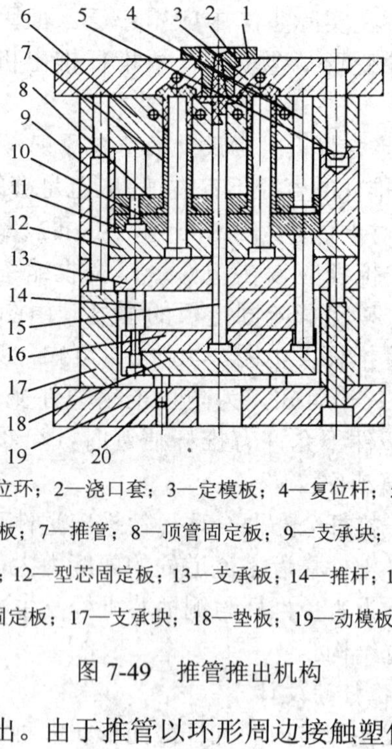

1—定位环；2—浇口套；3—定模板；4—复位杆；5—导柱；
6—型腔板；7—推管；8—顶管固定板；9—支承块；10—垫板；
11—型芯；12—型芯固定板；13—支承板；14—推杆；15—拉料杆；
16—顶杆固定板；17—支承块；18—垫板；19—动模板；20—挡钉

图 7-49 推管推出机构

推管推出机构适用于筒形或局部是圆筒形塑件的推出。由于推管以环形周边接触塑件，塑件受到均匀的推力，所以塑件不易变形，塑件上不留明显痕迹。注意采用推管推出机构时均须采用复位杆复位。

推管为标准件（GB/T 4169.17—2006），基本形式如图 7-50 所示。其中图 7-50（a）中的型芯通过台肩固定在动模板上，这种结构的型芯较长，适用于推出距离不大的场合；当推出距离较大时可采用图 7-50（b）所示的结构，用销 3 将型芯 2 固定，推管在销的位置处开槽，推出时销在槽内运动，保证推管顺利将塑件推出型芯。

对于一些软质塑料（如聚乙烯、软聚氯乙烯、聚丙烯等）制成的塑件和一些薄壁塑件，均不能单独采用推管，解决的办法是将推管和其他推出元件如推杆等联合使用。

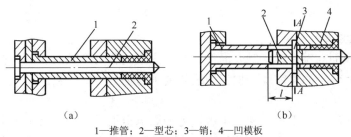

1—推管；2—型芯；3—销；4—凹模板

图 7-50　推管的形式

3. 推板推出机构设计

推板推出机构由一块与型芯按一定精度相配合的模板，在塑件的整个周边端面将塑件推出，因此，作用面积大，推件力均匀，适用于薄壁件、壳体等。

在推板推出机构中，注射机的顶杆可直接作用在推件板上，如图 7-51（a）所示。这种形式的模具结构简单，适用于有两侧顶出机构的注射机。推板与型芯接触部分应设有一定的斜度，一般为 3°～5°，这样可减小推板与型芯壁的摩擦。图 7-51（b）中推件板与推杆之间通过螺钉连接，以防推件板脱落；图 7-51（c）中推件板借助于动、定模的导柱导向，结构简单，应用广泛；图 7-51（d）中推件板镶入动模板内，模具结构紧凑，推件板上的斜面有利于合模时推件板的复位。

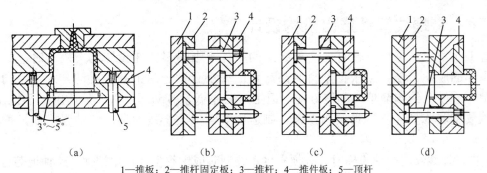

1—推板；2—推杆固定板；3—推杆；4—推件板；5—顶杆

图 7-51　推板推出机构

4. 脱模力的计算

塑件在冷却时包紧型芯，产生包紧力，若要将型芯抽出，必须克服由包紧力引起的摩擦阻力，这种力叫做脱模力。在开始抽芯的瞬间所需的脱模力最大。影响脱模力的因素很多，大致归纳如下。

1）型芯成型部分表面积和断面几何形状

型芯成型部分表面积大，包紧力大，其脱模力也大；型芯的断面积形状为圆形时，包紧力小，其脱模力也小；型芯的断面形状为矩形或曲线形时，包紧力大，其脱模力也大。

2）塑料的收缩率、摩擦系数和刚性

塑料的收缩率大，对型芯的包紧力大，脱模力也大；表面润滑性能好的塑料，脱模力较小；软塑料比硬塑料所需脱模力小。

3）塑件的壁厚

包容面积相同的塑件，薄壁塑件收缩小，脱模力也小；厚壁塑件收缩大，脱模力也大。

4）塑件同一侧面的同时抽芯数量

当塑件在同一侧面有两个以上的孔槽，采用抽芯机构同时抽拔时，由于塑件孔距的收缩较大，所以脱模力也大。

5）活动型芯成型面的粗糙度

活动型芯成型表面与塑件的接触表面在抽拔时产生的相对摩擦对脱模力有很大影响，因此，零件的成型表面应有较小的粗糙度且加工的纹向要求与抽拔方向一致。

6）成型工艺

注射压力、保压时间、冷却时间对于脱模力的影响也很大。当注射压力小、保压时间短时，脱模力小；冷却时间长、塑件冷凝收缩基本完成时，则包紧力也大，脱模力也大。

根据各种因素的影响，脱模力计算公式如下：

$$F = Ap(\mu\cos\alpha - \sin\alpha) \tag{7-22}$$

式中　F——脱模力（N）；

A——塑件包紧型芯的面积（mm^2）；

p——塑件对型芯单位面积上的包紧力（MPa），一般情况下，模外冷却的塑件 p=24～40MPa，模内冷却的塑件 p=8～12MPa；

μ——塑件与型芯间的摩擦系数，可取 0.1～0.3；

α——型芯的脱模斜度（°）。

由式（7-22）可知：脱模力的大小随塑件包容型芯的面积增加而增大，随脱模斜度的增加而减小。影响脱模力的因素较多，对脱模力只能做粗略的分析和估算。

7.7.4　带螺纹塑件推出机构设计

随着工业发展的需要，带有内、外螺纹的塑件逐渐增多。在设计这类模具时，螺纹型芯或螺纹型环的脱出方法，应根据塑料制品产量的大小分别选用手动和机动方式。手动脱螺纹型芯或型环的模具结构简单，制造方便，但生产效率低，劳动强度大，只适用于小批量生产。机动脱螺纹型芯或型环，模具结构复杂，制造困难，但生产效率高，劳动强度低，适用于大批量生产。

带有内、外螺纹的塑件脱模时，必须先将螺纹型芯或螺纹型环退出塑件，这种退芯方法叫做旋转退芯法。在设计螺纹型芯或螺纹型环的退芯结构时，必须防止塑件随着型芯或型环一同转动，否则，塑件无法退芯脱模。

1. 设计螺纹脱模机构注意事项

1）对于塑件的要求

塑件的外形应设计成非圆形或在塑件的顶面上设计有防止转动的花纹或图案，如六角形、矩形、圆形周边的凸凹纹及瓶盖顶面的商标图案等，都能防止退芯时塑件的旋转，如图 7-52 所示。

2）对于模具的要求

塑件要求止动，模具就要有相应的防转机构来保证。当塑件的型腔与螺纹型芯同时设计在动模上时，型腔就可以保证不使塑件转动。但当型腔不可能与螺纹型芯同时设在动模上，如型腔在定模，螺纹型芯在动模时，模具开模后，塑件就离开定模型腔，此时，即使塑件外形上有防转花纹也不起作用，塑件会留在动模型芯上和它一起转动，不能脱模，因此在设计模具时应考虑止转机构。

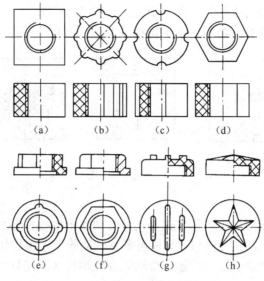

图 7-52 有止动功能的塑件外形

2. 带螺纹塑件脱模方法

根据塑件上螺纹精度要求和生产批量，带螺纹塑件的脱模方式有三种：强制脱模、手动脱模和机动脱模。

1）强制脱模

强制脱模是利用塑件本身的弹性，或利用具有一定弹性的材料做螺纹型芯，从而将塑件强行脱出。该脱模方式多用于螺纹精度要求不高的场合。采用强制脱模，可使模具结构比较简单。对于聚乙烯等软性塑料，当塑件深度不大、螺纹为半圆形粗牙螺纹时，可采用强制脱模方式。

图 7-53 所示为强制脱螺纹机构。带有内螺纹的塑件成型后包紧在螺纹型芯 1 上，推杆 3 在注射机顶出装置的作用下推动脱模板 2，强行将塑件从螺纹型芯 1 上脱出。

利用硅橡胶螺纹型芯强制脱模，是利用具有弹性的硅橡胶做螺纹型芯，如图 7-54 所示。开模时，弹簧 2 弹复把型芯 1 从硅橡胶型芯中抽出。因为硅橡胶有一定的弹性，必产生一定的收缩变形，径向尺寸变小，从而完成与塑件内螺纹的脱离。然后塑件在推杆 3 的作用下脱模。硅橡胶螺纹型芯使用寿命较短，该方法适用于小批量生产。

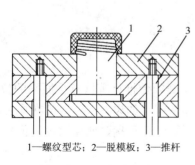

1—螺纹型芯；2—脱模板；3—推杆

图 7-53 强制脱螺纹机构

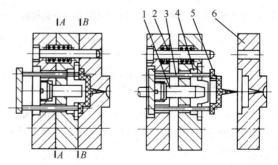

1—型芯；2—弹簧；3—推杆；4—硅橡胶；5—塑件；6—定模座板

图 7-54 利用硅橡胶螺纹型芯强制脱模

2）手动脱模

手动脱螺纹型芯和型环如图 7-55 所示。图 7-55（a）中塑件成型后，需用专门工具先将螺纹型芯脱出，然后再由推出机构将塑件从模腔中推出。图 7-55（b）、（c）中模具开模后，螺纹型芯或型环与塑件一同被推出模外，再利用手工将螺纹型芯或型环与塑件分开。

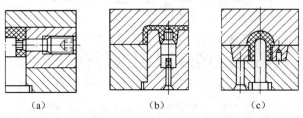

(a)　　　　　　　　(b)　　　　　　　　(c)

图 7-55　手动脱螺纹型芯和型环

3）机动脱模

因塑件的止动方法和选用注射机形式的不同，机动脱出螺纹型芯和型环的形式各异。图 7-56 所示为齿轮传动脱螺纹机构。在开模后，导柱齿条 9 带动固定于齿轮轴 10 左端的锥齿轮 1 旋转，再通过与锥齿轮 1 啮合的锥齿轮 2 的传递，带动螺纹拉料杆 8 和圆柱齿轮 3 旋转，圆柱齿轮 3 又带动圆柱齿轮 4 旋转，圆柱齿轮 4 带着螺纹型芯 5 旋转。在旋转过程中，塑件一边脱开螺纹型芯，一边向上运动，直到脱出动模板 7 为止。图中螺纹拉料杆 8 的作用是为了把主流道凝料从定模中拉出，使其与塑件一起滞留在动模板 7 一侧。但要注意由于圆柱齿轮 3 和 4 旋向相反，所以螺纹拉料杆 8 上的螺纹旋向也应和螺纹型芯 5 的旋向相反。

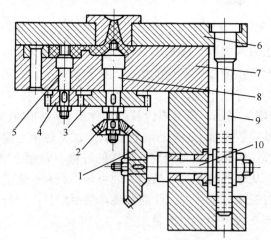

1、2—锥齿轮；3、4—圆柱齿轮；5—螺纹型芯；6—定模板；7—动模板；8—螺纹拉料杆；9—导柱齿条；10—齿轮轴

图 7-56　齿轮传动脱螺纹机构

7.7.5　推出机构的复位

使用推杆、推管推出机构，在再次合模时或模具闭合前，必须使推杆等恢复到原来的位置。在设计有活动型芯的推出机构时，必须考虑到合模时是否互相干扰。如果有干扰，应在模具闭合前先使推杆（推管）复位，避免活动型芯碰撞推杆；如果还不能避免干扰，就需增设复位机构以使抽芯和推出协调进行。

1．利用复位杆复位

推出机构复位最简单、最常用的方法是在推杆固定板上安装复位杆。如图 7-48 所示，复位杆端面设计在分型面上。塑件脱模时，复位杆被一同推出，合模时，复位杆先与定模分型面接触，在动模向定模逐渐合拢过程中，推出机构被复位杆顶住，动模与推出机构产生相对移动直到分型面合拢，推出机构复位。复位杆的截面为圆形，每副模具一般设置 1~4 根复位杆，复位杆的位置设置应保证推出机构在合模时平稳复位。

2. 弹簧先复位结构

在热塑性塑料注射模中，广泛采用弹簧先复位机构，如图 7-57 所示。一旦开始合模，注射模顶杆与推板 1 脱离接触，在弹簧回复力的作用下，推杆 4 迅速复位，因此在合模前推杆复位结束，即可避免推出零件与活动型芯发生干涉。该机构的优点是结构简单，元件安装和更换都很方便；缺点是弹簧弹力小，易失效，需经常更换，复位不如前两种结构可靠。

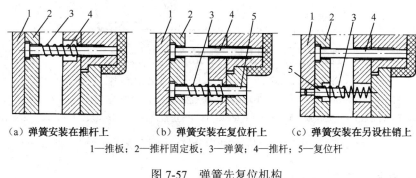

（a）弹簧安装在推杆上　　　（b）弹簧安装在复位杆上　　　（c）弹簧安装在另设柱销上

1—推板；2—推杆固定板；3—弹簧；4—推杆；5—复位杆

图 7-57　弹簧先复位机构

7.8　侧向分型与抽芯机构

塑件上具有内、外侧孔或侧凹，塑件不能直接从模具中脱出，此时需将成型塑件侧孔或侧凹的模具零件做成活动的，这种零件称为侧型芯（又称活动型芯）。在塑件脱模前先将侧型芯从塑件上抽出，然后再从模具中推出塑件。完成侧型芯抽出和复位的机构叫做侧向分型与抽芯机构。

7.8.1　斜导柱侧向分型与抽芯机构

1. 斜导柱侧向分型与抽芯机构的工作原理

斜导柱侧向分型与抽芯机构由与开模方向成一定角度的斜导柱和滑块所组成，如图 7-58 所示。开模时，利用斜导柱等零件将开模力传给侧型芯，使之产生侧向运动，完成侧向分型与抽芯动作。斜导柱侧向分型与抽芯机构具有结构简单、制造方便、工作可靠等特点，是最常用的抽芯机构。

图 7-58 所示的斜导柱侧向分型与抽芯机构的工作过程为：斜导柱 3 固定在定模板 4 上，侧型芯 1 通过销钉 2 固定在滑块 9 上。开模时，开模力通过斜导柱 3 迫使滑块 9 在动模板 10 的导滑槽内向左移动，完成抽芯动作，塑件靠推管 11 推出型腔。为保证合模时斜导柱 3 能准确地进入滑块 9 的斜孔中，以便使滑块复位，机构设有定位装置，依靠螺钉 6 和压紧弹簧 7 使滑块退出后紧靠在限位块 8 上定位。此外，成型时侧型芯将受到成型压力的作用，从而使滑块 9 受到侧向力，故机构上设有锁紧块 5，以保持滑块的成型位置。

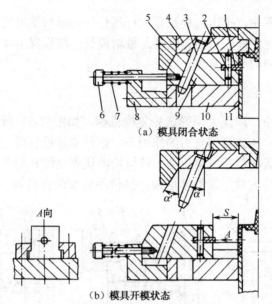

（a）模具闭合状态

（b）模具开模状态

1—侧型芯；2—销钉；3—斜导柱；4—定模板；5—锁紧块；6—螺钉；7—压缩弹簧；8—限位块；9—滑块；10—动模板；11—推管

图 7-58　斜导柱侧向分型与抽芯结构

2．斜导柱侧向分型与抽芯机构主要参数的确定

1）抽芯距的计算

把型芯从塑件成型位置抽到不妨碍塑件脱出的位置所移动的距离称为抽芯距。一般抽芯距应等于成型侧孔或侧凹深度加上 2～3mm。

2）斜导柱的倾斜角 α

斜导柱的倾斜角 α 是决定抽芯机构工作效果的一个重要参数，它不仅决定了开模行程、导柱长度，而且对斜导柱的受力状态有重要的影响。如图 7-59 所示，当抽芯方向与开模方向垂直时，为达到抽芯距 S 的要求，所需的开模行程 H 与倾斜角 α 的关系为

$$S = H\tan\alpha \tag{7-23}$$

式中　S——抽芯距（mm）；

　　　H——斜导柱完成抽芯距所需的行程（mm）。

斜导柱的有效长度 L 与倾斜角 α 的关系为

$$L = \frac{S}{\sin\alpha} \tag{7-24}$$

可见，倾斜角 α 增大时开模行程及斜导柱有效长度 L 均可减小，这有利于减小模具的尺寸。但倾斜角 α 增大会使开模阻力增大，斜导柱受力增大，开模困难。

综合以上因素，斜导柱的倾斜角 α 一般取 15°～20°。

3）斜导柱直径与长度的确定

如图 7-60 所示，抽芯时，若斜导柱受弯矩最大，可通过计算得到斜导柱安全工作的直径，但整个计算较复杂。斜导柱直径通过查附录 B、C 可确定。查表前，先按脱模力 F 和斜导柱倾斜角在附录 B 中查得最大弯曲力，然后再根据最大弯曲力和斜导柱中心线到斜导柱固定板的距离 H_w（$H_w=L\cos\alpha$，L 为斜导柱有效工作长度），查附录 C 可得斜导柱直径。

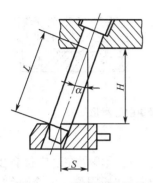

图 7-59　开模行程的计算

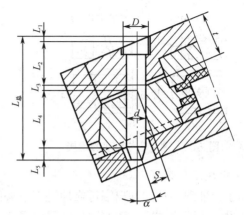

图 7-60　斜导柱尺寸的计算

斜导柱长度 $L_\text{总}$ 的确定可按图 7-60 所示的几何关系计算。

$$L_\text{总} = L_1 + L_2 + L_3 + L_4 + L_5$$

$$= \frac{D}{2}\tan\alpha + \frac{t}{\cos\alpha} + \frac{d}{2}\tan\alpha + \frac{S}{\sin\alpha} + （10\sim15）（\text{mm}） \qquad (7\text{-}25)$$

式中　L_5——锥体部分长度（mm）；

$\quad\quad$ D——固定轴肩直径（mm）；

$\quad\quad$ t——斜导柱固定板厚度（mm）。

3. 斜导柱、滑块和锁紧块的结构设计

1）斜导柱

斜导柱形式如图 7-61 所示，图中 $\theta = \alpha + (2°\sim3°)$。图 7-61（a）中所示为圆形斜导柱；为减小斜导柱与滑块的斜孔壁之间的摩擦，在圆导柱上铣去二平面，铣去后的二平面间距约为斜导柱直径的 0.8 倍，如图 7-61（b）所示。斜导柱常采用 45 号钢、T8A 等材料渗碳淬火，热处理硬度在 HRC 55 以上，表面粗糙度 Ra 不大于 0.8μm。

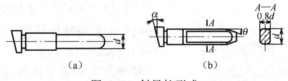

图 7-61　斜导柱形式

2）滑块

滑块是完成侧抽芯的一个重要零件，与侧型芯固连在一起，由斜导柱带动滑块进行侧向抽芯。

滑块的斜孔与斜导柱进行配合，在配合的同时要做成单面 0.5mm 的间隙，这样在开模的瞬间有一个很小的空行程，使滑块和活动型芯未抽动前强制塑件脱出，并使锁紧块先脱离滑块，然后再进行抽芯。滑块的结构形式视模具结构及侧抽芯力的大小来决定。滑块一般与导滑槽配合，侧型芯与滑块的连接如图 7-62 所示，其中图 7-62（a）采用圆柱销将侧型芯与滑块连接在一起；多个小型芯可采用图 7-62（b）所示方式，先将型芯固定在同一块板上，再将固定板与滑块连起来。

3）导滑槽

为使滑块带动侧型芯平稳而准确地进行抽芯，必须在定模板或动模板上开有导滑槽，滑块与导滑槽采用小间隙配合。一般导滑部分长度应大于滑块宽度的 2/3，否则滑块在开始复位时容易发生倾斜。滑块的导滑形式如图 7-63 所示。

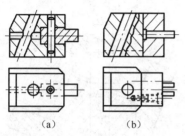

图 7-62　侧型芯与滑块的连接

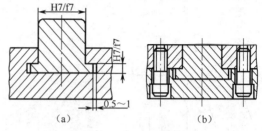

图 7-63　滑块的导滑形式

4）滑块限位装置

为了保证斜导柱的伸出端可靠地进入滑块的斜孔，滑块在抽芯后必须停留在一定位置上，为此必须设滑块限位装置。滑块限位装置要灵活可靠，如图 7-64 中利用挡板限位，安全可靠。

5）锁紧块

锁紧块的主要作用是防止滑块在注射成型时受力移动。锁紧块的锁紧结构形式如图 7-65 所示。合模时，靠锁紧块 1 将滑块 5 锁紧。因为锁紧块要承受注射压力，所以应与定模板可靠连接。同时锁紧块的斜角 α_1 应比导柱斜角 α 大 2°～3°，否则斜导柱无法带动滑块运动。

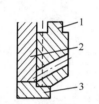

1—滑块型芯；2—导滑槽；3—挡板

图 7-64　滑块限位装置

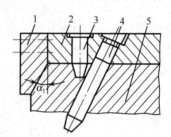

1—锁紧块；2—定模板；3—定位销；4—斜导柱；5—滑块

图 7-65　锁紧块的锁紧结构形式

4. 防止斜导柱与滑块抽芯机构干涉的措施

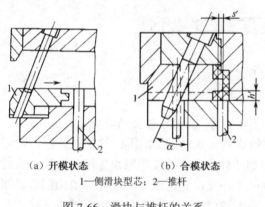

（a）开模状态　　（b）合模状态

1—侧滑块型芯；2—推杆

图 7-66　滑块与推杆的关系

所谓"干涉"，是指滑块先于推杆复位，致使活动侧型芯与推杆碰撞，造成活动侧型芯或推杆损坏的现象。如图 7-66 所示，当侧型芯与推杆在垂直于开模方向的投影出现重合时，滑块先于推杆复位，则滑块与推杆发生干涉。为避免滑块与推杆在合模复位过程中发生干涉，要求推杆的端面至活动型芯最近距离 h' 要大于活动型芯与推杆在水平方向投影的重合距离 s' 和 $\cot\alpha$ 的乘积，即 $h' > s'\cot\alpha$。

一般情况下，$h' - s'\cot\alpha > 0.5\mathrm{mm}$ 即可避免干涉。如果实际情况无法满足这个条件，就必须采用先行复位机构，使推杆先于侧型芯复位。

5. 斜导柱抽芯机构设计原则

（1）活动型芯一般比较小，为防止抽芯时活动型芯松动滑脱，应将其牢固装在滑块上，且型芯与滑块连接部位要有一定的强度和刚度。

（2）滑块在导滑槽中滑动要平稳，不要发生卡住、跳动等现象。

（3）滑块限位装置要可靠，保证开模后滑块停止在一定位置上而不任意滑动。

（4）滑块完成抽芯运动后，仍停留在导滑槽内，留在导滑槽内的长度不应小于滑块全长的 2/3，否则，滑块在开始复位时容易倾斜而损坏模具。

6．斜导柱侧向分型抽芯的应用形式

1）斜导柱安装在定模，滑块安装在动模

图 7-58 所示为斜导柱安装在定模，滑块安装在动模的结构，该结构应用非常广泛。开模时，侧型芯与滑块被斜导柱侧向抽出，在侧型芯完全抽出塑件时，再由推出机构将塑件推出。

2）斜导柱安装在动模，滑块安装在定模

如图 7-68 所示为斜导柱安装在动模，滑块安装在定模的结构。开模时，首先从 A—A 面分型，凸模 13 被塑件包紧不动，动模板 10 相对凸模 13 移动，塑件仍留在定模型腔内；与此同时，侧型芯滑块 14 在斜导柱 12 的作用下从塑件中抽出。继续开模，凸模台肩与动模板 10 相碰，凸模带动塑件从定模型腔中脱出，模具从 B—B 面分型，最后由推板 4 将塑件从凸模 13 上推出。该结构适用于抽芯力不大、抽芯距小的塑件成型。

3）斜导柱与滑块同时安装在定模的结构

如图 7-68 所示为斜导柱与滑块同时安装在定模的结构，由固定在定模座板上的斜导柱 2 先抽动侧型芯滑块 1，而且型腔板与定模座分型距离必须大于斜导柱能使侧型芯全部从塑件中抽出的距离，待到达这个距离后，动模才能与型芯板分型，带动塑件脱出型腔，然后由推出机构将塑件推出。这种能满足上述要求的机构称为定距顺序分型拉紧机构。

图 7-68 所示的定距顺序分型拉紧结构的工作过程为：开模时，凹模板 6 在弹簧 8 的作用下，使分型面 A—A 先分开，侧型芯滑块 1 在斜导柱 2 的带动下开始抽芯，当凹模板移动到起限位作用的定距螺钉 7 的台肩时，即停止移动，同时抽芯动作结束。这时动模继续移动，分型面 B—B 分开，塑件脱出定模，留在凸模 3 上，由推板 5 推出塑件。该结构简单，加工方便，适用于抽芯力不大的场合。

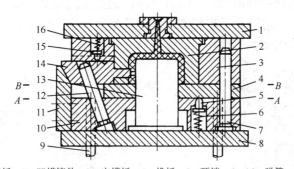

1—定模座板；2—凹模镶件；3—定模板；4—推板；5—顶销；6、16—弹簧；7—导柱；
8—支承板；9—推杆；10—动模板；11—锁紧块；12—斜导柱；13—凸模；14—侧型芯滑块；15—定位顶销

图 7-67　斜导柱安装在动模，滑块安装在定模的结构

4）斜导柱内侧抽芯结构

斜导柱侧向分型与抽芯机构除了对塑件进行外侧分型与抽芯外，还可以对塑件进行内侧抽芯，如图 7-69 所示。斜导柱 2 固定于定模板 1 上，侧型芯滑块 3 安装在动模板 4 上。开模时，斜导柱 2 驱动侧型芯滑块 3 在动模板 4 的导滑槽内滑动而进行内侧抽芯，最后推杆 6 将塑件从型芯 5 上推出。

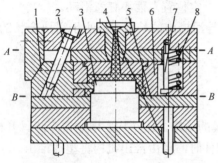

1—侧型芯滑块；2—斜导柱；3—凸模；4—推杆；

5—推板；6—凹模板；7—定距螺钉；8—弹簧

图 7-68　斜导柱与滑块同时安装在定模的结构

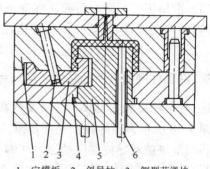

1—定模板；2—斜导柱；3—侧型芯滑块；

4—动模板；5—型芯；6—推杆

图 7-69　斜导柱内侧抽芯结构

7.8.2　其他形式的侧向分型与抽芯机构

塑件侧面的凹槽或凸台较浅，所需的抽芯距不大，但所需的脱模力较大时，可选用斜滑块抽芯机构。斜滑块抽芯机构的特点是：当推杆推动斜滑块时，推件及抽芯（或分型）动作同时进行。因斜滑块刚性好，能承受较大的脱模力，所以，斜滑块的斜角比斜导柱的斜角稍大，一般斜滑块的斜角不能大于 30°，否则易发生故障。斜滑块推出长度一般不超过导滑长度的 2/3，如果太长，会影响斜滑块的导滑效果。因为斜滑块抽芯结构简单、安全可靠、制造比较方便，所以在塑料注射模中应用广泛。

如图 7-70 所示是斜滑块外侧抽芯结构。开模时，在推杆 5 的作用下，两瓣斜滑块 2 向上运动并向两侧分型，分型的动作靠斜滑块 2 在模套 3 的导滑槽内进行斜向运动来实现，导滑槽的方向与斜滑块的斜面平行。斜滑块侧向分型的同时，塑件从型芯 4 上脱出。限位螺钉 1 是为防止斜滑块从模具中脱出而设置的。

塑件的内侧经常会有凸台和凹槽，除用斜导柱内侧抽芯结构进行抽芯外，也可采用斜滑块内侧抽芯结构，如图 7-71 所示。开模后推杆 5 推动斜滑块 8 向上同时向内侧运动，从而在推杆推出塑件的同时，斜滑块完成内侧抽芯动作。

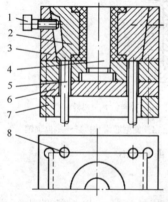

1—限位螺钉；2—斜滑块；3—模套；4—型芯；

5—推杆；6—动模垫板；7—支块；8—导滑圆销

图 7-70　斜滑块外侧抽芯结构

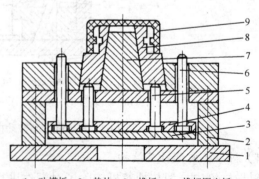

1—动模板；2—垫块；3—推板；4—推杆固定板；

5—推杆；6—反推杆；7—型芯；8—斜滑块；9—塑件

图 7-71　斜滑块内侧抽芯结构

7.9 注射模温度调节系统设计

塑件成型过程中，模具温度会直接影响塑件的充模、定型、成型周期和塑件质量。为使型腔和型芯温度保持在规定的范围内，且使模温均匀，模具需设置温度调节系统。注射模温度调节系统包括加热装置和冷却装置。

7.9.1 加热装置设计

对于热塑性塑料模具，当遇到成型流动性差的塑料时需对模具进行加热；对于热固性塑料注射模也需要加热。

根据热能来源，模具的加热方法有蒸汽加热法、电阻加热法、工频感应加热法等。

最常用的加热法是电阻加热法，如图 7-72 所示为生产中常用的电热棒加热的安装形式。电热棒是一种标准加热组件，只要将其插入模板上的孔内通电即可。

采用电阻加热时要合理布设电热元件，保证电热元件的功率。如果功率不足，就达不到模温；如果功率过大，会使模具加热过快，出现局部过热现象。要达到模具加热均匀、保证符合塑件成型温度的条件，在设计模具电阻加热装置时，必须考虑以下基本要求：

（1）正确合理地布设电热元件。

（2）电热板的中央和边缘部位分别采用不同功率的电热元件，一般中央部位电热元件功率稍小，边缘部位的电热元件功率稍大。

（3）大型模具的电热板，应安装两套控制温度仪表，分别控制调节电热板中央和边缘部位的温度。

（4）要考虑加热模具的保温措施，减少热量的传导和热辐射的损失。一般在模具与压机的上、下压板之间及模具四周设置石棉隔热板，其厚度为 4～6mm。

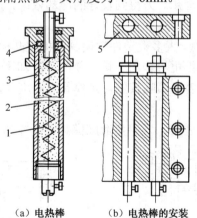

（a）电热棒　　（b）电热棒的安装

1—电阻丝；2—耐热填料（硅砂或氧化镁）；3—金属密封管；4—耐热绝缘垫片（云母或石棉）；5—加热板

图 7-72　电热棒加热的安装形式

7.9.2 冷却装置设计

模具的冷却就是将熔融塑料传给模具的热量尽可能迅速地全部带走，以缩短成型周期，并获得最佳的塑件质量。模具的冷却常用水冷却方法。冷却形式一般应在型腔、型芯等部位合理地设置冷却水通道，并通过调节冷却水流量和流速来控制模温。

1. 冷却装置设计的基本原则

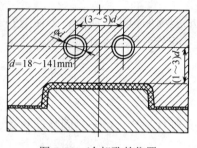

图 7-73　冷却孔的位置

（1）要使模具有效冷却并提高模具的热传导效率，就应做好冷却通道的设计工作。根据经验保证模具有效冷却的条件是：冷却通道孔的中线离塑件表面的距离，约为冷却通道直径的 1～3 倍；冷却通道的中心距，约为冷却通道直径的 3～5 倍，如图 7-73 所示。此外，冷却还与制模材料的导热性能有关。模具的冷却方法有水冷却、空气冷却和油冷却等，常用水冷。

对于冷却水管的直径 d 可按经验值选取。当塑件壁厚 $t \leqslant 2mm$ 时，$d \leqslant 8 \sim 10mm$；$2 < t \leqslant 4mm$ 时，$d \leqslant 10 \sim 12mm$；$4 < t \leqslant 6mm$ 时，$d \leqslant 12 \sim 14mm$。

（2）冷却通道的设计和布置应与塑件的厚度相适应。

塑件的壁厚基本均匀时，冷却通道与型腔表面的距离最好相等，分布尽量与型芯轮廓相吻合，如图 7-74（a）所示。塑件壁厚不均匀时，较厚的部位要着重冷却，一般浇口附近的温度高，为此，冷却水应从浇口附近开始流向其他地方，如图 7-75（b）所示。

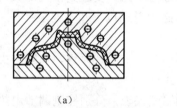 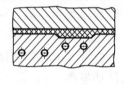

（a）　　　　　　　　　　　　　　　　　（b）

图 7-74　型腔壁厚与冷却管道的布置关系

（3）冷却系统应先于推出机构。传统设计中，往往推出机构设计先于冷却系统，由于受到推出机构限制而使冷却回路布置不理想。为得到较好的冷却效果，应优先考虑冷却系统的设计，然后考虑推出机构的设计。

（4）注意凸模和凹模的热平衡。大多数塑件的模具结构中凸模和凹模所吸收的热量是不同的。凸模布置冷却回路空间小，还有推出机构的干扰，使凸模冷却困难。

（5）模具主流道部位常与注射机喷嘴接触，是模具上温度最高的部位，应加强冷却，在必要时应单独冷却，如图 7-75 所示。

（6）进出口冷却水温差不宜过大，以避免造成模具表面冷却不均匀。

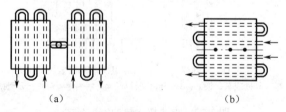

（a）　　　　　　　　　　　　　　　（b）

图 7-75　冷却管道的布置与水流方向

2. 冷却通道布局

冷却通道的布局，应根据塑料制品形状及其所需冷却温度的要求而定。冷却通道的形式可分成：直通式通道、圆周式通道、多级式通道、螺旋式通道、循环式通道及喷流式通道等。

如图 7-76 所示为直流式与直流循环式冷却装置，该结构简单，制造方便，适用于成型较浅而面积较大的塑件。如图 7-77 所示为循环式冷却通道，可实现对型芯和型腔的冷却。图 7-77（a）所示为间歇循环式，冷却效果好，但出入口多，加工困难；图 7-77（b）所示为连续循环式，该结构出入口少。

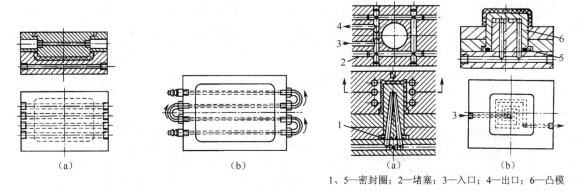

1、5—密封圈；2—堵塞；3—入口；4—出口；6—凸模

图 7-76　直流式与直流循环式冷却装置　　　　图 7-77　循环式冷却通道

3. 冷却回路尺寸的确定

（1）冷却水体积流量。塑料注射模冷却时所需要的冷却水质（重）量可按下式计算

$$m = \frac{nm_1\Delta h}{c_p(t_1 - t_2)}\qquad\qquad(7\text{-}26)$$

式中　m——所需的冷却水质（重）量，kg/h；

　　　n——单位时间注射次数，次／小时；

　　　m_1——包括浇注系统在内的每次注入模具的塑料质（重）量，kg/次；

　　　c_p——冷却水的定压比热容[kJ/（kg·℃）]，当水温 20℃，c_p =4.183kJ/（kg·℃）；当水温为 30℃，c_p =4.174kJ/（kg·℃）；

　　　t_1——冷却水出口温度，℃；

　　　t_2——冷却水入口温度，℃；

　　　Δh——从熔融状态的塑料进入型腔时的温度到塑件冷却到脱模温度为止，塑料所放出的热焓量，kJ/kg，Δh 值如表 7-10 所示。

表 7-10　常见塑料在凝固时所放出的热焓量Δh

塑　料	Δh（kJ·kg-1）	塑　料	Δh（kJ·kg-1）
高压聚乙烯	583.33～700.14	尼龙	700.14～816.48
低压聚乙烯	700.14～816.48	聚甲醛	420
聚丙烯	583.33～700.14	醋酸纤维素	289.38
聚苯乙烯	289.14～349.85	丁酸-醋酸纤维素	259.14
聚氯乙烯	210	ABS	326.76～396.48
有机玻璃	285.85	AS	280.14～349.85

（2）冷却水道孔径 d。根据冷却水体积流量 m，查表 7-11，可确定冷却水道孔径。

表 7-11 冷却水孔直径和湍流最低流速及流量

水孔直径 d/m	$d^{0.13}$	最低流速 v / (m·s-1)	$v^{0.87}$	流量 m / (kg·h-1)	水孔直径 d/m	$d^{0.13}$	最低流速 v / (m·s^{-1})	$v^{0.87}$	流量 m / (kg·h-1)
0.006	0.514	0.78	0.81	80	0.012	0.563	0.44	0.49	180
0.008	0.534	0.66	0.70	120	0.015	0.579	0.35	0.40	224
0.010	0.550	0.52	0.57	150	0.020	0.601	0.26	0.31	295

（3）冷却回路所需的总表面积，可按下式计算：

$$A = \frac{nm_1 \Delta h}{a(t_{模} - t_{水})}$$
（7-27）

式中　A——冷却回路总表面积，m^2；

$t_{模}$——冷却水孔壁平均温度，℃；

$t_{水}$——冷却水平均温度，℃；

a——冷却水的表面传热系数[kJ/（m^2·h·℃）]。

$$a = 7348 \times (1 + 0.015t_{水}) \frac{v^{0.87}}{d^{0.13}}$$
（7-28）

（4）冷却回路的总长度，可按下式计算

$$L = \frac{A}{\pi d}$$
（7-29）

求出 L 后，根据冷却水道的排列方式可计算出水道的数量。

必须指出，以上计算传热面积，没有考虑空气自然对流散热、辐射散热、注射机固定模板散热等，也就是说塑料放出的热量全部由冷却水带走了。这样计算的结果偏大，为水温及流量调节提供了更大范围。

7.10　注射模设计程序及实例

前面介绍了塑料注射模设计的基本理论知识。为了便于读者掌握塑料模具设计的基本技能，下面介绍塑料注射模设计的基本程序及设计实例。

7.10.1　注射模设计程序

模具设计人员接到塑料制品图样或塑料制品实物后，一般应按下列程序进行设计。

1．明确设计任务

明确设计任务包括明确塑件的零件图、生产批量、材料、加工精度、用途等。对于小批量生产的塑件，为降低成本，模具结构尽可能简单；在大批量生产时，应在保证塑件质量的前提下，采用一模多腔或自动化生产，以缩短生产周期，提高劳动生产率。

2．塑件的工艺性分析

塑件的工艺性分析包括塑件的原材料分析、塑件的尺寸精度分析、塑件表面质量和结构工艺性分析。

3．计算塑件的体积或质量

计算塑件的体积或质量是为了选用注射机，提高设备利用率，确定模具型腔数目。

4．注射机选用

根据塑件的体积或质量初步确定注塑机型号，了解注射机的相关技术参数。

5．注射模结构设计

1）分型面设计

2）浇注系统设计

浇注系统设计包括浇口的位置设置；主流道、分流道的结构选择和尺寸确定；型腔的排列等。

3）成型零件设计

成型零件设计包括其结构设计和相关尺寸计算，如对型芯（凸模）、型腔（凹模）工作尺寸的计算；型腔壁厚、底板厚度的确定；螺纹型环尺寸计算等。

4）推出机构设计

推出机构设计包括推出机构、侧向分型与抽芯机构设计等。

5）加热、冷却系统设计

6）排气方式的设计

7）模具总体尺寸的确定和标准模架的选择

6．模具的校核

模具的校核包括注射机参数的校核（包括最大注射量的校核、注射压力校核、锁模力校核）；模具与注射机安装部分相关尺寸校核（包括闭合高度的校核、开模行程的校核、顶出装置的校核等）。

7．绘制模具总装配图和非标准件零件图

7.10.2　塑料盖注射模设计

1．明确设计任务

如图 7-78 所示为一塑料盖，塑件结构比较简单，塑件质量要求是不允许有裂纹、变形缺陷，脱模斜度 30′～1°，材料为 HIPS，大批量生产。设计塑料盖注射模。

2．塑件的工艺性分析

1）塑件的原材料分析

HIPS（即高冲击强度聚苯乙烯）是通过在聚苯乙烯中添加聚丁基橡胶颗粒的办法而生产的一种抗冲击的聚苯乙烯产品。这种聚苯乙烯产品通过添加微米级橡胶颗粒并通过枝接的办法把聚苯乙烯和橡胶颗粒连接在一起。当受到冲击时，裂纹扩展的尖端应力会被相对柔软的橡胶颗粒释放掉。因此裂纹的扩展受到阻碍，抗冲击性得到了提高。

HIPS 为乳白色不透明颗粒。密度为 1.05g/cm³，熔融温度 150～180℃，热分解温度 300℃。溶于芳香烃、氯化烃、酮类（除尔酮外）和酯类。能耐许多矿

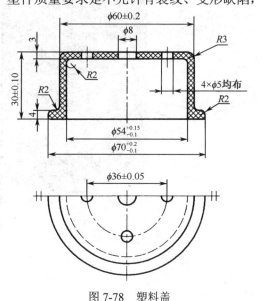

图 7-78　塑料盖

物油、有机酸、碱、盐、低级醇及其水溶液，不耐沸水。HIPS 是最便宜的工程塑料之一，和 ABS、PC7ABS、PC 相比，材料的光泽性比较差，综合性能也相对差一些。PS 的冲击强度很低，做出的产品很脆，PS 经改性后，可使其冲击性能提高 2～3 倍。HIPS 的性能指标见表 7-12。

表 7-12　HIPS 的性能指标

密度 ρ/kg·dm^{-3}	1.04～1.06	抗拉屈服强度 σ_b/MPa	14～48
比体积 v/ dm^{-3}·kg^{-1}	0.91～1.02	拉伸弹性模量 E_1/MPa	$(1.4～3.1) \times 10^3$
吸水率 24h/%	0.1～0.3	抗弯强度 σ_ω/MPa	35～70
收缩率 s/%	0.3～0.6	冲击韧性 a_k/(kJ·m^{-2})	1.1～23.6
热变形温度 t/℃	64～92.5	硬度(HB)	M20～80
熔点 t/℃	131～165	体积电阻系数 ρ_v/(Ω·cm)	>1016

2）塑件的尺寸精度分析

外形尺寸分析：该塑件壁厚为 3～4mm，塑件外形尺寸不大，塑料熔体流程不太长，塑件材料为热塑性塑料，流动性较好，适合于注射成型。

精度等级分析：塑件每个尺寸公差不同，未注公差取为 MT5 级精度。

3）塑件表面质量

由于塑件的外表面为使用工作面，考虑到使用性和美观，塑件外表面粗糙度可取 $Ra0.4\mu m$。

4）HIPS 的注射工艺参数

注射机：螺杆式，螺杆转速为 48r/min。

料筒温度：前段 170～190℃；中段 170～190℃；后段 140～160℃。

模具温度：30～65℃。

注射压力：60～110MPa。

成型时间：30s（注射时间取 2s，冷却时间取 20s，辅助时间取 8s）。

3. 计算塑件的体积或质量

通过 Pro/E 建模分析得塑件质量属性如图 7-79 所示。

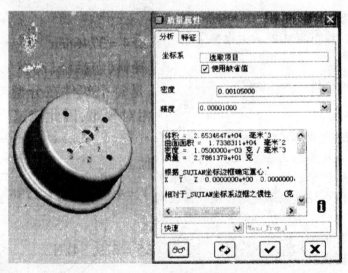

图 7-79　塑件质量属性

塑料体积：$V_{塑}$=26.535cm^3

塑料质量：$m_{塑}=\rho V_{塑}$=1.05×26.535=27.9g

浇注系统的凝料在设计之前不能确定准确的数值，但是可以根据经验按照塑件体积的 0.2～1 倍来估算。由于本次设计采用的流道简单并且较短，所以浇注系统的凝料按塑件体积的 0.3 倍来估算，故一次注入模具型腔塑料熔体的总体积（即浇注系统的凝料和 4 个塑件体积之和）为

$$V_{总}=1.3nV_{塑}=1.3×4×26.535=138cm^3$$

4．注射机选用

$V_{总}$=138cm^3，由 $V_{公}=V_{总}$/0.8=138/0.8=172.5cm^3，初步选择注射机公称注射量为 200cm^3，注射机型号为 SZ-200/120 卧式注射机，其主要技术参数见表 7-13。

表 7-13　注射机主要技术参数

理论注射量/cm^3	200	拉杆内向距/mm	355×385
螺杆柱塞直径/mm	42	移模行程/mm	350
注射压力/MPa	150	最大模具厚度/mm	400
注射速度/g·s^{-1}	120	最小模具厚度/mm	230
塑化能力/kg·h	70	锁模形式	双曲肘
螺杆转速/r·min^{-1}	0~220	模具定位孔直径/mm	125
锁模力/kN	1200	喷嘴球直径/mm	15
喷嘴孔直径/mm	4		

5．注射模结构设计

1）分型面设计

依据分型面的选择原则，该塑件的分型面应选在塑料盖截面积最大且利于开模取出塑件的底平面上，其位置如图 7-80 所示。

2）型腔的设计

由于该塑件的精度要求不高、塑件尺寸较小，且为大批量生产，可采用一模多腔的结构形式。同时，考虑到塑件尺寸、模具结构尺寸的关系，以及制造费用和各种成本费用等因素，定为一模四腔结构形式。流道可采用 H 形对称排列，使型腔进料平衡，如图 7-81 所示。

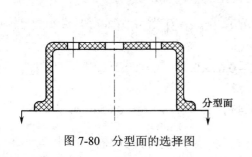

图 7-80　分型面的选择图

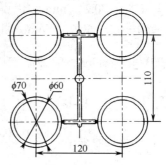

图 7-81　型腔设计

3）浇注系统设计

塑件要求不允许有裂纹和变形缺陷，表面质量要求较高，为便于调整充模时的剪切速率和封闭时间，采用侧浇口，且开设在分型面上。

主流道的设计：主流道长度一般由模具结构确定，对于小型模具 L 应尽量小于 60mm，本次设计中取 L 为 50mm。主流道小端直径 d=注射机喷嘴尺寸+(0.5～1)mm=4.5mm。主流道大端直径 $D=d+L_{\pm}\tan\alpha$=8mm，式中 $\alpha\approx4°$。主流道球面半径 SR=注射机喷嘴球头半径+(1～2)=15+2=17mm。

主流道浇口套的形式：主流道衬套为标准件可选购。主流道小端入口处与注射机喷嘴反复接触，易磨损。对材料要求较严格，因而尽管小型注射模可以将主流道衬套与定位圈设计成一个整体，但考虑上述因素通常仍然将其分开来设计，以便于拆卸更换。同时也便于选用优质钢材进行单独加工和热处理。本设计中浇口套采用碳素工具钢 T10A，热处理淬火表面硬度为 50HRC～55HRC，如图 7-82 所示。定位圈的结构由总装图来确定。

流道的设计：为了尽量减少在流道内的压力损失和尽可能避免熔体温度降低，同时还要考虑减少分流道容积和压力平衡，因此采用平衡式分流道的布置形式，如图 7-83 所示。分流道的截面形状采用梯形截面，其加工工艺性好，且塑料熔体的热量散失、流动阻力均不大。分流道的表面粗糙度取 Ra 1.6μm，其脱模斜度一般在 5°～10°之间选取。

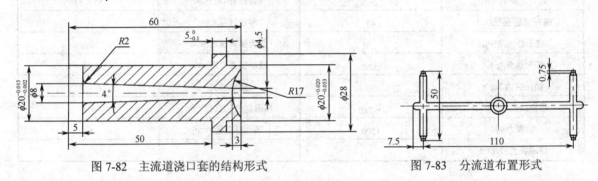

图 7-82　主流道浇口套的结构形式　　　　　图 7-83　分流道布置形式

为保证塑件质量，浇注系统需设计主流道冷料穴与分流道冷料穴，采用球头形拉料杆。开模时，利用凝料对球头的包紧力使凝料从主流道衬套中脱出。

4）成型零件设计

塑件的成型零件要有足够的刚度、强度、耐磨性及良好的抗疲劳性，同时应考虑其机械加工性能。又因为该塑件为大批量生产，所以凹模钢材选用 P20。因型芯在脱模时与塑件的磨损严重，所以型芯钢材选用 P20，且进行渗氮处理。

凹模的设计：根据对塑件的结构特点，本设计中采用整体式凹模，如图 7-84 所示。

凹模径向尺寸的计算，将塑件外部径向尺寸进行转换。

$L_{S1}=70^{+0.2}_{-0.1}=70.2^{0}_{-0.3}$ mm，相应的塑件制造公差 Δ_1=0.3mm

$L_{S2}=60\pm0.2=60.2^{0}_{-0.4}$ mm，相应的塑件制造公差 Δ_2=0.4mm

$$L_{M1}=(L_{S1}+L_{S1}S_{CP}-x_1\Delta_1)^{+\delta_{z1}}_0=[(1+0.0045)\times70.2-0.7\times0.3]^{+0.05}_0=70.306^{+0.05}_0=70.3^{+0.056}_{+0.006} \text{（mm）}$$

$$L_{M2}=(L_{S2}+L_{S2}S_{CP}-x_2\Delta_2)^{+\delta_{z2}}_0=[(1+0.0045)\times60.2-0.65\times0.4]^{+0.067}_0=60.211^{+0.067}_0=60.2^{+0.078}_{+0.011} \text{（mm）}$$

式中　塑件的平均收缩率 $s_{CP}=\dfrac{0.003+0.006}{2}=0.0045$；$x_1=0.7$，$x_2=0.65$；$\delta_Z=\Delta/6$。

凹模深度尺寸的计算，将塑件高度方向尺寸进行转换。塑件高度的最大尺寸 $H_{S1}=30\pm0.1=30.1^{0}_{-0.2}$ mm，相应的塑件制造公差 Δ_{S1}=0.2mm；塑件底部凸缘的基本尺寸为 4mm 未注公差，属 B 类尺寸按 MT5 级进行计算，则其最大尺寸

$H_{S2} = 4 \pm 0.22 = 4.22_{-0.44}^{0}$ mm，相应的塑件制造公差 $\Delta_{s2}=0.44$mm。

$$H_{M1} = (H_{S1} + H_{S1}S_{CP} - x_1'\Delta_1)_0^{+\delta_{Z1}} = \left[(1+0.0045)\times 30.1 - 0.63\times 0.2\right]_0^{+0.033} = 30.11_0^{+0.033} = 30.1_{+0.010}^{+0.043} \text{（mm）}$$

$$H_{M2} = (H_{S2} + H_{S2}S_{CP} - x_2'\Delta_2)_0^{+\delta_{Z2}} = \left[(1+0.0065)\times 4.22 - 0.56\times 0.44\right]_0^{+0.073} = 4_0^{+0.073} \text{（mm）}$$

式中　$x_1' = 0.63$，$x_2' = 0.56$。

型芯的设计：根据对塑件的结构特点，本设计中采用整体式型芯，如图 7-85 所示。因塑件的包紧力较大，所以将型芯设在动模上。

型芯径向尺寸的计算，将塑件内部径向尺寸进行转换。

$l_{S1} = 54_{-0.1}^{+0.15} = 53.9_0^{+0.25}$ mm，相应的塑件制造公差 $\Delta_{s1}=0.25$mm。

$$l_{M1} = (l_{S1} + l_{S1}S_{CP} + x_1\Delta_1)_{-\delta_{Z1}}^0 = \left[(1+0.0045)\times 53.9 + 0.7\times 0.25\right]_{-0.042}^0 = 54.318_{-0.042}^0 = 54.3_{-0.024}^{+0.018} \text{（mm）}$$

式中　$x_1 = 0.7$。

型芯高度尺寸计算，将塑件内腔高度尺寸进行转换。

$h_{S1} = 27 \pm 0.1 = 26.9_0^{+0.2}$ mm，相应的塑件制造公差 $\Delta_1=0.2$mm，取 $x_1' = 0.63$。

$$h_{M1} = (h_{S1} + h_{S1}S_{CP} + x_1'\Delta_1)_{-\delta_{Z1}}^0 = \left[(1+0.0045)\times 26.9 + 0.63\times 0.2\right]_{-0.033}^0 = 27.147_{-0.033}^0 = 27.1_{+0.014}^{+0.047} \text{（mm）}$$

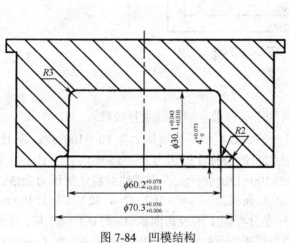

图 7-84　凹模结构

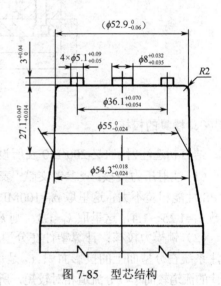

图 7-85　型芯结构

$\phi 5$、$\phi 8$ 型芯径向尺寸的计算，$\phi 5$、$\phi 8$ 自由公差按 MT5 查得：$\phi 5_0^{+0.24}$、$\phi 8_0^{+0.28}$，不需要转换，因此得：

$$l_{M3} = (l_{S3} + l_{S3}S_{CP} + x_3\Delta_3)_{-\delta_{Z3}}^0 = \left[(1+0.0045)\times 5 + 0.7\times 0.24\right]_{-0.04}^0 = 5.19_{-0.04}^0 = 5.1_{-0.05}^{+0.09} \text{ mm}$$

$$l_{M4} = (l_{S4} + l_{S4}S_{CP} + x_4\Delta_4)_{-\delta_{Z4}}^0 = \left[(1+0.0045)\times 8 + 0.7\times 0.28\right]_{-0.067}^0 = 8.232_{-0.067}^0 = 8.2_{-0.035}^{+0.032} \text{ mm}$$

成型孔中心距的计算：

$$C_M = (C_S + C_S S_{CP}) \pm \frac{\delta_Z}{2} = (1.0045\times 36) \pm 0.008 = 36.162 \pm 0.008 = 36.1_{+0.054}^{+0.070} \text{ mm}$$

查表 7-7、表 7-8，确定凹模侧壁厚为 30mm、底壁厚度为 20mm。

5）推出机构设计

根据塑件结构形状，采用推件板与推杆组合的推出方式。该推出方式既可以利用推件板保证推出塑件的质量，又可利用推杆的配合间隙排气。此外，分型面、型芯和推件板件的间隙也可以排气。

6）模具总体尺寸的确定和标准模架的选择

综合考虑一模四腔的型腔布局、推出机构、导向机构、冷却系统的布置等因素，本着降低模具成本，适当减小模具尺寸的原则，选择直浇口模架 C3030-50×40×80 GB/T12555-2006，具体尺寸如图 7-86 所示。

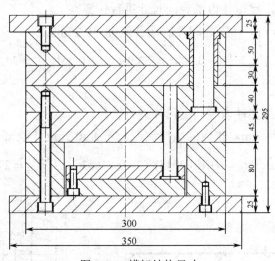

图 7-86　模架结构尺寸

6. 模具的校核

结合初选注射机 SZ-200/120 及所设计模具的有关参数，对模具进行校核。

（1）注射压力校核：查参考文献[1]表 4-1 可知，PS 成型所需注射压力为 80～100MPa，而 HIPS 与 PS 性能相差不大，这里取 p_0=100MPa，该注射机的公称注射压力 $p_公$=150MPa，注射压力安全系数 k_1=1.25～1.4，这里取 k_1=1.3，则 $k_1 p_0$=1.3×100=130MPa<$p_公$，表明注射机注射压力合格。

（2）锁模力校核：计算塑件在分型面上的投影面积为 $A_塑$=（70^2-8^2-4×4^2）π/4=3746mm²；浇注系统在分型面上的投影面积 $A_浇$ 是每个塑件在分型面上的投影面积 $A_塑$ 的 0.2～0.5 倍。由于本设计的流道较简单，分流道相对较短，所以流道凝料投影面积可以适当取小些。这里取 $A_浇$=0.2$A_塑$，则塑件和浇注系统在分型面上总投影面积 $A_总$=n（$A_塑$+$A_浇$）=4×1.2$A_塑$=17981mm²。型腔内塑料熔体的平均压力 $p_模$ 一般为 25～40MPa，这里取 35MPa，则 $P_模 A_总$=17981×35=629.34kN；所选注射机的锁模力为 1200kN，可保证塑料注射成型时模具不会沿分型面胀开。

（3）模具的闭合高度校核：根据所选注射机的技术参数和模架有 230<295<400 成立，即可保证 H_{min}≤H≤H_{max}，校核合格。

（4）开模行程的校核：S=H_1+ H_2+(5～10)=30+60+5～10=95～100mm，S 小于模板最大行程 350mm，注射机满足开模要求，校核合格。

7. 绘制模具总装配图

塑料盖注射模装配图如图 7-87 所示。

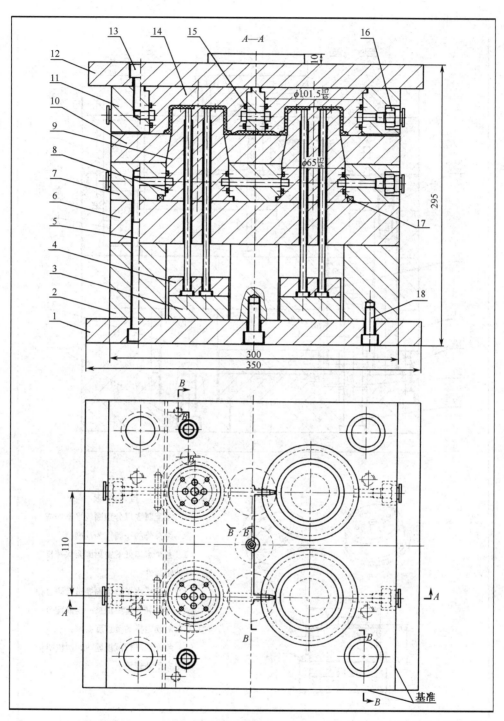

图 7-87　塑料盖注射模

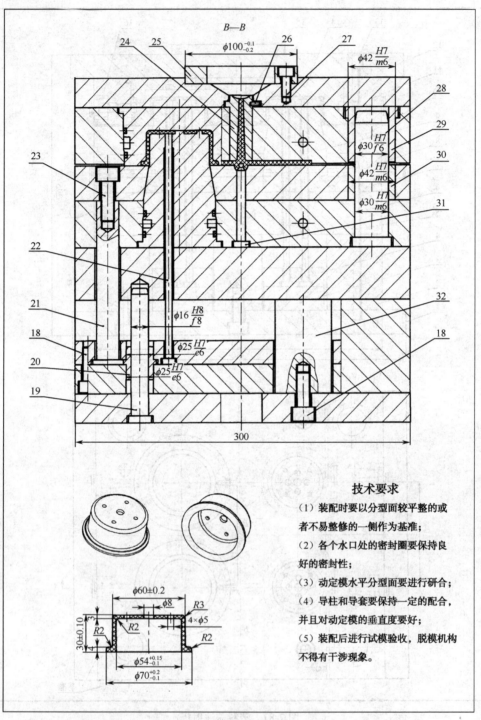

技术要求

（1）装配时要以分型面较平整的或者不易整修的一侧作为基准；

（2）各个水口处的密封圈要保持良好的密封性；

（3）动定模水平分型面要进行研合；

（4）导柱和导套要保持一定的配合，并且对动定模的垂直度要好；

（5）装配后进行试模验收，脱模机构不得有干涉现象。

图 7-87　塑料盖注射模（续）

序号	代号	名称	数量	材料	硬度	备注
32	SGM17	支撑柱	4	45	28~32HRC	自制
31	SGM16	拉料杆	1	3Cr2W8V	58~62HRC	外购改制
30	GB/T4169.2-2006	直导套	4	T10A	56~60HRC	随模架
29	GB/T4169.3-2006	带头导柱	4	T10A	56~60HRC	随模架
28	GB/T4169.4-2006	标准带头导柱	4	GCr15	28~32HRC	随模架
27	GB/T70.1-2000	圆柱头内六角螺钉 M8X20	2			外购件
26	GB/T4119-2000	销	1	35		外购件
25	SGM15	定位圈	1	45	28~32HRC	自制
24	SGM14	浇口套	1	45	38~45HRC	外购改制
23	GB/T70.1-2000	圆柱头内六角螺钉 M10X35	4			外购件
22	SGM12	推杆	16	3Cr2W8V	58~62HRC	外购改制
21	SGM11	连接推杆	4	T8A	56~60HRC	外购改制
20	GB/T4169.4-2006	推板导套	4	GCr15	56~60HRC	外购件
19	GB/T4169.12-2006	推板导柱	4	T10A	56~60HRC	外购件
18	GB/T70.1-2000	圆柱头内六角螺钉 M10X30	12			外购件
17	GB/1096	圆头普通平键 6X28	4	45		外购件
16		快速接头 1/4	8			外购件
15	GB1235-76	O 型密封圈 95×3.55	8	耐油橡胶		外购件
14	SGM011	凹模	4	P20	36~38HRC	自制
13	GB/T70.1-2000	圆柱头内六角螺钉 M14X35	4			外购件
12	SGM10	动模座板	1	45	28~32HRC	改制
11	SGM09	定模板	1	45	28~32HRC	改制
10	SGM08	推件板	1	45	28~32HRC	改制
9	SGM07	型芯	4	P20	36~38HRC	自制
8	GB1235-76	O 型密封圈 60×3.55	8	耐油橡胶		外购件
7	SGM06	型芯固定板	1	45	28~32HRC	改制
6	SGM05	支承板	1	45	28~32HRC	改制
5	GB/T70.1-2000	圆柱头内六角螺钉 M14X160	4			随模架
4	SGM04	推杆固定板	1	45	28~32HRC	改制
3	SGM03	推板	1	45	28~32HRC	改制
2	SGM02	垫块	2	45	28~32HRC	改制
1	SGM01	定模座板	1	45	28~32HRC	改制

HIPS （单位）

塑料盖注射模

比例 1:1

SGM00

共 张 第 张

思考题

7.1　典型注射模由哪几部分组成？各部分的作用是什么？

7.2　普通浇注系统由哪几部分组成？各部分的作用是什么？浇注系统的设计原则有哪些？

7.3　选择分型面的基本原则有哪些？

7.4　如何进行型腔数目的确定和型腔布局？

7.5　浇口的主要形式有哪些？

7.6　如何进行注射模成型零件的设计？

7.7　如何避免侧向分型与抽芯机构的干涉现象？

7.8　试述注射模设计的基本程序。

第8章
其他塑料成型模具设计

塑料品种多，性能各异，塑料的成型工艺方法也不尽相同。本章主要介绍压缩、压注、挤出、中空吹塑模具设计的基本方法。

8.1 热固性塑料成型模具设计

热固性塑料的主要成型方法为压缩成型和压注成型。压缩成型工艺成熟可靠，生产过程控制、模具结构相对简单，易成型大型塑件。塑件收缩率较小，变形小，性能比较均匀。压缩成型的缺点包括成型周期长，生产率低，劳动强度大，生产操作不易实现自动化等。随着现代化学工业、塑料工业的发展，部分热固性塑料也可以采用注射成型，但有些热固性塑料制品，仍要采用压缩的方法才能较好地成型，压缩成型仍为热固性塑料的主要成型工艺。

8.1.1 压缩模的组成

压缩模又称压塑模或压制模，其典型结构如图8-1所示。与注射模相比，压缩模没有浇注系统，直接向模腔内加入未塑化的塑料，模具结构相对简单。压缩模分为上模、下模两部分，分别安装在压力机上、下工作台上。加料后，上工作台下降，使上凸模3进入凹模4与装入型腔内的塑料接触并对其加热。在热与压力的作用下，塑料呈熔融状态并充满整个型腔。待塑料冷却固化后，在压力机的作用下打开模具，推出机构将塑件推出。

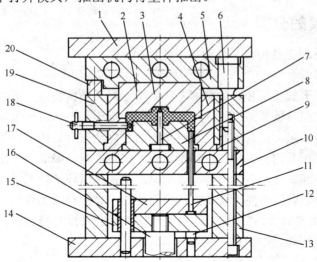

1—上模座板；2—螺钉；3—上凸模；4—凹模；5、10—加热板；6—导柱；7—型芯；8—下凸模；9—导套；11—推杆；12—支承钉；13—垫块；14—下模座板；15—推板；16—连接杆；17—推杆固定板；18—侧型芯；19—凹模固定板；20—承压板

图 8-1　压缩模的典型结构

压缩模按各零部件的功用分为以下几部分。

（1）成型零件。直接成型塑件的零件。例如，图 8-1 中的上凸模 3、凹模 4、型芯 7、下凸模 8、侧型芯 18 等为成型零件。

（2）加料室。由于塑料原料与塑件相比具有较大的体积，塑件成型前单靠型腔往往无法容纳全部塑料，因此在型腔之上设有一段加料室。压缩模的加料室是指凹模上方的空腔部分，图 8-1 中为凹模 4 断面尺寸扩大部分。多型腔压缩模加料室结构如图 8-2 所示。

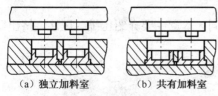

（a）独立加料室　　（b）共有加料室

图 8-2　多型腔压缩模加料室结构

多型腔压缩模可以每个型腔都单设加料室，加料室彼此分开，如图 8-2（a）所示。其优点是凸模对凹模的定位方便；个别型腔损坏，不影响压缩模使用。不足之处是要求每个加料室加料准确，加料费时；模具外形尺寸较大；装配精度要求较高。

多型腔压缩模也可以多个型腔共用一个加料室，如图 8-2（b）所示。其优点是加料方便迅速；飞边把各个塑件连成一体，可以一次推出；模具轮廓尺寸较小。其缺点是个别型腔损坏，影响整副模具的使用，加料室面积较大时，流程较长，生产中等尺寸塑件时，易形成缺料。

（3）导向机构。保证合模对中性及推出机构顺利地上、下滑动。如图 8-1 中的导柱 6 和导套 9 等为构成导向机构的元件。

（4）侧向分型抽芯机构。其原理、应用与注射模相似，在压制有侧孔、侧凹塑件时，设置侧向分型抽芯机构。如图 8-1 中塑件带有一侧孔，在推出塑件前应将侧型芯 18 抽出。

（5）推出机构。其原理、应用与注射模相似。如图 8-1 中的推杆 11、推杆固定板 17、推板 15、连接杆 16 等件共同组成推出机构。

（6）加热系统。热固性塑料压缩成型需较高温度，模具必须加热，常见方法是电加热。如图 8-1 中加热板 5、10 分别对上模、下模加热，加热板圆孔中可插入电加热棒。

（7）支承零部件。其作用是固定和支承压缩模中各种零部件，并将压力机的压力传递给成型零件，如图 8-1 中的上模座板 1、下模座板 14、垫块 13、承压板 20 等。

8.1.2　压缩模的分类

压缩模按上、下模配合结构特征分为如下几种。

1）溢式压缩模

溢式压缩模又称敞开式压缩模，如图 8-3（a）所示。其结构特点为无加料室，型腔基本与塑件等高。未合模前过剩塑料极易溢出，导致塑件的密度较小，产品的一致性差。环形挤压面 B 较窄，仅对溢料产生有限的阻力，合模到终点时挤压面才完全密合。压缩成型时，压力机的压力不能全部传给塑料。如果模具闭合太快，溢料量增加，浪费原料，降低塑件密度；而如果模具闭合太慢，物料在挤压面迅速固化，造成塑件飞边增厚。溢式压缩模的优点是模具结构简单，造价低廉，耐用，易取件，安装嵌件方便。其缺点是溢料去除困难且有损塑件的外观。考虑溢出，加料量应稍大于塑件质量的 5%。溢式压缩模适用于流动性好或带短纤维填料，以及精度与密度要求不高且尺寸小的浅型腔塑件，如纽扣、装饰品等。

2）不溢式压缩模

不溢式压缩模又称封闭式压缩模，如图 8-3（b）所示。其加料室的断面形状与型腔完全相同，加料室是型腔的延续，无挤压面。凸、凹模单边间隙小，单边间隙值为 0.025～0.075mm。为减小摩擦，凸、凹模配合高度不宜过大。塑件成型压力大，致密性好，强度高，塑料的溢出量很少，飞边极薄。不溢式压缩模的缺点如下：

（1）加料必须准确称量。

（2）凸模与加料室内壁摩擦，必擦伤加料室内壁，推出时，带划痕的加料腔损伤塑件。

（3）必须设较大行程推出装置，否则塑件难取出。

（4）一般为单型腔。多腔会因加料稍不均衡而造成各型腔压力不等，导致塑件致密度不同。

不溢式压缩模适于压缩形状复杂的薄壁塑件，也适于压缩流动性小、比容大的塑件。

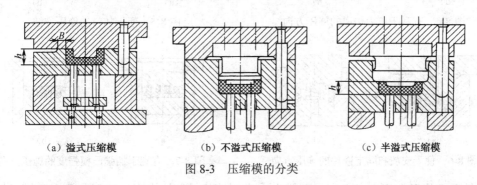

（a）溢式压缩模　　　　（b）不溢式压缩模　　　　（c）半溢式压缩模

图 8-3　压缩模的分类

3）半溢式压缩模

半溢式压缩模又称半封闭式压缩模，如图 8-3（c）所示。其结构特点是在型腔上方单设大尺寸的加料室，其断面尺寸大于塑件尺寸。半溢式压缩模的特点是成型塑件致密度比溢式压缩模好；加料量稍有过量时过剩的原料由配合间隙或溢料槽排出，溢料速度可调节；操作方便；可按体积计量加料；凸模与型腔壁无摩擦，不划伤型腔壁，不损伤塑件表面。

由于半溢式压缩模兼有溢式压缩模和不溢式压缩模的特点，所以应用较广泛。半溢式压缩模适用于流动性较好及形状较复杂、有小型嵌件的塑件。

8.1.3　压缩模的设计

设计压缩模应确定型腔的总体结构，凸、凹模的配合形式及加料室的尺寸等。在型腔的总体结构设计中主要考虑塑件在模具内的加压方向。

1．塑件在模具内加压方向的确定

加压方向即凸模施加作用力的方向（模具的轴线方向）。加压方向对塑件的质量、模具结构和脱模的难易程度都有较大的影响，在决定加压方向时应考虑以下几个因素。

（1）加压方向应有利于压力传递，避免因压力传递距离太长，使压力损失增大。如图 8-4（a）所示，圆筒太长，则成型压力不易均匀地分布在全长范围内，特别是在塑件底部易出现疏松状态。此时可将塑件横放，采用横向加压的方法可使压力均匀传递，如图 8-4（b）所示。

（2）加压方向应便于加料。如图 8-5（a）所示加料室直径小而深，不便加料。如图 8-5（b）所示，加料室直径大而浅，便于加料。

（3）加压方向应便于安装和固定嵌件。当塑件上有嵌件时，应优先考虑将嵌件安装在下模。若嵌件装在上模，如图 8-6（a）所示，则操作不方便，当嵌件安装不牢而落下时可压坏模具。如图 8-6（b）所示的嵌件装在下模，操作方便，可利用嵌件推出塑件，塑件外表面不留推出痕迹。

（4）加压方向应保证凸模的强度。从正、反面都可以成型的塑件，选择加压方向应使凸模形状尽量简单，保证凸模强度，其工作端越简单越好。如图 8-7（b）所示的加压方向比图 8-7（a）所示的好。

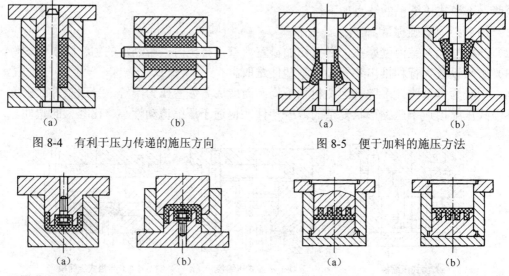

图 8-4　有利于压力传递的施压方向　　　　　图 8-5　便于加料的施压方法

图 8-6　便于安放和固定嵌件的施压方向　　　图 8-7　有利于加强凸模强度的施压方向

（5）长型芯位于加压方向。利用开模力完成侧抽芯时，抽拔距长的型芯放在开模（加压）方向；抽拔距短的放在侧向。

（6）加压方向应保证重要尺寸的精度。沿加压方向的塑件高度尺寸会因为飞边厚度和加料量的不同而发生变化，故精度要求较高的尺寸不宜放在加压方向上。

（7）料流方向与加压方向一致。为便于塑料熔体充模，应使料流方向与加压方向一致，如图 8-7（b）所示。

2．凸、凹模的配合形式

溢式压缩模凸、凹模的配合形式如图 8-8 所示。溢式压缩模没有加料室，利用凹模型腔装料，凸模与凹模也无引导环和配合环，凸、凹模在分型面水平接触。为增大承压面积，可在型腔周围 3～5mm 处开设溢料槽，槽内作为溢料面，槽外则作为承压面。

不溢式压缩模凸、凹模的配合形式如图 8-9 所示。图 8-9（a）所示为加料室较浅无引导环结构，图 8-9（b）所示为有引导环结构。不溢式压缩模的加料室为凹模型腔的向上延续部分，凸、凹模之间无挤压环。对于中小型塑件，凸、凹模一般按 H8/f7 配合，或取单边间隙 0.025～0.075mm，这一间隙可使气体顺利排出，又保证塑料溢料少。

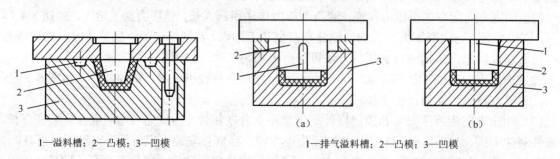

1—溢料槽；2—凸模；3—凹模　　　　　　　1—排气溢料槽；2—凸模；3—凹模

图 8-8　溢式压缩模凸、凹模的配合形式　　　图 8-9　不溢式压缩模凸、凹模的配合形式

半溢式压缩模凸、凹模的配合形式如图 8-10 所示。半溢式压缩模的最大特点是具有溢式压缩模的水平挤压环，同时还具有不溢式压缩凸模与加料室之间的配合环和引导环。凸模与加料室间的配合间隙或溢料槽可以让多余的塑料溢出，溢料槽还兼有排出气体的作用。凸模与加料室的配合精度一般为 H8/f7，或取其单边间隙为 0.025～0.075mm。储料槽的作用是容纳余料，即凸、凹模压实后留高度 Z=0.5～1.5mm 的小空间作为储料槽。Z 过大，塑件缺料或塑件不致密；Z 过小，则影响塑件精度及使飞边增厚。

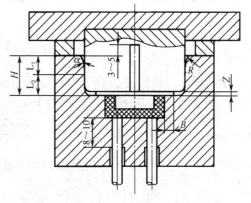

图 8-10　半溢式压缩模凸、凹模的配合形式

3．加料室尺寸的计算

压缩模成型零件的设计与注射模相似。这里仅介绍压缩模加料室设计。溢式压缩模无加料室，塑料堆放在型腔中部；不溢式及半溢式压缩模在型腔以上有一段加料室。压缩模加料室是装塑料原料用的，其容积要大于塑件所需原料体积，以防压制时原料溢出模外造成缺料。

（1）塑件所需原材料体积计算。可按塑料原料在成型时的体积压缩比来计算：

$$V_{SL} = V \cdot (K' + 1) \cdot K \qquad (8-1)$$

式中　V_{SL}——塑件所需原料体积（mm³）；

　　　K——塑料压缩比（见表 8-1）；

　　　V——塑件的体积（含溢料，mm³）；

　　　K'——飞边溢料的质量系数，通常取塑料质量的 5%～10%。

表 8-1　常用热固性塑料的密度和压缩比

塑　料　名　称	密度ρ（g·mm⁻³）	压　缩　比
酚醛塑料	1.35～1.95	1.5～2.7
氨基塑料	1.50～2.10	2.2～3.0
碎布塑料	1.36～2.00	5.0～10.0

（2）加料室截面积计算。加料室截面积计算可根据模具类型确定。不溢式压缩模加料室截面积与型腔断面尺寸相等，而其变异形式则稍大于型腔断面尺寸。半溢式压缩模加料室截面积应等于型腔断面加上挤压面的尺寸，挤压面单边宽度 B 一般为 3～5mm。

（3）加料室高度 H 的确定。如图 8-11 所示，在进行加料室高度计算时，应明确加料室高度的起点。一般情况下，不溢式压缩模加料室高度从塑件的下底面开始计算，而半溢式压缩模加料室高度从挤压边开始计算。

图 8-11（a）、（f）所示为不溢式压缩模，加料室高度为

$$H = \frac{V + V_1}{A} + (5 \sim 10) \ (\text{mm}) \qquad (8-2)$$

式中　H——加料室高度（mm）；

　　　V——塑件所需原材料的体积（mm³）；

　　　V_1——下凸模凸出部分体积（mm³）；

　　　A——加料室的水平截面积（mm²）。

图 8-11（b）、（c）、（e）所示为半溢式压缩模且塑件分别在加料室以下、以上成型，加料室高度为

$$H = \frac{V - V_0}{A} + (5 \sim 10)（\text{mm}）$$
(8-3)

式中 V_0——挤压边以下型腔的体积（mm^3）。

图 8-11（d）所示为带导柱的半溢式压缩模，考虑导柱的体积，加料室高度为

$$H = \frac{V + V_2 - V_0}{A} + (5 \sim 10)（\text{mm}）$$
(8-4)

式中 V_2——在加料室内导柱占据的体积（mm^3）。

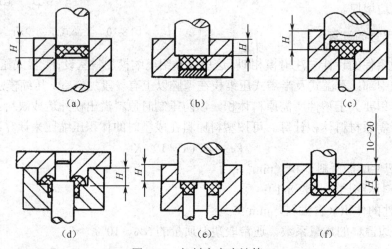

图 8-11 加料室高度计算

8.1.4 压注模的设计

压注成型又称传递成型，是在改进压缩成型特点、吸收注射成型优点的基础上发展起来的，主要用于成型热固性塑料。压注模与压缩模的最大区别在于前者设有单独加料室而后者没有。压注模与注射模的不同之处在于，压注模可使塑料在加料室内塑化，而注射模的塑料则在注射机料筒内塑化。

1．压注成型特点

压注成型工艺主要用于热固性塑料的成型加工。与压缩模相比，压注模的主要优点有：

（1）具有独立于型腔之外的单独加料室，经浇注系统与型腔相连。塑料入腔前，型腔已闭合，塑件飞边少而薄，塑件尺寸精度较高。

（2）塑料入腔前已在加料室初步受热塑化，熔体快速流经浇注系统过程中摩擦生热使塑化进一步加强，可迅速充型、固化。所以成型周期短，效率高，质量好，利于壁厚变化较大、形状复杂件的成型。

（3）压力不直接加在型腔中的塑料上，利于有细小嵌件、多嵌件、细长小孔塑件的成型。

压注模的缺点包括所需成型压力较高、塑料耗量比压缩成型大、塑件存在比较严重的取向问题、模具结构复杂等。

压注成型适用于粉状、粒状、碎屑状、纤维状、团块状塑料的成型，但不适用于片状塑料的成型。因为含纤维填料的片状塑料，经过浇注系统时，填料受较强摩擦剪切易发生断裂，降低塑

件的力学性能。

2．压注模的组成与典型结构

压注模由成型零件、加料室、浇注系统、推出机构、加热系统等组成。

如图 8-12 所示为酚醛仪表齿轮的压注模结构。压力机对压料柱塞 7 加压，压料柱塞将加料室内已经初步塑化的塑料经浇注系统压入型腔，然后压力经加料室传递到整个模具，使分型面闭合锁紧。为防止分型面被进入型腔的熔体压力挤开，要求加料室容料的水平投影面积必须大于型腔熔体的投影面积。

待塑件成型后，需从模具上移开加料室，对加料室进行清理。

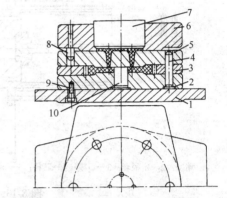

1—下模板；2—固定板；3—型腔；4—导柱；5—上模板；
6—加料室；7—压料柱塞；8—定位销；9—螺钉；10—型芯

图 8-12　酚醛仪表齿轮的压注模结构

8.2　挤出模设计

8.2.1　挤出模概述

1．挤出模

挤出模是塑料挤出成型用模具的统称。挤出模是塑料成型加工中的一大类重要工艺装备。

挤出成型利用挤出机料筒内的螺杆旋转加压的方式，连续将塑化好的呈熔融状态的物料从机筒挤出，通过特定截面形状的机头口模成型，并借助牵引装置将挤出的塑件均匀拉出，同时冷却定型，获得截面形状一致的连续型材。

挤出模在热塑性塑料成型加工中用途广泛，可完成对管材、棒材、异形截面型材、中空塑件、薄膜等的挤出加工。

2．挤出模的结构

挤出模主要由两部分组成，即机头和定型装置。机头是挤出模的主要部件，其作用可使来自挤塑机的塑料熔体由螺旋运动变为直线运动；通过几何形状与尺寸的变化产生必要的成型压力，保证塑件密实；当塑料熔体通过机头时由于剪切流动，使其得到进一步塑化；成型所需截面形状的连续塑件。

以典型的管材挤出成型机头结构为例（如图 8-13 所示），挤出成型机头主要由口模、芯棒、分流器、分流器支架、栅板（又称过滤板）等组成。口模与芯棒为成型零件，可分别成型塑件的外表面和内表面。栅板与过滤网共同将熔体由螺旋运动变成直线运动，栅板还可以起过滤作用，把未完全熔化的料挡在栅板外，使之继续熔化，防止其进入机头引起阻塞。分流器又叫鱼雷头（或分流梭），其功用是使塑料熔体通过时变成薄环状，从而由紊流状态转化为平稳流动状态随后进入成型区。分流器支架的主要功用是支承分流器、芯棒，迫使料流分束，加强熔体的剪切混合作用。

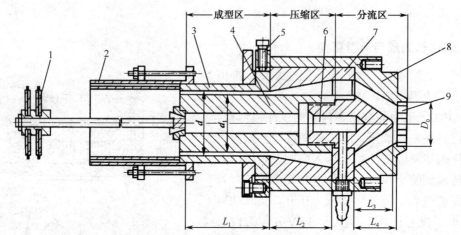

1—堵塞；2—定径套；3—口模；4—芯棒；5—调节螺钉；6—分流器；7—分流器支架；8—机头体；9—过滤板

图 8-13　管材挤出成型机头

管材挤出成型机头分为分流区、压缩区和成型区三部分。分流区的作用是使从挤出机的螺杆推出的熔体经过滤板 9 后由螺旋运动变成直线运动。通过过滤板 9 的熔体经分流器 6 前端的锥体初步形成中空的管状流后进入压缩区。压缩区的作用主要是通过截面的变化使熔体受剪切作用，进一步塑化。压缩区入口截面积应大于其出口的截面积。此两面积之比即为压缩区的压缩比。压缩比小则剪切力小，熔体塑化不均匀，容易引起融合不良；而压缩比过大则残留应力大，塑件易出现缺陷。成型区的作用不仅是把熔体形成所需要的形状和尺寸，而且使通过分流器支架 7 及分流器 6 的熔体由不平稳的流动状态趋于平稳流动，并通过一定长度的通道成型为所需的形状。

3．挤出成型机头的分类

（1）按制件形状分类。根据塑件的不同截面形状，分为挤管、挤板、吹膜、电线电缆、异型材机头等。

（2）按制件出口方向分类。按塑件从机头中挤出方向不同，分为直通、角式机头。直通机头的塑料熔体在机头内挤出流向与挤出机螺杆的轴向平行。角式机头的挤出流向与螺杆轴向成一定角度。

（3）按塑料在机头内所受压力分类。按塑料在机头内所受压力分为低压机头（熔体压力<4MPa）、中压机头（熔体压力为 4～10MPa）和高压机头（熔体压力>10MPa）。

4．挤出模的设计原则

（1）内腔应呈光滑流线型。挤出成型机头内腔应呈流线型，且无急剧扩大、缩小、死角或停滞区。表面粗糙度应小于 0.4μm，以保证熔体能充满机头流道并在流道中均匀平稳流动，最后顺利挤出，避免摩擦生热使物料发生热分解。

（2）机头内应有分流装置和适当的压缩区。挤出成型环形截面塑件时，熔体进入口模前，必须分流才能成为环形。为达到这一目的，分流装置是机头内必设的结构。另外，熔体流经分流器和分流器支架后，一般会产生熔接痕，影响塑件内在质量。为消除熔接痕的影响，机头内必须设计一段压缩区域，而且必须有足够大的压缩比（3～6），以增大熔体的流动阻力，彻底消除熔接痕。

（3）机头成型区应有正确的断面形状。机头成型区断面形状和尺寸决定塑件的形状和尺寸，但并非塑件成品的断面形状和尺寸。由于塑料的物理性能和压力、温度等因素引起离模膨胀效应（挤出胀大效应），导制塑件长度收缩和截面形状尺寸变化。设计时必须对口模进行适当的形状和尺寸补偿，合理确定流道尺寸，控制口模成型长度，从而保证塑件正确的截面形状及尺寸。

（4）机头内最好设有适当的调节装置。这有利于调节挤出压力、速度、成型温度等工艺参数及型坯尺寸。

（5）结构紧凑。

（6）合理选择材料。塑料熔体以一定的速度、压力流经机头内腔，过流元件磨损较大，有时还需承受较强的腐蚀。所以应选耐磨性好、硬度较高的材料制造过流元件。

8.2.2　管材挤出模设计

管材挤出模是挤出模的主要类型之一，其结构具有代表性，应用十分广泛。管材挤出模包括机头和定径套，管材挤出机头的设计方法与其他机头可以通用。能够用于挤管的塑料品种很多，但目前国内应用比较广泛的有聚氯乙烯、聚乙烯和聚丙烯等。

1. 管材挤出成型机头的典型结构

管材挤出成型机头的常用结构有直通式挤管机头、直角式挤管机头、旁侧式挤管机头三种形式。

直通式挤管机头如图 8-13 所示。其特点是塑料熔体在机头内的流动方向与挤出方向一致。机头结构简单，容易制造，但熔体经分流器及分流器支架形成的熔接痕不易消除，管材的力学性能较差。直通式挤管机头适用于挤出成型聚氯乙烯、聚乙烯、尼龙等薄壁管材。

直角式挤管机头如图 8-14 所示。该机头内无分流器及分流器支架，熔体包围芯棒流动成型时，只产生一条分流痕迹。熔体的流动阻力较小，料流稳定，生产率高，成型质量高，但结构比直通式复杂，使用时占地面积较大。直角式挤管机头适用于成型精度要求较高的管材。

旁侧式挤管机头如图 8-15 所示，结构与直角式挤管挤出模相似，但结构更复杂，制造困难，且机头体积较小，熔体流动阻力大。旁侧式挤管机头适用于成型直径大、管壁厚的管材。

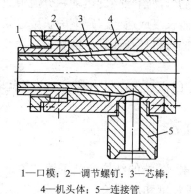

1—口模；2—调节螺钉；3—芯棒；
4—机头体；5—连接管

图 8-14　直角式挤管机头

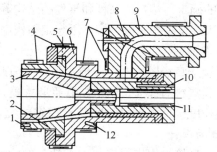

1—温度计插孔；2—口模；3—芯棒；4、7—加热器；5—调节螺钉；
6、9—机头体；8、10—熔料测温孔；11—芯棒加热器

图 8-15　旁侧式挤管机头

挤出模的机头特征见表 8-2。

表 8-2　挤出模的机头特征

特　征　＼　机 头 类 型	直 通 式	直 角 式	旁 侧 式
挤出口径	适用于小口径管材	大小口径均可	大小口径均可
挤出结构	简单	复杂	复杂
挤出方向	与螺杆轴线同向	与螺杆轴线垂直	与螺杆轴线同向
分流器支架	有	无	无
芯棒加热	较困难	容易	容易
定型长度	较长	较短	较短

2. 管材挤出模结构设计

管材挤出模结构设计主要包括口模、芯棒、分流器和分流器支架的形状、尺寸及其工艺参数的确定等。

1）口模的设计

口模是成型管材外表面的零件，形状如图 8-13 中的件 3。在设计管材挤出模时，口模的主要尺寸为口模的内径尺寸和定型段的长度尺寸。

（1）口模内径 D。口模的内径尺寸不等于管材的外径尺寸，这是因为挤出的管材在脱离口模后，会出现离模膨胀效应，也可能由于牵引和冷却收缩而使管径变小。挤出的管材在脱离口模后膨胀或收缩都与塑料的性质、口模的温度和压力及定径套的结构有关。一般按经验公式确定口模内径，并用螺钉调节口模与芯棒间隙使之达到合理值。口模内径的计算公式为

$$D=d_S/K \tag{8-5}$$

式中　d_S——管材外径（mm）；

　　　K——补偿系数，见表 8-3。

表 8-3　补偿系数 K 值

塑料品种	内径定径	外径定径
聚氯乙烯（PVC）		0.95～1.05
聚酰胺（PA）	1.05～1.10	—
聚乙烯（PE）、聚丙烯（PP）	1.20～1.30	0.90～1.05

（2）定型段长度 L_1。定型段长度即口模内壁平直部分的长度，如图 8-13 中的 L_1。塑料熔体通过定型部分时，料流阻力增加，使塑件密实，同时也使料流稳定均匀，消除螺旋运动和分流痕迹。定型段长度的确定与塑料的品种和塑件的结构等因素有关，定型段长度应适当。定型段长度过长，料流阻力过大；定型段长度过短，不起定型作用。定型段长度可按管材外径计算，经验公式为

$$L_1=（0.5～3）d_S \tag{8-6}$$

通常当管子直径较大时，L_1 取小值，因为此时管子的被定型面积较大，阻力较大；反之就取大值。考虑到塑料的性质，一般挤软管取大值，挤硬管取小值。

定型段长度也可按管材的壁厚 t 来确定，L_1 一般取（8～15）t。

2）芯棒的设计

芯棒是成型管材内表面形状的零件，结构如图 8-13 中的件 4。芯棒的结构应利于熔体流动，利于消除分流痕，容易制造。其主要尺寸包括芯棒外径、压缩段长度和压缩角。

（1）芯棒外径。芯棒外径指定型段直径，它是影响管材内径大小的决定性因素，与口模内径设计相似，按经验公式确定：

$$d=D-2\delta \tag{8-7}$$

式中　d——芯棒外径（mm）；

　　　D——口模内径（mm）；

　　　δ——口模与芯棒的单边间隙，通常取管材壁厚的 0.83～0.94 倍。

（2）压缩段长度 L_2。压缩段与口模锥面构成压缩区消除熔接痕。一般按经验公式确定压缩段长度 L_2：

$$L_2=（1.5～2.5）D_0 \tag{8-8}$$

式中　D_0——塑料熔体在过滤板出口处的流道直径（mm）。

（3）压缩角 β。压缩区的锥角 β 称为压缩角，一般在 30°～50° 范围内选取。压缩角过大会使

管材表面粗糙，失去光泽。塑料黏度较低时 β 取较大值，反之取小值。

3）分流器与分流器支架的设计

塑料熔体经栅板和分流器初步形成薄的管状，塑料可被均匀加热，有利于塑料的进一步塑化。分流器的主要尺寸包括扩张角 α、分流锥面长度 L_3 及分流器顶部圆角 R。

如图 8-16 所示为分流器与分流器支架的整体结构。

（1）分流锥扩张角 α 的选取与塑料熔体黏度有关，通常取 $30°\sim80°$，α 过大则阻力大，物料停留时间长，容易分解；α 过小则锥形部分长度大，造成机头体积增大。

（2）分流器上的分流锥面长度 L_3 一般按经验公式确定，要求分流器与机头体同轴度为 0.02mm：

$$L_3=（0.6\sim1.5）D_0 \tag{8-9}$$

（3）分流器顶部圆角 R 一般取 0.5~2.0mm。

（4）分流器支架支承分流器与芯棒，分流器支架上的分流肋制成流线型。在满足强度要求的条件下，分流肋的宽度和数目应尽可能小些，以减小阻力。一般分流器支架与芯棒做成组合式，小型机头可做成整体式。

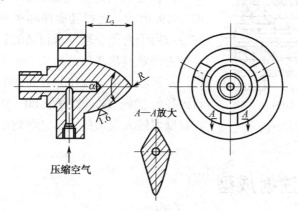

图 8-16　分流器与分流器支架的整体结构

3．管材的定径

塑件被挤出口模时，还具有相当高的温度，为保证塑件的表面质量、准确的尺寸和形状，必须同时采取定径和冷却措施。经过定径和初步冷却的管子进入水槽继续冷却至管子完全定型。

定径和初步冷却通常用定径套完成。定径方式通常有外径定径、内径定径，我国塑料管材标准大多以外径为基本尺寸，常用外径定径法。

1）外径定径

外径定径用定径套控制管材的外径尺寸和圆度，又分为内压法定径和真空法定径两种形式。

（1）内压法定径。图 8-17 所示为内压法定径，在管材内部通入 0.03~0.25MPa 的压缩空气，加堵塞防漏保压。压缩空气最好经过预热，因为冷空气会使芯棒温度降低，造成塑管内壁不光滑。内压法定径的定径效果好，适用于直径较大的管材。定径套长度一般取管材外径的 10 倍，定径套内径大于管材外径 0.8%~1.2%。

（2）真空法定径。图 8-18 所示为真空法定径，定径结构比较简单，管口不必堵塞，但需要一套抽真空装置，产生的压力有限。抽真空装置为一个金属圆筒，在某一区域上设许多小孔（孔径取 0.6~1.2mm），并抽成真空，真空度通常取 53~66kPa。生产时，真空定径套与口模应有 20~100mm 的距离，使口模中挤出的管材先进行离模膨胀和一定程度的空冷收缩后，再进入定径套冷却定型。真空法定径常用于生产小口径管材。

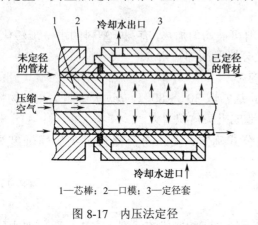

1—芯棒；2—口模；3—定径套

图 8-17　内压法定径

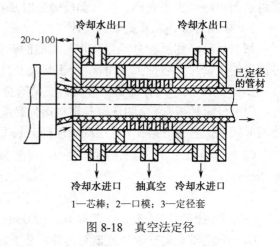

1—芯棒；2—口模；3—定径套

图 8-18　真空法定径

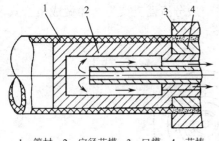

1—管材；2—定径芯模；3—口模；4—芯棒

图 8-19　内径定型原理图

2）内径定径

内径定径用定径套控制管材的内径尺寸和圆度，如图 8-19 所示。定径套内循环水冷却定型挤出管材。内径定径适用于内径公差要求较高的管材。

内径定型常在直角机头中使用，便于水管从芯棒处伸进。定径套应带 0.6/100～1.0/100 的锥度，外径取大于管材内径的 2%～4%，长度取 80～300mm。牵引速度较大或管材壁厚较大取大值，反之取较小值。

8.3　无流道注射成型

8.3.1　无流道注射成型的特点

无流道注射成型是指对模具流道采取绝热或加热的方法，使流道一直保持熔融状态，从而在开模时只需取出塑件，而不必清理浇道凝料。所以无流道模具并非指模具内无流道，而是指成型制品时不会同时产生流道凝料。如图 8-20 所示为无流道注射模，无流道模具在生产中不产生或基本不产生回料，能够节约原材料、减轻工人劳动强度、提高劳动生产率、降低生产成本。由于流道内塑料始终处于熔融状态，有利于压力传递，在一定程度上可克服因补料不足而产生的凹陷、缩孔等缺陷，保证塑件质量好。无流道注射模为注射成型实现高效率、低消耗、高速化和自动化创造了必要的条件。但无流道模具也存在一些缺点，其结构复杂，模具设计和维护较难，模具制造费用高，不是所有塑料都适用于无流道成型。无流道成型对塑件形状和使用的塑料有要求，无流道注射成型的塑料要有以下特点。

（1）对温度不敏感。即适宜加工的温度范围宽，黏度随温度改变而变化很小，在较低的温度下具有较好的流动性，在高温下具有优良的热稳定性。

（2）对压力敏感。不加注射压力时熔料不流动，但施以很低的注射压力即可流动。

（3）热变形温度高。塑件在比较高的温度下即可快速固化顶出，以缩短成型周期。

（4）热导率高。热量能迅速带走，可缩短冷却时间。

（5）比热容小。塑料凝固所需放出的热量和塑料熔融所需吸收的热量均少，使熔融和固化所需时间较短。

常见的适用于无流道注射成型的热塑性塑料有 PE、PP、PS 等。

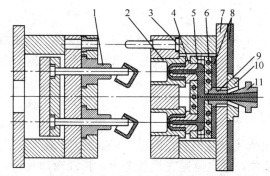

1—凸模；2—凹模；3—支承块；4—浇口板；5—热流道板；6—加热器孔；7—定模座板；

8—绝热层；9—浇口套；10—定位圈；11—喷嘴

图 8-20　无流道模具

8.3.2　无流道注射成型的分类

无流道模具的浇注系统按热传导方式分绝热流道浇注系统、半绝热流道浇注系统、加热流道浇注系统。

（1）绝热流道浇注系统。如图 8-21 所示，绝热流道浇注系统的特点是流道截面相当粗大，利用塑料比金属导热性差的特性，让靠近流道内壁的外层塑料凝固起绝热层作用。而流道中心部位的塑料在连续注射时保持熔融状态，以便顺利填充型腔。由于绝热流道浇注系统不对流道进行辅助加热，流道中的熔体易凝固，所以注射成型周期应比较短。

（2）半绝热流道浇注系统。半绝热流道浇注系统的特点是在采用绝热措施不能使浇注系统保持畅通时，可对其局部加热。如在分流道周围设置加热圈，使附近的熔融料能够在注射过程中保持不冻结（如图 8-22 所示）。半绝热流道浇注系统解决了直浇口式注射成型时塑件带有一段料把和点浇口成型时塑料熔体易冻结的问题。

（3）加热流道浇注系统。如图 8-23 所示，加热流道浇注系统在流道内或流道附近设置加热器，流道内塑料始终保持熔融状态，塑料流动性好，压力传递效果好，塑件成型质量好。

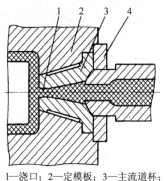

1—浇口；2—定模板；3—主流道杯；

4—定位圈

图 8-21　绝热流道浇注系统

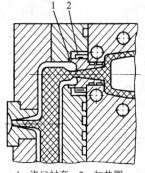

1—浇口衬套；2—加热圈

图 8-22　半绝热流道浇注系统

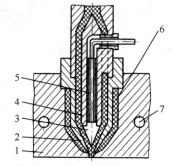

1—定模板；2—喷嘴；3—锥形尖；4—分流锥；

5—加热棒；6—绝热层；7—冷却水孔

图 8-23　加热流道浇注系统

8.4　气动成型

气动成型是利用气体的动力作用代替部分模具的成型零件（凸模或凹模）成型瓶类、桶类、罐类、盒类等塑料制件的一种方法，也可称为气压成型。它主要包括中空吹塑成型、真空成型及压缩空气成型等。

8.4.1　中空吹塑成型

中空吹塑工艺是将挤出或注射成型所得的半熔融态管坯（型坯）置于各种形状的模具中，在管坯中通入压缩空气将其吹胀，使之紧贴在模腔壁上，再经冷却脱模得到中空制品的成型方法。这种成型方法可用于生产日常用品和儿童玩具等。

中空吹塑需要用挤出机、注射机、挤出吹塑机头等设备来完成。吹塑成型温度（即型坯温度和模具温度）一般在 20°～50° 范围内选取，吹塑压力取 0.2～1.0MPa，有拉伸工序时吹塑压力可取大值。

一般来讲，凡热塑性塑料都能进行吹塑，但满足成型中空塑件要求的塑料，还必须具备以下条件：
（1）良好的耐环境应力开裂性；
（2）良好的气密性；
（3）良好的耐冲击性。

此外，塑料还需具有耐药性、耐腐蚀、抗静电及韧性和耐挤压性等，

聚乙烯、聚氯乙烯、聚丙烯、聚苯乙烯、热塑性聚酯、聚碳酸酯、聚酰胺类、醋酸纤维及聚缩醛等为理想的吹塑材料，其中以聚乙烯和热塑性聚酯使用最广。

中空吹塑的方法很多，都包括塑料型坯制造和吹胀两个不可缺少的基本阶段。根据生产中这两个阶段的运作形式不同，中空吹塑可分为挤出吹塑成型、注射吹塑成型、注射拉伸吹塑等形式。

1. 挤出吹塑成型

挤出吹塑成型如图 8-24 所示。首先由挤出机挤出管状型坯（或通过储料缸注压型坯），然后趁热将型坯夹入吹塑模具的瓣合模，通入压缩空气进行吹胀使管状型坯扩张紧贴模腔，在一定压力下，充分冷却定型，开模取出塑件。

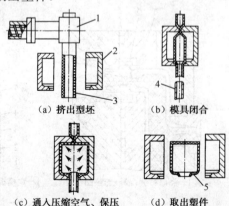

　　（a）挤出型坯　　　　（b）模具闭合

　　（c）通入压缩空气、保压　　　（d）取出塑件

1—挤出机头；2—吹塑模；3—管状型坯；4—压缩空气吹管；5—塑件

图 8-24　挤出吹塑成型

图 8-24（a）所示为挤出型坯的过程，挤出机挤出管状型坯，挂在机头下方预先分开的模具型坯之中；图 8-24（b）所示为合模过程，下垂型坯达到要求长度后，立即合模，依靠模具的切断口将型坯切入型腔；图 8-24（c）所示为吹塑过程，由模具分型面的吹气孔导入压缩空气，使型坯吹胀紧贴模腔内壁；图 8-24（d）所示为冷却定型并取出塑件的过程，保持充分压力和时间，使塑件在型腔中冷却定型后，开模取出塑件。

中空挤出吹塑成型模具结构简单，投资少，操作容易，适合多种塑料成型。其缺点是塑件壁厚不易均匀，塑件需后加工去除飞边。

2．注射吹塑成型

注射吹塑成型是用注射机在注射模中制成型坯，然后把热型坯移入中空吹塑模具中进行中空吹塑。首先注射机将注入注射模中的熔融塑料制成型坯，如图 8-25（a）所示；型芯与型坯一起移入吹塑模内，型芯为空心并且壁上带有孔，如图 8-25（b）所示；从芯棒的管道内通入压缩空气，将型坯吹胀并贴于模具的型腔壁上，如图 8-25（c）所示；保压、冷却定型后放出压缩空气，并且开模取出塑件，如图 8-25（d）所示。

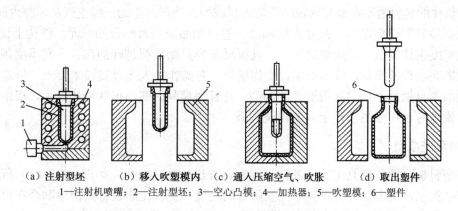

（a）注射型坯　　　（b）移入吹塑模内　　（c）通入压缩空气、吹胀　　　　（d）取出塑件
1—注射机喷嘴；2—注射型坯；3—空心凸模；4—加热器；5—吹塑模；6—塑件

图 8-25　注射吹塑成型

经过注射吹塑成型的塑件壁厚均匀，无飞边，不需要后加工，由于注射型坯有底，所以底部没有拼合缝，强度高，生产效率高，但是设备与模具的价格昂贵，多用于小型塑件的大批量生产。注射型坯时，控制管坯温度是关键。如果温度太高，熔料黏度低，易变形，使管坯在转移中出现厚度不均，影响吹塑制品质量；如果温度太低，制品内常带有较多的内应力，使用中易发生变形及应力破裂。为能按要求选择模温，常配置模具油温调节器。

3．注射拉伸吹塑成型

注射拉伸吹塑成型首先应得到经挤出或注射加工方法制得的型坯，然后将型坯处理至塑料理想的拉伸温度，经内部的拉伸芯棒或外部的夹具借机械作用力进行纵向拉伸，同时或稍后再经压缩空气吹胀进行横向拉伸。经过这样的双向拉伸以后，中空塑件的性能得到明显的改善，扩大了塑件的应用范围，并节约了原材料。注射拉伸吹塑过程，共分 4 步：注射型坯、拉伸型坯、吹塑型坯、塑件脱模。在实际应用中，视机器结构的不同，4 个工位可以是直线排列也可以是圆周排列，图 8-26 所示为注射拉伸吹塑成型过程。

注射拉伸吹塑成型省去了把冷坯进行加热的工序，同时由于型坯的制取和拉伸吹塑在同一台设备上进行，占地面积小，自动化程度高，生产效率高。

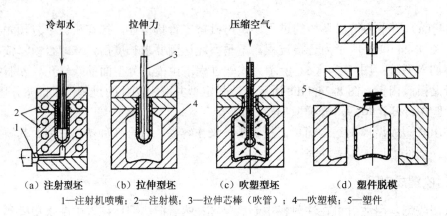

（a）注射型坯　　（b）拉伸型坯　　　（c）吹塑型坯　　　（d）塑件脱模

1—注射机喷嘴；2—注射模；3—拉伸芯棒（吹管）；4—吹塑模；5—塑件

图 8-26　注射拉伸吹塑成型

8.4.2　真空成型

真空成型是先将热塑性塑料板固定在模具上加热至软化温度，然后抽掉型腔内的空气，借助大气的压力使软化的塑料紧贴在型腔内按型腔的形状成型，冷却后借助压缩空气从模腔内脱出制件。

真空成型适宜制造壁厚小、尺寸大的制品。塑料制品与模具贴合的一面，结构上比较鲜明，而且表面粗糙度也比较低。在成型时间上，凡板材与模具贴合得越晚的部位，其厚度越小。真空成型生产效率高，设备简单，成本低廉，操作简单，对操作工人无过高技术要求。但这种方法不适宜加工制品本身壁厚不均匀和带嵌件的制品，并且当模具的凹凸形状变化较大、相距较近及凸模拐角处为锐角时，在成型塑件上容易出现褶皱。

1. 凹模真空成型

首先将塑料板材置于模具上方将其四周固定，并进行加热软化，如图 8-27（a）所示；然后在模具下方抽真空，抽出板材与模具之间空隙中的空气，使软化的板材紧密地贴合在模具上，如图 8-27（b）所示；当塑件冷却后，再从模具下方充入空气，取出塑件，如图 8-27（c）所示。

用凹模成型法成型的塑件外表面尺寸精度较高，一般用于成型深度不大的塑件。如果塑件深度很大，特别是小型塑件，其底部转角处会明显变薄。多型腔的凹模真空成型比相同个数的凸模真空成型节省原料，因为凹模模腔间距可以较近，用同样面积的塑料板，可以加工出更多的塑件。

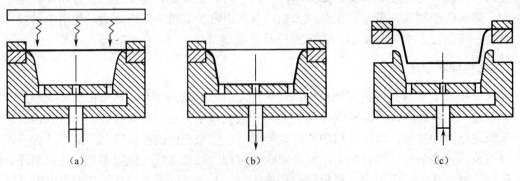

（a）　　　　　　　　　　（b）　　　　　　　　　　（c）

图 8-27　凹模真空成型

2. 凸模真空成型

有些要求底部厚度不减薄的吸塑件，可以用凸模真空成型，被夹紧的塑料板经加热器加热软化，如图 8-28（a）所示；当加热后的片材首先接触凸模时，即被冷却而失去减薄能力，当材料继续向下移动，直到完全与凸模接触，如图 8-28（b）所示，抽真空开始，边缘及四周都由减薄而成型，如图 8-28（c）所示。

凸模真空成型多用于有凸起形状的薄壁塑件的成型，成型塑件的内表面尺寸精度较高。

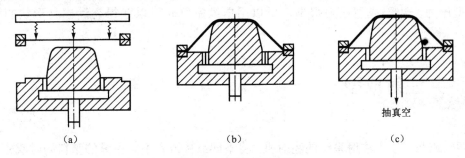

（a）　　　　　　　　（b）　　　　　　　　（c）

图 8-28　凸模真空成型

8.4.3　压缩空气成型

压缩空气成型是借助压缩空气的压力，将加热软化后的塑料片材压入模具型腔并贴合在其表面进行成型的方法。压缩空气成型塑件周期短，速度通常比真空成型快 3 倍以上。用加热板直接与塑料片材接触加热，加热效果好，需要的加热时间短，因此可把加热器作为模具的一个组成部分进行设计。可在模具上装上切边装置，在成型过程中切除余边，但复杂的凸模压缩空气成型模具则不易安装切边装置。用压缩空气成型的塑件比真空成型的塑件尺寸精度高，细小部分的结构的再现性好，光泽度、透明性好，但压缩成型的装置费用较高。

如图 8-29 所示是常见的压缩成型工艺过程，将塑料板材置于加热板和凹模之间，固定加热板，塑料板材只被轻轻地压在模具刃口上；然后在加热板抽出空气的同时，从位于型腔底部的空气口向型腔中送入空气，使被加工板材紧贴加热板；这样塑料板很快被软化，达到适合于成型的温度。这时增大从加热板进出的空气压力，使塑料板材逐渐贴紧模具。与此同时，型腔内的空气通过其底部的通气孔迅速排出，最后使塑料板紧贴模具。待板材冷却后，停止从加热板喷出压缩空气，再使加热板下降，对塑件进行切边。在加热板向上回升的同时，从型腔底部进入空气使塑件脱模后，取出塑件。

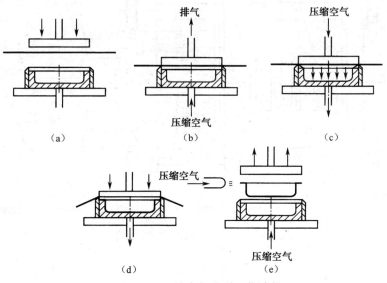

图 8-29　压缩空气成型工艺过程

压缩空气成型的方法与真空成型的原理相同，都是使加热软化的板材紧贴模具成型，模具型腔也基本相同，所不同的是对板材所施加的成型外力由压缩空气代替抽真空。在真空成型时，很难实现对板材施加 0.1MPa 以上的成型压力。而用压缩空气时，可对板材施加 1MPa 以上的成型压力。由于成型压力很高，所以用压缩空气时可以获得充满模具形状的塑件及深腔的塑件。

8.5　共注射成型

使用两个或两个以上注射系统的注射机，将不同品种或者不同色泽的塑料同时或先后注射入模具型腔内的成型方法，称为共注射成型。该成型方法可以生产多种色彩或多种塑料的复合塑件。生活中常见的双色塑件有很多，如双色按钮、牙刷柄、汽车内外饰件及灯罩、手柄套、双色管等。双色注射成型和双层注射成型是最典型的共注射成型方法。

8.5.1　双色注射成型

使用两个品种塑料或一个品种两种颜色的塑料进行共注射成型的操作称为双色注射成型。双色注射成型按工艺方法不同分为：型芯旋转式、脱件板旋转式、型芯后退式、型芯滑动式等。

1. 型芯旋转式双色注射成型

如图 8-30 所示为型芯旋转式双色注射成型。模具固定在回转板 6 上，当其中一个注射系统 4 向模内注入一定量的 A 种塑料，待其冷却后，回转板 6 迅速转动，将该模具送到另一个注射系统 2 的工作位置上，该系统马上向模内注入 B 种塑料，直到充满型腔为止，然后塑料经保压和冷却、定型，由推出机构实现塑件脱模。图 8-31 所示为成型双色按钮的注射模具，其工作过程见图中说明。

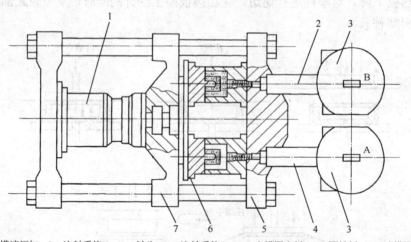

1—合模液压缸；2—注射系统 B；3—料斗；4—注射系统 A；5—定模固定板；6—回转板；7—动模固定板

图 8-30　型芯旋转式双色注射成型

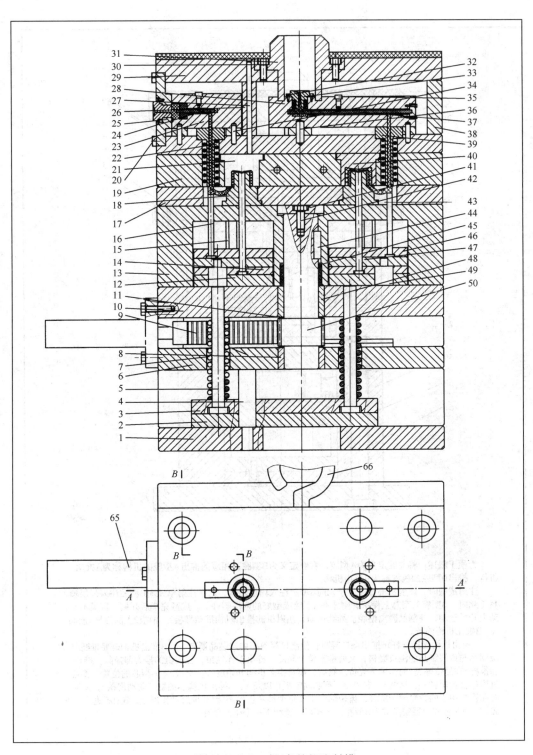

图 8-31（a）　双色按钮注射模

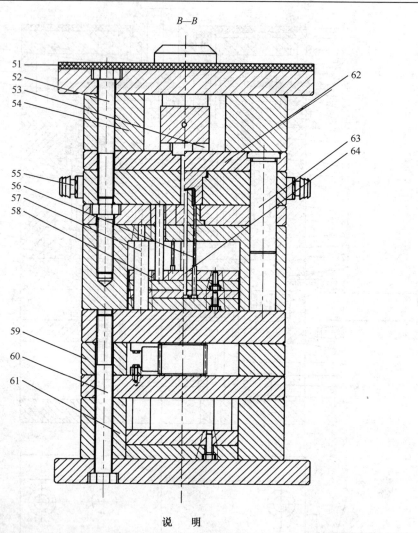

B—B

51
52
53
54
55
56
57
58
59
60
61
62
63
64

说　明

　　为便于叙述，将左腔定义为A型腔，右腔定义为B型腔；相应的推出A型腔的机构称为A推出机构，推出B型腔的机构称为B推出机构。

　　注射成型时，注射机垂直注射单元向A型腔注入内层塑料，水平注射单元向B型腔注入外层塑料（此时，B型腔的型芯上保留着刚才在A型腔成型好的内层塑件）。成型完毕后开模。定模不动，动模开始运动，使制品脱离型腔。继续运动，注射机的推出机构推动推板2. 推板2上的推杆5推动A、B推出机构前行。

　　A推出机构仅用推杆16推出浇口凝料，使浇口凝料与内层制品断离，而B推出机构既要推断外层制品与内层制品的浇口凝料，又要推落整个制品。推出动作结束，注射机的推力即撤除。推板2和推杆5在复位弹簧7的作用下复位。然后，模具换芯机构开始旋转，交换A、B型芯的位置。换芯机构包括齿轮轴50，弹簧7，支架13，型芯固定板17以及A、B推出机构。油缸65驱动齿条9，使安置在模具中心的齿轮轴50旋转，齿轮轴50带动整个换芯机构旋转180度后动作停止，B型芯进入A型腔，A型芯带着内层制品进入B型腔，合模后，继续下一个生产循环。

图 8-31（b）　双色按钮注射模

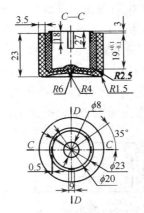
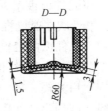

制品材料：内层为ABS，外层为PMMA372。

序号	名　称	数量	序号	名　称	数量	序号	名　称	数量
66	吊环螺钉	1	60	螺　钉	4	30	螺　钉	4
65	油　缸	1	59	垫　块	2	29	上模座	1
64	推　杆	2	58	螺　钉	8	28	热流道板	1
63	导　柱	2	57	定位杆	4	27	支承柱定位杆	1
62	导柱固定板	1	56	推　杆	4	26	支承柱	1
61	垫　块	2	55	水　嘴	4	25	侧浇口固定板	1
			54	支承板	2	24	加热器	1
			53	垫　块	10	23	热流道板	1
			52	螺　钉	4	22	电阻丝	2
			51	绝热石棉板	1	21	型　腔	1
			50	齿轮轴	1	20	螺　栓	4
			49	垫　钉	2	19	型腔固定板	2
			48	铜　套	1	18	型　芯	2
			47	推　板	2	17	型芯固定板	1
			46	推杆固定板	2	16	推　杆	2
			45	弹　簧	2	15	复位杆	4
			44	键	1	14	推杆固定板	2
			43	镶　块	4	13	支　架	1
			42	挡　钉	1	12	推　板	2
			41	挡　圈	1	11	垫　圈	2
			40	型　腔	1	10	支承板	1
			39	热流道	2	9	齿　条	1
			38	垫　块	1	8	铜　套	1
			37	加热器	1	7	弹　簧	2
			36	定位销	1	6	支承板	1
			35	通气栓	2	5	推　杆	2
			34	销　钉	3	4	导　柱	2
			33	浇口套	1	3	推杆固定板	1
			32	螺　钉	4	2	推　板	1
			31	浇口固定板	1	1	下模座	1
序号	名　称	数量	序号	名　称	数量	序号	名　称	数量

图 8-31（c）　双色按钮注射模

2. 脱件板旋转式双色注射成型

脱件板旋转式双色注射成型的工作原理如图 8-32 所示。第一次注射时，先合模，在第一型腔内注射一种塑料，开模时动模部分后退，由于剪切浇口设在定模，故分型时剪切流道与嵌件切断分离，但嵌件仍留在动模部分脱件板上。动模继续后退，将主流道凝料从转轴内的冷料穴中推出而脱落，再通过连杆及转轴将脱件板推出。动模后退使脱件板全部脱离动模板上的导柱以后，转轴带动脱件板旋转 180°，第一次注射过程结束。

第二次注射过程是：合模，脱件板由定模压向动模。合模后第一次注塑成型的嵌件正确地定位在动模第二型腔的型芯上，然后两个喷嘴同时注射，第一腔注入一种塑料，第二腔注入另一种颜色的塑料，将嵌件包封，固化后开模。第一腔只推出凝料，第一次注射的嵌件留在脱件板上；第二腔将双色塑料件及其凝料一同顶出，便完成了一个注塑成型周期。

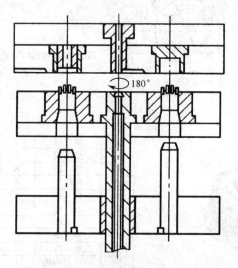

图 8-32　脱件板旋转式双色注射成型

3. 型芯后退式双色注射成型

如图 8-33 所示为型芯后退式双色注射成型。在液压装置作用下，活动型芯被顶到上升位置，此时注塑成型塑件的外表部分如图 8-33（a）所示。待塑料件外表部分固化以后，通过液压装置的作用，活动型芯后退，此时由另一个料筒在型芯后退留下的空间注入嵌件部分塑料熔体，待其固化后，开模取出塑料件，即完成一次成型，如图 8-33（b）所示。

4. 型芯滑动式双色注射成型

型芯滑动式双色注射成型如图 8-34 所示。这类模具的工作原理是：将型芯做成一次型芯和二次型芯，先将一次型芯移至模具型腔部位，合模，注射第一种塑料，然后经过冷却打开模具，安装在模具一侧的传动装置带动一次型芯和二次型芯滑动，将二次型芯移至型腔部位，合模，注射第二种塑料，冷却，开模，脱出制品即完成一次成型。型芯滑动式双色注射技术用于成型尺寸较大的双色塑料件。

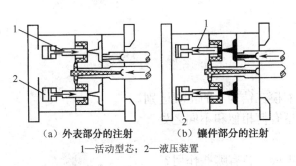
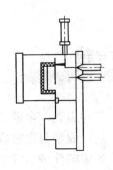

（a）外表部分的注射　　　（b）镶件部分的注射

1—活动型芯；2—液压装置

图 8-33　型芯后退式双色注射成型　　　图 8-34　型芯滑动式双色注射成型

8.5.2　双层注射成型

双层注射成型原理如图 8-35 所示。注射系统由两个互相垂直安装的螺杆 A 和螺杆 B 组成，两螺杆的端部是一个交叉分配的交叉喷嘴 3。注射时，一个螺杆将第一种塑料注射入模具型腔，当注入模具型腔的塑料与模腔表壁接触的部分开始固化，而内部仍处于熔融状态时，另一个螺杆将第二种塑料注射入模腔，后注入的塑料不断地把前一种塑料朝着模具成型表壁的方向推压，而其本身占据模具型腔的中间部分。冷却定型后，就可以得到先注入的塑料形成外层、后注入的塑料形成内层的包覆塑料制件。

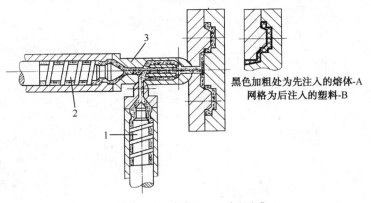

黑色加粗处为先注入的熔体-A
网格为后注入的塑料-B

1—螺杆 A；2—螺杆 B；3—交叉喷嘴

图 8-35　双层注射成型原理图

采用共注射成型方法生产塑料制件时，注射量、注射速度和注射温度是影响塑件质量的关键。改变注射量和注射温度可使塑件各种原料的混合程度和各层的厚度发生变化，而注射速度合适与否，会直接影响熔体在流动过程中是否会发生湍流或引起塑件外层破裂等问题，具体的工艺参数应在实践的过程中进行反复调试来确定。双色注塑材料的选择，也是影响双色塑件质量的重要因素，双色注塑成型的两种塑料的黏合性要好，收缩率、流动性应尽量相近。此外，塑件的结构、双色制品的结合方式、双色模的结构设计也将影响双色塑件的质量。

采用共注射成型的塑件，样式美观，精度高，质量好，市场需求量大，但共注射成型设备结构比较复杂，价格昂贵。

塑料的成型方法很多，由于篇幅所限，这里就不再赘述了。

思考题

8.1　简述溢式、半溢式和不溢式压缩模在结构上的主要区别。

8.2　压注成型与注射成型和压缩成型有何相似和不同之处？

8.3　何谓塑件挤出成型？

8.4　挤出成型机头结构由哪几部分组成？各有哪些作用？

8.5　挤出模的设计原则是什么？

第9章
典型模具零件的制造工艺

9.1 模架的制造工艺

模架是模具的主体结构，其主要作用是安装模具的工作零件和其他结构零件，并保证模具的工作部分在工作时具有正确的相对位置。为了保证模具工作时的凸、凹模（或型芯、型腔）之间的正确定位、导向及配合间隙，常常使用标准模架。使用标准模架，不但可以保证模具的正常工作，而且可以缩短模具的制造周期，降低成本及劳动强度，延长模具的使用寿命。

9.1.1 冷冲模模架

模架的结构形式按导柱在模座上的固定位置不同，可分为对角导柱模架、后侧导柱模架、中间导柱模架和四导柱模架；按导向形式不同，有滑动导向模架和滚动导向模架。图 9-1 所示是常见的滑动导向的标准冷冲模模架。尽管这些模架的结构各不相同，但它们的主要组成零件——上模座、下模座都是平板状零件，在工艺上主要是进行平面及孔系的加工；模架中的导套和导柱是机械加工中常见的套类和轴类零件，主要是进行内、外圆柱表面的加工。

图 9-1 冷冲模模架

1. 导柱和导套的加工

图 9-2 所示为一种冷冲模标准的滑动导柱、导套，这两种零件在模具中起导向作用，并保证凸模和凹模在工作时具有正确的相对位置。图 9-2（b）所示为导套，孔径 $\phi 32$ 与导柱相配，一般采用 H7/h6 配合，精度要求很高时采用 H6/h5 配合。为了保证导向作用，要求导柱、导套的配合间隙小于凸、凹模之间的间隙。外径 $\phi 45$ 与上模座相配，采用 H7/r6 过盈配合。图 9-2（a）所示为导柱，其一端与下模座过盈配合（H7/r6），另一端则与导套滑动配合，两端的公称尺寸相同，公差不同。在冷冲模标准中，导柱的规定直径为 $\phi 16 \sim 60 \text{mm}$，长为 $90 \sim 320 \text{mm}$。

为了保证良好的导向，导柱和导套装配后应保证模架的活动部分运动平稳，无阻滞现象。因此，在加工中除了保证导柱、导套配合表面的尺寸和形状精度外，还应满足各配合面之间的同轴度要求，即导柱两个外圆表面间的同轴度，以及导套外圆与内孔表面的同轴度要求。为了使导柱、导套的配合表面硬且耐磨，而中心部分具有良好的韧性，常用 20 号钢渗碳淬火，渗碳深度为 $0.8 \sim 1.2 \text{mm}$，表面硬度为 HRC $58 \sim 62$。

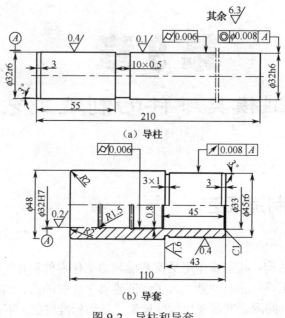

（a）导柱

（b）导套

图 9-2 导柱和导套

1）工艺分析

构成导柱和导套的基本表面都是回转体表面，可以直接选用适当尺寸的热轧圆钢作为毛坯。

在导柱的加工过程中，外圆柱面的车削和磨削都以两端的中心孔定位，这样可使外圆柱面的设计基准与工艺基准重合，并使各主要工序的定位基准统一，易于保证各外圆柱面间的位置精度及各磨削表面的磨削余量均匀。

两中心孔的形状精度和同轴度对加工精度有直接影响。若中心孔有较大的同轴度误差，将使中心孔和顶尖不能良好接触，影响加工精度。尤其当中心孔出现圆度误差时，将直接反映到工件上，使工件也产生圆度误差。因此，导柱在热处理后要修正中心孔。

导套磨削加工时，可夹持非配合部分，在万能磨床上将内、外圆配合表面在一次装夹中磨出，以达到同轴度要求。用这种方法加工时，夹持力不宜过大，以免内孔变形。或者先磨内圆，再以内圆定位，用顶尖顶住芯轴磨外圆。这种加工方法不仅可以保证同轴度要求，而且能防止内孔的微量变形。

2）工艺路线

导柱、导套加工的工艺路线如下：下料→车削加工（内、外圆配合部分留磨削余量 0.2～0.4mm）→热处理（淬火或渗碳淬火）→研磨中心孔→内、外圆磨削（留研磨余量 0.01～0.015mm）→研磨外圆和内孔。

图 9-2 所示导柱、导套的加工工艺过程见表 9-1 和表 9-2。

表 9-1　导柱的加工工艺过程

工　序　号	工　序　名　称	工序主要内容
1	下料	热轧圆钢按尺寸 ϕ35mm×215mm 切断
2	车端面，钻中心孔	车两端面，钻中心孔，保证长度尺寸 210mm
3	车外圆	车外圆各部分，ϕ32mm 外圆柱面留磨削余量 0.4mm，其余达到图样尺寸

续表

工 序 号	工 序 名 称	工序主要内容
4	检验	
5	热处理	按热处理工艺进行，保证渗碳层深度为 0.8～1.2mm，表面硬度为 HRC 58～62
6	研磨中心孔	研磨两端中心孔
7	研磨外圆	研磨φ32mm 外圆，φ32h6 的表面，留研磨余量 0.01mm
8	·	研磨φ32h6 表面达到设计要求，抛光圆角
9	检验	

表 9-2　导套的加工工艺过程

工 序 号	工 序 名 称	工序主要内容
1	下料	用热轧圆钢按尺寸φ52mm×115mm 切断
2	车外圆及内孔	车外圆并钻、镗内孔，φ45r6 外圆及φ32H7 内孔留磨削余量 0.4mm，其余达到设计尺寸
3	检验	
4	热处理	按热处理工艺进行，保证渗碳层深度为 0.8～1.2mm，表面硬度为 HRC 58～62
5	磨内、外圆	用万能外圆磨床磨φ45r6 外圆达到设计要求，磨φ32H7 内孔，留研磨余量 0.01mm
6	研磨	研磨φ32H7 内孔达到设计要求
7	检验	

3）修正中心孔方法

导柱在热处理后修正中心孔，目的在于消除中心孔在热处理过程中可能产生的变形和其他缺陷，使磨削外圆柱面时能获得精确定位，以保证外圆柱面的形状精度要求。修正中心孔可以采用磨、研磨和挤压等方法，可以在车床、钻床或专用机床上进行。

在车床上用磨削方法修正中心孔如图 9-3 所示。在被磨削的中心孔处，加入少量煤油或全损耗系统用油（机油），手持工件进行磨削。用这种方法修正中心孔效率高、质量较好，但砂轮磨损快，需要经常修整。

挤压中心孔的硬质合金多棱顶尖如图 9-4 所示。挤压时多棱顶尖装在车床主轴的锥孔内，其操作和磨中心孔相似，利用车床的尾顶尖施加一定压力将工件推向多棱顶尖，通过多棱顶尖的挤压作用，修正中心孔的几何误差。此法生产率极高，只需几秒钟，但质量稍差，一般用于修正精度要求不高的中心孔。

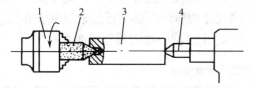

1—三爪自定心卡盘；2—砂轮；3—工件；4—尾顶尖

图 9-3　车床上磨削中心孔

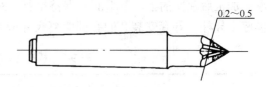

图 9-4　硬质合金多棱顶尖

4）研磨加工

导柱和导套的研磨加工，目的在于进一步提高导柱、导套配合表面的质量，以达到设计要求。生产批量较大时，可以在专用研磨机上研磨；单件小批生产时，可以采用简单的研磨工具

（如图 9-5 和图 9-6 所示）在普通车床上进行研磨。研磨时将导柱安装在车床上，由主轴带动旋转，在导柱表面均匀涂上研磨剂，然后套上研磨工具并用手将其握住，作轴线方向的往复运动。研磨导套与研磨导柱相似，由主轴带动研磨工具旋转，手握套在研具上的导套，作轴线方向的往复直线运动。调节研具上的调整螺钉和螺母，可以调整研磨套的直径，以控制研磨量的大小。按被研磨表面的尺寸大小和要求，一般导柱、导套的研磨余量为 0.01～0.02mm。

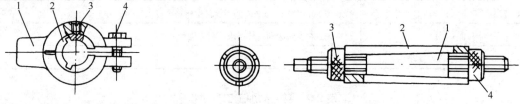

1—研磨架；2—研磨套；3—限动螺钉；4—调整螺钉   1—锥度心轴；2—研磨套；3、4—调整螺母

图 9-5　导柱研磨工具   图 9-6　导套研磨工具

2．上、下模座的加工

冷冲模的上、下模座用来安装导柱、导套和凸、凹模等零件，其结构、尺寸已标准化。上、下模座的材料可采用灰铸铁（如 HT200），也可以采用 45 号钢或 Q235-A 钢制造，分别称为铸铁模架和钢板模架。图 9-7 所示是后侧导柱的标准铸铁模座。

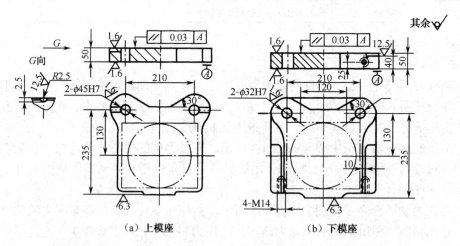

(a) 上模座　　　　　　　　　　　(b) 下模座

图 9-7　后侧导柱的标准铸铁模座

为保证模具能正常工作，模架应满足装配要求，工作时上模座沿导柱上下运动平稳，无阻滞现象。加工后模座的上、下平面应保持平行，对于不同尺寸的模座，其平行度公差见表 9-3。上、下模座上导柱、导套安装孔的孔间距离尺寸应保持一致，孔的轴心线应与基准面垂直。

表 9-3　模座上、下平面的平行度公差

基本尺寸（mm）	公 差 等 级		基本尺寸（mm）	公 差 等 级	
	4	5		4	5
	公 差 值			公 差 值	
>40～63	0.008	0.012	>250～400	0.020	0.030
>63～100	0.010	0.015	>400～630	0.025	0.040

续表

基本尺寸（mm）	公 差 等 级		基本尺寸（mm）	公 差 等 级	
	4	5		4	5
	公 差 值			公 差 值	
>100～160	0.012	0.020	>630～1 000	0.030	0.050
>160～250	0.015	0.025	>1 000～1 600	0.040	0.060

注：（1）基本尺寸是指被测表面的最大长度尺寸或最大宽度尺寸；
　　（2）公差等级按 GB/T 1184—1980《形状和位置公差未注公差的规定》选取；
　　（3）公差等级 4 级，适用于 0I、I 级模架；
　　（4）公差等级 5 级，适用于 0II、II 级模架。

1）加工分析

模座加工主要是平面加工和孔系加工。为了保证加工技术要求和便于加工，在各工艺阶段应先加工平面，再以平面定位加工孔系，即先面后孔。模座毛坯经过铣削或刨削加工后，磨平面可以提高上、下平面的平面度和平行度；再以平面作为主定位基准加工孔，容易保证孔的垂直度要求。

上、下模座的镗孔工序根据加工要求和生产条件，可以在专用镗床（批量较大时）、坐标镗床、双轴镗床上进行，也可以在铣床或摇臂钻等机床上采用坐标法或利用引导元件进行。为了保证导柱和导套的孔间距离一致，在镗孔时常将上、下模座重叠在一起，一次装夹同时镗出导柱和导套的安装孔。

2）工艺方案

加工模座的工艺方案为：备料→刨（铣）平面→磨平面→钳工划线→铣→钻孔→镗孔→检验。

3）工艺过程

上、下模座的加工工艺过程见表 9-4 和表 9-5。

表 9-4　上模座的加工工艺过程

工 序 号	工 序 名 称	工序内容及要求
1	备料	铸造毛坯
2	刨（铣）平面	刨（铣）上、下平面，保证尺寸 50.8mm
3	磨平面	磨上、下平面，保证尺寸 50mm
4	划线	划前部及导套孔线
5	铣前部	按线铣前部
6	钻孔	按线钻导套孔至 $\phi43$mm
7	镗孔	和下模座重叠镗孔达尺寸 $\phi45H7$
8	铣槽	铣 $R2.5$mm 圆弧槽
9	检验	

表 9-5　下模座的加工工艺过程

工 序 号	工 序 名 称	工序内容及要求
1	备料	铸造毛坯
2	刨（铣）平面	刨（铣）上、下平面达尺寸 50.8mm
3	磨平面	磨上、下平面，保证尺寸 50mm
4	划线	划前部线、导柱孔线及螺纹孔线
5	铣床加工	按线铣前部，铣台肩至尺寸
6	钻床加工	钻导柱孔 ϕ30mm，钻螺纹底孔并攻螺纹
7	镗孔	和上模座重叠镗孔至尺寸 ϕ32H7
8	检验	

9.1.2　注射模模架

1. 模架的结构组成

注射模的组成零件分为成型零件和结构零件。成型零件直接决定着塑料制品的几何形状和尺寸，如型芯和型腔；结构零件是指除成型零件以外的其他模具零件。在结构零件中合模导向装置与支承零部件组合构成注射模模架，如图 9-8 所示。根据使用要求不同，模架有不同的结构类型，如两板式、三板式。任何注射模都可借用这种模架为基础，再添加成型零件和其他必要的功能结构来形成。

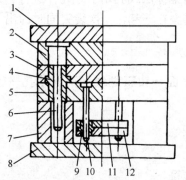

1—定模座板；2—定模板；3—动模板；4—导套；

5—支承板；6—导柱；7—垫块；8—动模座板；

9—推板导套；10—导柱；11—推杆固定板；12—推板

图 9-8　注射模模架

2. 模架的技术要求

模架是用来安装或支承成型零件和其他结构零件的基础，同时还要保证动、定模上有关零件（如型芯、型腔）准确对合，导柱、导套和复位杆等零件装配后要运动灵活，无阻滞现象。因此模架组合后其安装基准面应保持平行，其平行度公差等级见表 9-6。模具主要分型面闭合时的贴合间隙值应符合下列要求。

Ⅰ级精度模架：0.02mm；

Ⅱ级精度模架：0.03mm；

Ⅲ级精度模架：0.04mm。

表 9-6　中小型注射模模架分级指标

项目序号	检查项目	主参数（mm）		精 度 分 级		
				Ⅰ	Ⅱ	Ⅲ
				公 差 等 级		
1	定模座板的上平面对动模座板的下平面的平行度	周界	≤400	5	6	7
			>400～900	6	7	8
2	模板导柱孔的垂直度	厚度	≤200	4	5	6

有关注射模模架组合后的详细技术要求，可参阅 GB/T 12555.1～12555.15—2006《塑料注射模大型模架》、GB/T12556.1～12556.2—2006《塑料注射模中小型模架及技术条件》。

3. 模架零件的加工

从零件结构和制造工艺考虑，图 9-8 所示模架的基本组成零件有三种类型：导柱、导套及模板类零件。

导柱、导套的加工主要是内、外圆柱面加工，其加工工艺方法可参见 9.1.1 节。支承零件（各种模板、支承板）都是平板状零件，在制造过程中主要是平面和孔系的加工。根据模架的技术要求，在加工过程中要特别注意保证模板平面的平面度和平行度，以及导柱、导套安装孔的尺寸精度、孔与模板平面的垂直度要求。

在平面加工过程中要特别注意防止弯曲变形。在粗加工后若模板有弯曲变形，在磨削加工时电磁吸盘会把这种变形矫正过来，磨削后加工表面的形状误差并不会得到矫正。为此，应在电磁吸盘未接通电流的情况下用适当厚度的垫片，垫入模板与电磁吸盘间的间隙中，再进行磨削。上、下两面用同样方法交替进行磨削，可获得 0.02mm/300mm^2 以下的平面度。若需精度更高的平面，应采用刮研方法加工。

为了保证动、定模板上导柱、导套安装孔的位置精度，根据实际加工条件，可采用坐标镗床、双轴坐标镗床或数控坐标镗床进行加工。若无上述设备且精度要求较低，也可在卧式镗床或铣床上，将动、定模板重叠在一起，一次装夹同时镗出相应的导柱和导套的安装孔。模板的装夹如图 9-9 所示。在对模板进行镗孔加工时，应在模板平面精加工后以模板的大平面及两相邻侧面作为定位基准，将模板放置在机床工作台的等高垫铁上。各等高垫铁的高度应严格保持一致，对于精密模板，等高垫铁的高度差应小于 3μm。工作台和垫铁应用净布擦拭，彻底清除切屑粉末。模板的定位面应用细油石打磨，以去掉模板在搬运过程中产生的划痕。在使模板大致达到平行后，轻轻夹住，然后以长度方向的前侧面为基准，用百分表找正后将其压紧，最后将工作台再移动一次，进行检验并加以确认。模板用螺栓加垫圈紧固，压板着力点不应偏离等高垫铁中心，以免模板产生变形。

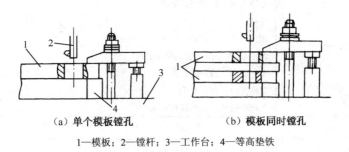

（a）单个模板镗孔　　　　（b）模板同时镗孔

1—模板；2—镗杆；3—工作台；4—等高垫铁

图 9-9　模板的装夹

4. 其他结构零件的加工

1）浇口套的加工

常见的浇口套有两种类型，如图 9-10 所示。

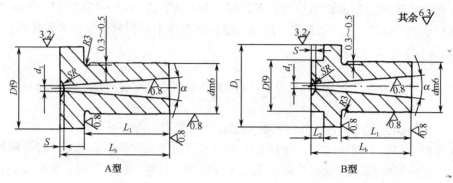

图 9-10　浇口套

　　注射成型时，浇口套要与高温塑料熔体和注射机喷嘴反复接触和碰撞。图中 A 型结构为整体结构，即定位圈与浇口套为一体，并压配于定模板内，用于小型模具。B 型结构中定位圈与浇口套分开，在模具装配时，用固定在定模上的定位圈压住左端台阶面，防止注射时浇口套在塑料熔体的压力作用下退出定模。d 和定模上相应孔的配合为 H7/m6；D 与定位环内孔的配合为 H10/f9。浇口套常用材料为 45、T8A、T10A 钢等，热处理硬度 HRC 55～58。

　　与一般套类零件相比，浇口套锥孔（主流道）小，锥度为 2°～6°，其小端直径一般为 ϕ3～8mm。浇口套加工较难，同时还应保证其锥孔与外圆同轴，以便在模具安装时通过定位圈使浇口套与注射机的喷嘴对准。图 9-10 所示浇口套的加工工艺过程见表 9-7。

表 9-7　浇口套的加工工艺过程

工 序 号	工 序 名 称	工 艺 说 明
1	备料	按零件结构及尺寸大小选用热轧圆钢或锻件作为毛坯 保证直径和长度方向上有足够的加工余量 若浇口套凸肩部分长度不能可靠夹持，应将毛坯长度适当加长
2	车削加工	车外圆 d 及端面，留磨削余量 车退刀槽，达到设计要求 钻孔 加工锥孔，达到设计要求 调头车 D_1 外圆，达到设计要求 车外圆 D，留磨削余量 车端面，保证尺寸 L_b 车球面凹坑，达到设计要求
3	检验	
4	热处理	淬火回火，硬度 HRC 55～58
5	磨削加工	以锥孔定位磨外圆 d 及 D，达到设计要求
6	检验	

　　2）侧型芯滑块的加工

　　当注射成型带有侧凹或侧孔的塑料制品时，模具必须带有侧向分型或侧向抽芯机构，图 9-11 所示是一种斜销抽芯机构。图 9-11（a）所示为合模状态，图 9-11（b）所示为开模状态。在侧型芯滑块上装有侧型芯或成型镶块。

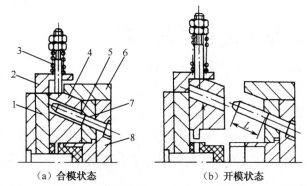

（a）合模状态　　　　　　　　（b）开模状态

1—动模板；2—限位块；3—弹簧；4—侧型芯滑块；5—斜销；6—楔紧块；7—凹模固定板；8—定模座板

图 9-11　斜销抽芯机构

　　侧型芯滑块是侧向抽芯机构的重要组成零件，注射成型和抽芯的可靠性需要它的运动精度保证，图 9-12 所示是侧型芯滑块的一种常见结构。滑块与滑槽的配合部分（B_1、h_3）常选用 H8/g7 或 H8/h8，其余部分应留有较大的间隙。两者配合面的粗糙度 $Ra \leqslant 0.63 \sim 1.25\mu m$。滑块材料常采用 45 钢或碳素工具钢，导滑部分可局部或全部淬硬，硬度 HRC 40～45，其加工工艺过程见表 9-8。

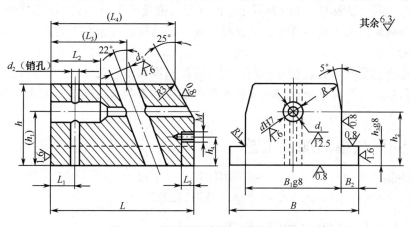

图 9-12　侧型芯滑块的一种常见结构

表 9-8　侧型芯滑块的加工工艺过程

工 序 号	工 序 名 称	工 序 说 明
1	备料	将毛坯锻造成平行六面体，保证各面有足够的加工余量
2	铣削加工	铣六面
3	钳工划线	
4	铣削加工	铣滑导部，$Ra\ 0.8\mu m$ 及以上表面留磨削余量；铣各斜面达到设计要求
5	钳工加工	去毛刺、倒钝锐边；加工螺纹孔
6	热处理	按热处理工艺进行，达到硬度要求
7	磨削加工	磨滑块导滑面达到设计要求
8	镗型芯固定孔	将滑块装入滑槽内 按型腔上侧型芯孔的位置确定侧滑块上型芯固定孔的位置尺寸 按上述位置尺寸镗滑块上的型芯固定孔
9	镗斜导柱孔	动模板、定模板组合，楔紧块将侧型芯滑块锁紧（在分型面上用 0.02mm 金属片垫实） 将组合的动、定模板夹在卧式镗床的工作台上 按斜销孔的斜角偏转工作台，镗孔

9.2　凸模型芯类零件的制造工艺

9.2.1　加工特点

凸模、型芯类模具零件是冷冲模、压铸模、锻模、塑料模等模具中重要的成型零件，用于成型制件的内表面。它们的质量直接影响模具的使用寿命和制件的质量，因此对该类模具零件有较高的技术质量要求。

凸模类零件加工时有以下一些特点：

（1）凸模加工一般是外形加工，凸模工作表面的加工精度和表面质量要求高，是加工的关键。

（2）凸模一般都由两部分组成，即工作部分和安装部分。工作部分主要由成型件形状及尺寸决定，具有较高的尺寸及形位精度；凸模端面要求与轴线垂直，安装部分与固定板一般为 H7/m6 配合，且要求与工作部分同轴。为了方便装配，安装部分径向尺寸较工作部分稍大，装入固定板以后，与固定板平面配磨平齐，以保证工作部分垂直。

（3）当凸模有强度要求时，其表面不允许出现影响强度的沟槽，各连接部分应采用圆弧过渡。

（4）对于塑料模，为了使塑件容易从凸模上脱下，凸模往往带有一定的脱模斜度。脱模斜度一般为 $0.25° \sim 1°$。

由于成型制件的形状各异，尺寸差别较大，所以凸模和型芯类零件的品种很多。按凸模和型芯工作断面的形状，大致可分为圆形凸模和非圆形凸模两大类。凸模工作表面的加工方法与其形状有关。

9.2.2　圆形凸模的加工工艺

圆形凸模的制造比较简单，毛坯一般采用棒料，在车床上进行粗加工和半精加工，经热处理后，在外圆磨床上精磨，最后将工作部分抛光及刃磨即可。

9.2.3　非圆形凸模的加工工艺

对于非圆形凸模和型芯类零件，由于其形状要求特殊，加工比较复杂，同时热处理变形对加工精度有影响，所以加工方法的选择和热处理工序的安排尤为重要。

刃口轮廓精加工的传统加工方法有压印锉修和仿形刨削。这两种方法是在热处理前进行的，凸模的加工精度必然会受到热处理变形的影响。但若选用热处理变形小的材料，并改进热处理工艺，热处理后凸模尺寸的微小变化可由钳工修整，因此这两种工艺仍有较普遍的应用。凸模工作表面的先进加工方法是电火花线切割加工和成型磨削，它们是在凸模热处理后才进行精加工的，尺寸精度容易保证。

1. 压印锉修

当凸、凹模配合间隙小，精度要求较高时，在缺乏先进模具加工设备的条件下，压印锉修是模具钳工经常采用的一种方法，它最适用于无间隙冲模的加工。

在压印锉修中，经淬硬并已加工完成的凸模或凹模作为压印基准，未淬硬并留有一定压印锉修余量的凹模或凸模作为压印件。基准件采用凸模还是凹模，要根据它们的结构和加工条件而定。

图 9-13 所示是用凹模压印凸模的例子。压印时，在压床上将凸模 1 垂直压入事先加工好的、已淬硬的凹模 2 内。通过凹模型孔的挤压切削和作用，凸模毛坯上多余的金属被挤出，并在凸模毛坯上留下了凹模的印痕，钳工按照印痕锉去毛坯上多余的金属，然后再压印，再锉修，反复进行，直到凸模刃口尺寸达到图样要求为止。

1—凸模（压印件）；

2—淬硬凹模（基准件）

图 9-13　用凹模压印凸模

工艺要点：

（1）被压印的凸模先在车床或刨床上预加工凸模毛坯各表面，在端面上按刃口轮廓划线，粗加工按划线铣削或刨削凸模工作表面，并留压印后的锉修余量 0.15～0.25mm（单面），再压印锉修。

（2）压印深度会直接影响凸模表面的粗糙度。每次压印压痕不宜过深，首次压印深度控制在 0.2～0.5mm 之间，以后可逐渐增加到 0.5～1.5mm。锉削时不能碰到已压光的表面，锉削后留下的余量要均匀，以免再次压下时出现偏斜。每次压印都应用 90°角尺校准基准件和压印件之间的垂直度。

（3）为了提高压印表面的加工质量，可用油石将锋利的基准件刃口磨出 0.1mm 左右的圆角（压印完成后，再用平面磨磨掉），以增强挤压作用；并在凸模表面上涂一层硫酸铜溶液，以减小摩擦。

（4）压印加工可在手动螺旋压印机或液压压印机上进行。压印完毕后，根据图样规定的间隙值锉小凸模，留有 0.01～0.02mm（双面）的钳工研磨余量，热处理后，钳工研磨凸模工作表面到规定的间隙。

工程实例：如图 9-14 所示凸模的材料为 CrWMn，热处理硬度为 HRC 58～62，表面粗糙度为 Ra 0.63μm，与凹模双面间隙为 0.03mm。由于凸、凹模配合间隙小，该凸模采用压印锉修方法进行加工。

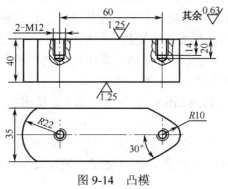

图 9-14　凸模

工艺过程如下。

（1）下料：采用热轧圆钢，按所需直径和长度，用锯床切断。

（2）锻造：将毛坯锻造成矩形。

（3）热处理：退火。

（4）粗加工：刨削六个平面，留单面余量 0.4～0.5mm。

（5）磨削平面：磨削六个平面，保证垂直度，上、下平面留单面余量 0.2～0.3mm。

（6）钳工划线：划出凸模轮廓线和螺孔中心位置线。

（7）工作型面粗加工：按划线刨削刃口形状，留单面余量 0.2mm。

（8）钳工修整：修锉圆弧部分，使余量均匀一致。

（9）工作型面精加工：用已加工好的凹模进行压印后，钳工修锉凸模，刃口轮廓留热处理后的研磨余量。

（10）螺孔加工：钻孔、攻丝。

（11）热处理：淬火+低温回火，保证凸模硬度为 HRC 58～62。

（12）研磨：研磨刃口侧面，保证配合间隙。

综合上述工艺过程，可概括为以下形式：

备料→热处理→毛坯外形加工→划线→刃口轮廓粗加工→刃口轮廓精加工→螺孔、销孔加工→热处理→光整加工（研磨或抛光）。

2．仿形刨削

仿形刨床用于加工由圆弧和直线组成的各种形状复杂的凸模。其加工精度为±0.02mm，表面粗糙度可达 Ra 1.6～0.8μm。

精加工前，凸模毛坯需要在车床、铣床或刨床上预加工，并将必要的辅助面（包括凸模端面）磨平。然后在凸模端面上划出刃口轮廓线，并在铣床上加工凸模轮廓，留有 0.2～0.3mm 的单面精加工余量，最后用仿形刨床精加工。因刨削后的凸模在经热处理淬硬后需研磨工作表面，所以一般应留 0.01～0.02mm 的单边余量。

在精加工凸模之前，若凹模已加工好，则可利用它在凸模上压出印痕，然后按此印痕在仿形刨床上加工凸模。采用仿形刨床加工时，凸模的根部应设计成圆弧形。

仿形刨床加工凸模的生产率较低，凸模的精度受热处理变形的影响。因此，它已逐渐为电火花线切割加工和成型磨削所代替。

3．线切割加工

电火花线切割加工的应用不仅提高了自动化程度，简化了加工过程，缩短了生产周期，而且提高了模具的质量。为了便于进行线切割加工，一般应将凸模设计成直通式，且其尺寸不宜超过线切割机床的加工范围。电火花线切割加工时，应考虑工件的装夹、切割路线等。

工程实例：对图 9-15 所示凸模采用线切割进行加工，其工艺过程如下。

（1）毛坯准备：采用圆形棒料锻成六面体，并进行退火处理。

（2）刨或铣六个面：刨削或铣削锻坯的六个面。

（3）钻穿丝孔：在程序加工起点（图 9-15 中的 O 点）处钻出ϕ2～3mm 的穿丝孔。

（4）加工螺孔：加工固定凸模的两个螺纹孔（钻孔、攻螺纹）。

（5）热处理：淬火、回火，并检查其表面硬度，硬度要求达到 HRC 58～62。

（6）磨上、下两平面：表面粗糙度 Ra 应低于 0.8μm。

（7）退磁处理。

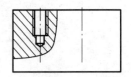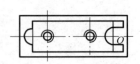

图 9-15　线切割加工凸模

（8）线切割加工凸模：按图样编制切割程序，并输入计算机；装夹工件，使工件的基准面与机床滑板的 X 和 Y 方向平行，装夹位置应适当，工件的线切割范围应在机床纵、横滑板的许可行程内；穿入电极丝并进行找正，使电极丝中心与预加工孔中心重合；开动机床进行线切割加工。

（9）研光：钳工对凸模工作部分进行研磨，使表面光洁。

4．成型磨削

成型磨削具有高精度、高效率等优点。为了便于成型磨削，凸模一般设计成直通式；对于半封闭式的凸模，则应设计成镶拼结构，即将凸模分解成几件，分别进行磨削，最后装配成一件完整的凸模。

成型磨削前，首先要了解机床的特性，并有效地利用各种工夹具和成型砂轮，然后根据凸模的形状选择合理的基准面及工艺孔基准，并进行工艺尺寸换算，最后制定磨削程序。选择基准和制定磨削程序时应考虑如下几点：

（1）当凸模有内形孔时，先加工内形孔并以其为基准加工凸模外形。

（2）选择大平面作为基准面，先磨基准面及有关平面，以增加加工的稳定性并易于测量。如无大平面，则可添加工艺平面。

（3）先磨削精度要求高的部分，后磨削精度要求低的部位，以减小加工中的累积误差。

（4）先磨平面后磨斜面及凸圆弧，先磨凹圆弧后磨平面及凸圆弧，这样便于加工成型及达到精度要求。

（5）最后磨去添加的工艺基准及装夹部分。

工程实例：如图 9-16 所示凸模，采用万能夹具对刃口工作型面进行成型磨削加工，其工艺尺寸计算过程如下。

1）确定工艺中心和工艺坐标

凸模上的所有圆弧都可用回转法磨削，所以该工件需要的工艺中心有 O_1、O_2、O_3，如图 9-17 所示。为计算工艺中心的坐标，选相互垂直的平面 a、b 为 X、Y 坐标方向，建立直角坐标系 XOY。

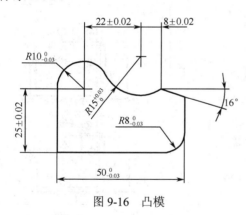

图 9-16　凸模　　　　　　　　　　　　图 9-17　工艺尺寸计算图

2）计算各工艺中心的坐标尺寸

工艺中心 O_1 的坐标为

$$X_{O_1}=（9.985+22）\text{mm}=31.985\text{mm}$$

$$Y_{O_1}=25\text{mm}+\sqrt{(9.985+15.015)^2-22^2}\ \text{mm}=36.874\text{mm}$$

O_2 及 O_3 的坐标分别为

$$X_{O_2}=9.985\text{mm}$$
$$Y_{O_2}=25\text{mm}$$

$$X_{O_3}=(49.985-7.985)\text{mm}=42\text{mm}$$

$$Y_{O_3}=7.985\text{mm}$$

3）计算 d 面到工艺中心 O_1 的距离

斜面对坐标轴的倾斜角度在图中已标出，仅需计算它至回转中心 O_1 的垂直距离。由图 9-17 得

$$S=R_1\sin\alpha_1$$

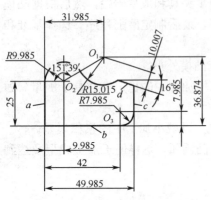

图 9-18　成型磨削工序图

$$\alpha_1 = \arccos\frac{8}{R_1} - 16° = \arccos\frac{8}{15.015} - 16° = 41°\,48'$$

代入计算得：$S = 15.015\text{mm} \times \sin41°\,48' = 10.007\text{mm}$。

4）计算各圆弧的圆心角

在磨削圆心为 O_1 的圆弧时工件可自由回转，无须计算圆心角。O_3 圆弧的圆心角为 $90°$。本例需计算 O_2 圆弧的圆心角 α，即

$$\alpha = 90° + \arcsin\frac{22}{9.985 + 15.015} = 151°\,39'$$

根据以上工艺尺寸的计算结果绘制成型磨削工序图，如图 9-18 所示。

图 9-16 所示的凸模采用万能夹具进行成型磨削的加工工艺过程见表 9-9。

表 9-9　凸模成型磨削加工工艺过程（采用万能夹具）

工艺顺序	工艺内容	工艺要求	简 图
1	工艺尺寸换算	见上例和图 9-17	
2	装夹工件	用螺钉和垫柱将凸模装夹在万能夹具转盘上 分别将工艺中心 O_1、O_2、O_3 调整至夹具回转轴线并检查磨削余量	(a) (b)
3	磨削 $R15^{+0.03}_{0}$ mm 凹圆弧面及各平面	将工艺中心 O_1 调至夹具回转轴线，回转法磨 $R15^{+0.03}_{0}$ mm 凹圆弧至尺寸 顺时针旋转 $90°$ 磨平面 a 顺时针旋转 $90°$ 磨平面 b	

续表

工艺顺序	工艺内容	工艺要求	简 图
3	磨削 $R15_0^{+0.03}$ mm 凹圆弧面及各平面	顺时针旋转 90°磨平面 c	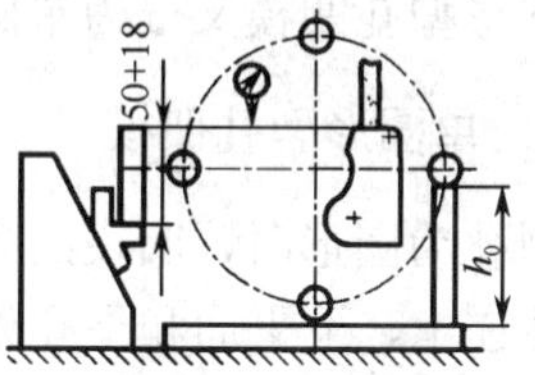
		顺时针旋转 74°磨平面 d	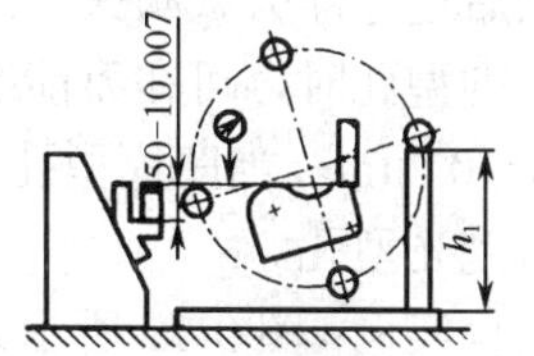
4	磨削 $R10_{-0.03}^{0}$ mm 凸圆弧面	以 a、b 为基准将工艺中心 O_2 调整至夹具回转轴线，磨削至尺寸	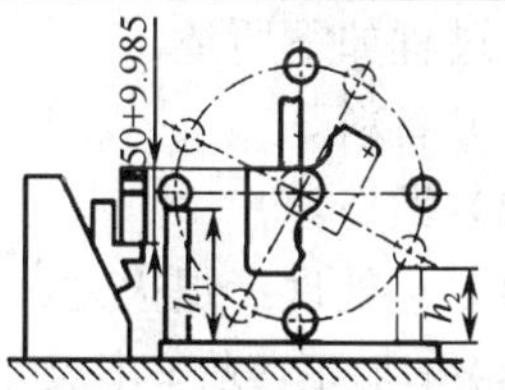
5	磨削 $R8_{-0.03}^{0}$ mm 凸圆弧面	以 a、b 为基准将工艺中心 O_3 调整至夹具回转轴线，磨削至尺寸	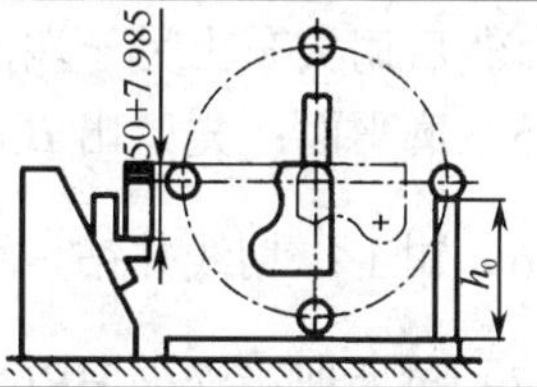

9.3　凹模型孔的制造工艺

9.3.1　加工特点

凹模作为模具中的另一个重要零件，其型孔（通孔）形状、尺寸由成型件的形状、精度决定。由于凹模的结构不同于凸模，所以它的加工与凸模相比有所不同。凹模类零件加工时有以下特点：

（1）凹模加工一般为内形加工，加工难度大。外形一般呈圆形或方形，内形根据需要有时带有许多工艺结构，如圆角、脱模斜度等。

（2）凹模在镗孔时，孔与外形有一定的位置精度要求，加工时要求确定基准，并准确确定孔的中心位置，这给加工带来很大难度。

（3）在多孔冲裁模或级进模中，凹模上有一系列孔，孔系位置精度高，通常要求在±（0.01～0.02）mm 以上，这给孔的加工带来困难。

（4）凹模淬火前，其上所有的螺钉孔、销钉孔以及其他非内腔加工部分均应先加工好，否则会增加加工成本，甚至无法加工。

（5）为了降低加工难度、减小热处理的变形、防止淬火开裂，凹模类零件经常采用镶拼结构。

凹模型孔按其形状特点可分为圆形和非圆形两种，其加工方法随其形状而定。

9.3.2　圆形型孔凹模的加工

圆形型孔凹模又分为单圆形型孔和多圆形型孔两种。

1．单圆形型孔凹模

型孔为圆形时，凹模的制造比较简单。毛坯经锻造、退火后进行车削（或铣削）及钻、镗型孔，并在上、下平面和型孔处留适当磨削余量。再由钳工划线，钻所有固定用孔，攻螺纹，铰销孔，然后进行淬火、回火。热处理后磨削顶面、底面及型孔即成。

磨削型孔时，可在万能磨床或内圆磨床上进行，磨孔精度可达 IT5～IT6 级，表面粗糙度为 Ra 0.8～0.2μm。当凹模型孔直径小于 5mm 时，应先钻孔，后铰孔，热处理后磨削顶面和底面，用砂布抛光型孔。

工程实例：图 9-19 所示为一圆筒形拉深件的凹模，材料选用 Cr12，热处理淬火 HRC 58～62。其加工过程如下所述。

（1）备料。

（2）锻造。

（3）热处理：退火。

（4）车加工：先车出 A 面、外形及内孔，内孔留余量 0.3～0.5mm，用成型车刀车出孔口 R5mm 圆角，然后调头车出另一端面 B 及整个外形。

（5）磨平面：先磨出 B 面，再磨出 A 面。

（6）钳工：划线并钻、铰 2-$\phi8^{+0.015}_{0}$ mm，钻、攻 3-M8 螺纹孔。

（7）热处理：淬火 HRC 58～62。

（8）磨平面。

（9）磨内孔到尺寸。

（10）钳工：修整 R5mm 圆角。

加工注意事项如下：

（1）车削加工时，余量要均分，即先测量毛坯的尺寸，然后根据其实测尺寸，分配 A、B 面和外圆的加工余量。应保证锻打后毛坯表层有缺陷的部分可以全部去除。

（2）平面磨削时，一定要以先车的面即 A 面作为基准，磨出 B 面，然后再磨 A 面。这样才能保证内腔与模具端面的垂直度要求，否则会因内腔不垂直而使内腔精加工时余量不均，甚至报废工件。所以，在车加工时，一定要把先车的面做上记号，以免搞混。

（3）内孔精磨后，一定要修整及研光孔口圆角 R。这是因为工件经平面及内孔磨削后，孔口原来的圆角 R 被破坏，如图 9-20 所示。孔口圆弧与两垂直面交接处成尖角，影响模具正常工作。通常可以用硬质合金车刀小心车出，然后用金刚石锉刀慢慢修光进行修整。需要注意的是，模具孔口的粗糙度要求低，特别是孔口周向的切削痕会使模具无法正常工作，所以最终修光时，一定要沿着内腔的径向进行。

2．多圆形型孔凹模

冲裁模中的连续模和复合模，其凹模有时会出现一系列圆孔，各孔尺寸及相互位置有较高的精度要求，这些孔称为孔系。加工时除保证各型孔的尺寸及精度外，还要保证各型孔之间的相对位置。

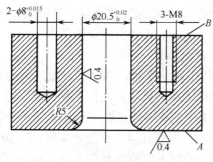

图 9-19　拉深凹模

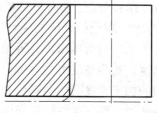

图 9-20　凹模孔口

1）单件孔系的加工

对于同一零件的孔系加工，常用方法有如下几种：

（1）划线找正法。按划线加工孔系是最简单的方法。加工前，先按照零件图上规定的尺寸，划出各孔轴线位置，然后根据划出的线逐一找正进行加工。这种方法生产率低，加工误差大，如在卧式镗床上加工，一般孔距误差为 ±（0.2～0.3）mm。因此只适用于单件小批生产中孔距公差要求不高的零件加工或粗加工，如卸料板、支承板等，上模座、下模座配作时也常采用这种方法。

（2）试镗法。要消除划线本身和按划线找正的误差，可采用试镗法，如图 9-21 所示。试镗法就是按划线先将较小的第一个孔镗到规定直径尺寸 D，然后根据划线将机床主轴调整到第二孔的中心处，把第二孔镗到略小于规定直径 D_1，并只镗出一小段深度。量出两孔之间的距离 L_1，则两孔的中心距为

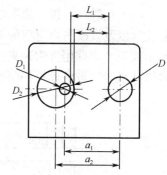

图 9-21　试镗法加工孔系

$$a_1 = \frac{D}{2} + L_1 + \frac{D_1}{2}$$

根据 a_1 和规定孔中心距的尺寸差，再校正机床主轴（或工件）的位置，重新镗一段直径为 D_2 的孔（仍略小于规定的直径），用同样方法可计算出孔中心距 a_2。这样依次试镗，直至达到规定的孔中心距之后，再将第二孔孔径镗至规定尺寸。用这种方法镗孔，孔中心距误差可达到 ±0.02mm。

采用试镗法加工孔系，不需要专门的辅助设备，但试镗和测量花费的时间较多，生产率较低，对工人技术要求较高。

（3）坐标法。在模具加工中，为保持各孔的相互位置精度要求，常采用坐标法进行加工。坐标法加工是先把被加工孔系的位置尺寸转换为两个相互垂直的坐标尺寸，然后在机床上利用坐标尺寸测量装置确定主轴和工件之间的相互位置，从而保证孔系的加工精度。

① 立式铣床加工。在缺乏精密加工机床而且型孔的位置精度要求又不太高的情况下，可在立式铣床上用坐标法加工孔系。加工时，若直接利用工作台纵、横方向的移动来确定孔的位置，则孔距精度较低，一般为 0.06～0.08mm。

如果用百分表装置来控制机床工作台的纵、横移动，则可以将孔的位置精度提高到 0.02mm 以内。附加百分表在铣床上镗孔的方法如图 9-22 所示。在立铣床的工作台上安

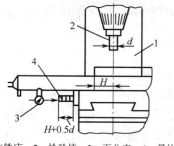

1—立铣床；2—检验棒；3—百分表；4—量块组

图 9-22　附加百分表在铣床上镗孔

装一个百分表（图中表示的是控制纵向位移的百分表），当要求工作台纵向移动 H 距离时，在机床主轴上安装一根直径为 d 的检验棒，在图标位置用量块组装垫出检验棒的半径加上要移动的 H 距离的尺寸，用百分表控制工作台在纵向准确移动 H 距离。

② 坐标镗床或坐标磨床加工。当型孔的孔距精度要求高时，需用坐标镗床。坐标镗床是专门用于加工孔系的精密机床，其所加工的孔不仅具有较高的尺寸和几何形状精度，而且还具有较高的孔距精度，孔距精度可达 0.005～0.01mm。但由于坐标镗床是在工件淬火前进行孔加工的，淬火后凹模的加工精度必然会受到热处理变形的影响。当模具型孔精度要求很高（如精冲凹模）时，为了保证加工精度，往往把坐标镗床（或线切割）加工作为预加工工序，热处理后用坐标磨床精加工型孔。

2）相关孔系的加工

模具零件中有些零件本身的孔距精度要求并不高，但相互之间的孔位要求必须高度一致；有些相关零件不仅孔距精度要求高，而且要求孔位一致。这些孔常用的加工方法如下。

（1）同镗（合镗）加工法。对于上、下模座的导柱孔和导套孔，动、定模模板的导柱孔和导套孔，以及模板与固定板的销钉孔等，可以采用同镗加工法。同镗加工法就是将孔位要求一致的两个或三个零件用夹钳装夹固定在一起，对同一孔位的孔同时进行加工，如图 9-23 所示。在有双轴镗孔机时，可将模板的两孔同时镗出（如图 9-24 所示），这样更容易保证孔距的一致性。

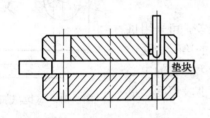

图 9-23　模板的同镗加工

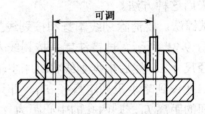

图 9-24　双轴镗孔机同时镗孔

（2）配镗加工法。为了保证模具零件的使用性能，许多零件都要进行热处理。热处理后零件会发生变形，使热处理前的孔位精度受到破坏，如上模与下模中各对应孔的中心会发生偏斜等。在这种情况下，可以采用配镗加工法，即加工某一零件时，不按图样的尺寸和公差进行加工，而是按与之有对应孔位要求的热处理后的零件实际孔位来配作。例如，将热处理后的凹模放到坐标镗床上实测出各孔的中心距，然后以此来加工未经热处理的凸模固定板上的各对应孔。通过这种方法可保证凹模和凸模固定板上各对应孔的同心度。

（3）坐标磨削法。配镗不能消除热处理对零件的影响，加工出的孔位绝对精度不高。为了保证各相关件孔距的一致性和孔径精度，可以采用高精度坐标磨削的方法来消除淬火件的变形，保证孔距精度和孔径精度。

孔系还可采用数控机床、线切割机床加工，加工精度可达 0.01mm；也可采用加工中心进行加工，工件一次装夹后可自动更换刀具，一次加工出各孔。

9.3.3　非圆形型孔凹模的加工

非圆形型孔的凹模，其机械加工比较困难。在缺少精密加工机床的情况下，可用锉削加工或压印法对型孔进行精加工。目前较先进的加工方法主要有电火花线切割加工和电火花成型加工。此外，尺寸较大的型孔常用仿形铣床进行平面轮廓仿形加工，而精度要求特别高的型孔，则需用坐标磨床进行精密磨削。若将凹模设计成镶拼结构，还可应用成型磨削方法加工型孔。

非圆形型孔凹模的加工过程大致为：下料→锻造→退火→毛坯外形加工→划线→型孔、固定孔和销孔加工→热处理→平面精加工→工作型孔精加工→研磨。

非圆形型孔凹模通常采用矩形锻件作为毛坯，型孔精加工之前，首先要去除型孔中心的余料。去除中心余料的方法有如下几种：

（1）沿型孔轮廓线钻孔（如图 9-25 所示）。先沿型孔轮廓线划出一系列孔，孔间保留 0.5～1mm 余量，并在各孔中心钻中心眼，然后沿型孔轮廓线内侧顺次钻孔。钻完孔后将孔两边的连接部分凿断，凿通整个轮廓，去除余料。这种方法生产率低，劳动强度大，而且残留的加工余量大。

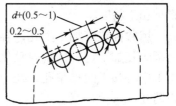

图 9-25　沿型孔轮廓线钻孔

（2）用带锯机切除废料。如果工厂有带锯机，可先在型孔转折处钻孔后，用带锯机沿型孔轮廓线将余料切除，并按后续工序要求沿型孔轮廓线留适当加工余量。用带锯机去除余料生产效率高，精度也较高。

（3）气割。当凹模尺寸较大时，也可用气（氧-乙炔焰）割方法去除型孔内部的余料。切割时型孔应留有足够的加工余量。切割后的模坯应进行退火处理，否则后续工序加工困难。

去除型孔余料后，可采用下列方法对型孔进行半精加工或精加工。

1．锉削加工

锉削前，先根据凹模图样制作一块凹模样板，并按照样板在凹模表面划线，然后用各种形状的锉刀加工型孔，并随时用凹模样板校验，锉至样板刚好能放入型孔内为止。此时，可用透光法观察样板周围的间隙，判断间隙是否均匀一致。锉削完毕后，将凹模热处理，然后用各种形状的油石研磨型孔，使之达到图样要求。

2．压印锉修

此方法利用已加工好的凸模对凹模进行压印，其压印方法与凸模的压印加工基本相同。如图 9-26 所示，将准备好的压印件（凹模板）和压印基准件（凸模）置于压力机工作台的中心位置，用找正工具（如角尺）找正二者的垂直度。在凸模顶端的顶尖孔中放一个合适的滚珠，以保证压力均匀和垂直，并在凸模刃口处涂上硫酸铜溶液，启动压力机缓慢压下。压印时，第一次压印深度为 0.2～0.5mm，以后各次的压印深度可以逐次加深；每次压印都要锉去多余的金属，直至压印深度达到图样要求为止。

对于多型孔的凸模固定板、卸料板和凹模型孔等，要使各型孔的位置精度一致，可利用压印锉修方法或其他加工方法加工好其中的一块，然后以此块作为导向，按压印锉修的方法和步骤加工另一块板的型孔，即可保证各型孔的相对位置，如图 9-27 所示。

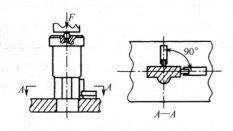

图 9-26　压印过程

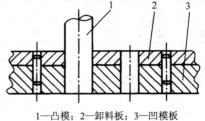

1—凸模；2—卸料板；3—凹模板

图 9-27　多型孔的压印锉修

压印锉修加工是模具钳工常用的一种方法，主要应用于缺少机械加工设备的工厂、试制模具或凸模与凹模型孔要求间隙很小甚至无间隙的冲裁模具的制造中。这种方法能加工出与凸模形状一致的凹模型孔，但型孔精度受热处理变形的影响较大。

3．铣削

在仿形铣床上采用平面轮廓仿形，对型孔进行半精加工或精加工，其加工精度可达 0.05mm，表面粗糙度可达 $Ra\,2.5\sim1.5\mu m$。仿形铣削可以获得形状复杂的型孔，减轻工人的劳动强度，但需要制造靠模，生产周期长。通常靠模用易加工的木材制造，因受温度、湿度的影响极易变形，影响加工精度。

用数控铣床加工型孔，容易获得比仿形铣削更高的加工精度，且不需要制造靠模，通过数控指令使加工过程实现自动化，降低对操作工人的技能要求，生产效率高。此外，还可以采用加工中心加工凹模型孔，经一次装夹不但能加工出非圆形型孔，还能同时加工出固定用的螺孔和销孔。

在没有仿形铣床和数控铣床时，也可以在立铣或万能工具铣床上加工型孔。铣削时按型孔轮廓线，并留出一定的锉削加工余量，手动操作铣床工作台的纵、横运动进行加工。该方法对操作者的技术水平要求较高，劳动强度大，加工精度较低，生产效率低，且加工后钳工修正工作量大。

用铣削方法加工型孔时，铣刀半径应小于型孔转角处的圆弧半径才能将型孔加工出来，对于转角半径特别小的部位或尖角部位，只能用其他加工方法（如插削）或钳工进行修整来获得型孔，加工完毕后再加工落料斜度。

4．电火花成型加工型孔

电火花成型加工型孔是在凹模热处理后进行的，所加工出的型孔表面呈颗粒状麻点，有利于润滑，能提高冲件质量和延长模具寿命。电火花加工与线切割加工相比，电火花机床需要制作成型电极，制模成本较高。在加工过程中，电极的损耗会影响到加工精度，如电极的损耗会使型孔产生斜度，但在冲裁模电火花加工时可利用此斜度作为落料斜度。电火花加工前，必须根据电火花机床的特性及凹模型孔的加工要求设计、制造电极。

凹模电火花穿孔加工有直接配合法、间接配合法、修配凸模法和二次电极法，加工方法的选择主要根据凸、凹模的间隙而定，详见表 9-10。

表 9-10　不同配合间隙的冲模型孔加工方法的选择

配合间隙（单边，mm）	直接配合法	间接配合法	修配凸模法	二次电极法
0～0.005	×	×	×	○
0.005～0.015	×	×	△	○
0.015～0.1	○	○	△	△
0.1～0.2	△	△	△	△
>0.2	△	△	○	×

注：表中"×"表示不宜采用；"△"表示可以采用；"○"表示适宜采用。

电火花加工与机械加工不同，在设计模具时，应根据电火花加工的特点，对模具结构等方面做相应的改革。这样不仅能使模具便于电火花加工，而且有利于提高模具质量。采用电火花成型加工凹模的特点如下。

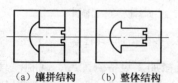

（a）镶拼结构　　（b）整体结构

图 9-28　镶拼结构改为整体结构

（1）采用整体模具结构。对于钳工加工困难，甚至无法加工的某些狭槽、尖角等，对电火花加工来说却并不十分困难，因此可把许多原来用镶拼结构的模具改为整体结构，如图 9-28 所示；采用整体结构可以减小模具的体积，提高模具的刚性，简化结构，从而减少了模具设计和制造的工作量。

（2）可减薄模板厚度。电火花加工的模具，其模板厚度可减薄。理由如下：

① 电火花加工避免了热处理变形的影响，原来为了减小变形而增加的厚度已无必要；

② 电火花加工后的模具刃口平直，间隙均匀，耐磨性提高，模具寿命较长，减少了刃磨次数；

③ 从电火花本身来说，减薄模板厚度可以减少每副模具的加工工时，缩短模具制造周期；

④ 可以节省模具钢材。

根据工厂使用情况，电火花加工模具的模板厚度一般比原来的厚度薄 $\frac{1}{5} \sim \frac{1}{3}$；或者采用在凹模背部挖一台阶的办法来减小型孔的高度。台阶的高度为凹模厚度的 30%～50%。

挖台阶时最好沿着型孔的周边挖，以使台阶的形状与型孔相似，其周边扩大量为 1～2mm，不可过大，否则模具的强度和刚度会大大降低，影响模具寿命。挖台阶的办法可以大大缩短电火花加工工时，但也增加了一道铣削工序（挖台阶），同时带来了电加工时定位不方便等问题。

（3）型孔尖角改用小圆角。电火花加工的模具，其型孔的尖角在无特殊要求的情况下最好改用小圆角。这是因为在电火花加工时尖角部分总是腐蚀较快，即使将电极的尖角磨得很尖，加工出的凹模也会有一小圆角，其半径为 0.15～0.25mm。此外，对一般模具来说，小圆角对减少应力集中，提高模具寿命也有好处。

（4）刃口及落料斜度小。采用电火花加工的模具，刃口形式变成如图 9-29 所示的几种情形（其中 α_1 为刃口斜度，α_2 为落料斜度）。电火花加工的落料斜度一般为 30′～50′；落料模的刃口斜度在 10′ 以内，复合模的刃口斜度为 5′ 左右。对落料模而言，斜度均比手工做的小（手工做的 α_1=15′ 或 30′，α_2=1°～3°），但因电火花加工的斜度在各个方向都比较均匀，故仍能顺利落料。

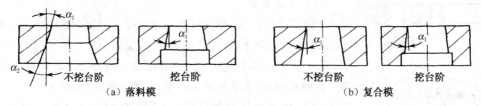

（a）落料模　　　　　　　（b）复合模

图 9-29　电火花加工模具的刃口形式

（5）标出凸模的名义尺寸和公差。电火花加工的模具，在图样上应标注出凸模的名义尺寸和公差，以适应电火花加工和成型磨削配套工艺的需要。

（6）刃口表面粗糙度要求可适当加大。采用电火花加工的模具，刃口的表面粗糙度可比原设计要求稍为增大一些。这是因为电火花加工的表面和机械加工的表面不同，它是由无数小坑和光滑的小硬突起组成的，特别有利于保存润滑油，在相同的表面粗糙度下其耐磨和耐蚀性能均比机械加工的表面好。

电火花成型加工型孔实例 1：图 9-30 所示凹模采用电火花加工，凹模材料为 T10A，与凸模的配合间隙为单边 0.05～0.10mm，加工余量为单边 3～4mm，要求刃口粗糙度为 Ra 0.8μm。

加工工艺过程如下。

① 毛坯制备：用圆钢锻成方形毛坯，并退火。

② 刨削平面：刨削六个面。

③ 平磨：磨上、下两平面和角尺面。

④ 钳工划线：划出型孔轮廓线及螺孔、销孔位置。

⑤ 切除中心废料：先在型孔适当位置钻孔，然后用带锯机去除中心废料。

⑥ 螺孔和销孔加工：加工螺孔（钻孔、攻螺纹），加工销孔（钻孔、铰孔）。

⑦ 热处理：淬火与回火，检查硬度，表面硬度要求达到 HRC 58～62。

⑧ 平磨：磨上、下两平面。

⑨ 工艺处理：退磁。

⑩ 电火花加工型孔：采用修配凸模法，利用凸模加长一段铸铁后作为电极，电加工完成后去掉铸铁部分做凸模用，如图 9-31 所示。先用粗规准加工，然后调整平动头的偏心量，再用精规准加工，达到凸模、凹模的配合间隙要求。

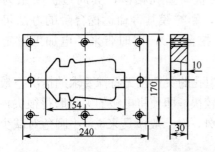

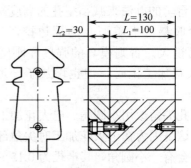

L_1—凸模长度；L_2—电极长度

图 9-30　用电火花加工的凹模　　　　图 9-31　电火花加工用的电极

电火花成型加工型孔实例 2：SYL 电动机转子冲模凹模上有 36 个嵌线孔，材料为 Cr12，刃口高度为 12mm，淬火硬度为 HRC 62～64，配合间隙为 0.04～0.06mm（属小间隙配合）。其加工工艺过程如下。

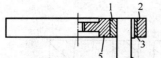

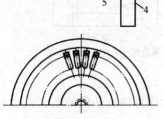

1—镶块；2—热套圈；

3—斜销；4—电极；5—衬圈

图 9-32　电极装夹

1）工具电极

因凹模上有 36 个嵌线孔，且凸、凹模配合间隙要求较高，故选用组合电极结构形式，用冲头直接做电极。电极装夹如图 9-32 所示。专用夹具由镶块 1、热套圈 2、衬圈 5、斜销 3 组成。其中 36 块镶块的精度要求很高，热处理后由成型磨削加工完成。装夹时只需将电极 4 插进镶块槽内，用斜销轻轻敲入即可夹紧。电极装夹后检查各电极的平行度。

冲头（电极）材料为 Cr12，长 65mm，直线度小于 0.01mm，共 36 件。其加工过程如下：下料→锻造→退火→铣削或刨削（按最大外形尺寸留 1～2mm 余量）→平磨（磨两端及侧面）→钳工划线→铣削或刨削（留成型磨削单面余量 0.3～0.5mm）→热处理（淬火硬度为 HRC 58～60）→成型磨削至图样要求尺寸→涂漆（冲头部位涂防护清漆）→浸蚀（酸腐蚀单边 0.02mm）→退磁。

2）模块准备

下料→锻造→退火→车外圆和端面→钳工（按图划型孔打排孔）→铣削型孔（留单面电蚀余量 0.3～0.5mm）→钳工（按图加工其余各孔）→热处理（淬火硬度 HRC 62～64）→平磨（磨两端面）→退磁。

3）电极与工件装夹

将电极吊装在主轴上，并校正电极装夹板与工件平行或保证电极（冲头）与工件垂直，然后装夹工件模块，并校正电极与工件型孔的位置。

4）加工规准

由于凹模刃口高度有 12mm，为提高凹模的使用寿命，采用精规准一次加工成型（所留的加工余量已不多，只有 0.3～0.5mm）。所用的电规准为：$t_{on}=2\mu s$；$t_{off}=25\mu s$；高压 173V，8 管工作，电流 0.5A；低压 80V，48 管工作，电流 4A。此时单边放电间隙为 $\delta=0.05mm$。

5）加工效果

加工速度 110mm³/min；凸、凹模配合间隙为 0.06mm；加工斜度 0.04mm（双边）；表面粗糙度为 Ra 1.6μm。

5. 电火花线切割加工型孔

当凹模形状复杂，带有尖角、窄缝时，线切割加工是一种精加工凹模型孔的方法。电火花线切割是在凹模热处理后加工型孔的，可避免热处理变形带来的不良影响，型孔加工精度高，质量好，制造周期短。但被加工工件的尺寸受机床的限制，而且加工出的型孔孔壁呈条纹状，线切割后需要钳工研磨，以保证凸、凹模的间隙均匀。在线切割之前，要对凹模毛坯进行预加工，凹模的厚度和水平尺寸必须在机床的加工范围内，选择合理的工艺参数，还要安排好凹模的加工工艺路线，做好切割前的准备工作。

采用电火花线切割加工模具时，在模具材料的选用和模具结构方面，都应考虑线切割加工工艺的特点，以保证模具的加工精度，延长模具的使用寿命。

1）应注意模具材料的选用

电火花线切割加工是在整块模坯热处理淬硬后才进行的，如果采用碳素工具钢（如 T8A、T10A）制造模具，由于其淬透性很差，线切割加工所得的凸模或凹模刃口的淬硬层较浅，经过数次修磨后，硬度显著下降，模具的使用寿命就短。另外，由于线切割加工时，加工区域的温度很高，又有工作液不断进行冷却，相当于在进行局部热处理淬火，会使切割出来的凸模或凹模的柱面产生变形，直接影响工件的线切割加工精度。

为了提高线切割模具的使用寿命和加工精度，应选用淬透性能良好的合金工具钢或硬质合金来制造。由于合金工具钢淬火后，钢块表面层到中心的硬度没有显著降低，所以，切割时不会使凸模或凹模的柱面再产生变形，而且凸模的工作型面和凹模的型孔基本上全部淬硬，刃口可以多次修磨而硬度不会明显下降，故模具的使用寿命较长。常用的合金工具钢有 Cr12、CrWMn、Cr12MoV 等。

2）对于精密细小、形状复杂的模具不必采用镶拼结构

图 9-33 所示为固体电路冲件，在未采用线切割时，其凸、凹模采用镶拼结构，工时多，精度要求高，需要熟练技工制造。应用线切割加工后，采用整体结构，强度好，工时短，质量完全达到要求。

3）线切割模具所具有的结构特点

如果线切割机床不带切割斜度的功能，则切割出的凸模或凹模上下尺寸一样，不带斜度。为了适应这个特点，模具结构设计应做相应的改变。

（1）凸模或凸凹模与固定板的配合：为了确保凸模或凸凹模与固定板紧密配合，在模具使用过程中，凸模或凸凹模不被拔出，一般应使凸模或凸凹模与固定板成 0.01～0.03mm（双边）过盈配合。而在凸模型面较大的情况下，则应用螺钉把凸模固定在固定板上，以防止凸模被拔出。

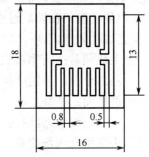

图 9-33　固体电路冲件

（2）凹模的刃口厚度：因为线切割加工所得的型孔不带斜度，所以凹模的刃口厚度应在保证强度的前提下尽量减薄，一般可以在凹模的背面用铣削加工来减薄凹模的刃口厚度（如图 9-34 所示），这样也可以使线切割加工凹模更为方便。但在某些特殊情况下（如图 9-35 所示），当采用上述方法不能保证凹模的强度时，可以先用线切割加工凹模，然后再加工一个比凹模型孔稍大的紫铜电极，最后用这个电极在凹模的背面以电火花加工扩大型孔，使凹模背面得到斜度。

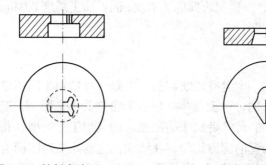

图 9-34　铣削台阶　　　　　　图 9-35　电火花加工凹模背面

工程实例：图 9-36 所示凹模材料为 Cr12MoV，凹模厚度为 10mm，采用线切割加工。

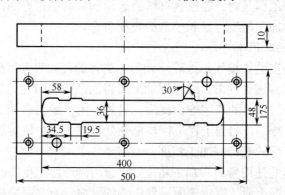

图 9-36　线切割加工的凹模

工艺分析如下。

凹模型孔的长度为 400mm，由于凹模的切割路线较长，切割面积大，废料重量大，首先在切割过程中容易变形，其次在线切割结束时中间的废料掉下来容易损坏电极丝等，所以，在热处理之前，增加一道预加工工序，使凹模型孔各面仅留 2～4mm 的线切割余量，同时加工中，工件采用双支承方式，即在切割结束时，特别是快要结束时，用一块平坦的永久磁铁将工件与废料紧紧吸牢，以便使废料在切割过程中位置固定。

工艺过程如下。

① 毛坯制备：圆钢锻成方形坯料，退火处理。

② 刨六个面：用刨床刨削六个面。

③ 磨平面：平磨上、下两平面及角尺面。

④ 钳工划线：划线打孔，加工销孔和螺钉孔。

⑤ 去除型孔内部废料：沿型孔轮廓划出一系列孔，再在钻床上顺序钻孔，钻完后凿通整个轮廓，敲出中间废料。

⑥ 热处理：淬火与回火，检查表面硬度，达到 HRC 58～62。

⑦ 磨平面：平磨上、下两平面及角尺面。

⑧ 线切割型孔：用线切割机床加工型孔。

⑨ 热处理：将切割好的凹模进行稳定回火。

⑩ 钳工修配：钳工研磨销孔及凹模刃口，使型孔达到规定的技术要求。

6. 坐标磨削

坐标磨床是在淬火后进行孔加工的机床中精度最高的一种，加工精度可达 5μm 左右，表面粗糙度可达 Ra 0.2μm。对于精度要求特别高的非圆形型孔，则需用坐标磨床进行精密磨削。坐标磨床综合运用基本磨削方法，可以对一些形状复杂的型孔进行磨削加工。

7. 镶拼型孔的成型磨削

由于镶拼型孔能将型孔的内表面变换为外表面，便于机械加工，同时可以节约原材料，减小或消除热处理引起的变形，提高型孔的制造精度，便于维修更换，提高模具使用寿命等，因而在大中型形状复杂的型孔或形状十分复杂的小型型孔的模具结构中得到广泛应用。如大中型冲模型孔、塑料箱体类注射模、挤出中空吹塑模等，一般都采用镶拼结构进行制造。

型孔的镶拼方法：镶拼型孔的镶拼法一般有拼接法和镶嵌法两种。拼接法是将型孔分成若干段，对各段分别进行加工后拼接起来，如图 9-37 所示。镶嵌法则是在型孔形状复杂或狭小细长的部位另做一个镶件嵌入型孔体内，如图 9-38 所示。

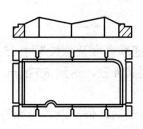

图 9-37　拼接型孔

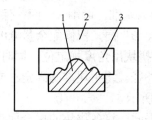

1—制件；2—型孔体；3—镶件

图 9-38　镶嵌型孔

型孔的分段要求：镶拼型孔的分段是有一定要求的，一般是将形状复杂的内形表面加工转换为外形表面加工；为防止刃口处的尖角部分加工困难，淬火时易开裂等，应在尖角处拼接，且镶块应避免做成锐角；型孔的凸出或凹进部分容易磨损，为便于更换，应单独分成一段；有对称线的型孔应沿对称线分段。各段的拼合线要相互错开，并要准确严密配合，装配牢固。

由于制件的形状多种多样，所以镶拼型孔的形状也很多。成型磨削可在通用平面磨床上采用专用夹具或成型砂轮进行，也可在专用的成型磨床上进行。其中光学曲线磨床是按放大样板或放大图对成型表面进行磨削加工的，主要用于磨削尺寸较小的型孔拼块、凸模和型芯等，其加工精度可达±0.01mm，表面粗糙度达 Ra 0.63～0.32μm。

工程实例：如图 9-39 所示为定子槽型孔拼块，材料为合金钢，由于加工精度要求较高，采用光学曲线磨床加工，其制造过程如下。

（1）锻造毛坯。为了增加材料的密度，提高其力学性能，应采用锻造毛坯，即将圆钢锻造成 32mm×32mm×20mm 的长方体。

（2）热处理。将已锻造好的毛坯进行球化退火，硬度达 HB 220～240。

（3）毛坯外形加工。按图样进行粗加工，留单边余量 0.2～0.3mm。

（4）坯料检验。对粗加工后的拼块坯料按要求进行检验。

（5）热处理。对经检验合格的拼块按热处理工艺进行淬火、回火处理，保证硬度为 HRC 58～62。

（6）平面磨削。在平面磨床上磨削各平面，磨削顺序如图9-40所示。

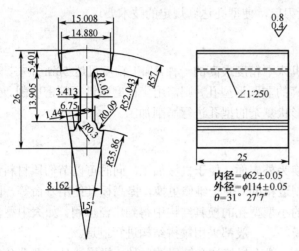

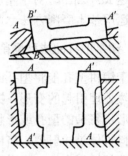

图9-39　定子槽型孔拼块

图9-40　磨削定子槽型孔拼块平面

① 以 A' 面为基准，磨削 A 面；

② 用正弦磁力台装夹，将电磁吸盘倾斜15°，四周用辅助块固定，粗磨 B、B' 两侧面；

③ 以 A 面为基准，磨削 A' 面，保证高度一致；

④ 精磨 B、B' 面，留修配余量0.01mm；

⑤ 对所有拼块用角度规定位，同时磨削其端面，保证垂直度及总长尺寸25mm。

（7）磨削外径。将拼块准确固定在专用夹具上，磨削其外径，达到 $R57$mm 和表面粗糙度要求，如图9-41所示。

（8）细磨平面。将各拼块的拼合面均匀地进行精细磨削后，依次镶入内径为 $\phi114$mm 的环规中，如图9-42所示，要求配合紧密、可靠。

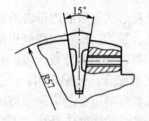

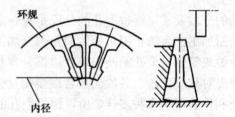

图9-41　磨削定子槽型孔拼块外径

图9-42　细磨定子槽型孔拼块平面

（9）磨削刃口部位。将各拼块装夹在夹具上，在光学曲线磨床上根据型孔刃口部位的放大图进行粗加工和精加工，如图9-43和图9-44所示。

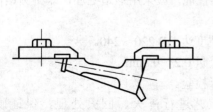

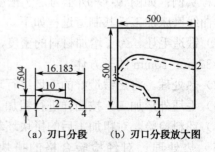

图9-43　磨削定子槽型孔拼块刃口部位

图9-44　刃口部位分段磨削

（10）磨削端面。将拼块压入型孔固定板 ϕ114mm 的孔内，对刃口端面进行整体细磨。

（11）检验。用投影仪检验型孔；测量拼块内径、外径和后角；检验硬度。

以上为合金钢材料的定子槽型孔拼块的制造工艺过程。为了延长模具使用寿命，大多数的定子槽型孔拼块都采用硬质合金制造。它们的制造工艺过程除取消了热处理工序外，其他基本相同，可参考进行制造。

9.4　型腔的制造工艺

型腔是模具中重要的成型零件，其主要作用是成型制件的外形表面，其制造精度和表面质量要求都较高。型腔常常需要加工各种形状复杂的内成型面或花纹，且多为盲孔加工，工艺过程复杂。

各类模具的型腔按结构形式可分为整体式、镶拼式和组合式，按形状则可大致分为回转曲面和非回转曲面两种。前者可用车床、内圆磨床或坐标磨床进行加工，工艺过程较为简单。而加工非回转曲面的型腔要困难得多，其加工工艺有三种方法：一是用机械切削加工配合钳工修整进行制造。采用通用机床将型腔大部分多余材料切除，再由钳工进行精加工修整，生产效率低，劳动强度大，质量不易保证。二是应用仿形、电火花、超声波、电化学加工等专门的加工设备进行加工，可以大大提高生产的效率，保证加工质量，但工艺准备周期长，加工中工艺控制较复杂，还可能对环境产生污染。三是应用数控加工或计算机辅助模具设计和制造技术，可以缩短制造周期，优化模具制造工艺和结构参数，提高模具质量和使用寿命，这种方法是模具制造的发展方向。

9.4.1　回转曲面型腔的车削

车削加工主要用于加工回转曲面的型腔或型腔的回转曲面部分。

型腔车削加工中，普通内孔车刀用于车削圆柱、圆锥内形表面；为了保证质量和提高生产率，加工数量较多的回转曲面型腔可利用专用工具进行车削；对于球形面、半圆面或圆弧面的车削加工，一般都采用样板车刀进行最后的成型车削。

工程实例：图 9-45 所示为对拼式塑压模型腔，可用车削方法加工 $S\phi$44.7mm 的圆球面和 ϕ21.71mm 的圆锥面。为给车削加工准备可靠的工艺基准，需先对坯料外形进行预加工，然后在车床上进行型腔车削。

预加工过程如下：

（1）将毛坯锻造成六面体，退火。

（2）粗刨六个面，5°斜面暂不加工。

（3）在拼块上加工出导钉孔和工艺螺孔，为车削时装夹用，如图 9-46 所示。

（4）将分型面磨平，在两拼块上装导钉，一端与拼块 A 过盈配合，一端与拼块 B 间隙配合，如图 9-46 所示。

（5）将两块拼块拼合后，磨平四侧面及一端面，保证垂直度（用 90°角尺检查），要求两拼块厚度保持一致。

（6）在分型面上以球心为圆心，以 ϕ44.7mm 为直径划线，保证 $H_1=H_2$，如图 9-47 所示。

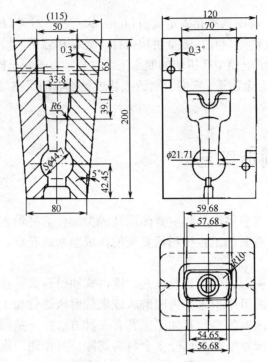

图 9-45　对拼式塑压模型腔

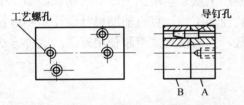

图 9-46　拼块上的工艺螺孔和导钉孔

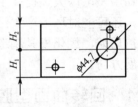

图 9-47　划线

对拼式塑压模型腔的车削过程见表 9-11。

表 9-11　对拼式塑压模型腔的车削过程

序　号	工艺内容	简　　图	说　　明
1	装夹		将工件压在花盘上，按 ϕ44.7mm 的线找正后，再用百分表检查两侧面使 H_1、H_2 保持一致； 靠紧工件的一对垂直面压上两块定位块，以备车另一件时定位
2	车球面		粗车球面； 使用弹簧刀杆和成型车刀精车球面

序 号	工艺内容	简 图	说 明
3	装夹工件	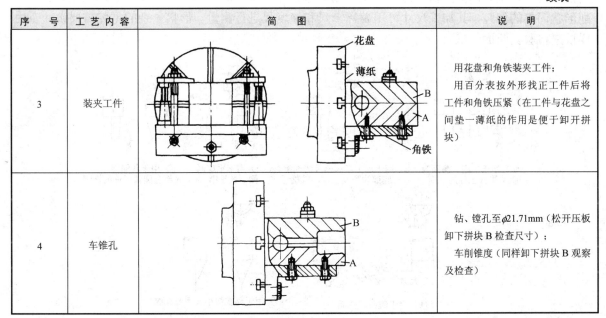	用花盘和角铁装夹工件； 用百分表按外形找正工件后将工件和角铁压紧（在工件与花盘之间垫一薄纸的作用是便于卸开拼块）
4	车锥孔		钻、镗孔至ϕ21.71mm（松开压板卸下拼块 B 检查尺寸）； 车削锥度（同样卸下拼块 B 观察及检查）

9.4.2 非回转曲面型腔的铣削

在模具型腔的制造中，常用的铣削加工设备有普通立式铣床、万能工具铣床和仿形铣床。其中，立式铣床、万能工具铣床主要用于加工中小型模具非回转曲面的型腔，对于大型模具一般应用仿形铣床加工非回转曲面的型腔。

1. 普通铣床加工型腔

在立铣床和万能工具铣床上，用各种不同形状和尺寸的立铣刀，借助夹具（如回转工作台、正弦台、虎钳等）和辅具，可对非回转曲面的型腔进行加工。一般精铣型腔的表面粗糙度可达 Ra 1.25～2.5μm，精铣后留适当的修磨、抛光余量（0.05～0.1mm），再由钳工加工达到图样要求。

为了能加工出各种特殊形状的型腔表面，必须备有各种不同形状和尺寸的指状铣刀。按刀刃的数量进行分类，指状铣刀分为单刃指状铣刀、双刃指状铣刀和多刃指状铣刀。

（1）单刃指状铣刀。单刃指状铣刀结构简单，制造方便，应用广泛。刀具的几何参数可根据型腔和刀具材料、刀具强度、耐用度及其他切削条件合理进行选择。一般前角 γ_o=15°，后角 α=25°，副后角 α_o=15°，副偏角 κ_r'=15°。如图 9-48 所示是适用于不同用途的单刃指状铣刀。

（2）双刃指状铣刀。双刃指状铣刀为标准产品，有直刃和螺旋刃两种，如图 9-49 所示，可以直接采用，不用自制，使用方便，主要用于型腔中直线的凹凸型面和深槽的铣削。双刃指状铣刀由于切削时受力平衡，能承受较大的切削用量，铣削效率和精度较高。

（3）多刃指状铣刀。多刃指状铣刀因制造困难，一般都采用标准规格。多刃指状铣刀主要用于精铣沟槽的侧面或斜面，其铣削精度较高，表面粗糙度较低。

用普通铣床加工型腔，一般都是手工操作，劳动强度大，加工精度低，对操作者的技术水平要求高。

为了提高铣削效率，对某些铣削余量较大的型腔，铣削前可在型腔轮廓线的内部连续钻孔，孔深和型腔的深度接近，如图 9-50 所示。先用圆柱立铣刀粗铣，去除大部分加工余量，然后用特型指状铣刀精铣。特型指状铣刀的斜度和端部形状应与型腔侧壁和底部转角处的形状相吻合。铣削形状简单的型腔，其加工尺寸可用游标卡尺和深度尺进行测量。形状复杂的型腔需要设计专用样板来检验其断面形状。

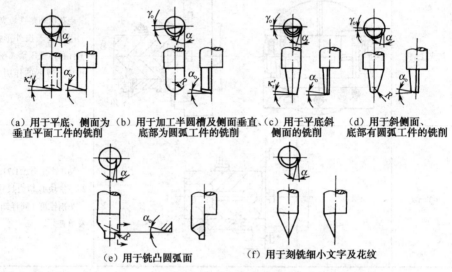

（a）用于平底、侧面为　（b）用于加工半圆槽及侧面垂直、（c）用于平底斜　（d）用于斜侧面、
垂直平面工件的铣削　底部为圆弧工件的铣削　侧面的铣削　底部有圆弧工件的铣削

（e）用于铣凸圆弧面　　　　（f）用于刻铣细小文字及花纹

图 9-48　单刃指状铣刀

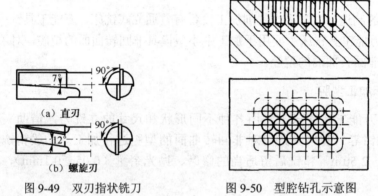

（a）直刃

（b）螺旋刃

图 9-49　双刃指状铣刀　　　图 9-50　型腔钻孔示意图

工程实例：现以图 9-51 所示起重吊环锻模型腔为例说明型腔的铣削加工过程。

（1）坯料准备。下料→锻造→退火。

（2）坯料预加工。刨削、磨削成平行六面体→加工上、下型腔板的导柱孔→磨平分型面（装配上、下型腔板导柱，导柱与下模板为过盈配合，与上模板为间隙配合）→将上、下模板拼合后磨平四个侧面及两个平面（保证上、下模尺寸和相关表面的垂直度）→在上、下模板的分型面上按图样尺寸划出吊环轮廓线（保证中心线和两侧面距离相等）。

（3）型腔工艺尺寸计算。根据图样和各尺寸之间的几何关系计算出 $R14mm$ 圆弧至中心线距离为 30.5mm，两 $R14mm$ 圆弧的中心距为 61mm，吊环两圆弧中心距离为 36mm。

（4）工件的装夹。将圆转台安装在铣床工作台上，使圆转台回转中心与铣床回转中心重合，然后将工件安装在圆转台上，按划线找正并使一个 $R14mm$ 的圆弧中心与圆转台中心重合。再用定位块 1 和 2 分别靠在工件两个相互垂直的基准面上，在定位块 1 与工件之间垫入尺寸 61mm 的量块，并将定位块和工件压紧固定，如图 9-52 所示。

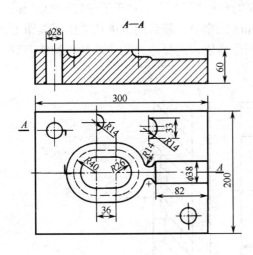

图 9-51　起重吊环锻模型腔

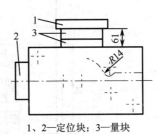

1、2—定位块；3—量块

图 9-52　工件装夹

（5）型腔的铣削。用圆头指状铣刀对型腔的各个圆弧槽分别进行铣削。其过程如下：

① 移动铣床工作台，使铣刀与型腔 R14mm 圆弧槽对正，转动圆转台进行铣削，严格控制回转角度，加工出一个 R14mm 的圆弧槽。

② 取走尺寸为 61mm 的量块，使另一个 R14mm 圆弧槽中心与圆转台中心重合进行铣削，如图 9-53 所示。圆弧槽铣削结束后，移动铣床工作台，使铣刀中心对正型腔中心线，利用铣床工作台进给铣削两凸圆弧槽中间的衔接部分，要保证衔接圆滑。

③ 松开工件，在定位块 1、2 和基准面之间分别垫入尺寸为 30.5mm 和 60.78mm 的量块 3、4，使 R40mm 圆弧中心与圆转台中心重合，移动工作台使铣刀与型腔圆弧槽对正，铣削以达到尺寸要求，如图 9-54 所示。

④ 松开工件，在定位块 2 和基准面之间垫入尺寸 36mm 的量块 4，使工件另一个 R40mm 的圆弧槽中心与圆转台中心重合，压紧工件铣削圆弧槽达到要求的尺寸，如图 9-55 所示。

⑤ 铣削直线圆弧槽，移动铣床工作台铣削型腔直线圆弧槽部分，保证直线圆弧槽与各圆弧槽的衔接平滑。

⑥ 在车床上车削圆柱型腔部分。

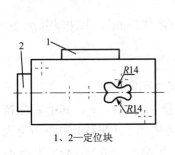

1、2—定位块

图 9-53　铣削 R14mm 圆弧槽

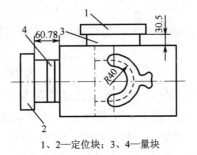

1、2—定位块；3、4—量块

图 9-54　铣削 R40mm 圆弧

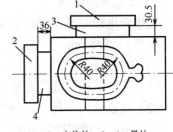

1、2—定位块；3、4—量块

图 9-55　铣削第二个 R40mm 圆弧槽

2. 仿形铣床加工型腔

仿形铣床可以加工各种结构形状的型腔，特别适合加工具有曲面结构的型腔，如图 9-56 所示的锻模型腔。在仿形铣床上加工型腔的效率高，其粗加工效率为电火花加工的 40～50 倍，尺寸精度可达 0.05mm，表面粗糙度为 Ra 1.6～0.8μm。

　　由于铣刀强度的限制，不能加工出内清角和较深的窄槽等。因此，对于要求较高的模具来说，仿形铣削一般只作为粗加工工序，加工时留有 1～2mm 的余量，最后用电火花或由模具钳工修整成型。仿形铣削之前，必须先做好准备工作，包括制作靠模，选择适当的仿形触头和铣刀等，然后才开始进行仿形加工。

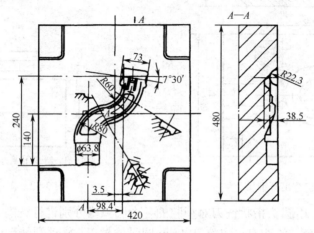

图 9-56　锻模型腔（飞边槽未表示出来）

9.4.3　电加工

　　用于型腔加工的电加工主要有三种：电火花成型加工、电火花线切割加工及电铸加工。

1. 电火花成型加工

　　电火花成型加工可用于加工整个型腔，也可加工型腔的某一部分，如机械加工困难的深槽、窄槽或带有文字花纹等部位，其加工精度高，但在应用此工艺时必须考虑，加工出的型腔带有微小的斜度，轮廓转折处存在小圆角；加工后的型腔表面呈粒状麻点，当塑料成型件的精度要求较高时，经电火花成型加工的表面还必须进行手工抛光或机械抛光。由于加工表面上有一层硬化层，抛光工作比较费时。

　　工程实例：电火花成型加工如图 9-57 所示的注射模镶块。其材料为 40Cr，硬度为 HRC 38～40，加工表面粗糙度为 Ra 0.8μm，要求型腔侧面棱角清晰，圆角半径 $R<0.2$mm。

　　1）工艺方法选择

　　选用单电极平动法进行电火花成型加工，为保证侧面棱角清晰（$R<0.3$mm），其平动量应小，取平动量 $e \leqslant 0.25$mm。

　　2）工具电极

　　(1) 电极材料。选用锻造过的紫铜，以保证电极加工质量及加工表面粗糙度。

　　(2) 电极结构与尺寸。如图 9-58 所示，电极水平尺寸单边缩放量 $b=e+\delta_j-\gamma_j$，其中 δ_j 为精规准加工最后一挡规准的单面放电间隙（一般为 0.02～0.03mm），γ_j 为精加工（平动）时单边电极侧面损耗（通常可忽略不计），e 为精加工时的平动量，取 $b=0.25$mm，平动量 $e=0.25-\delta_j<0.25$mm。由于电极尺寸缩放量较小，用于基本成型的粗规准参数不宜太大。

　　(3) 电极制造。电极可以利用机械加工方法制造，但因为有两个半圆的搭子，一般都用数控线切割加工。主要工序如下：备料→刨削上、下面→划线→加工 M8×8 的螺孔→按水平尺寸用线切割加工→按图示方向前后转动 90°，用线切割加工两个半圆及主体部分长度→钳工修整。

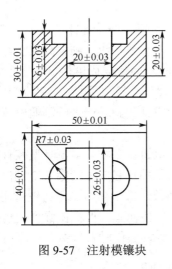

图 9-57　注射模镶块

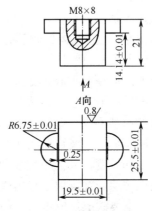

图 9-58　电极结构与尺寸

（4）镶块坯料加工。按尺寸需要备料→刨削六面体→热处理（调质）达 HRC 38～40→磨削镶块六个面。

（5）电极与镶块的装夹与定位。

① 用 M8 的螺钉固定电极，并装夹在主轴头的夹具上。然后用千分表（或百分表）以电极上端面和侧面为基准，校正电极与工件表面的垂直度，并使其 X、Y 轴与工作台 X、Y 移动方向一致。

② 镶块一般用平口钳夹紧，并校正其 X、Y 轴与工作台 X、Y 移动方向一致。

③ 定位。即保证电极与镶块的中心线完全重合。用数控电火花成型机床加工时，可以用其自动找中心功能准确定位。

（6）电火花成型加工。电规准转换与平动量分配见表 9-12。

表 9-12　电规准转换与平动量分配

序号	脉冲宽度（μs）	脉冲电流幅值（A）	平均加工电流（A）	表面粗糙度 Ra(μm)	单边平动量（mm）	断面进给量（mm）	备　注
1	350	30	14	10	0	19.90	（1）型腔深度 20mm，考虑 1%损耗，端面总进给量为 20.2mm；
2	210	18	8	7	0.1	0.12	
3	130	12	6	5	0.17	0.07	（2）型腔表面粗糙度为 Ra 0.6μm；
4	70	9	4	3	0.21	0.05	
5	20	6	2	2	0.23	0.03	（3）用 Z 轴数控加工电火花成型机床加工
6	6	3	1.5	1.3	0.245	0.02	
7	2	1	0.5	0.6	0.25	0.01	

2．电火花线切割加工

电火花线切割加工只能加工通孔，需要加工型腔时，必须将型腔设计成镶拼结构。线切割的加工精度一般可控制在±0.01mm，但加工表面较粗糙，表面粗糙度 Ra 小于 2.5μm。这样的表面粗糙度对脱模虽无妨碍，但当成型件要求表面光滑时，线切割加工的表面必须经过抛光才能达到要求。

3．电铸加工

型腔的电铸是一种电化学加工方法，其特点是复映性能良好，尺寸稳定。

电铸件（模具型腔）的好坏取决于母模（型芯）的加工精度和表面粗糙度。如果母模为镜面，则电铸件无须进行加工即可做镜面使用；如果母模表面为木纹或皮纹，则电铸加工可将天然的花纹照原样复映出来。由于电铸型腔的强度不高，一般为1.4～1.6MPa，硬度较低，一般为HRC 35～50，用来制造受力较大的模具型腔尚有一定困难。目前主要用于搪塑玩具、吹塑制品、工艺制品、唱片以及较小的注射模具型腔，如螺旋齿轮、笔杆和笔套模具等。近年来研制的电铸铁镍合金在制作较大模具型腔中取得了一定成果。

根据电铸的材料不同，电铸可分为电铸镍、电铸铜和电铸铁三种。与模具型腔有关的电铸一般为电铸镍和电铸铜。电铸镍适用于小型拉深模和塑料模型腔，它成型清晰，复制性能好，具有较高的机械强度和硬度，表面粗糙度数值小，但电铸时间长，价格昂贵。电铸铜适用于塑料模、玻璃模型腔及电铸镍壳加固层，导电性能好，操作方便，价格便宜，但机械强度及耐磨性低，不耐酸，易氧化。电铸铁虽然成本低，但是质地松软，易腐蚀，操作时有气味，一般用于电铸镍壳加固层，修补磨损的机械零件。

电铸加工型腔的工艺过程一般为：型芯设计与制造→型芯预处理→电铸→清洗→脱模→机械加工→镶入模套。

1）型芯设计与制造

型芯尺寸、形状应与型腔完全一致。如图9-59所示，在沿型腔深度方向尺寸要比型腔大8～10mm，以备电铸后切去交接面上粗糙部分。为了便于脱模，型芯的电铸表面应有不小于15′的脱模斜度，并要求抛光至Ra 0.16～0.08μm。此外，还应考虑电铸时的挂装位置。

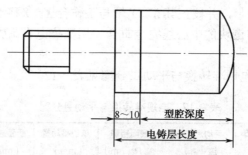

图9-59　电铸型芯的尺寸及形状

型芯的材料可以是金属材料，也可以是非金属材料。金属型芯材料有钢、铝合金、低熔点合金等。非金属型芯材料有石膏、木材、塑料等。

2）型芯预处理

型芯的预处理在电铸中十分重要，其预处理方法与材料有关。

金属型芯预处理的目的是进一步降低型芯表面粗糙度，便于脱模及除去油渍，使电铸表面保持洁净。一般预处理过程为：抛光→去油→镀铬→去油→装挂具→电铸。

对非金属材料制造的型芯，要做表面导电化处理，其处理方法如下：

（1）以极细石墨粉、铜粉或银粉调和少量胶黏剂做成导电漆，均匀涂于型芯电铸表面。

（2）用真空镀膜或阴极溅射的方法，使型芯表面覆盖一层金属膜。

（3）用化学镀的方法，在型芯表面上镀一层银、铜或镍的薄层。

对有机玻璃型芯的预处理过程为：去油→化学粗化→敏化→清洗→活化→还原→化学镀铜→装挂具→电铸。

3）电铸工艺要点

电铸的生产效率低，时间长，电流密度大会造成沉积金属的结晶粗糙，使强度降低。一般每小时电铸金属层为0.02～0.5mm。

电铸常用的金属有铜、镍和铁三种，相应的电铸液为含有电铸金属离子的硫酸盐、氨基磺酸盐和氯化物等的水溶液。

衬背：电铸型腔成型后，因其强度差，需用其他材料进行加固，以防止变形。加固的方法一般是采用模套进行衬背。衬背后再对型腔外形进行脱模和机械加工。衬背的模套可以是金属材料或浇注铝及低熔点合金。用金属模套衬背时，一般在模套内孔和电铸型腔外表面涂一层无机黏结剂后再进行压合，以增加配合强度。

脱模：电铸型腔和型芯可采用轻轻敲击或加热与冷却，以及采用专用工具等方法进行脱开。图 9-60 所示为利用型芯螺孔、卸模架和螺栓将型芯拉出分离的专用工具。

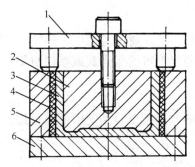

1—卸模架；2—型芯；3—电铸型腔；4—黏结剂；5—模套；6—垫板

图 9-60　利用型芯螺孔、卸模架和螺栓将型芯拉出分离的专用工具

9.5　模具快速成型制造技术

快速原型制造技术（Rapid Prototyping Manufacturing，RPM）又称快速成型技术，是 20 世纪 80 年代末至 90 年代初发展起来的高新制造技术，是一种典型的材料累加法加工工艺。它集成了 CAD 技术、数控技术、激光技术和材料技术等现代科技成果，是先进制造技术的重要组成部分。由于它把复杂的三维制造转化为一系列二维制造的叠加，所以可在不用模具和工具的条件下生成几乎任意复杂形状的零部件，极大地提高了生产效率和制造柔性。通过与数控加工、铸造、金属冷喷涂、硅胶模等制造手段相结合，RPM 已成为现代模型、模具和零件制造的重要手段，在航空航天、汽车摩托车、家用电器等领域得到了广泛应用。

9.5.1　快速成型技术的基本原理与工艺过程

快速成型技术的具体工艺方法有多种，但其基本原理都是一致的，可分为离散和堆积两个阶段。首先建立一个三维 CAD 模型，并对模型数据进行处理，沿某一方向进行平面分层离散化；然后通过专有的 CAM 系统（成型机）将成型材料一层层加工，并堆积成原型。其工艺过程如图 9-61 所示。

1. CAD 模型建立

CAD 模型的建立可以在 CAD 造型系统中获得，也可以通过测量仪器测取实体的形状尺寸，转化成 CAD 模型。在 CAD 系统中完成三维造型后，就

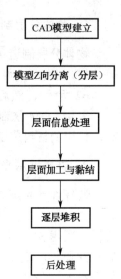

图 9-61　快速成型工艺过程

要把数学模型转化成快速成型系统能够识别的文件格式。常用的有面片模型文件（如 STL、CFL 文件）或层片模型文件（如 HPGL、LEAF、CLI 文件）。由美国 3D 系统公司开发的 CAD 模型的 STIJ 格式目前被公认为是行业数据交换的标准。

2. 模型 Z 向分离（切片）

模型 Z 向分离（切片）是一个分层过程，它将 STL 格式的 CAD 模型根据有利于零件堆积制造而优选的特殊方位横截成一系列具有一定厚度的薄层，得到每个切层的内、外轮廓等几何信息。通常层厚为 0.05～0.4mm，若每层的厚度有变化时，可采用实时切片方式。

3. 层面信息处理

层面信息处理是根据层面几何信息，通过层面内、外轮廓识别及补偿、废料区的特性判断等生成成型机工作的数控代码，以便成型机的激光头或喷口对每一层面进行精确加工。

4. 层面加工与黏结

层面加工与黏结即根据生成的数控指令对当前层面进行加工，并将加工出的当前层与已加工好的零件部分黏结。

5. 逐层堆积

当每一层制造结束并和上一层黏结后，零件下降一个层面，铺上新的当前层材料（新的当前层位置保持不变），成型机重新布置，再加工新的一层。如此反复进行直到整个加工完成，清理嵌在加工件中不需要的废料，即得到完整的制件。

6. 后处理

成型完成后的制件需进行必要的处理，如深度固化、修磨、着色、表面喷镀等，使之达到原型或零件的性能要求。

9.5.2　快速成型技术的工艺方法

1. 物体分层制造法

物体分层制造（Laminated Object Manufacturing，LOM）法是用纸片、塑料薄膜或复合材料等片材，利用 CO_2 激光束切割出相应的横截面轮廓，得到连续层片材料构成三维实体的模型图（如图 9-62 所示），然后由热压机对切片材料加以高压，使黏结剂熔化，层片之间粘贴成型。

采用 LOM 法制造实体时，激光只需扫描每个切片的轮廓而非整个切片的面积，生产效率较高，使用的材料广泛，成本较低。

2. 选择性激光烧结法

选择性激光烧结（Selective Laser Sintering，SLS）法是将金属粉末（含热熔性结合剂）作为原材料，利用高功率的 CO_2 激光器，由计算机控制对其层层加热，使之熔化堆积成型，如图 9-63 所示。采用 SLS 法在烧结过程结束后，应先去除松散粉末，将得到的坯件进行烘干等后处理。SLS 法原料广泛，现已研制成功的就达十几种，范围覆盖了高分子、陶瓷、金属粉末及它们的复合粉末。

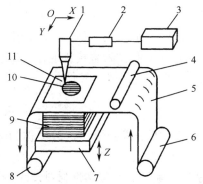

1—X—Y扫描系统；2—光路系统；3—激光器；4—加热棍；

5—薄层材料；6—供料滚筒；7—工作平台；8—回收滚筒；

9—制成件；10—制成层；11—边角料

图 9-62　物体分层制造法示意图

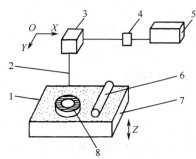

1—粉末材料；2—激光束；3—X—Y扫描系统；4—透镜；

5—激光器；6—刮平器；7—工作台；8—制成件

图 9-63　选择性激光烧结法示意图

3．熔化堆积造型法

熔化堆积造型（Fused Deposition Modeling，FDM）法采用熔丝材料，将加热后半熔状的熔丝材料在计算机控制下喷涂到预定位置，逐点逐层喷涂成型。FDM 法制造污染小，材料可以回收，如图 9-64 所示。

4．立体平板印刷法

立体平板印刷（Stereo Lithography Apparatus，SLA）法工作原理如图 9-65 所示。通过计算机软件对立体模型进行平面分层，得到每一层截面的形状数据，由计算机控制的氦-镉激光发生器 1 发出的激光束 2 按照获得的平面形状数据，从零件基层形状开始逐点扫描。当激光束照射到液态树脂后，被照射的液态树脂发生聚合反应而固化。然后由 Z 轴升降台下降一个分层厚度（一般为 $0.01\sim0.02\mathrm{mm}$），进行第二层的形状扫描，新固化层粘在前一层上。就这样逐层地进行照射、固化、黏结和下沉，堆积成三维模型实体，得到预定的零件。

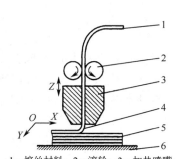

1—熔丝材料；2—滚轮；3—加热喷嘴；

4—半熔状熔丝材料；5—制成件；6—工作台

图 9-64　熔化堆积造型法示意图

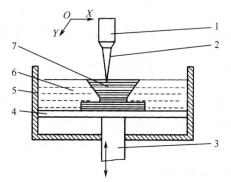

1—激光发生器；2—激光束；3—Z 轴升降台；

4—托盘；5—树脂槽；6—光敏树脂；7—制成件

图 9-65　立体平板印刷法固化成型示意图

5．三维印刷系统法

三维印刷（Three Dimensional Printing，TDP）法是一种不依赖于激光的成型技术。TDP 使用粉末材料和黏结剂，喷头在一层铺好的材料上有选择性地喷射黏结剂，在有黏结剂的地方粉末材料被黏结在一起，其他地方仍为粉末。这样层层黏结后就得到一个空间实体，去除粉末进行烧结就得到所要求的零件。TDP 法可用的材料范围很广，尤其是可以制作陶瓷模。现在又出现了采用多喷头 TDP 方法，如图 9-66 所示。该方法制作零件的速度非常快，成本较低。

6．喷墨印刷法

热塑性材料选择性喷洒快速成型工艺采用了与喷墨打印机一样的原理，故又称为喷墨印刷（Ink Jet Printing，IJP），它可作为计算机的外围设备在办公室使用。

喷墨印刷快速成型系统通常采用 2 个喷嘴，其中一个用于喷洒成型热塑性材料，另一个用于喷洒支撑成型零件。这两个喷嘴能根据截面轮廓的信息，在计算机的控制下作 XY 平面运动，选择性地分别喷洒熔化的热塑性材料和蜡。此两种材料在工作平台上迅速冷却后形成固态的截面轮廓和支承结构。随后，用平整器平整上表面，使其控制在预定的截面高度。每层截面成型之后，工作台下降一个截面层的高度，再进行下层的喷洒，如此循环，直到完成加工。从工作室中取出制件后，用溶剂除去蜡支承结构，最终获得原型零件。其工作原理如图 9-67 所示。用该种方法制作的原型尺寸精度高，轮廓层厚很薄，无须手工抛光即可获得表面非常光洁的零件，可直接用于制模。

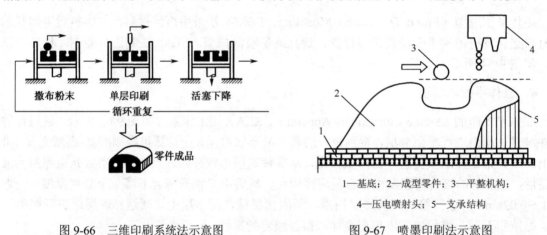

1—基底；2—成型零件；3—平整机构；
4—压电喷射头；5—支承结构

图 9-66　三维印刷系统法示意图　　　　图 9-67　喷墨印刷法示意图

9.5.3　快速成型技术在模具制造中的应用

快速成型技术应用最重要的方向之一是模具的快速制造技术。

通常的模具制造过程是由几何造型系统生成模具 CAD 模型，然后对模具所有成型面进行数控编程，得到它们的 CAM 数据，利用信息载体控制数控机床加工出模具毛坯，再经电火花精加工得到精密模具。此方法需要人工编程，加工周期较长，加工成本相对较高。传统的快速模具制造是根据产品图样，把木材、石膏、钢板甚至水泥、石蜡等材料采用拼接、雕塑成型等方法制作原型。这种方法不仅耗时，加工精度也不高，尤其碰到一些复杂结构的零件时显得无能为力。快速成型技术能够更快、更好、更方便地设计并制造出各种复杂的零件和原型，一般可使模具制造周期和成本降低 2/3～4/5，而且模具的几何复杂程度越高，效益越明显。

利用快速成型技术生产模具有两种方法，即直接法和间接法。

1．直接法

采用 LOM 方法直接生成的模具可以经受 200℃的高温，故可以作为低熔点合金的模具或蜡模的成型模，还可以代替砂型铸造用木模。直接法生产模具还处于初步研究阶段。

2．间接法

1）制作简易模具

如果零件的批量小或用于产品的试生产，则可以用非钢铁材料生产成本相对较低的简易模具。这类模具一般用快速成型技术制作零件原型，然后根据该原型翻制成硅橡胶模、金属模、树脂模或石膏模，或对零件原型进行表面处理，用金属喷镀法或物理蒸发沉积法镀上一层熔点较低的合金来制作模具。

另外，还有一种用化学黏结陶瓷浇注注塑模的新工艺，其工艺过程为：

（1）用 SLS 或 LOM 方法制作母模。

（2）用硅橡胶或聚氨酯浇注型。

（3）移去母模。

（4）利用硅橡胶或聚氨酯模型浇注成化学黏结陶瓷模型。

（5）在 205℃下固化模具型腔。

（6）抛光。

（7）制成小批量制品用注塑模。

如果利用母模翻制成石膏铸型，然后在真空条件下浇铸铝、锌等非铁合金模具，也可生产小批量注塑产品。

2）制作钢质模具

（1）陶瓷型精密铸造法。单件或小批量生产钢模时可采用此法，其工艺过程为：

① 快速成型制作母模。

② 浸挂陶瓷砂浆。

③ 在焙烧炉中固化模壳。

④ 烧去母模。

⑤ 预热模壳。

⑥ 烧铸钢型腔。

⑦ 抛光。

⑧ 加入浇注、冷却系统。

⑨ 制成注塑模。

（2）石蜡精密铸造法。批量生产金属模具时，先利用快速成型技术制成蜡模的成型模，然后利用该成型模生产蜡模，再用石蜡精铸工艺制成钢模具。在单件生产复杂模具时，也可以直接用快速成型代替蜡模。

（3）用化学黏结钢粉浇铸型腔。该方法的工艺过程为：

① 用快速成型先制成母模。

② 翻制硅橡胶或聚氨酯软模。

③ 浇注化学黏结钢粉型腔。

④ 烧结钢粉。

⑤ 渗铜处理。

⑥ 抛光型腔。

⑦ 制成注塑模具。

（4）制作电极，制成钢模。利用快速成型技术制作电火花成型加工用电极，然后用电火花加工制成钢模。

思考题

9.1　简述模架的作用。

9.2　加工冷冲模模架的导柱、导套及模座时应注意什么？

9.3　简述注射模的结构组成。

9.4　非圆形凸模的加工方法有哪些？如何进行选择？

9.5　压印锉修加工是怎样进行操作的？

9.6　凹模有哪几种类型的孔？如何加工这些孔？

9.7　采用电火花线切割加工模具时，考虑线切割加工工艺特点，应选用什么样的模具材料？为什么？

9.8　型腔加工的特点是什么？常用的加工方法有哪些？

9.9　什么是快速成型制造技术？常用的快速成型工艺方法有哪些？

第10章
模具装配与调试

10.1 概述

模具装配是按照模具的设计要求，把组成模具的零部件连接或固定起来，使之成为满足一定成型工艺要求的专用工艺装备的工艺过程。模具装配是模具制造过程中的关键工作，装配质量的好坏直接影响到所加工工件的质量、模具本身的工作状态及使用寿命。

模具装配图及验收技术条件是模具装配的依据，构成模具的所有零件，包括标准件、通用件及成型零件等符合技术要求是模具装配的基础。但是，并不是有了合格的零件，就一定能装配出符合设计要求的模具，合理的装配工艺及装配经验也很重要。

模具装配过程是模具制造工艺全过程中的关键环节，包括装配、调整、检验和试模。

在装配时，零件或相邻装配单元的配合和连接均需按装配工艺确定的装配基准进行定位与固定，以保证它们之间的配合精度和位置精度，从而保证模具凸模与凹模间精密均匀的配合，模具开合运动及其他辅助机构（如卸料、顶件、送料等）运动的精确性，进而保证制件的精度和质量，保证模具的使用性能和寿命。

10.1.1 装配精度

模具的装配精度一般由设计人员根据产品零件的技术要求、生产批量等因素确定。对于冲压模具而言，主要有凸、凹模间隙，导柱、导套与其上、下模座底面的垂直度，凸、凹模与其固定板的垂直度，上、下模座底面的平行度，导柱、导套配合精度，卸料板与凸模的配合精度等。综合起来为模架的装配精度、主要工作零件及其他零件的装配精度。

冲压模具的装配精度主要体现在以下几个方面。

1）制件精度和质量

制件精度和质量要求是进行冲压模具设计，确定冲压模精度等级的主要依据，是确定凸、凹模成型零件的加工精度，选取模具标准零件的精度等级，控制模具装配精度和质量等的主要依据。

2）冲裁间隙及其均匀性

冲裁模中凸、凹模之间的间隙值及间隙的均匀性是确定模具精度等级的重要因素，如模具导向副中导柱与导套的滑动配合精度。冲裁间隙值（Z）越小，间隙的均匀性要求越高，上、下模定向运动精度要求就越高，即上、下模定向运动的导向精度与间隙值（Z）及其均匀性成正比。

导向副滑动配合的极限偏差 δ 的计算式如下。

$$\delta = k(c \pm \varDelta) \tag{10-1}$$

式中　$\varDelta$——间隙值 Z 的许用变动量；

　　　c——单边冲裁间隙值；

　　　k——导柱外径与导柱、导套配合长度之比。

上式中参数的取值参见《板料冲裁间隙》（J B/Z 211—86，H B/Z 167—90）。常用经验公式为

$$c=(0.06\sim0.15)t$$

式中　　t——板厚。

3）冲模凸、凹模装配精度要求

根据《冲模技术条件》（GB/T 12445），凸模在装配时，它对上、下模座基准面的垂直度偏差须在凸、凹模间隙值的允许范围内。推荐的垂直度公差等级见表 10-1。

表 10-1　凸模垂直度公差等级

间隙值（mm）	垂直度公差等级	
	单凸模	多凸模
薄料，无间隙（≤0.02）	5	6
>0.02～0.06	6	7
>0.06	7	8

凸、凹模与固定板的配合一般为 H7/n6 或 H7/m6，以保证其工作稳定性与可靠性。

4）冲件产量

冲件产量是确定模具结构形式、模具精度等级的另一重要因素。为保证模具的使用寿命和性能，适应冲件产量的要求，一些高寿命模具的凸、凹模常采用拼合结构，其拼合件应为完全互换性零件。因此这些拼合件的精度比一般模具的精度必须高一个数量级。

10.1.2　装配方法

模具的装配方法是根据模具的产量和装配精度要求等因素来确定的。一般情况下，模具的装配精度要求越高，则其零件的精度要求也越高。但根据模具生产的实际情况，采用合理的装配方法，也可能用较低精度的零件装配出较高精度的模具，所以选择合理的装配方法是模具装配的首要任务。

生产实践中常用的模具装配方法特点及其适用场合有以下几种。

1）互换装配法

按照装配零件能够达到的互换程度，分为完全互换法和不完全互换法。

完全互换法是指装配时各配合零件不经过选择、修理和调整即可达到装配精度要求的装配方法。采用完全互换法进行装配时，如果装配精度要求高而且装配尺寸链的组成环较多，易造成各组成环的公差很小，使零件加工困难。但是采用完全互换装配法，具有装配工作简单，对装配工人技术水平要求低，装配质量稳定，易于组织流水作业，生产效率高，模具维修方便等许多优点。因此，这种方法只适用于大批、大量和尺寸链较短的模具零件的装配。

不完全互换法是指装配时各配合零件的制造公差将有部分不能达到完全互换装配的要求。这种方法克服了前述方法计算出来的零件尺寸公差偏高，制造困难的不足，使模具零件的加工变得容易和经济。它充分改善了零件尺寸的分散规律，在保证装配精度要求的情况下，降低了零件的加工精度，适用于成批和大量生产的模具的装配。

2）分组装配法

分组装配法是将模具各配合零件按实际测量尺寸进行分组，在装配时按组进行互换装配，使其达到装配精度的方法。

在成批或大量生产中，当装配精度要求很高时，装配尺寸链中各组成环的公差很小，使零件的加工非常困难，有的可能使零件的加工精度难以达到。此时可先将零件的制造公差扩大数倍，

以经济精度进行加工，然后将加工出来的零件按扩大前的公差大小和扩大倍数进行分组，并以不同的颜色加以区别，之后按组进行装配。这种方法在保证装配精度的前提下，扩大了组成零件的制造公差，使零件的加工制造变得容易，适用于要求装配精度高的成批或大量生产模具的装配。

3）修配装配法

修配装配法是将指定零件的预留修配量修去，达到装配精度要求的方法。

（1）按件修配法。按件修配法是在装配尺寸链的组成环中，预先指定一个容易修配的零件为修配件（修配环），并预留一定的加工余量。装配时对该零件根据实测尺寸进行修磨，达到装配精度要求的方法。

指定修配的零件应易于加工，而且在装配时它的尺寸变化不会影响其他尺寸链。

修配装配法是模具装配中广泛应用的方法，适用于单件或小批量生产的模具装配工作。

（2）合并加工修配法。合并加工修配法是将两个或两个以上的配合零件装配后，再进行机械加工使其达到装配精度要求的方法。将零件组合后所得尺寸作为装配尺寸链中的一个组成环对待，从而使尺寸链的组成环数减少，公差扩大，更容易保证装配精度的要求。

4）调整装配法

调整装配法是用改变模具中可调整零件的相对位置或选用合适的调整零件，以达到装配精度要求的方法。

（1）可动调整法。可动调整法是在装配时用改变调整件的位置来达到装配精度的方法。

（2）固定调整法。固定调整法是在装配过程中选用合适的调整件，达到装配精度的方法。

10.1.3　装配工艺过程

模具总体装配前应选好装配的基准件，安排好上、下模装配顺序。如以导向板作为基准进行装配，则应通过导向板将凸模装入固定板，然后通过上模配装下模。在总装时，当模具零件装入上、下模板时，先装作为基准的零件，检查无误后再拧紧螺钉，打入销钉。其他零件以基准件为基础进行配装。模具的装配工艺过程如图 10-1 所示。

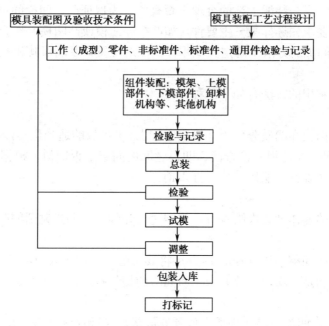

图 10-1　模具的装配工艺过程

10.2　模具的装配

模具装配是把已经加工好，并经过检查合格的零件，通过各种形式，最终连接成一套标准的可生产的模具，模具装配是保证设计质量的最重要保证。模具的种类比较多，即使同一类模具，由于成型材料的种类不同，精度要求不同，装配方法也不尽相同。现以冲压模具中的冲裁模为例介绍如下。

10.2.1　冲裁模装配的主要技术要求

（1）组成模具的各零件的材料、尺寸公差、形位公差、表面粗糙度和热处理等均应符合相应图样的要求。

（2）模架的三项技术指标：上模座上平面对下模座下平面的平行度，导柱轴心线对下模座下平面的垂直度和导套孔轴心线对上模座上平面的垂直度均应达到规定的精度等级要求。

（3）模架的上模沿导柱上、下移动应平稳，无阻滞现象。

（4）装配好的冲裁模，其封闭高度应符合图样规定的要求。

（5）模柄的轴心线对上模座上平面的垂直度公差在全长范围内不大于 0.05 mm。

（6）凸模和凹模之间的配合间隙应符合图样要求，配合的间隙应均匀一致。

（7）定位装置要保证定位准确可靠。

（8）卸料及顶件装置正确，活动灵活，出料孔畅通无阻。

（9）模具应在生产条件下进行试模，冲出的零件应符合图样要求。

10.2.2　凸、凹模间隙的控制方法

冲压模装配的关键是如何保证凸、凹模之间具有正确合理而又均匀的间隙，这既与模具有关零件的加工精度有关，又与装配工艺的合理与否有关。为保证凸、凹模间位置正确和间隙均匀，装配时总是依据图纸要求先选择某一主要件（如凸模、凹模或凸凹模）作为装配基准件。以该件位置为基准，用找正间隙的方法来确定其他零件的相对位置，以确保其相互位置的正确性和间隙的均匀性。

控制间隙均匀性常用的方法有如下几种。

1）测量法

采用测量法时将凸模和凹模分别用螺钉固定在上、下模板的适当位置，将凸模插入凹模内（通过导向装置），用塞尺（厚薄规）检查凸、凹模之间的间隙是否均匀，根据测量结果进行校正，直至间隙均匀后再拧紧螺钉、配作销孔及打入销钉。

2）透光法

透光法是有经验的操作者凭肉眼观察，根据透过光线的强弱来判断间隙的大小和均匀性。

3）试切法

当凸、凹模之间的间隙小于 0.1mm 时，可将其装配后试切纸（或薄板）。根据切下制件四周毛刺的分布情况（毛刺是否均匀一致）来判断间隙的均匀程度，并进行适当的调整。

4）垫片法

如图 10-2 所示，在凹模刃口四周适当位置安放垫片（纸片或金属片），垫片厚度等于单边间隙值，然后将上模座导套慢慢套进导柱，观察凸模是否顺利进入凹模与垫片接触，由等高垫铁垫

好，用敲击固定板的方法调整间隙直到其均匀为止，并将上模座事先松动的螺钉拧紧。

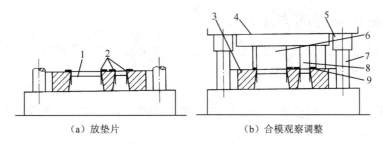

（a）放垫片　　　　　　　　（b）合模观察调整

1、3—凹模；2—垫片；4—上模座；5—导套；6—凸模Ⅰ；7—导柱；8—凸模Ⅱ；9—垫片

图 10-2　垫片法控制间隙

5）镀铜（锌）法

在凸模的工作段镀上厚度为单边间隙值的铜（或锌）层来代替垫片。由于镀层均匀，可提高装配间隙的均匀性。镀层本身会在冲模使用中自行剥落而无须安排去除工序。

6）涂层法

与镀铜法相似，仅在凸模工作段涂以厚度为单边间隙值的涂料（如磁漆或氨基醇酸绝缘漆等）来代替镀层。

7）酸蚀法

将凸模的尺寸做成与凹模型孔尺寸相同，待装配好后，再将凸模工作部分用酸腐蚀以达到间隙要求。

8）利用工艺定位器调整间隙

如图 10-3 所示，用工艺定位器来保证上、下模同轴。工艺定位器的尺寸 d_1、d_2、d_3 分别按凸模、凹模及凸凹模的实测尺寸，按配合间隙为零来配制（应保证 d_1、d_2、d_3 同轴）。

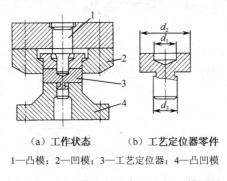

（a）工作状态　　（b）工艺定位器零件

1—凸模；2—凹模；3—工艺定位器；4—凸凹模

图 10-3　用工艺定位器保证上、下模同轴

9）利用工艺尺寸调整间隙

对于圆形凸模和凹模，可在制造凸模时在其工作部分加长 1～2mm，并使加长部分的尺寸按凹模孔的实测尺寸零间隙配合来加工，以便装配时凸、凹模对中（同轴），并保证间隙的均匀。待装配完后，将凸模加长部分磨去。

（1）级进模常选凹模作为基准件，先将拼块凹模装入下模座，再以凹模定位，将凸模装入固定板，然后再装入上模座。当然这时要对凸模固定板进行一定的钳修。

（2）有多个凸模的导板模常选导板作为基准件。装配时应将凸模穿过导板后装入凸模固定板，再装入上模座，然后再装凹模及下模座。

（3）复合模常选凸凹模作为基准件，一般先装凸凹模部分，再装凹模、顶块及凸模等零件，通过调整凸模和凹模来保证其相对位置的准确性。

10.2.3 模具零件的固定方法

模具结构不同，其零件的固定方法也各不相同，这里简单介绍几种常用的凸凹模固定方法，模具其他零件的固定也可以参照应用。

1）紧固件法

紧固件法是利用螺钉、斜压块等零件对凸凹模进行固定的方法，这种方法工艺简单，紧固方便，如图10-4、图10-5所示。

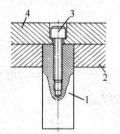

1—凸模；2—凸模固定板；3—螺钉；4—垫板

图10-4 螺钉紧固

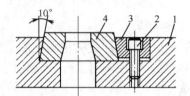

1—模座；2—螺钉；3—斜压块；4—凹模

图10-5 斜压块紧固

2）压入法

压入法是利用配合零件的过盈量将零件压入配合孔中使其固定的方法，如图10-6所示。其优点是固定可靠，拆卸方便；缺点是对被压入的型孔尺寸精度和位置精度要求较高，固定部分应具有一定的厚度。压入时应注意接合面的过盈量，表面粗糙度应符合要求；其压入部分应设有引导部分（引导部分可采用小圆角或小锥度），以便顺利压入；要将压入件置于压力机中心；压入少许时即应进行垂直度检查，压入至3/4时再作垂直度检查，即边压边检查垂直度。

3）挤紧法

挤紧法是将凸模压入固定板后用凿子环绕凸模外圈对固定板型孔进行局部敲击，使固定板的局部材料挤向凸模而将其固定的方法，如图10-7所示。挤紧法操作简便，但要求固定板型孔的加工较准确。

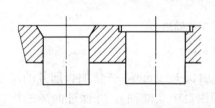

图10-6 压入法固定模具零件

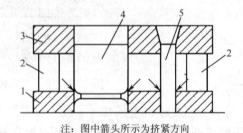

注：图中箭头所示为挤紧方向

1—固定板；2—等高垫铁；3—凹模；4、5—凸模

图10-7 挤紧法固定凸模

一般步骤是：先将凸模通过凹模压入固定板型孔（凸、凹模间隙要控制均匀），然后进行挤紧，最后检查凸、凹模间隙，如不符合要求，还需修挤。

在固定板中挤紧多个凸模时，可先装最大的凸模，这可使挤紧其余凸模时少受影响，稳定性好。然后再装配离该凸模较远的凸模，以后的次序即可任选。

4）热套法

热套法常用于固定凸、凹模拼块以及硬质合金模块。仅单纯起固定作用时，其过盈量一般较小；当要求有预应力时，其过盈量要稍大一些，如图 10-8 所示。

5）焊接法

焊接法一般只用于硬质合金模具。由于硬质合金与钢的热胀系数相差较大，焊接后容易产生内应力而引起开裂，故应尽量避免采用。

6）低熔点合金黏结

此法是利用低熔点合金冷凝时体积膨胀的特性来紧固零件的。该法可减少凸、凹模的位置精度和间隙均匀性的调整工作量，尤其对于大而复杂的冲压模具装配，其效果更显著。图 10-9 所示为六种凸模低熔点合金黏结结构。常用的低熔点配方、性能和适用范围详见参考资料。

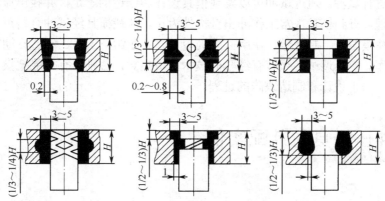

1—拼块；2—套圈

图 10-8　热套法

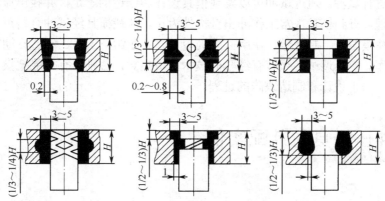

图 10-9　凸模低熔点合金黏结结构

7）环氧树脂黏结

环氧树脂在硬化状态对各种金属表面的附着力都非常强，力学强度高，收缩率小，化学稳定性和工艺性能好，因此在冲压模具的装配中得到了广泛应用。

用环氧树脂固定凸模时将凸模固定板上的孔做得大一些（单边间隙一般为 1.5～2.5mm），黏结面粗糙一些（Ra=12.5～50μm），并浇以黏结剂，如图 10-10 所示。

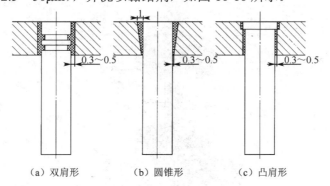

（a）双肩形　　　（b）圆锥形　　　（c）凸肩形

图 10-10　凸模环氧树脂黏结结构

8）无机黏结剂黏结

无机黏结剂由氢氧化铝的磷酸溶液与氧化铜粉末定量混合而成。其黏结面具有良好的耐热性（可耐 600℃左右的温度），黏结简便，不变形，有足够的强度。但承受冲击能力差，不耐酸、碱腐蚀。

黏结部分的间隙不宜过大，否则将影响黏结强度，一般单边间隙为 0.1～1.25mm（较低熔点合金取小值），表面以粗糙为宜。

该方法常用于凸模与固定板，导柱、导套、硬质合金模块与钢料的黏结。

10.3　冲压模具的调试

根据模具装配图的技术要求，完成模具的模架、凸模部分、凹模部分等分装之后，即可进行总装配。总装时，应根据上、下模零件在装配和调整中所受限制情况来决定先装上模还是下模。一般受限制最大的部分应先安装，然后以它为基准调整另外部分的活动零件。模具装配以后，必须在生产条件下进行试冲。通过试冲可以发现模具设计和制造的不足，并找出原因，对模具进行适当的调整和修理，直到模具正常工作冲出合格件为止。冲裁模具经试冲合格后，应在模具模板正面打刻编号、冲模图号、制件号、使用压力机型号、装配钳工工号、制造日期等，并涂油防锈后经检验合格入库。模具调试必须有有经验的技术人员指导，否则，有可能把模具搞坏。模具调试就是发现问题，修正设计和制造缺陷的过程。

10.4　冲压模具的装配实例

10.4.1　无导向单工序模装配

无导向单工序冲裁模总装图如图 10-11 所示。单工序冲裁模是指在压力机一次行程内只完成一个冲压工序的冲模，通过对无导向单工序冲裁模的装配，了解模具的整体结构、配合方式和工作原理，掌握各种钳工装配工具的使用，装配间隙的调整方法。通过冲裁检测结果判断制件是否合格。

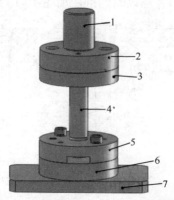

1—模柄；2—上模板；3—凸模固定板；4—凸模；5—卸料板；6—凹模；7—底板

图 10-11　无导向单工序冲裁模总装图

1．装配工艺过程

1）组件装配

（1）组装上模板与模柄。将模柄拧入上模板中，如图 10-12 所示。

（2）组装凸模与凸模固定板。将凸模（过盈）压入凸模固定板，并磨平安装面和凸模的刃口面，如图 10-13 所示。

图 10-12　模柄装配

图 10-13　凸模与凸模固定板装配

（3）组装凹模、底板及固定板。

① 将卸料板用螺钉固定在凹模上，组装调试，保证卸料板的导向孔与凹模的型腔孔同轴度误差为 0.05mm，按图样要求，配钻、配铰卸料板与凹模组合件上的 ϕ5mm 和 ϕ6mm 销钉孔。

② 把卸料板从凹模上卸下，将凹模放在底板上用螺钉固定，进行调试，保证底板上的漏料孔与凹模型腔孔同轴度误差为 0.15mm，如图 10-14 所示。

③ 按图样技术要求，配钻、配铰凹模与底板上的 ϕ6mm 和 ϕ5mm 销钉孔，如图 10-15 所示。

图 10-14　卸料板与凹模配合

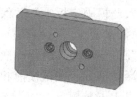
图 10-15　凹模与底板配合

2）总装配

（1）装上模。将上模板、模柄组合件与凸模、凸模固定板组合件用螺钉固定在一起，配钻、配铰，加工出组合件上 ϕ6mm 和 ϕ5mm 销钉孔并打入销钉。钻挡料销孔，打入销钉，如图 10-16 所示。

（2）配下模。将凹模、卸料板和底板组合在一起打入销钉，用螺钉固定，如图 10-17 所示。

图 10-16　上模组件

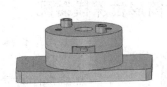
图 10-17　下模组件

2．调试工艺

1）试冲准备——全面检查模具

（1）检查模具的闭合高度是否符合压力机的技术要求。

（2）检查模具的模柄是否满足压力机滑块安装孔的要求。

（3）检查压力机的刹车、离合器等操作机构是否正常。

2）试冲材料

试冲材料的性质与牌号应相同，并符合技术要求。试冲材料表面要求平整、干净。

3）安装冲模

按照冲裁模在冲床上安装、调试过程及要求进行安装、试冲。

4）试冲样件

试冲后的制品零件不少于20件。

5）质量检验

检查冲件的质量和尺寸是否符合图样规定的要求，模具动作是否合理、可靠，根据试冲时出现的问题，分析产生的原因，设法加以修整和解决。

6）技术要点

（1）加工的技术要点。

① 螺钉底孔要钻垂直，螺纹要攻垂直，否则会影响模具的后期装配与调试。

② 先加工凹模，然后按凹模配作凸模，保证合理的配合间隙。

③ 在上模中，凸模固定板按凸模配作。

④ 为了方便后期的装配，在各个板上按装配顺序和结构关系打上标记（钢印）。

（2）装配的技术要点。

① 装配前要认真清理场地，并擦干净零部件，装配过程中要小心，不要碰伤工作刃口。

② 凸模压入凸模固定板中，并保证冲头与固定板平面垂直，装配好后磨平凸模底面。

（3）调试的技术要点。

① 在试模前，要对模具进行一次全面的检查，检查无误后，才能安装。

② 模具各活动部分，在试模前和试模中要加润滑油润滑。

③ 在压力机上安装模具，应调节压力机连杆使压力机滑块底面与模具上平面贴平、压紧，锁紧上模。然后将滑块稍向上调一些，大于模具的闭合高度，以免模具被顶死。

④ 模具在开始使用前，手动转动飞轮，使上模的凸模镶入凹模内约4mm，调整间隙保证配合间隙均匀，紧固下模。

⑤ 间隙调整好后，用薄纸试模，检查纸样，如果纸样所切的轮廓整齐，没有毛刺或毛刺小而均匀，说明间隙均匀，此时才能准备试冲。

⑥ 试冲过程中，应逐步调节滑块的高度，使模具刚好能冲断板料为止。

⑦ 试冲材料的性质、牌号、厚度要符合图样的技术要求。试冲材料表面要平直、干净。

10.4.2　筒形拉深模装配

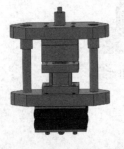

筒形拉深模总装图如图10-18所示。拉深模又称拉延模，它的作用是将平面的金属板料压制成开口空心的制件。它是成型罩、箱、杯等零件的重要方法。拉深模结构相对较简单，根据拉深模使用的压力机类型不同，可分为单动压力机用拉深模和双动压力机用拉深模。筒形拉深模的装配要保证拉深间隙，推杆机构推力合力的中心应与模柄中心重合。打料杆在工作中不得歪斜，以防止工件推不出来，下模中设置的橡皮压边装置应有足够的弹性，并保持工作平稳。保证制件达到精度要求。

图 10-18　筒形拉深模总装图

1．装配特点、技术要求和顺序

1）模具装配特点

模具装配适于采用集中装配，在装配工艺上多采用修配法和调整法来保证装配精度，从而能用精度不高的组成零件，达到较高的装配精度，降低零件加工要求。

2）装配技术要求

拉深模装配后，应达到下述主要技术要求。

（1）模具装配后，上模座沿导柱上下移动时，应平稳且无阻滞现象，导柱与导套的配合精度应符合标准规定，且间隙均匀。

（2）拉深凸模与拉深凹模的间隙应符合图纸规定的要求，工作行程符合技术规定的要求。

（3）压入式模柄与上模座采用 H7/h6 配合。模柄轴心线对上模座上平面的垂直度误差在模柄长度内不大于 0.02mm。

3）拉深模的装配顺序

组件装配→总装配→调整凸、凹模间隙→试冲和调整→检查。

2．装配工艺过程

1）组件装配

（1）组装模架。将导套与导柱压入上、下模座，导柱与导套之间要滑动平稳，无阻滞现象，保证上、下模座之间的平行度要求，如图 10-19 所示。

（2）组装模柄。采用压入式装配，将模柄压入上模座中，再钻铰骑缝销钉孔，压入圆柱销，然后磨平模柄大端面。要求模柄与上模座孔的配合为 H7/m6，模柄的轴线必须与上模座的上平面垂直，如图 10-20 所示。

　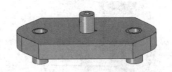

图 10-19　组装模架　　　　　　　　图 10-20　组装模柄

（3）组装拉深凸模。拉伸凸模与固定板的装配在拉深模中常用的是压入法。将拉深凸模压入凸模固定板，保证凸模与固定板垂直，并磨平凸模底面，装上压边圈，如图 10-21、图 10-22 所示。

图 10-21　组装拉深凸模　　　　　　图 10-22　装上压边圈

2）总装配

（1）装配上模。

① 把拉深凹模、凹模垫板、推件板装入上模座。翻转上模座，找出模柄中心孔中心，划出中心线和安装用的轮廓线。

② 按照外轮廓线，放正凹模垫板及拉深凹模，夹紧上模部分，按照凹模螺孔配钻凸模固定板和上模座的螺钉过孔。

③ 装入垫板和全部推件装置，用螺钉将上模部分连接起来，并检查推件装置的灵活性，如图 10-23、图 10-24 所示。

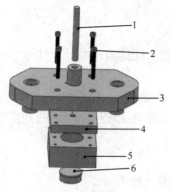

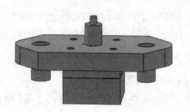

1—推杆；2—螺钉；3—上模座；4—凹模垫板；5—拉深凹模；6—推件板

图 10-23　上模分解图　　　　　　　　　　　图 10-24　上模装配图

（2）装配下模。

① 将装入固定板内的拉深凸模与压边圈放在下模座上，合上上模，根据上模找正拉深凸模组件在下模座上的位置。夹紧下模部分后移去上模，在下模座上划出模座底部弹性卸料螺孔位置线，配钻卸料螺钉孔与安装螺钉孔。

② 用螺钉连接凸模固定板，用卸料螺钉与压边圈固定，并钻铰销钉孔，打入销钉定位。

③ 安装弹性压边装置，如图 10-25、图 10-26 所示。

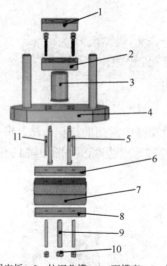

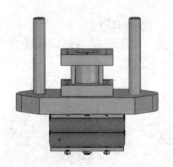

1—压边圈；2—凸模固定板；3—拉深凸模；4—下模座；5—卸料螺钉；

6—动板；7—橡皮；8—定板；9—拉杆；10—螺母；11—定位销

图 10-25　下模分解图　　　　　　　　　　　图 10-26　下模装配图

3）调整凸、凹模间隙

（1）合拢上、下模，以拉深凸、凹模为基准，用切纸法精确找正拉深的正确位置。如果拉深凸模与凹模的孔对得不正，轻轻敲打拉深凹模与凹模垫板，利用螺钉过孔的间隙进行调整，直至间隙均匀。压紧上模组件，钻铰销钉孔，打入圆柱销定位。

（2）精确找正压边圈挡料销的位置，打入挡料销，如图 10-27 所示。

（3）再次检查拉深凸、凹模间隙，如果因钻铰销钉孔引起间隙不均匀，则应取出定位销，再次调整，直到间隙均匀为止。

（4）模具装配完毕后，应对模具各个部分作一次全面检查。检查模具的闭合高度、压边圈上的挡料销与凹模上的避让孔是否有问题，模具零件有无错装、漏装，以及螺钉是否都已拧紧等，发现问题及时解决。

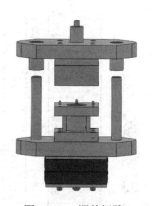

图 10-27　调整间隙，装定位销、挡料销

3．调试工艺

1）试冲准备——全面检查模具

（1）检查模具的闭合高度是否符合压力机的技术要求。

（2）检查模具的模柄是否满足压力机滑块安装孔的要求。

（3）检查压力机的刹车、离合器等操作机构是否正常。

2）试冲材料

试冲材料的性质与牌号应相同，并符合技术要求。试冲材料表面要求平整、干净。

3）安装冲模

按照冲裁模在冲床上安装、调试过程及要求进行安装、试冲。

4）试冲样件

试冲后的制品零件不少于 20 件。

5）质量检验

检查冲件的质量和尺寸是否符合图样规定的要求，模具动作是否合理、可靠，根据试冲时出现的问题，分析产生的原因，设法加以修整和解决。

6）技术要点

（1）装配的技术要点。

① 装配前要认真清理场地，并擦干净零部件，装配过程中要小心。

② 凸模压入凸模固定板中，并保证冲头与固定板平面垂直，装配好后磨平凸模底面。

（2）调试的技术要点。

① 调试进料阻力，在拉深过程中，若拉深模进料阻力较大，容易使制品拉裂，进料阻力小，则又会起皱。

② 调试拉深深度和间隙，在调试时，可以把拉深深度分成 2～3 段来进行。先调整较浅的一段，调整完成后，再往下调整深的一段，一直调整到所需要的拉深深度为止。

③ 在调整时，先将上模紧固在压力机的滑块上，下模放在工作台上先不紧固，然后在凹模内放入样件，再将上、下模吻合对中，调整各方向的间隙达到均匀一致，再使模具处于闭合位置，紧固下模。

附录 A 常用热塑性塑料注射成型的工艺参数

塑料名称		聚氯乙烯 硬	聚氯乙烯 软	聚乙烯 高密度	聚乙烯 低密度	聚丙烯 纯	聚丙烯 玻纤增强	聚苯乙烯 一般型	聚苯乙烯 抗冲击型	聚苯乙烯 20%~30%玻纤增强	AS(无填料)	苯乙烯共聚 ABS	苯乙烯共聚 20%~40%玻纤增强
密度	ρ (kg·dm⁻³)	1.35~1.45	1.16~1.35	0.94~0.97	0.91~0.93	0.90~0.91	1.04~1.05	1.04~1.06	0.98~1.10	1.20~1.33	1.08~1.10	1.02~1.16	1.23~1.36
比体积	V (dm³·kg⁻¹)	0.69~0.74	0.74~0.86	1.03~1.06	1.08~1.10	1.10~1.11		0.94~0.96	0.91~1.02	0.75~0.83		0.86~0.98	
吸水率(24h)	$w\rho \cdot c \times 100$	0.07~0.4	0.15~0.75	<0.01	<0.01	0.01~0.03	0.05	0.03~0.05	0.1~0.3	0.05~0.07	0.2~0.3	0.2~0.4	0.18~0.4
收缩率	S	0.6~0.1	1.5~2.5	1.5~3.0		1.0~3.0	0.4~0.8	0.5~0.6	0.3~0.6	0.3~0.5	0.2~0.7	0.4~0.7	0.1~0.2
熔点	t (℃)	160~212	110~160	105~137	105~125	170~176	170~180	131~165				130~160	
热变形温度	t(℃) 0.46MPa	67~82		60~82		102~115	127	65~96	64~92.5	82~112	88~104	90~108	104~121
热变形温度	t(℃) 0.185MPa	54		48	48	56~67						83~103	99~116
抗拉屈服强度	δ (MPa)	35.2~50	10.5~24.6	22~39	7~19	37	78~90	35~63	14~48	77~106	63~84.4	50	59.8~133.6
拉伸弹性模量	E_t (MPa)	(2.4~4.2)×10³		(0.84~0.95)×10³		(2.8~3.5)×10³		(2.8~3.5)×10³	(1.4~3.1)×10³	3.23×10³	(2.81~3.94)×10³	1.8×10³	(4.1~7.2)×10³
抗弯强度	δ_f (MPa)	≥90		20.8~40	25	67.5	132	61~98	35~70	70~119	98.5~133.6	80	112.5~189.9
冲击韧性	α_n(kJ·m⁻²) 无缺口			不断	不断	78	51					261	
冲击韧性	α_k(kJ·m⁻²) 缺口	58		65.5	48	3.5~4.8	14.1	0.54~0.86	1.1~23.6	0.75~13		11	
硬度	HB	16.2 R110~120	邵 96(A)	2.07 邵D60~70	邵D41~46	8.65 R95~105	9.1	洛氏 M65~80	洛氏 M20~80	洛氏 M65~90	洛氏 M80~90	9.7 洛氏 R121	洛氏 M65~100
体积电阻系数	P_v (Ω·cm)	6.71×10¹³	6.71×10¹³	10¹⁵~10¹⁶	>10¹⁶	>10¹⁶		>10¹⁶	>10¹⁶	10¹³~10¹⁷	>10¹⁶	6.9×10¹⁶	
击穿强度	E (kV·mm⁻¹)	26.5	26.5	17.7~19.7	18.1~27.5	30		19.7~27.5			15.7~19.7		

附录 B 斜导柱倾角、脱模力与最大弯曲力的关系

最大弯曲力 F_w（kN）	斜导柱倾角α（°）					
	8	10	12	15	18	20
	F_c（kN）					
1.00	0.99	0.98	0.97	0.96	0.95	0.94
2.00	1.98	1.97	1.95	1.93	1.90	1.88
3.00	2.97	2.95	2.93	2.89	2.85	2.82
4.00	3.96	3.94	3.91	3.86	3.80	3.76
5.00	4.95	4.92	4.89	4.82	4.75	4.70
6.00	5.94	5.91	5.86	5.79	5.70	5.64
7.00	6.93	6.89	6.84	6.75	6.65	6.58
8.00	7.92	7.88	7.82	7.72	7.60	7.52
9.00	8.91	8.86	8.80	8.68	8.55	8.46
10.00	9.90	9.85	9.78	9.65	9.50	9.40
11.00	10.89	10.83	10.75	10.61	10.45	10.34
12.00	11.88	11.82	11.73	11.58	11.40	11.28
13.00	12.87	12.80	12.71	12.54	12.35	12.22
14.00	13.86	13.79	13.69	13.51	13.30	13.16
15.00	14.85	14.77	14.67	14.47	14.25	14.10
16.00	15.84	15.76	15.64	15.44	15.20	15.04
17.00	16.83	16.74	16.62	16.40	16.15	15.93
18.00	17.82	17.73	17.60	17.37	17.10	16.80
19.00	18.81	18.71	18.58	18.33	18.05	17.80
20.00	19.80	19.70	19.56	19.30	19.00	18.80
21.00	20.79	20.68	20.53	20.26	19.95	19.74
22.00	21.78	21.67	21.51	21.23	20.90	20.68
23.00	22.77	22.65	22.49	22.19	21.85	21.62
24.00	23.76	23.64	23.47	23.16	22.80	22.56
25.00	24.75	24.62	24.45	24.12	23.75	23.50
26.00	25.74	25.61	25.42	25.09	24.70	24.44
27.00	26.73	26.59	26.40	26.05	25.65	25.38
28.00	27.72	27.58	27.38	27.02	26.60	26.32
29.00	28.71	28.56	28.36	27.98	27.55	27.26
30.00	29.70	29.65	29.34	28.95	28.50	28.20
31.00	30.69	30.53	30.31	29.91	29.45	29.14
32.00	31.68	31.52	31.29	30.88	30.40	30.08
33.00	32.67	32.50	32.27	31.84	31.35	31.02
34.00	33.66	33.49	33.25	32.81	32.30	31.96
35.00	34.65	34.47	34.23	33.77	33.25	32.00
36.00	35.64	35.46	35.20	34.74	34.20	33.81
37.00	36.63	36.44	36.18	35.70	35.15	34.78
38.00	37.62	37.43	37.16	36.67	36.10	35.72
39.00	38.61	38.41	38.14	37.63	37.05	36.66
40.00	39.60	39.40	39.12	38.60	38.00	37.60

附录 C 斜导柱倾角、高度 H_w、最大弯曲力和斜导柱直径的关系

斜导柱倾角 α (°)	H_w (mm)	最大弯曲力 (kN)																												
		1	2	3	4	5	6	7	8	9	10	11	12	13	14	15	16	17	18	19	20	21	22	23	24	25	26	27	28	29	30
		斜导柱直径 (mm)																													
8	10	8	10	10	12	12	14	14	14	15	15	16	16	18	18	18	18	18	20	20	20	20	20	20	20	22	22	22	22	22	22
	15	8	10	12	14	14	15	16	16	18	18	18	20	20	20	20	20	22	22	22	22	24	24	24	24	24	24	24	25	25	25
	20	10	12	14	14	15	16	18	18	20	20	20	20	22	22	24	24	24	24	24	24	25	25	25	26	26	26	28	28	28	28
	25	10	12	14	15	18	18	18	20	20	22	22	24	24	24	24	24	25	25	26	26	26	28	28	28	28	28	30	30	30	30
	30	10	14	15	16	18	18	20	20	22	22	24	24	24	26	25	26	26	28	28	28	28	28	30	30	30	30	32	32	32	32
	35	12	14	16	18	18	20	20	22	22	24	24	25	25	26	26	28	28	28	30	30	30	30	30	32	32	32	34	34	34	34
	40	12	14	16	18	18	20	20	20	24	24	25	26	26	28	28	28	28	30	30	30	32	32	32	32	34	34	34	34	34	35
10	10	8	10	12	12	12	14	14	14	15	15	16	18	18	18	18	18	18	20	20	20	20	20	20	22	22	22	22	22	22	22
	15	8	12	12	14	14	15	16	16	18	18	18	20	20	20	20	22	22	22	22	22	24	24	24	24	24	24	24	25	25	25
	20	10	12	14	14	15	16	18	18	20	20	20	20	22	22	22	24	24	24	26	26	25	25	25	26	26	28	28	28	28	28
	25	10	12	14	15	18	18	18	20	20	22	22	24	24	24	24	24	25	25	26	26	28	28	28	28	28	30	30	30	30	30
	30	12	14	15	16	18	18	20	22	22	24	24	24	25	25	25	26	26	28	28	28	30	30	30	30	32	32	32	32	32	32
	35	12	14	16	18	18	20	22	22	24	24	24	26	26	28	28	28	28	30	30	30	32	32	32	32	34	34	34	34	34	34
	40	12	14	18	18	18	22	22	24	24	24	25	26	26	28	28	28	30	30	30	30	32	32	32	32	34	34	34	34	34	36
12	10	8	10	12	12	12	14	14	14	15	16	16	18	18	18	18	18	18	20	20	20	22	22	22	22	22	22	22	22	22	22
	15	8	12	14	14	14	15	16	18	18	18	18	20	20	20	20	22	22	22	24	24	22	24	24	24	24	24	24	24	25	25
	20	10	12	14	16	16	18	18	20	20	20	22	22	22	22	25	25	25	25	26	26	26	28	28	28	28	26	28	28	28	28
	25	10	12	15	16	18	18	20	22	22	24	24	24	24	25	28	28	26	28	30	30	28	30	30	30	30	30	30	30	30	30
	30	12	14	15	16	18	18	20	22	24	24	24	25	25	25	28	28	28	28	30	30	30	30	32	32	32	32	32	32	32	32
	35	12	16	16	18	18	20	22	22	24	24	24	25	25	25	28	28	28	28	30	30	30	32	32	32	32	32	32	34	34	34

续表

最大弯曲力（kN）／斜导柱直径（mm）

斜导柱倾角 α（°）	H_W（mm）	1	2	3	4	5	6	7	8	9	10	11	12	13	14	15	16	17	18	19	20	21	22	23	24	25	26	27	28	29	30
	40	12	14	16	18	20	22	24	24	24	24	25	26	26	28	28	28	30	30	30	32	32	32	32	32	34	34	34	34	34	35
15	10	8	10	12	12	12	14	14	14	15	16	16	16	18	18	18	18	18	20	20	20	20	20	20	22	22	22	22	22	22	22
	15	10	12	12	14	14	15	16	16	18	18	20	20	20	20	20	22	22	22	22	22	24	24	24	24	24	24	25	25	25	25
	20	10	12	14	14	16	16	18	18	18	18	20	20	20	20	22	22	22	24	24	24	25	25	26	26	26	28	28	28	28	28
	25	10	12	14	16	16	18	20	20	20	22	22	22	24	24	24	24	25	25	26	26	28	28	28	28	28	30	30	30	30	30
	30	12	14	15	16	18	20	22	22	22	24	24	24	24	25	26	26	26	28	28	28	28	30	30	30	32	30	32	32	32	32
	35	12	14	16	18	18	20	22	22	24	24	24	26	25	26	28	28	28	28	28	30	30	30	30	32	32	32	32	34	34	34
	40	12	15	16	18	20	22	24	24	24	24	25	26	28	28	28	30	30	30	30	32	32	32	32	34	34	34	34	34	35	36
18	10	8	10	12	12	14	14	16	16	16	16	16	18	18	18	20	18	20	20	20	20	20	20	22	22	22	22	22	22	22	22
	15	10	12	12	14	14	15	18	18	18	18	18	20	20	20	22	22	22	22	22	22	24	24	24	24	24	24	25	25	25	25
	20	10	12	14	15	16	18	18	18	20	20	20	22	22	22	24	24	24	24	24	25	25	25	26	26	26	28	28	28	28	28
	25	12	14	14	16	18	18	20	20	20	22	22	24	24	24	25	25	26	26	26	28	28	28	28	28	30	30	30	30	30	30
	30	12	14	15	16	18	20	22	22	22	24	24	24	26	26	26	26	28	28	28	30	30	30	30	30	32	32	32	32	32	32
	35	12	14	16	18	18	20	22	24	24	24	24	26	28	28	28	28	28	30	30	30	32	32	32	32	32	34	34	34	34	34
	40	12	15	18	18	20	22	24	24	24	26	25	26	28	28	28	30	30	30	30	32	32	32	32	34	34	34	34	34	3,4	36
20	10	8	10	12	12	14	14	14	14	15	16	16	18	18	18	18	18	20	20	20	20	20	20	22	22	22	22	22	22	22	22
	15	10	12	12	14	15	15	18	18	18	18	18	20	20	22	20	22	22	22	22	24	24	24	24	25	25	25	25	28	25	25
	20	10	12	14	14	16	18	18	18	20	20	20	22	22	24	24	24	24	24	26	26	26	26	26	26	28	28	28	28	28	28
	25	12	14	15	16	18	18	20	22	22	22	24	24	24	25	25	25	26	26	28	28	28	30	30	30	30	30	30	30	30	30
	30	12	14	15	16	18	20	22	22	22	24	24	24	26	26	28	28	28	28	30	30	30	30	32	32	32	32	32	32	32	32
	35	12	14	16	18	18	20	22	24	24	24	24	26	26	28	28	28	28	28	30	30	30	32	32	34	34	34	34	34	34	34
	40	12	14	18	18	20	22	24	24	24	25	25	26	28	28	28	30	30	30	30	32	32	32	32	34	34	34	34	34	35	35

附录 D 塑件尺寸公差

基 本 尺 寸

公差等级	公差种类	0~3	>3~6	>6~10	>10~14	>14~18	>18~24	>24~30	>30~40	>40~50	>50~65	>65~80	>80~100	>100~120	>120~140	>140~160	>160~180	>180~200	>200~225	>225~250	>250~280	>280~315	>315~355	>355~400	>400~450	>450~500	>500~630	>630~800	>800~1000
													标注公差的尺寸公差值																
MT1	a	0.07	0.08	0.09	0.10	0.11	0.12	0.14	0.16	0.18	0.20	0.23	0.25	0.29	0.32	0.36	0.40	0.44	0.48	0.52	0.56	0.60	0.64	0.70	0.78	0.86	0.97	1.10	1.39
	b	0.14	0.16	0.18	0.20	0.21	0.22	0.24	0.26	0.28	0.30	0.33	0.36	0.39	0.42	0.46	0.50	0.54	0.58	0.62	0.66	0.70	0.74	0.80	0.88	0.96	1.07	1.26	1.49
MT2	a	0.10	0.12	0.14	0.16	0.18	0.20	0.22	0.24	0.26	0.30	0.34	0.38	0.42	0.46	0.50	0.54	0.60	0.66	0.72	0.76	0.84	0.92	1.00	1.10	1.20	1.40	1.70	2.10
	b	0.20	0.22	0.24	0.26	0.28	0.30	0.32	0.34	0.36	0.40	0.44	0.48	0.52	0.56	0.60	0.64	0.70	0.76	0.82	0.86	0.94	1.02	1.10	1.20	1.30	1.50	1.80	2.20
MT3	a	0.12	0.14	0.16	0.18	0.20	0.22	0.26	0.30	0.34	0.40	0.46	0.52	0.58	0.64	0.70	0.78	0.86	0.92	1.00	1.10	1.20	1.30	1.44	1.60	1.74	2.00	2.40	3.00
	b	0.32	0.34	0.36	0.38	0.40	0.42	0.46	0.50	0.54	0.60	0.66	0.72	0.78	0.84	0.90	0.98	1.06	1.12	1.20	1.30	1.40	1.50	1.64	1.80	1.94	2.20	2.60	3.20
MT4	a	0.16	0.18	0.20	0.24	0.28	0.32	0.36	0.42	0.48	0.56	0.64	0.72	0.82	0.92	1.02	1.12	1.24	1.36	1.48	1.62	1.80	2.00	2.20	2.40	2.60	3.10	3.80	4.60
	b	0.36	0.38	0.40	0.44	0.48	0.52	0.56	0.62	0.68	0.76	0.84	0.92	1.02	1.12	1.22	1.32	1.44	1.56	1.68	1.82	2.00	2.20	2.40	2.60	2.80	3.30	4.00	4.80
MT5	a	0.20	0.24	0.28	0.32	0.38	0.44	0.50	0.56	0.64	0.74	0.86	1.00	1.14	1.28	1.44	1.60	1.76	1.92	2.10	2.30	2.50	2.80	3.10	3.50	3.90	4.50	5.60	6.90
	b	0.40	0.44	0.48	0.52	0.58	0.64	0.70	0.76	0.84	0.94	1.06	1.20	1.34	1.48	1.64	1.80	1.96	2.12	2.30	2.50	2.70	3.00	3.30	3.70	4.10	4.70	6.80	7.10
MT6	a	0.26	0.32	0.38	0.46	0.52	0.60	0.70	0.80	0.94	1.10	1.28	1.48	1.72	2.00	2.20	2.40	2.60	2.80	3.20	3.50	3.90	4.30	4.80	5.30	5.90	6.90	8.50	10.60
	b	0.46	0.52	0.58	0.66	0.72	0.80	0.90	1.00	1.14	1.30	1.48	1.68	1.92	2.20	2.40	2.60	2.80	3.10	3.40	3.70	4.10	4.50	5.00	5.60	6.10	7.10	8.70	10.80
MT7	a	0.38	0.46	0.56	0.66	0.76	0.85	0.98	1.12	1.32	1.54	1.80	2.10	2.40	2.70	3.00	3.30	3.70	4.10	4.50	4.90	5.40	6.00	6.70	7.40	8.20	9.60	11.90	14.80
	b	0.68	0.68	0.76	0.86	0.96	1.05	1.18	1.32	1.52	1.74	2.00	2.30	2.60	2.90	3.20	3.60	3.90	4.30	4.70	5.10	5.60	6.20	6.90	7.60	8.40	9.80	12.10	15.00

续表

基 本 尺 寸

未注公差的尺寸允许偏差

公差等级	公差种类	>0~3	>3~6	>6~10	>10~14	>14~18	>18~24	>24~30	>30~40	>40~50	>50~65	>65~80	>80~100	>100~120	>120~140	>140~160	>160~180	>180~200	>200~225	>225~250	>250~280	>280~315	>315~355	>355~400	>400~450	>450~500	>500~630	>630~800	>800~1000
MT5	a	±0.10	±0.12	±0.14	±0.16	±0.19	±0.22	±0.25	±0.28	±0.32	±0.37	±0.43	±0.50	±0.57	±0.64	±0.72	±0.80	±0.88	±0.96	±1.05	±1.15	±1.25	±1.40	±1.55	±1.75	±1.95	±2.25	±2.80	±3.45
	b	±0.20	±0.22	±0.24	±0.26	±0.29	±0.32	±0.35	±0.38	±0.42	±0.47	±0.53	±0.60	±0.67	±0.74	±0.82	±0.90	±0.98	±1.06	±1.15	±1.25	±1.35	±1.50	±1.65	±1.85	±2.05	±2.35	±2.90	±3.55
MT6	a	±0.13	±0.16	±0.19	±0.23	±0.26	±0.30	±0.35	±0.40	±0.47	±0.55	±0.64	±0.74	±0.86	±1.00	±1.10	±1.20	±1.30	±1.45	±1.60	±1.75	±1.95	±2.15	±2.40	±2.65	±2.95	±3.45	±4.25	±5.30
	b	±0.23	±0.26	±0.29	±0.33	±0.36	±0.40	±0.45	±0.50	±0.57	±0.65	±0.74	±0.84	±0.96	±1.10	±1.20	±1.30	±1.40	±1.55	±1.70	±1.85	±2.05	±2.25	±2.50	±2.75	±3.05	±3.55	±4.35	±5.40
MT7	a	±0.19	±0.23	±0.28	±0.33	±0.38	±0.43	±0.49	±0.56	±0.66	±0.77	±0.90	±1.05	±1.20	±1.35	±1.50	±1.65	±1.85	±2.05	±2.25	±2.45	±2.70	±3.00	±3.35	±3.70	±4.10	±4.80	±5.95	±7.40
	b	±0.29	±0.33	±0.38	±0.43	±0.48	±0.53	±0.59	±0.66	±0.76	±0.87	±1.00	±1.15	±1.30	±1.45	±1.60	±1.75	±1.95	±2.15	±2.35	±2.55	±2.80	±3.10	±3.45	±3.80	±4.20	±4.90	±6.05	±7.50

注:
(1) 本标准中,a 为不受模具活动部分影响的尺寸公差值;b 为受模具活动部分影响的尺寸公差值。
(2) 标准中规定的数值,应以制品成型 24h 后或经"后处理"后,在温度为 (23±2)℃、相对湿度 (65±5)%时进行测量为准。

附录 E　常用塑料模塑件尺寸公差等级的选用

材 料 代 号	模 塑 材 料		公 差 等 级		
			标注公差尺寸		未注公差尺寸
			高精度	一般精度	
ABS	（丙烯腈-丁二烯-苯乙烯）共聚物		MT2	MT3	MT5
CA	乙酸纤维素		MT3	MT4	MT6
EP	环氧树脂		MT2	MT3	MT5
PA	聚酰胺	无填料填充	MT3	MT4	MT6
		30%玻璃纤维填充	MT2	MT3	MT6
PBT	聚对苯二甲酸丁二酯	无填料填充	MT3	MT4	MT6
		30%玻璃纤维填充	MT2	MT3	MT5
PC	聚碳酸酯		MT2	MT3	MT5
PDAP	聚邻苯二甲酸二烯丙酯		MT2	MT3	MT5
PEEK	聚醚酮		MT2	MT3	MT5
PE-HD	高密度聚乙烯		MT4	MT5	MT7
PE-LD	低密度聚乙烯		MT5	MT6	MT7
PESU	聚醚砜		MT2	MT3	MT5
PET	聚对苯二甲酸乙二酯	无填料填充	MT3	MT4	MT6
		30%玻璃纤维填充	MT2	MT3	MT5
PF	苯酚-甲醛树脂	无机填料填充	MT2	MT3	MT5
		有机填料填充	MT3	MT4	MT6
PMMA	聚甲基丙烯酸甲酯		MT2	MT3	MT5
POM	聚甲醛	≤150mm	MT3	MT4	MT6
		>150mm	MT4	MT5	MT7
PP	聚丙烯	无填料填充	MT4	MT5	MT7
		30%无机填料填充	MT2	MT3	MT5
PPE	聚苯醚		MT2	MT3	MT5
PPS	聚苯硫醚		MT2	MT3	MT5
PS	聚苯乙烯		MT2	MT3	MT5
PSU	聚砜		MT2	MT3	MT5
PUR-P	热塑性聚氨酯		MT4	MT5	MT7
PVC-P	软质聚氯乙烯		MT5	MT6	MT7
PVC-C	未增塑聚氯乙烯		MT2	MT3	MT5
SAN	（丙烯腈-苯乙烯）共聚物		MT2	MT3	MT5
UF	脲-甲醛树脂	无机填料填充	MT2	MT3	MT5
		有机填料填充	MT3	MT4	MT6
UP	不饱和聚酯	30%玻璃纤维填充	MT2	MT3	MT5

附录 F 塑料件表面粗糙度标准 (GB/T 14234 –1993)

加工方法	材料		Ra参数值范围（μm）										
			0.025	0.050	0.100	0.200	0.40	0.80	1.60	3.20	6.30	12.50	25
注射成型	热塑性塑料	PMMA	—	—	—	—	—	—					
		ABS	—	—	—	—	—	—					
		AS	—	—	—	—	—	—					
		聚碳酸酯		—	—	—	—	—					
		聚苯乙烯			—	—	—	—	—				
		聚丙烯			—	—	—	—	—				
		尼龙			—	—	—	—	—				
		聚乙烯				—	—	—	—	—	—		
		聚甲醛		—	—	—	—	—	—				
		聚砜				—	—	—	—				
		聚氯乙烯				—	—	—	—				
		聚苯醚				—	—	—	—	—			
		氯化聚醚				—	—	—	—	—			
		PBT				—	—	—	—	—			
	热固性塑料	氨基塑料				—	—	—	—	—			
		酚醛塑料				—	—	—	—	—			
		硅酮塑料				—	—	—	—	—			
压制和挤出成型		氨基塑料				—	—	—	—	—			
		酚醛塑料				—	—	—	—	—			
		嘧胺塑料			—	—	—	—					
		硅酮塑料				—	—	—	—				
		DAP				—	—	—	—	—			
		不饱和聚酯					—	—	—	—			
		环氧塑料				—	—	—	—	—			

参 考 文 献

[1] 张钧. 冷冲压模具设计与制造. 西安：西北工业大学出版社，1995.

[2] 解汝升. 冷冲压模具设计与制造. 北京：中国标准出版社，1997.

[3] 王树勋. 实用模具设计与制造. 北京：国防科技大学出版社，1994.

[4] 张春水，等. 高效精密冲模设计与制造. 西安：西北电子工业大学出版社，1989.

[5] 王孝培. 冷冲压手册. 北京：机械工业出版社，1994

[6] 姜奎华. 冲压工艺与模具设计. 北京：机械工业出版社，1998.

[7] 涂光祺. 精冲技术. 北京：机械工业出版社，1990.

[8] 周开华. 简明精冲手册. 北京：国防工业出版社，1993.

[9] 肖景容，姜奎华. 冲压工艺学. 北京：机械工业出版社，1990.

[10]《机械工程手册》编委会. 机械工程手册（补充本）. 北京：机械工业出版社，1988.

[11] 马正元. 冲压工艺与模具设计. 北京：机械工业出版社，2003.

[12] 刘心治. 冷冲压工艺与模具设计. 北京：机械工业出版社，2002.

[13] 肖景容，等. 模具计算机辅助设计与制造. 北京：国防工业出版社，1990.

[14] 李志刚，等. 模具计算机辅助设计. 北京：华中理工大学出版社，1990.

[15] 贾淦泉. 真空吸塑模具研究. 1994 全国快速经济模具技术交流会论文集.

[16] 谢祯德. 发泡聚乙烯成型模具. 模具工业 1990（2）.

[17] 李钟猛. 型腔模设计. 西安：西安电子科技大学出版社，1996.

[18] 屈华昌. 塑料成型工艺与模具设计. 北京：机械工业出版社，2000.

[19] 张右生. 塑料模具计算机辅助设计. 北京：机械工业出版社，1999.

[20] 陈志刚. 塑料模具设计. 北京：机械工业出版社，2002.

[21] 王孝培. 塑料成型工艺及模具简明手册. 北京：机械工业出版社，2000.

[22] 刁树森. 塑料挤出模具设计与制造. 哈尔滨：黑龙江科学技术出版社，1987.

[23] 许发樾. 冲模设计应用实例. 北京：机械工业出版社，1996.

[24] 成虹. 冲压工艺与冲模设计. 北京：机械工业出版社，2009.

[25] 洪慎章. 实用冲模设计与制造. 北京：机械工业出版社，2010.

[26] 李明望. 冲压模具设计与制造技术指南. 北京：化学工业出版社，2008.

[27] 罗云华. 冲压成型技术禁忌. 北京：机械工业出版社，2008.

[28] 陈元龙，庞军. 塑料成型工艺与模具设计. 北京：北京航空航天大学出版社，2010.

[29] 许琳，孙玲. 塑料成型工艺与模具设计. 北京：清华大学出版社，2008.

[30] 骆俊廷，张丽丽. 塑料成型模具设计. 北京：国防工业出版社，2008.

[31] 黄虹. 塑料成型加工与模具. 北京：化学工业出版社，2003.

[32] 付宏生，刘京华. 注塑制品与注塑模具设计. 北京：化学工业出版社，2003.

[33] 朱光力，等. 塑料模具设计. 北京：清华大学出版社，2003.

[34] 俞芙芳. 塑料成型工艺与模具设计. 北京：华中科技大学出版社，2007.

[35] 李学峰. 注射模具设计与制造. 北京：高等教育出版社，2010.

［36］中国机械工程学会，中国模具设计大典编委会．中国模具设计大典．南昌：江西科学技术出版社，2003.

［37］林章辉．塑料成型工艺与模具设计．北京：北京理工大学出版社，2010.

［38］俞芙芳．塑料成型工艺与模具设计．北京：清华大学出版社，2011.

［39］齐贵亮．塑料模具成型新技术．北京：机械工业出版社，2010.

［40］李凯岭．现代注塑模具设计制造技术．北京：清华大学出版社，2011.

［41］陈建荣．塑料成型工艺及模具设计．北京：北京理工大学出版社，2010.

［42］伍先明．塑料模具设计指导．北京：国防工业出版社，2012.

［43］郭广思．注塑成型技术．北京：机械工业出版社，2011.

反侵权盗版声明

电子工业出版社依法对本作品享有专有出版权。任何未经权利人书面许可,复制、销售或通过信息网络传播本作品的行为,歪曲、篡改、剽窃本作品的行为,均违反《中华人民共和国著作权法》,其行为人应承担相应的民事责任和行政责任,构成犯罪的,将被依法追究刑事责任。

为了维护市场秩序,保护权利人的合法权益,我社将依法查处和打击侵权盗版的单位和个人。欢迎社会各界人士积极举报侵权盗版行为,本社将奖励举报有功人员,并保证举报人的信息不被泄露。

举报电话:(010)88254396;(010)88258888

传　　真:(010)88254397

E-mail:　dbqq@phei.com.cn

通信地址:北京市万寿路 173 信箱

　　　　　电子工业出版社总编办公室

邮　　编:100036